中国植物园

Botanical Gardens of China

第二十三期

No. 23

中国植物学会植物园分会编辑委员会　编

Edited by Chinese Association of Botanical Gardens

中国林業出版社

·北京·

封　　面：沈阳世博园玫瑰园（供图：沈阳市植物园）
封　　底：中国极危种——毛瓣绿绒蒿 *Meconopsis torquata*（摄影：彭建生）

图书在版编目（CIP）数据

中国植物园. 第二十三期 / 中国植物学会植物园分会编辑委员会编. —北京：中国林业出版社，2020. 9
ISBN 978 - 7 - 5219 - 0758 - 2

Ⅰ. ①中…　Ⅱ. ①中…　Ⅲ. ①植物园 - 中国 - 文集
Ⅳ. ①Q94-339

中国版本图书馆 CIP 数据核字（2020）第 166154 号

责任编辑　盛春玲
出版发行　中国林业出版社（100009　北京西城区德内大街刘海胡同 7 号）
电　　话　（010）83143567
印　　刷　河北京平诚乾印刷有限公司
版　　次　2020 年 9 月第 1 版
印　　次　2020 年 9 月第 1 次印刷
开　　本　787mm × 1092mm　1/16
印　　张　16
字　　数　359 千字

定　　价　80. 00 元

目　录

植物园发展的"温故"与"知新" …………………………………………… 贺善安　张佐双(1)
今天的植物园，为城市、人类和文明而创新 ……………………………………… 胡永红(9)
基于收集和保育的植物园科研体系的建立——以辰山植物园唇形科研究为例 ……………
…………………………………………… 魏宇昆　杨蕾　赵清　胡永红　陈晓亚(15)
世界主要科研型植物园简介 ……………………………………………………… 马金双(19)
用绘画方法评估一次植物园夏令营成效 ……………………………… 王西敏　王宋燕(25)
论上海辰山植物园十周年园庆宣传策划与实施效果 …………………………… 张哲(29)
培养基组分对槭叶铁线莲花粉萌发和花粉管生长的影响 ……… 温韦华　杨禹　陈燕(34)
蓝紫光对三叶青生理特性的影响 …………………………………………………………
……………………………… 刘守赞　韩敏琪　白岩　王嘉一　李者　郑炳松(38)
智慧公园背景下植物科普互动模式初探——以北京市属公园为例 …………………
………………………………………… 卢珊珊　宋利培　陈娇　焦志伟　孟雪松(43)
梅花引种与繁殖技术初探 ………………………………………………… 孙宜　包峥焱(48)
大百合属植物引种栽培研究 ………… 张蕾　董知洋　张辉　迟森　邓军育　魏钰(57)
南京中山植物园叶甲总科 Chrysomeloidea 昆虫 5 个种类的发生情况及其防治管理 ………
………………………………………………………… 汪泓江　顾永华　佟海英(63)
彩色植物景观分析——以北京植物园为例 ………………………………………… 李静(67)
景观水体环境质量分析与评价——以北京植物园中湖为例 ……………………………
……………………………………………………… 桑敏　施文彬　张蕾　钟伟(73)
浅谈园林重点植物养护管理 …………………………………………………… 米世雄(77)
合肥植物园文创产品开发思路 …………………………………………………… 王慧(81)
辽宁省植物资源保护现状分析与展望 …………… 王文元　周文强　姜琪　宋明杰(85)
北京植物园樱桃沟中低海拔人工林地植物多样性研究 …… 王白冰　周达康　陈红岩(90)
黑龙江省森林植物园药用植物资源及其多样性研究 ………………………………………
……………………………………… 单琳　费滕　周玉迁　李滨胜　吴晓蕾(98)
2 种丁香种胚离体培养和克隆繁殖的研究 …………………… 孟昕　刘佳　王东军(103)
八仙花品种观赏性综合评价研究 ……………………………………… 章敏　吕彤(109)
3 种优良观赏竹形态特征及出笋期生长规律的研究 ……… 王金革　李岩　包峥焱(115)
"植物研学旅游联盟"的构建及展望 ……………………………… 姜琪　王文元(119)
栽培基质和光强对 3 种菖蒲生长特性的影响 ………………………………………………
……………………………… 李鹏　王苗苗　康晓静　陈燕　吴继东　于天成(124)
赤霉素和层积处理对 2 种苹果属植物种子萌发的影响 ……………… 权键　吴超然(131)
观鸟活动对青少年鸟类保护行为的影响——以厦门市园林植物园观鸟课程为例 ………
…………………………………………… 陈盈莉　庄晓琳　谷悦　向可　王慧(136)

蒺床科植物收集及应用…………………………………………………………………………………………
……………………… 吴菲 崔玉莲 李鹏 崔晶晶 赵萌 刘智玮 陈旭 郝岩(143)
基于小学科学课程标准的植物园团体活动设计…………………………………………………………
………………………………………………… 师丽花 明冠华 辛蓓 赵芳 李广旺(149)
千岁兰传粉滴的观测及花粉活性研究………………………………………………………………………
………………………………………… 成雅京 孙皓明 邓莲 高晓宇 刘东燕 杨芷(154)
美国阿巴拉契亚山脉中部植物采集报告……………………………………………………………………
……………………………………………… 王康 邓涛 高信芬 Andrew GAPINSKI(157)
海棠文化及其在北京的体现 ………………………………………… 权键 卢鸿燕 田小凤(162)
建始槭种子萌发特性研究 …………………………………………… 吴超然 刘恒星 权键(167)
8 种河南乡土槭属植物的物候特征观测 …… 孙艳 张娟 林博 李翰书 杨志恒(171)
河南省槭树科植物资源研究进展 …………… 张娟 杨志恒 孙艳 林博 李翰书(175)
绿化废弃物处理中心的组建与应用——以郑州植物园为例………………………………………………
…………………………………………………………………… 王珂 李小康 王志毅(179)
郑州植物园景观规划提升研究 …………………………………………………… 郭欢欢 付夏楠(183)
3 种冬青属植物播种繁殖技术研究 …………………………………………………………… 黄增艳(187)
八月瓜属种质资源及其研究利用概况 … 付艳茹 肖月娥 张婷 莫健彬 奉树成(192)
植物园夜间自然观察活动的策划与实施——以“暗访夜精灵”活动为例 …… 郭江莉(198)
植物园科普志愿者团队建设及管理 …………………………………………………………… 沈菁(203)
山野草创作方法及其形式研究 ……………………………………………………………… 王玥明(208)
上海植物园鸢尾属植物应用现状 ………………………………… 于凤扬 肖月娥 奉树成(212)
7 种蔷薇的抗寒性比较 ………………………………… 宋华 朱莹 崔娇鹏 邓莲(216)
民勤沙生植物园科普教育现状与展望…………………………………………………………………
……………………………… 赵鹏 徐先英 张永虎 杨自辉 纪永福 李昌龙(221)
青藏高原 10 种特有豆科植物引种繁育——硬实特性及破除方法 ………………………
……………………………………………………………… 唐宇丹 白红彤 孙国峰 姚娟(226)
3 种太行山植物区系特有珍稀濒危植物的保护与研究进展………………………………………
…………………………………………………………………… 李菁博 李良涛 温韦华(234)
郑州植物园科普活动模式构建 …………………………………………… 赵建霞 郭欢欢(239)
遮阴对彩叶玉簪生长和观赏特性的影响 ………… 施文彬 刘东焕 杨禹 樊金龙(243)
国际海棠栽培品种登录 2019—2020 ……………………………………………… 权键 郭翎(249)

CONTENTS

"Reviewing the Past" and "to Know the New" for the Initiatives of Botanical Gardens ······ HE Shan - an ZHANG Zuo - shuang(1)

The Innovation of Today's Botanical Gardens Aimed to the Cities, Human Beings and Civilization in the World ······ HU Yong - hong(9)

Establishment of Scientific Research System of Botanical Garden Based on Collection and Conservation: A Case Study on Lamiaceae Research from Shanghai Chenshan Botanical Garden ······ WEI Yu - kun YANG Lei ZHAO Qing HU Yong - hong CHEN Xiao - ya(15)

Brief Introduction of Major Foreign Botanical Gardens with Special in Science ······ MA Jin-shuang(19)

Evaluate Summer Camp in Botanical Garden by Using Pre - and Post - Drawing ······ WANG Xi - min WANG Song - yan(25)

Publicity Planning and Implementation Effect of the 10th Anniversary Shanghai Chenshan Botanical Garden Celebration ······ ZHANG Zhe(29)

Effects of Medium Components on Pollen Germination and PollenTube Growing in *Clematis acerifolia* ······ WEN Wei - hua YANG Yu CHEN Yan(34)

Effect of Blue - violet Light on Physiology Characteristics of *Tetrastigma hemsleyani* ······ LIU Shou - zan HAN Min - qi BAI Yan WANG Jia - yi LI Zhe ZHENG Bing - song(38)

Exploration on the Plant Science Communication Interactive Under the Background of Smart Parks: A Case Study in Beijing Parks ······ LU Shan - shan SONG Li - pei CHEN Jiao JIAO Zhi - wei MENG Xue - song(43)

Study on Introduction and Propagation Techniques of *Prunus mume* in Beijing Botanical Garden ······ SUN Yi BAO Zheng - yan(48)

Study on Introduction and Culture of *Cardiocrinum* in Beijing ······ ZHANG Lei DONG Zhi - yang ZHANG Hui CHI Miao DENG Jun - yu WEI Yu(57)

Development and Prevention Management of 5 Insect Species in Chrysomeloidea in Nanjing Botanical Garden Mem. Sun Yat - sen ······ WANG Hong - jiang GU Yong - hua TONG Hai - ying(63)

Suggestions for Improvement of Plants with Colorful Foliage and Branche in Beijing Botanical Garden ······ LI Jing(67)

Assessment and Analysisof Water Quality in Middle Lake in Beijing Botanical Garden ······ SANG Min SHI Wen - bin ZHANG Lei ZHONG Wei(73)

Maintenance of Key Plants in Garden ······ MI Shi - xiong(77)

Cultural and Creative Product Development Ideas for Hefei Botanical Garden ······ WANG Hui(81)

Analysis and Prospect of Plant Resources Protection in Liaoning Province ······ WANG Wen - yuan ZHOU Wen - qiang JIANG Qi SONG Ming - jie(85)

Plant Diversity of Middle and Low Altitude Plantation in Cherry Valley, Beijing Botanical Garden ······ WANG Bai - bing ZHOU Da - kang CHEN Hong - yan(90)

Biodiversity of Medicinal Plant in Heilongjiang Forest Botanical Garden ······ SHAN Lin FEI Teng ZHOU Yu - qian LI Bin - sheng WU Xiao - lei(98)

Study on Embryo *in vitro* and Clonal Propagation of 2 lilacs ······ MENG Xin LIU Jia WANG Dong - jun(103)

Evaluation of Ornamental Value of *Hydrangea* Cultivars ······ ZHANG Min LÜ Tong(109)

Study on Morphological Characteristics and Growth Law of Shoots of Three Bamboos ······ WANG Jin - ge LI Yan BAO Zheng - yan(115)

Discussion and Prospect on the Construction of *Plant Study Tourism Alliance* ······ JIANG Qi WANG Wen - yuan(119)

The Effects of Media and Light on Growth of Three *Acorus* Plants ······ LI Peng WANG Miao - miao KANG Xiao - jing CHEN Yan WU Ji - dong YU Tian - cheng(124)

Effect of Gibberellin and Stratification Treatments on Seeds Germination of 2 *Malus* Species ······ QUAN Jian WU Chao - ran (131)

Effects of Bird Watching Activities on Bird Protection Behavior of Adolescents: Take the Bird Watching Course in Xiamen Botanical Garden ········ CHEN Ying - li ZHUANG Xiao - lin GU Yue XIANG Ke WANG Hui(136)
Collection and Exhibition of Plants in Acanthacea in Beijing Botanical Garden ·····································
WU Fei CUI Yu - lian LI Peng CUI Jing - jing ZHAO Meng LIU Zhi - wei CHEN Xu HAO Yan(143)
Design the Group Education Activities Based on Primary School Science Curriculum Standards ························
·································· SHI Li - hua MING Guan - hua XIN Bei ZHAO Fang LI Guang - wang(149)
Observation of Pollination Droplets and Pollen Germination of *Welwitschia mirabilis* in Conservatory ····················
········ CHENG Ya - jing SUN Hao - ming DENG Lian GAO Xiao - yu LIU Dong - yan YANG Zhi(154)
A Sino-American expedition to the Appalachian Mountains ··
·· WANG Kang DENG Tao GAO Xin - fen Andrew GAPINSKI(157)
The Culture of Crabapple and its Embodiment in Beijing ······ QUAN Jian LU Hong - yan TIAN Xiao - feng(162)
Study on Germination Characteristics of *Acer henryi* Seeds ······ WU Chao - ran LIU Heng - xing QUAN Jian(167)
Observation of Phenophase for Eight Species of Native Maples in Henan ···
··· SUN Yan ZHANG Juan LIN Bo LI Han - shu YANG Zhi - heng(171)
Research Progress of the Aceraceae Resource in Henan Province ··
······························· ZHANG Juan YANG Zhi - heng SUN Yan LIN Bo LI Han - shu (175)
Construction and Application of Green Waste Treatment Center: Take Zhengzhou Botanical Garden as an Example ···
·· WANG Ke LI Xiao - kang WANG Zhi - yi(179)
Study on Landscape Planning and Improvement of Zhengzhou Botanical Garden ··
·· GUO Huan - huan FU Xia - nan(183)
Studies on Seed Propagation of 3 Species of *Ilex* L. ·································· HUANG Zeng - yan(187)
Research Progress on Germplasm Resources and Utilization of *Holboellia* ···
···························· FU Yan - ru XIAO Yue - e ZHANG Ting MO Jian - bin FENG Shu - cheng(192)
Planning and Implementation of Nature Observation Activities in Botanical Garden at Night: Using'Fairy Night'Case as an Example ·· GUO Jiang - li(198)
Construction and Management of Public Education Volunteer Team in Botanical Gardens ············· SHEN Jing(203)
Research on Creative Methods and Forms of Sanyeso ··· WANG Yue - ming(208)
Application ofIrises in Shanghai Botanical Garden ········ YU Feng - yang XIAO Yue - e FENG Shu - cheng(212)
Cold Resistance Comparison of 7 Rosa Species ········ SONG Hua ZHU Ying CUI Jiao - peng DENG Lian(216)
Present Aspects and Prospect on Popular Science Education in Minqin Desert Botanical Garden ···························
······ ZHAO Peng XU Xian - ying ZHANG Yong - hu YANG Zi - hui JI Yong - fu LI Chang - long(221)
Introduction and Propagation on the Rare and Endemic Plant on Qinghai - Tibetan Plateau about 10 Species of Leguminosae Family: Properties of Hard - Seed and Breaking Technology ··
···································· TANG Yu - dan BAI Hong - tong SUN Guo - feng YAO Juan(226)
Advances in Protection and Research on the 3 Species of Endemic and Endangered Plant from Flora of Taihang Mountains
·· LI Jing - bo LI Liang - tao WEN Wei - hua(234)
Construction of Science Popularization Activity Mode in Zhengzhou Botanical Garden ···································
··· ZHAO Jian - xia GUO Huan - huan(239)
Effects of Shading on the Growth and Ornamental Characteristics for Color - leaved *Hosta* Cultivars ····················
·································· SHI Wen - bin LIU Dong - huan YANG - Yu FAN Jin - long(243)
International Cultivar Registration for *Malus*(excluding *M. domestica*)2019—2020 ······ QUAN Jian GUO Ling(249)

植物园发展的“温故”与“知新”①

贺善安[1,2] 张佐双[1,3]

（1. 中国生物多样性保护与绿色发展基金会，北京 100097，

2. 江苏省中国科学院植物研究所，南京 210014，3. 北京植物园，北京 100096）

摘要：对百年来的植物园历史做了简要的回顾，列出了各主要节点。简述探索了我国植物园主要功能与专业范畴定位的长期、曲折的实践过程，提出了可能成为共识的结论。论述了建立“植物园学”分支学科的必要性和重要性。在尊重和强调植物园多样性的基础上，提出了新时代的植物园至少要把握好的能力建设包括：(1)高标准活植物收集圃为中心的一系列科研、科普工作和基础建设。(2)以种质创新为中心的经济植物研究与开发利用，这是事关植物园兴衰的主要任务，研究的重点宜选择功能植物、药用植物和环境植物等；研究内容要延伸到：在确保“绿水青山”的前提下发展经济植物和防止引种时有害物种的混入，研究链要覆盖到消除产能过剩。(3)“人与自然和谐”的创新性园景建设原则，力创经典，不屑攀比炫耀。要弘扬中国科学院西双版纳热带植物园创建的“初心”，相信和预祝我国西部诸多植物园的辉煌。

关键词：植物园，活植物收集，种质创新，植物园科普，园林景境

“Reviewing the Past” and “to Know the New” for the Initiatives of Botanical Gardens

HE Shan－an[1,2] ZHANG Zuo－shuang[1,3]

（1. *China Biodiversity Conservation and Green Development Foundation*，*Beijing* 100097，

2. *Institute of Botany Jiangsu province & CAS*，*Nanjing* 210014，3. *Beijing Botanical Garden*，*Beijing* 100096）

Abstract：History of Chinese botanical gardens was briefly reviewed and its key points were listed carefully. Based on the serious study of botanical garden’s function and task for a period of about half a century，conclusions have been preliminarily prepared. The reason and importance of setting up a scientific discipline for Botanical Garden Science were presented clearly and definitely. Emphasizing the high diversity of botanical gardens there should be common foundational stones for every garden’s capacity construction and those were as follows. (1) Highly qualified living collection with perfect scientific records and related researches and education projects. (2) Research on germplasm innovation of economic plants. It is the key parts for vigorous growth of the gardens. Focusing on functional，medicinal and environmental plants is necessary and research projects should cover how to eliminate the negative effect of mono－culture and prevent from harmful plants in plant introduction and resolve the problem of excess capacity if it happened. (3) Following the principle of “Harmonious coexistence between man and nature” to create botanical landscape and struggling for being classic ones. Make it excellent but not luxury. Carrying forward the “XTBG’s Aspiration” and looking forward to seeing the splendid appearance of botanical gardens in the west of China.

① 本项研究获得中国生物多样性保护与绿色发展基金会资助。

Keywords: Botanical garden, Living collections, Germplasm innovation, Botanical garden education, Botanical landscaping and space

1 我国植物园的发展历史

1.1 植物园的萌生(20 世纪 20 年代前)

我国最早的植物园是 1864 年向公众开放的香港植物公园,1971 年更名为香港动植物园。1905 年,张謇在南通建立“公共博物院”,内含植物园(南通博物苑,2015)。其他还有:台湾省林业系统 1906 年建立的恒春试验站,后改名为恒春植物园;1915 年,台湾熊岳树木园成立(由 1909 年建立的日本企业苗圃改成);1921 年台湾省林业研究所建立台北植物园(源于 1896 年的苗圃)。这些植物园大多数是外来殖民者带来的文化。

由我国植物学家们建立的中国植物园体系,主要是在 20 世纪初随着现代科学技术的东渐开始的。始于 20 世纪 20 年代。正如樊洪业(2000)所说:中国的现代科学知识体系不是从中国传统文化中衍生出来的,而是西方科学在中国传播的结果。中国的现代科学组织也不是从传统的社会组织演化出来的。

1926 年在建立孙中山陵墓时,经陈植教授建议开始筹建、于 1929 年成立了我国第一个国立植物园“总理纪念植物园”,1937 年已蔚然成型,但在抗日战争中被摧毁殆尽,1952 年由中国科学院接收,与中国科学院植物研究所华东工作站合并,即现在的南京中山植物园(胡志刚,2017)。由于华东工作站的历史可溯源到 1922 年成立的中国科学社,所以该园实则还包含有我国植物科学研究最早起源的部分。

1928 年,钟观光教授在杭州主导建立了笕桥植物园,当时占地达 40 ~ 50 亩(1 亩 = $1/15hm^2$),其性质与欧美早期的大学植物园相似,后几经迁址和切割,时至今日,定名为浙江大学华家池植物园。在校园内,面积约 15 亩,实属历史性和纪念性的植物园。

1934 年,庐山植物园成立。这是一个按西方经典模式建立的植物园,也是新中国诞生时唯一较为完整的、独立的植物园。

1956 年建成立的中国科学院华南植物园,其前身是 1929 年陈焕镛教授在广州中山大学内建立的农林研究所。

此外,还有少数几个小型的植物收集园圃。中国植物园有一个好的开端,但随着抗日战争的破坏,植物园几乎荡然无存。在战后百废待兴的日子里,植物园事业所能得到的支持也十分有限,难以为继,当然也很难发挥植物园应有的作用。

1.2 体系的形成(1950 年—21 世纪初)

随着新中国的蓬勃发展,我国的植物园也蒸蒸日上。

1956 年,由于“十二年科学规划”的促进,使植物园的发展出现了一个高潮。

1965 年在庐山植物园召开全国植物园大会,这是我国植物园历史上的一个重要节点。在这次会上,俞德浚先生与几位年青学者一道提出了:植物园活植物收集科学记录的“六有”规范,实为植物园的第一部“法规”。

1966 年,当植物园开始探索着前进的时刻,“十年动乱”开始了,各种思潮此起彼伏,在洪流的淘洗与冲击中,年轻的中国植物园队伍,莫衷一是,弹指一挥就又是一个十年过去了。

1978 年改革开放的春风,使我国植物园队伍——这群经受过惊涛骇浪洗礼的弱小扁舟,重新找回正确的航向,日益壮大,创造了我国建园历史上的“深圳速度”。

1985 年,全国 28 个植物园在南京召开座谈会,筹备次年成立中国植物园协会,并倡议和举办了 1988 年国际植物园学术讨论会,推动了我国植物园与世界的有益交流(He *et al.* ,1990)。

20 世纪末,我国植物园体系基本建成,共有 140 余个植物园。以西双版纳热带植物园的建园“初心”为代表的中国植物园特色得到了高度肯定,北京植物园的引领作用得到了良好的发挥。我国植物园完成了“温饱”经济条件下建园的历史使命,致力于达到“小康”阶段植物园应有的水平,注意植物园文化内涵的建设(贺善安 等,2005)。

2002 年贺善安先生当选为国际植物园协会(IABG)主席。

2004 年,在时任 IABG 主席贺善安先生和中国植物学会植物园分会理事长张佐双先生的倡导下,联合全国的科学院系统、公园系统、林业系统、卫生系统、教育系统等各植物园组织,在庐山植物园成功地举办了植物园年会。大会一致同意,以后每年全国植物园组织联合起来召开植物园学术年会。此举意义重大,开创了中国植物园跨世纪的新篇章。这是经过约半个世纪顺风顺水与颠簸曲折的实践,全国各植物园对植物园的功能与任务得到了良好共识和提高的结果。植物园年会还特邀吴征镒院士、贺善安先生为历届大会名誉主席。吴征镒先生去世后又邀请了许智宏院士与贺善安先生担任植物园年会大会名誉主席。

2007 年中国科学院武汉植物园承办了国际植物园保护联盟(BGCI)的世界植物园大会。同期,后来居上的上海辰山植物园(2008 初建成,2011 开放)和一批省级大园相继建成,展示了中国植物园旺盛的生命力。

2013 年 6 月 5 日,中国植物园联盟成立,实现了中国植物园在学科内容和专业目标上的共识,推动了组织上的联合。这是一个重要的里程碑,为我国植物园进入新时代再展宏图,从组织上准备了条件。同年黄宏文先生当选 IABG 秘书长,IABG 秘书处由欧洲落户中国科学院华南植物园。2014 年上海辰山植物园园长胡永红任 IABG 亚洲分会主席。

2 我国植物园方向与任务的讨论回顾

由于现代植物园是由西方传入的,所以,植物园建设的蓝图,都源于西方植物园体系。抗日战争期间,植物园的建设遭到了致命的打击而处于濒危待兴的状态。新中国成立后,20 世纪 50 年代我国植物园的建设随着 1956 年的科学发展规划形成了第一个高潮。但当时,在建园思想、建园体制、学术观点等方面都转入了学习前苏联植物园体系的轨道,主要是更注重促进农林业发展的应用研究。

从西方获取的植物园的理念和形式主要是源于邱园、爱丁堡植物园、纽约植物园、阿诺德树木园、密苏里植物园、莫瑞斯植物园等。这些大型的综合性植物园实际上是整个植物科学的研究院(所)。在这里“园”的概念就是一个综合性的科研与园林景观的总体,结构上是“所、园一体”。整个植物学科是研究所的科研内容和方向,也是植物园的研究内容和方向。我国所、园一体的植物园,也等同于这类植物园,实际上还是研究所加植物园。

但从历史发展的过程看,我国 20 世纪 50 年代开始建立的一批植物园,主要是中国科学院系统的植物园,它们都是随着研究所的发展而生长出来的新的部分。在体制上属于“所、园隶属”的关系。实际上,在林业、医学研究系统的许多树木园、植物园的组织结构,也是“所、园隶属”的关系。在我国,一般而言,人们认为研究所是全面展开植物科学各分支研究的机构,而植物园仅仅是其中的一部分。“研究所”的研究领域比“园”广,“研究所”的级别比“园”高,“所”领导“园”,“园”是属于“所”的下一级单位。以南京中山植物园为例,1953年建立的“园”是隶属于中国科学院植物研究所(北京)的,1960年为进一步发展才扩大成独立的中国科学院南京植物研究所,足见在概念上“园”只是“所”的一部分。尽管该园本就是所、园一体的建制,但还是要改名为“研究所”以示发展和扩大。

早在1955年,我国植物园的先驱俞德浚先生在《植物园手册》中就指出:“广义的植物园(是)完备的植物学试验研究机构,狭义的植物园(是)有系统地栽培植物的场所……供教学、研究、展览用材料”(俞德浚,1955)。狭义的植物园(附属植物园)一般是所、园隶属关系。

随着附属园发展的逐渐加强,再加上一批独立的植物园(不附属于研究所)的出现和数量上的快速增加,植物园应如何发展就成为我国植物园探讨的热点问题。正因为如此,也就出现了以下问题:“园”的专业方向是什么?它与“所”的区别又何在?

1959年,针对植物园方向任务的质疑,《科学通报》上发表了当时南京中山植物园党的负责人周晓春的文章《植物园的方针与任务》,这大概是最早发表的论述植物园方向任务的文章。需要注意的是,这里所指的植物园是所、园隶属的植物园,当时的南京中山植物园还是中国科学院植物研究所(北京)的下属单位,该文开篇就讲,已讨论了“几年”,也就是指1959年以前的几年。文章指出:这是“一个重要”的、讨论了几年“一直有争论”的问题,并且提到了“院植物工作会议”上来讨论(周晓春,1959)。文中指出会议认为“科学一定要为生产服务,植物园……当然也不例外。”“当前植物园的工作方针就应该是为农林牧和全国的园林化服务。”“大致为:野生有用植物的普查和植物资源的和合理利用;有用植物的引种、驯化、栽培、繁殖和选育新品种;林业丰产和园林化的试验研究;利用植被对沙漠、荒山、盐碱地和红黄壤的改造;总结群众在农林牧和园林化方面的经验;基本理论的研究;以及做好建园工作。”“应以为生产服务的观点出发来建园;当然,也不否认植物园在客观上具有普及教育和供人游览的作用,但这不是主要的,不能过分强调。”

然而,那次会议仅仅明确了植物园的科学研究主要是应用研究。对于作为植物科学研究的分支,植物园专业的范畴并未有完善而明确结论。此后,植物园的方向与任务,植物园专业的范畴,一直是我国植物园界半个多世纪以来热论的大课题。

Raven关于植物园的科学研究的文章(Raven,1981,2006),一向被作为经典引用,但所列举内容的广泛,实际上就是整个植物科学。对于所、园一体的植物园来说,当然适宜。但对于所、园隶属的植物园而言,显然过于庞大并与研究所重复。对于我国现有的大部分植物园来说,也是无法胜任的。

在1965年全国植物园庐山会议上,陈封怀先生指出植物园建设的方针:“科学的内容和园林的外貌”;引种驯化,新品种培育等应用研究被视为植物园科学研究的主要内容。

当时植物园的园景一般都只初具轮廓,而会议关注的重点也只是科学研究,“园林外貌”问题并未形成热点,其原因与当时建园的经费、物质条件和国家经济发展水平有很大关系。紧接着“十年动乱”开始,植物园遭遇了不能被人理解、认同而处于被兼并或被取消的状态,甚至植物园的土地也改作他用。在20世纪70年代里,面对当时的经济条件,也曾出现过不适当的“以园养园”的口号和方针,但植物园的建设仍处于停滞状态。

直到1978年,在党和国家改革开放政策的指引下,植物园才又走上了迅速成长的康庄大道。21世纪初,经过20余年的实践与理论的反复切磋,我国许多植物园都把“科学的内容”“艺术的外貌”“文化的展示”作为植物园建设的方针。多样性是植物园的灵魂,活植物收集是植物园的特色和根本。科学研究、物种保护、科学普及和休闲旅游是植物园的4项主要任务和功能。科学地体现人与自然和谐共存的理念是植物园的重要目标(贺善安 等,2005)。这些概括,反映了我国植物园体系几十年奋斗的结晶。

这些共识是来之不易的,是几十年实践的结晶。以科普旅游为例。20世纪50年代,我国的植物园基本上是封闭的研究所的一部分,不对外开放。当然,那时科普的意义和施展的范围也与今天有天壤之别了。直到80年代初才普遍对公众开放。1983年南京植物园在建制上成立了“科普组”,算是比较早开展科普工作的。直到1995年中国科学院植物园工委会在广州华南植物园“科学家之家”开会,着重学习了1994年12月5日,中共中央、国务院发布的《关于加强科学技术普及工作的若干意见》,植物园才把科普工作提到了关系全局的战略地位高度。20世纪70年代中期,物种保护已经是世界主要植物园关注的新发展点,而我国植物园尚罕有反应。

1985年,第一个《大加拿利岛宣言》的呼声,才引起多数植物园的重视(IUCN *et al.*,1985)。面对物种保护的新任务,迫使我们重温俞德浚先生1965年提出的“六有”。

吴征镒先生在评论《植物园学》一书时指出:“植物园事业是如此鲜活、复杂和丰富”,“我们就是要‘以有涯道无涯’,首先就要让它形成一个学科。”“……将植物园这一个高度综合的、多功能的“千秋功业”有关的基础理论,主要方法……提炼升华为一门科学……使之学科化、系统化,从而上升到基础理论。”(吴征镒,2005)一言以蔽之,就是要把植物园专业当做一个分支学科来建设。在一定的发展阶段里,要有明确的专业范畴。否则植物园的科学研究就不知路在何方了。就在过去的30余年里,我国有的植物园在名称上曾发生多次变更,包括植物园、植物公园、森林公园等,变过来,改过去,似乎植物园就是一团绿色的未分化的生长点,可以随心捏变,这种现象除了行政编制归属的更改的因素外,缺乏明确的特定专业范畴也是重要原因之一。

3 “温故而知新”

回顾百年来的历史,经验和挫折使我们日益明晰:在为科技创新、繁荣经济、精准扶贫、生态文明、社会进步以及“一带一路”建设服务中,哪些任务和目标是植物园应该坚持的,哪些倾向是应该防止的。加之,植物园专业是多个学科的交叉,又与其他更多学科有着十分广泛的联系。所以,我们就必须坚持“以有涯道无涯”的原则,规划本分支学科的范畴,首先牢牢抓住最主要的内容。

3.1 确保植物园的基础建设

“植物园事业是如此鲜活、复杂和丰富”(吴征镒,2006),以生物多样性为“灵魂”的植物园必然也是丰富多样,但万变不离其宗,离不开植物学。更进一步说,启动对植物多样性的研究,首先离不开植物分类学。

3.1.1 重视活植物的科学收集、管理与研究

活植物收集圃是植物园最鲜明的、区别于其他园林的特点。它是植物园的根本,但对它的应有维护与科学管理却常常不到位,也许是由于引种植物数量庞大、引种号数以万计,而在近期内被利用的则只是其中的少数,甚至极少数。植物园收集

的量应该如何把握,一直是一个长期存在争论的问题。作者认为:简单地追求数量是没有必要的,而有计划、有目的和有选择的条件下收集引种,数量还是体现水平的指标。引种的对象应该包括具有科学、利用、保护、文化等价值的植物。这是一项需要花费相当人力和物力的基础工作。有些欧美的植物园,如英国的邱园,美国的阿诺德树木园等就走在植物园界的前面。近年阿诺德又提出了新的规划(廖景平,2016),值得我们参考和学习。在现代科学技术水平的基础上,以物种(不含品种)计,收集超万种是完全合理和可能的,我国一流的引领植物园应奋力前进。

要确立从野外引种的材料是最有保护意义的资源;其次是从其他植物园引种的有科学记录的资源,没有科学记录的植物资源,其保护意义是极其有限的。植物园引种收集的目的是为了研究,探索新知识和新发现(包括理论和应有),研究成果的不确定性很大,更难产出可直接利用的成果,所以,在科研政策上要给于相应的支持和合理的评价体系。

由于以往世界一流植物园多在北半球较高纬度地带,为了扩大收集植物的容量,温室成为必要的设施。所以,温室应包括各种调控生态因素的设施,主要目的是服务于植物资源的收集,以及收集基础上的展示。只有在这种基础上的展示,才能显示展出纯真的科学内涵。植物园的科学内涵源于其实在的科学活动,只有这样,宏大的温室才能成为亮点。不是要否定美化温室的必要性,但要注意克服当前有些温室过分侧重观赏性,而有雷同花园的倾向。植物园温室的展出也要"挤掉水分",不能以"大路货"占据精美设施,让温室跌进了浪费的深渊。

3.1.2 《中国迁地栽培植物志》

整理出版《中国迁地栽培植物志》是植物园活植物收集科学数据的提升,是我国植物园创新性的科研项目,具有理论和应用双重意义,以往几年的成果,还只是个开端,有待不断完善,值得继续作为全国植物园的必修课程。

3.1.3 "全覆盖、零灭绝"项目

野外自然生境里的植物是植物园活植物收集的源头,也是以后不断补充、更新持续生存的生命线。植物园的活植物收集不是孤立的,它与自然界的植物区系有不可分割联系。及时了解原生境植物区系的动向是植物迁地保护措施的依据,我国植物园已开展的"全覆盖、零灭绝"项目已取得良好的成绩,各植物园应对其相应地区与时俱进地反复开展。

3.1.4 专业性专题活动

举办各种类型的专业技术和科学普及的培训班、学习班;各类花展、植物画展、名花节活动;各类植物专题展览和具有参与性的植物专业性活动,如"重走植物猎人之路"等(野外与园内,室内与室外)。

3.1.5 自然植被保护区

在面积较大的植物园里要注意规划出"自然植被保护区"。

3.2 经济植物研究的成果是植物园对人类美好生活的主要贡献

历史告诉我们:发现和开发新的有用植物是植物园受到社会关注的重要原因,它也是植物园的生命力主要源泉。18 世纪以来对咖啡、甘蔗、茶、橡胶、金鸡纳树(奎宁)以及近代的银杏、红豆杉、黄花蒿(青蒿素)、猕猴桃等的开发利用,深深地促进了世界经济和人类文明的发展(胡永红,2020)。今天,人类美好生活也离不开科学而明智的利用植物资源。全球气候变化和灾害性天气的增多,也要求我们加强对经济植物引种驯化的研究。植物园的迁地保护是野生植物向栽培植物过渡的桥梁。开发、利用和创新丰富的生物多样性种质资

源,植物园责无旁贷。尤其是根据我国的自然条件和社会经济条件——生物多样性丰富,平地少而山地和丘陵等约达陆地面积的2/3,气候类型多样,悠久的民族植物利用文化,还有相当部分地区尚未摆脱贫困的种种特点,植物园应注重有用植物的发掘利用,只有这样才是我国植物园兴旺发达之道。

种质创新是植物园经济植物研究的核心。当代研究的重点对象应包括:(1)功能性植物,(2)药用植物,(3)环境植物(包括观赏植物)以及其他。研究内容应适应新时代的要求而扩展到:消除单一栽培的负面影响,保证“绿水青山”为前提的栽培体系(贺善安 等,2019),防止引种时混入有害物种。研究链应延伸到:消化产能过剩后患的举措。

植物园要在经济植物开发利用上做出成绩,要有显示度,以争取社会的支持。如果说过去主要是利用城市里的植物园繁荣经济,那么,今天我们便可以在农村里建设植物园“就地”繁荣。当年“版纳园人”怀着“初心”在葫芦岛上开荒建园,可谓植物园历史上的创新点和里程碑。把植物园变成了促进经济发展和社会进步的工具(贺善安和张佐双,2016)。

3.3 引领“人与自然和谐共处”景境的构建

植物园要给人们优美而清新的绿色生态环境,要能启迪人们深思、感悟,给人们激励和信心。植物园的景观,一定要精致和有特色。生动活泼的内容可以应有尽有,但万变不离其宗——植物。在结构上,应该是以自然美为主流的植物景境。正如吴征镒先生所指出的:“同样绚丽多彩,但更集中展现其带有人类烙印的大自然。”(吴征镒,2006)在物种上,总应有相当数量的新鲜内容,珍稀罕见的植物类群和品种。在尺寸上,大小由之,从一株植株到遥望无垠的一片均可。在立意上,旨在创新,创人与自然和谐共存的新风。切忌抄、仿、堆、辅、闹。这种“以财压人”的奢华浪费。展望未来,我国西北大地的诸多植物园,尤其是天山脚下得天独厚的伊犁植物园必将能呈现辉煌,以圆公众的美梦。

植物园专业是一个多学交叉的边缘学科,在以“有涯”道“无涯”中,上述几点只是植物园专业最不可缺的内容。在科研实践中,植物园专业与其他学科之间也没有不可逾越的鸿沟。2020 年中国科学院西双版纳热带植物园发表了一篇研究新冠病毒的论文(郁文彬,2020),受到全球的关注,就是很好的例证,也是中国植物园界的殊荣。值得高兴的是,该文还带来了意外效果,从此,公众对“植物园是包含科学研究行为的园林”“它不同于一般园林绿地”,有了深刻的印象。

参考文献

樊洪业,2000. 科学体制与国情[N]. 科学时报,2000/10/20(3).

贺善安,殷云龙,刘建秀,等,2019. 南京中山植物园经济植物研究 60 年综述[M]//中国植物学会植物园分会编辑委会员,2019. 中国植物园(第二十二期). 北京:中国林业出版社,239-252.

贺善安,张佐双,2016. 植物园建设的时代性[M]//中国植物学会植物园分会编辑委会员,2016. 中国植物园(第二十期). 北京:中国林业出版社,1-4.

贺善安,张佐双,顾姻,等,2005. 植物园学[M]. 北京:中国农业出版社.

胡永红,2020. 全球 1/15 植物园在中国,它们与公园究竟又何不同?[ER/OL](2020-04-20)[2020-08-04]. https://www.cubg.cn/info/membernews/2020-04-20/2917.html.

胡志刚,2017. 江苏省中国科学院植物研究所-南京中山植物园早期史[M]. 上海:上海交通大学出版社,1,232.

廖景平,2016. 建立活植物收集示范:阿诺德树木园未来 10 年植物引种的启示[ER/OL]. (2016 - 12 - 11)[2020 - 08 - 04]. http://wap. sciencenet. cn/blog - 38998 - 1020061. html.

南通博物苑,2015. 本苑简介[ER/OL]. (2015 - 12 - 01)[2020 - 08 - 24]. http://www. ntmuseum. com/guide/intro/1987. html.

吴征镒,2005.《植物园学》评论[M]//贺善安,张佐双,顾姻,等,2005. 植物园学. 北京:中国农业出版社:664 - 665.

俞德浚,1955. 植物园工作手册[M]. 北京:科学出版社.

郁文彬,2020. 基于全基因组数据解析新型冠状病毒的演化和传播[ER/OL]. (2020 - 02 - 20)[2020 - 08 - 24]. www. xtbg. ac. cn/xwzx/kydt/202002/t20200220_5502619. html.

周晓春,1959. 植物园的方针与任务[J]. 科学通报,(7):234 - 235.

He S A, Heywood V, Asthton P, 1990. Proceedings of International Symposium on Botanical Gardens[M]. Nanjing: Jiangsu Science and Technology Publishing House, 685.

IUCN, WWF, IABG, 1985. The Declaration of Gran Canaria[M]//Bramwell D, Hamann O, Heywood V *et al.*, 1985. Botanic Gardens and the World Conservation Strategy[M]. IUCN - Academic Press. London. 357.

Raven P, 1981. Research in botanical gardens[J]. Botanische Jahrbucher fur Systematik, 102(1 - 4): 53 - 72.

Raven P, 2006. Research in botanical gardens[J]. Public Garden, 21(1):16 - 17.

今天的植物园，为城市、人类和文明而创新

胡永红[1]

(1. 上海辰山植物园，上海 201602)

摘要：从历史上来看，植物园起到了世界范围内经济作物资源搜集的重要作用。现代的植物园，则更多地承担着物种迁地保护的功能而被视为植物的“诺亚方舟”。随着世界范围内城市化进程的加快，通过新技术营造人类宜居的城市植物景观是植物园的重要使命。上海辰山植物园通过对接国家战略，顺应时代需求；借助区位优势，用好科技力量；注重开放合作，集聚多方资源等三面的工作，成功打造出“辰山模式”。

关键词：植物园，创新，城市发展，人类需求，文明

The Innovation of Today's Botanical Gardens Aimed to the Cities, Human Beings and Civilization in the World

HU Yong – hong[1]

(1. *Chenshan Botanical Garden*, *Shanghai* 201602)

Abstract: In the history, botanical gardens played an important role in collecting economic plants worldwide. Now, the modern botanical gardens are regarded as Noah's Ark for plants through *ex – situ* conservation. With the development of urbanization, it' s necessary for botanical gardens to develop and practice new technologies to make a more livable environment in cities. Shanghai Chenshan Botanical Garden develops a Chenshan Model by meeting with national strategies, using scientific and technological strength with the help of regional advantages, and cooperating multi – resources.

Keywords: Botanical gardens, Innovation, City development, Need of human beings, Civilization

自人类诞生以来，植物就是我们在自然界的重要朋友。随着人类社会的发展，植物园成为人们尤其是城市人的一方休憩天地。纵观历史，发源于博物学的植物园，绝非单纯学术研究的象牙塔，它是农作物、经济作物发展的推手，是人类文明、全球化战略的执行者，一度让世界格局重新洗牌。不过，随着20世纪后期分子生物学的快速发展，基础性植物学开始没落，植物园的功能逐步淡化，正在被各现代学科分别取代（黄宏文，2017；2018）；曾经的“草药”功能，可以被合成生物学、药学取代；曾经的“种植”功能，可以被农业产业链取代；曾经的“观赏”功能，可以被现代公园、博物馆或专业展览取代。

时至今日，全球现存3000多座植物园（贺善安 等，2017），其中有近200座左右在中国。而大众眼里，“植物园”和“公园”的概念已经区别不大。那么，今天的植物园还能做什么？这是我们需要思考的时代命题。

1 观历史，植物园不是象牙塔，而是全球化的战略家

1545年，世界上第一个现代植物园在意大利帕多瓦诞生。它的功能偏向于“草药园”和“教学园”。此后，波兰的布雷斯劳植物园，德国的海德堡植物园、卡塞尔植物园和莱比锡植物园，荷兰的莱顿植物园、法国的蒙彼利埃植物园等，如雨后春笋，纷纷冒出。

到了18世纪,植物园从关注草药,渐渐转为关注观赏植物和作物研究。那是一个大航海时代,也是殖民时代。成千上万的外来植物被运到欧洲的花园中进行分类。彼时,植物园的价值无可替代。它推动了世界经济的发展,经济作物成为殖民者的目标和追求。比如,在英国农奴制度下,土地所有者在印度西部用甘蔗、烟草等发财致富。西班牙的征服者则强迫当地的人民透露燃料作物的生产经验。

一个典型的例子是咖啡。自从17世纪荷兰殖民者在也门发现了咖啡,咖啡种植园便在爪哇、苏门答腊岛、巴厘岛等殖民地遍地开花。他们把种子从爪哇运回阿姆斯特丹在温室进行繁殖,然后将该种子传入欧洲其他国家。接着,法国人在印度西部的马提尼克岛建立咖啡种植园,葡萄牙人把咖啡种子从他们的殖民地果阿带到巴西,而西班牙人则从古巴把种子带到巴西。由此,咖啡这一经济作物在世界上得到迅速传播。

进入19世纪,以英国皇家植物园邱园为代表的欧洲植物园拥有更大的野心——响应国家的战略资源需求,频繁进行植物考察和收集。邱园派出了很多植物学家、探险者前往更加遥远的地方,雄心勃勃地挖掘全球植物资源。对他们来说,经营扩大植物园就像发现新大陆一样兴奋。

也是那时,一株小小的植物,影响了中国的历史进程。这就是茶叶。

当茶叶成为欧洲上流社会的时髦饮品后,为了源源不断在中国继续获取茶叶等贸易物资,英国想尽一切办法。据史料记载,当时西方与中国的主要外贸商品就是茶叶、丝绸和瓷器这三样。许多洋行在上海集中设点,主要原因也是上海靠近茶叶和丝绸产区。为了打开中国市场,获得这些物资,洋行们不惜采取用鸦片跟中国交换的方法。由此,这也成为"鸦片战争"的重要引子。

那么,除了贸易交换,有没有一劳永逸的办法把茶叶占为己有?据相关史料记载,英国植物学家福钧几次深入中国冒险,盗取茶苗。每一次都需要经历几个月的海上历险,虽失败了多次,但他仍不放弃,终于把茶苗成功盗了回去。可见,背后有多么强大的利益驱动。从此,全球贸易市场上,中国茶的地位迅速下降,欧洲的茶叶占据上风。从某种程度上说,植物也被赋予了一定的战略地位。

2 观全球,植物园是一艘留存物种的诺亚方舟

从生态学的角度来看,植物的重要性也无可替代。

以壳斗科植物为例,它是北半球的重要树种,在中国非常常见,其1/3的物种分布在中国。人类文明的发展、国家未来的决策依据,都与这样常见的植物息息相关。

十多年来,上海辰山植物园对占中国天然林总面积13.7%的壳斗科栎属植物进行了一系列研究,发现它之所以在中国种类如此丰富,取决于华南和西南地区复杂多变的地势地形与季风气候。常绿栎属植物的多样性,随气候和地势的变化而增加。这就意味着,它是一个非常理想的气候指示指标。当我们研究它的种类和分布规律时,往过去看,可以找到几百年来中国气候的变化规律;往未来看,可以预见今后的气候变化走势。另外,通过它的种群变化,可以提前预警乃至帮助政府决策做参考。

这就是植物与人类的关系。人类的命运与自然生态息息相关。濒危物种保育之所以重要,正是基于这样一个前提:人类以及所有其他生物的存在都离不开植物!某些植物物种的灭绝,可能会导致生态链某个环节断裂,生态系统遭到破坏,首当其冲活不下去的可能是人类,而不是自然界。

地球的自然生态经过千百年的自然演化可以自己慢慢修复,但人类就未必能等到那一天了。

尤其20世纪中后期,全球变暖、环境变迁、自然灾害和人为破坏风险等多种因素,令全球物种逐渐减少。人们已经开始意识到,保护生物多样性,就是保护人类自己。因此,进行濒危植物的保育,留下物种的种子,显得极其重要。而在所有可以从事植物保育工作的机构里,除了科研院所、大学、实验室等,植物园拥有一项独特优势——迁地保育。

当某种植物的生境遭到破坏,如丛林被烧、山头崩塌等,植物无法在原有环境活下来,它可以被迁到植物园里。拥有一定规模面积、空间优势的植物园,对它精心呵护,进行保育,留下种子。待到自然生境再度恢复,植物园能把植物重新种回去,修复毁坏前的生态链。植物园的迁地保育就仿佛一艘诺亚方舟,为人类文明留存物种。

据统计,世界上有10万种植物(占全球植物总数的1/3)正面临灭绝的危险。目前,已经有2000多个植物园投身到全球植物保护工作中来,共同形成了世界植物保护网络。

而中国作为大国,理应担负起更大的责任(任海,2017)。2021年,联合国生物多样性公约第15届缔约方大会将在中国昆明举办。这意味着,从全球人类文明的高度,保护生态体系、濒危动植物,中国在未来将会更加积极主动承担大国使命(洪德元,2016)。

3 观城市,植物园是城市的园艺师

21世纪是城市世纪。快速城市化的中国更是如此。以上海为例,这里交通四通八达,公共空间错综复杂。每天,大规模的人流、车流移动、交汇。这座寸土寸金的城市,哪里才能容下植物呢?

利用高架桥的桥墩种花种草是一个办法。如果城市里密布的高架桥下也能大面积变绿,那么城市景观数量、人均绿化率将会大幅提升。可是,缺少阳光、没有雨露,还有扬尘尾气侵袭,高架桥下的环境如此恶劣,植物怎样生长?

最大的难点来自低光照。园林部门曾在高架桥下种植绿化,在高架桥柱上种植爬藤植物,但生长情况都不佳,特别是东西向的高架桥,光照条件更差,种植的植物大多“半死不活”。为了寻找到合适的植物品种,研究团队把初选出来的80种植物送入“魔鬼训练营”进行测试。历经数年,终于筛选出30种具有超强单项或综合抗性的植物,如花叶柊树、茶梅、美丽野扇花、小叶蚊母、金心胡颓子、意大利络石、多枝紫金牛、蓝冬青、金边六月雪等,这些植物形态各异,叶色花色不同,配搭组合,十分漂亮。

上海丰盈的雨水资源也被用到这片多项技术集成的绿墙上,安装在各个植物模块中的吸水材料、灌溉设施,运用渗、滞、蓄、净、用、排等措施,雨水灌溉的稳定性基本达到自来水的水平,有效节约水资源。

如今,走在上海市闵行区虹梅南路元江路高架桥下,一眼望去是成片“竖”起来的立体绿化。在暗沉沉的光照下,这片超过1000m^2的绿墙郁郁葱葱,叶片油光发亮,几十个品种搭配成灵动的图案,远看犹如一幅生机盎然的画。

这样的园艺集成技术,可批量化生产、模块化安装,快速增绿、迅速成景,并至少5年内不用更换植物。这也是辰山植物园探索的新方向——城市园艺。

城市处处需要绿化,需要植物修饰。但是走在上海的街头巷尾,一个直观感受扑面而来:上海的路面很硬。尽管行道树看似身姿挺拔,但它们根部的生长环境却十分恶劣,大多是硬质下垫面。而且,行道树周边致密坚硬的土壤中,往往还掺杂一定量的石砾、玻璃、混凝土块等建筑垃圾。此外,上海的地下水位较高,地下管线设施繁杂,沿海土壤的盐碱程度高,有限的空间、恶劣的土壤、生物活性低、不透水铺装,再加上车水马龙对土壤的压实等,城市里的许多树木生长不良。

这就是城市环境下的特殊生态。如何在维持车辆通行功能的同时,再造自然?如何在有限空间下,使植物获得长期可持续健康生长?如何在城市更新时结合市政设施,提升城市韧性,打造海绵城市?

大家动足脑筋,想出了不少办法。比如,上海有4种代表性行道树占比最大,它们是香樟、银杏、悬铃木和广玉兰。通过物理改良、生物改良、化学改良、土壤调理剂等综合技术,相关研究团队研发出适宜这4种行道树生长的栽植基质,并进行示范推广。其中,配方土由两部分混合而成:满足强度框架所需的石块、符合植物生长需求的土壤;采用绿化植物废弃物堆肥形成的有机肥料、生物炭和土壤调节剂。它主要用于人行道、停车场等硬质铺装绿化。上海中心城区的人行道宽往往只有2m左右,不仅人的行动受到限制,树木的生长空间也被限制,加上地下市政管线和上方的架空线,城市的树木仿佛被框死了。现在用配方土连通的方式扩展根系生长空间后,底部设置排水盲管,可消纳树池周边硬质地面产生的雨水径流。

值得一提的是,每年上海的文化品牌项目——辰山草地广播音乐节,已成为诸多沪上市民的经典节目,为国内大型户外古典音乐会起到了很好的示范作用。而户外草坪音乐会所在的辰山植物园草地,其实也是一种"绿色剧场建造推广技术"。

在人口密集的中心城区,草坪是人们零距离亲近自然、改善生活质量的"黏合剂"。现在城市草坪最突出的问题是不可进入、不可踩踏、对公众开放程度低。通过探索和建造,辰山植物园在草坪技术上形成了自主知识产权的耐踩踏、低维护等方面的专利技术,整体风格为疏林草地,提高草坪场地的景观性和功能性,又形成一套有效的雨水循环利用系统,实现对城市零排放等生态效益。

城市是一个人造的巨大有机体。城市中,即便是小小的人造绿化,也与自然中野蛮生长、形成生态链条的绿色有本质区别。自然生态理论不适宜直接搬到城市。它需要多学科的跨界,不仅考虑植物与环境的关系,还得考虑植物与人的关系。其中可能涉及人类学、社会学、建筑规划学、景观学、心理学、经济学、行为学等。如此种种,城市与植物、生态如何互动,是一门新的学问。

4 观辰山,从一个有形的园子到一个无形的平台

"辰山模式"一词最早用来形容辰山植物园2013年的一次国际兰花展举办模式。当时为了做大做强上海主题花展品牌,辰山植物园与媒体合作,为上海市民和海内外游客打造了一个精彩纷呈、影响力极高的国际赏花品牌,开创了一种全新的花展举办模式,一度成为当年业内津津乐道的一个热词。自此以后,"辰山模式"的概念和内涵不断延伸,在植物园业内多次被专家们提及。而如今,在探索和创新中,"辰山模式"有了更深的内涵和使命担当。

一是对接国家战略,顺应时代需求。成功的植物园必须承载国家战略和全球使命。16世纪以来跨大陆、跨地区、跨国家之间的植物引种驯化及其发掘利用,深刻改变了世界经济社会格局,甚至影响了一些国家的兴衰。其中,植物园对植物引种驯化的贡献毋庸置疑,比如茶、橡胶、咖啡、海岛棉、西谷椰子等。最为突出的代表非英国皇家植物园邱园莫属。不少植物的野外

栖息地后期遭受破坏逐步濒危甚至灭绝,但邱园却将这些稀有植物资源保存了下来,并发展了“就地保护”,客观上发挥了植物保护这一使命。目前其在保护生物学方面成果突出,建立了全球最大的“千年种子库”。

调查表明,近年来我国植物园培育植物新品种1352个、申报植物新品种权证494个、获国家授权新品种452个、推广园林观赏/绿化树种17347种次、开发药品/药物748个、开发功能食品281个、推广果树新品种653个。其中中国科学院武汉植物园开展的我国特产猕猴桃属资源的研究与利用,对经济发展和科学技术水平的贡献都居于世界领先水平,创造了国人品牌与骄傲。

不过遗憾的是,由于经济植物学与太多学科交叉和关联,时至今日,在我国,它没有作为单独研究学科体现出来,而是以生物化学、分子生物学、植物组学等植物利用相关的学科来代替。植物园近一个世纪来一直承担着全球贸易交往的使命,理应再次肩负国家战略,盘活“一带一路”国家的资源,形成研究、保育、开发、贸易,最终产生经济效益的推手。

而新时代辰山植物园的发展模式也应当如此,必须与国家战略相结合,与现代技术进步相结合,重新建立植物与人的联系,立足上海的全球资源,成为全球贸易的平台推手(胡永红,2014)。

二是借助区位优势,用好科技力量。上海作为我国首批沿海开放城市,是长江经济带的龙头城市,是国际经济、金融、贸易、航运、科技创新中心。2004年,上海市人民政府启动辰山植物园的建设,这是我国20世纪90年代中央政府启动新一轮改革开放,推动上海经济发展再创新高之后,作为强化城市生态文明建设、打造国际化大都市的一个重要抓手。

近年来,随着信息化、大数据的深入发展,邱园等国际一流植物园的发展战略,已将信息学列为科研项目的基础支撑和制胜关键。地处上海这一国际化大都市,辰山植物园在经济、科技、人才和交通等方面具有较多先天优势。如今,辰山植物园牵头建立了华东地区植物名称检索、经济植物数据库、迁地保育植物科学数据库、标本数据库等各类在线数据库,为科研工作站及时高效地获取实验数据、提供科研产出,提供了便利,从而打造信息化时代“平台建设→数据积累→科学证据→科学发现”这一新型的科研发展模式。

通过运用科技手段,面向公众进行传播和教育,不仅可以加深社会对植物园的认识,同时也促使更多人理解城市发展、人类文明发展的使命。

比如,辰山植物园开发的“园丁笔记APP”,可以便捷地帮助工作人员从事一系列工作,如植物调查和养护管理过程中快速采集植物坐标、名称、植物物候和图像等数据,对数据进行溯源或查证。还有基于辰山数据库开发的“形色APP”,更是面向公众,激发兴趣。只需用手机对着植物进行拍摄,它就会自动辨认植物名称,向公众普及生物学知识。

如今,识别软件还在进一步细化、深化,利用AI(人工智能)深度学习功能,可以更加细致识别植物的品种,未来争取能够为专业人士所用。

三是注重开放合作,集聚多方资源。未来,辰山不只是一个物理空间中的“园”,还能成为大象无形的“平台”,凝聚各方创新的力量。

植物园可以在现代科学的夹缝中找到自己新的发展模式,如应对物种的不断丧失;创制高功效功能性食物,缓解人的慢性代谢综合征;结合自然科学和社会科学,发展新的综合学科,解决城市生态难题等。

近几年,西方植物学家在产自非洲的大戟属白角麒麟的汁液中发现了一种新化合物,它的辣度是辣椒的10000倍,现在被美国人开发用作癌症晚期的止痛功能。20世纪,美国从成千上万种植物中筛选抗癌植物,最终找到了紫杉。如今,基于这种植物开发的"紫杉醇"药物,已经成为广泛应用的化疗抗癌药物,获得医学和商业模式的巨大成功。

辰山植物园同样也在进行类似研究,解析整个黄芩素生物合成途径,破译中药黄芩产生抗癌活性物质的遗传密码,进行代谢分析。代谢研究的一大用处是,当我们掌握了植物代谢相关的机理,那么就不需要再通过原始的种植—培育—提炼植物代谢物的方法,可以直接通过微生物等合成代谢产物,快速进行药物或其他应用。

在世界的各个角落,植物园为农林、园艺和药物研发提供植物素材,为各界人士提供世界植物信息资源,为城市居民提供休闲娱乐场所和更好的城市生态环境(胡永红,2017)。在不远的未来,植物园还将力求成为新植物资源和技术中心,助推植物学信息的共享与传播,解决人类所面临的资源、环境和健康难题,从而更好地促进科学发展、践行生态文明。这些都是现代植物园的重要职责。

致谢:感谢辰山多位同事,尤其是刘夙博士和王西敏先生的帮助!

参考文献

贺善安,顾姻,2017. 植物利用研究与植物园的生命力[J]. 生物多样性,25(9):934 - 937.

洪德元,2016. 三个"哪些":植物园的使命[J]. 生物多样性,24:728.

胡永红,杨舒婷,杨俊,等,2017. 植物园支持城市可持续发展的思考——以上海辰山植物园为例[J]. 生物多样性,25(9):951 - 958.

胡永红,2014. 植物园建设的几个要点[J]. 中国园林,30(11):88 - 91.

黄宏文,2017. 艺术的外貌、科学的内涵、使命的担当——植物园500年来的科研与社会功能变迁(一):艺术的外貌[J]. 生物多样性,25(9):924 - 933.

黄宏文,2018. 艺术的外貌、科学的内涵、使命的担当——植物园500年来的科研与社会功能变迁(二):科学的内涵[J]. 生物多样性,26(3):304 - 314.

任海,段子渊,2017. 科学植物园建设的理论与实践[M]. 2版. 北京:科学出版社.

基于收集和保育的植物园科研体系的建立
——以辰山植物园唇形科研究为例

魏宇昆[1*]　杨　蕾[1]　赵　清[1]　胡永红[1]　陈晓亚[1,2]

（1. 上海辰山植物园/中国科学院上海辰山植物科学研究中心，上海 201602；
2. 中国科学院分子植物科学卓越创新中心/植物生理生态研究所，上海 200032）

摘要：上海辰山植物园作为国内最年轻的植物园之一，在建园之初借助院地合作的契机，积极探索将植物园的核心功能与基础科研有机融合，基于唇形科专科专属的系统性收集和保育，以及中国科学院植物生理生态研究所植物次生代谢研究的传统优势，在加强活植物管理的基础上，建立种质资源库及资源共享机制，杂交选育新品种，进行专类植物的展示和科普教育，探索出一条保护、研究、利用相结合，并积极服务社会的辰山植物园科研模式。

关键词：植物园功能，资源收集，植物次生代谢，唇形科，鼠尾草属，科研体系

Establishment of Scientific Research System of Botanical Garden Based on Collection and Conservation:
A Case Study on Lamiaceae Research from Shanghai Chenshan Botanical Garden

WEI Yu-kun[1*]　YANG Lei[1]　ZHAO Qing[1]　HU Yong-hong[1]　CHEN Xiao-ya[1,2]

(1. *Shanghai Chenshan Botanical Garden/Shanghai Chenshan Plant Science Research Center, CAS*, *Shanghai* 201602; 2. *CAS Center for Excellence in Molecular Plant Sciences/Institute of Plant Physiology and Ecology*, *Shanghai* 20032)

Abstract: Shanghai Chenshan Botanical Garden is one of the youngest botanical gardens in China. At the beginning of its establishment, Chenshan actively explored the integration of the core functions of the botanical garden with scientific research, based on the systematic collection and conservation of Lamiaceae, and the advantage of plant secondary metabolism research of Institute of Plant Physiology and Ecology, Chinese Academy of Sciences. We strengthen the foundation of living plant management, establish a Lamiaceae germplasm bank and resource sharing mechanism, conduct on breeding for hybridization and new varieties, displaying and education of plant knowledge, and explore a scientific research mode of Chenshan Botanical Garden, which combines protection, research and utilization, and actively serves the society.

Keywords: Function of botanic garden, Plant collection, Secondary metabolism, Lamiaceae, *Salvia*, Research system

生物资源是人类赖以生存和发展的基础，它为人类繁衍提供基本物质需要，为人类健康提供药物来源，不但是工农业生产的重要支柱，更是维持生态系统平衡的基本要素。我国是世界上植物资源最为丰富的国家之一，拥有约10%的全球物种数量，是水稻、大豆等重要农作物的起源地，植物资源利用历史悠久。党的十八大将生态文明建设提升为国家战略，提出建设“美丽中国”，为植物资源的保护与开发利用提出了更高的要求。植物园作为一个收集植物、展示植物、研究植物并提供人们休闲娱乐的场所，肩负着传播科学知识、保护植物多样性和促进植物资源可持续利用的重任。

要加强植物园的建设，提高植物园的水平，就一定要大力加强活植物的收集（贺

善安 等,2005)。同时科学研究是植物园发展的主体和基石,尤其是基于活植物引种收集、栽培驯化和发掘利用的研究,始终贯穿着植物园的发展历程,是植物园的核心价值所在(黄宏文,2018)。但我国植物园基于活植物收集的科学研究比例仍较低,尚未形成明显的研究特色,植物资源应用仍有待加强。一个可持续发展的植物园应当充分考虑国家和社会的需求,基于本植物园收集的重点类群,通过建立一个合理有效的科研体系来开展系统性的科学研究,并不断产出科研成果为国家和社会提供服务,才能真正顺应时代的需求,促进城市生态、经济和文化发展(胡永红 等,2017)。上海辰山植物园作为我国年轻的第三代植物园,基于自身的特色优势收集类群,围绕着华东植物资源的保护和利用开展了相关的科研工作,并通过开放合作努力探索建立系统的科研体系和产学研用机制。

丰富的物种资源、广泛的开发利用前景、较高的园艺价值和突出的科学研究意义,使得唇形科植物的收集、保育和研究成为上海辰山植物园重要且具特色的领域。辰山有一支专业的引种收集和园艺支撑团队负责唇形科植物的野外调查、收集和保育,由陈晓亚院士和Cathie Martin研究员分别领衔的科研团队针对丹参、黄芩及其近缘种的基因组、转录组、蛋白质组、次生代谢物的生物合成与调控、代谢工程等开展研究。我们从调查、收集、保育、杂交育种和基础理论的不同层面,开展了基于唇形科资源的一系列研究和开发利用工作,形成了从宏观到微观的较为成熟的科研体系。

1 资源调查与收集

资源调查和收集以生物多样性热点区域为重点,主要聚焦在横断山脉和武陵山区。横断山的鼠尾草属(*Salvia*)物种数量占到整个中国物种数量的50%,其中特有种占到一半以上。我们进一步选择滇西北为核心收集区域,并将丽江、大理和香格里拉3个物种最多的地区作为活植物调查和收集的重中之重。另外,对于物种保育和种群生态学研究来说,以居群为单位的收集十分必要,因此选择丽江玉龙雪山自然保护区的鼠尾草为重点研究对象,进行全面系统的活植物收集以及定位观测。该区域集中分布了11种鼠尾草,其中可药用的5~6种,以居群为单位的收集和研究为深入理解物种的多样性维持机制、气候变化和人为干扰对物种的影响以及可持续利用奠定基础。

近十年来,团队已累计调查我国25个省市区的1128个分布点的鼠尾草属居群,引种活植物132种10000余株,其中中国原产物种73种,国外物种59种,种子19万余粒,分子材料8874份,标本2639份,包括大量的植物化学和土壤分析样本。另外,我们已调查全国黄芩属(*Scutellaria*)65个分布点,引种22个原种的活植物690株,还重点收集引种了唇形科的香薷属(*Elsholtzia*)、香茶菜属(*Isodon*)、龙头草属(*Meehania*)、青兰属(*Dracocephalum*)、益母草属(*Leonurus*)、荆芥属(*Nepeta*)、糙苏属(*Phlomis*)、鸡脚参属(*Orthosiphon*)、迷迭香属(*Rosmarinus*)、薰衣草属(*Lavandula*)等国内外优良种质资源,用于药用和观赏价值评价和开发应用。

2 活植物管理和保育研究

活植物的引种管理应与相关的科研团队密切配合,有针对性地进行研究材料的采集、栽培和繁殖,满足科研需要,而保育和研究目标的实现有赖于植物引种后的高水平养护和管理。野生植物不同于成熟的驯化品种,来自不同地理区域、不同海拔、不同生境、不同生物学特性的植物千差万别,对栽培和环境要求不尽相同,管理成功的关键在于有一个专业且稳定的团队,团队成员应参与野外调查和养护管理的整个过程,通过长期的经验积累,才能有效保障引种植物的正常生长和繁殖。经过不懈努力,辰山建立了国内收集鼠尾草属和黄芩属活植物最为丰富的资源圃,并于2016年获批建立国家林草局上海市唇形科植物国家林木种质资源库。

围绕重点引种的植物类群,我们开展了保育的基础研究工作,包括分类学、系统进化、物种形成和传粉生态学等方面。课题组对全国主要标本馆的鼠尾草属标本进行鉴定与考证,整理国产物种原始发表文献和描述,已调查一半以上物种的模式产地,完成了花的形态解剖和测量,发表和订正鼠尾草属新名称4个,为中国鼠尾草属的分类修订和资源现状评估奠定基础。我们构建了鼠尾草属110个物种的完整叶绿体基因组和核基因片段系统树,揭示了鼠尾草属内可能存在频繁的自然杂交现象。完成了南丹参(*Salvia bowleyana*)、舌瓣鼠尾草(*S. liguliloba*)、栗色鼠尾草(*S. castanea*)、黄花鼠尾草(*S. flava*)、橙色鼠尾草(*S. aerea*)和荫生鼠尾草(*S. umbratica*)的传粉生态学和繁育系统研究,首次发现了唇形科中的延迟自交现象,阐明了南丹参和舌瓣鼠尾草的生殖隔离机制,以及栗色鼠尾草和黄花鼠尾草的自然杂交现象。对珍稀濒危物种张家界鼠尾草(*S. daiguii*)的物种保护、回归引种、种群重建、资源利用和科普教育在植物园与原产地同步展开,取得阶段性成果,社会效益也逐步体现。

3 基于资源的植物次生代谢研究

药用植物的次生代谢物产物与人类健康用药息息相关,这也是我们关注的重点之一。课题组对鼠尾草属和黄芩(*Scutellaria baicalensis*)中的活性成分及代谢途径开展了系统研究工作,重点对丹参中的萜类和酚酸类物质的生物合成及调控、相关基因工程与合成生物学、鼠尾草属植物的转录组学和代谢组学进行系统性研究。目前已完成鼠尾草属60个物种的脂溶性二萜和水溶性酚酸类物质的定量分析,以及300余种化合物的定性检测工作。通过比较转录组我们对丹参酮类生物合成途径的候选基因进行了挖掘和筛选,并对关键酶基因的功能进行了鉴定。特别是对该属模式种药鼠尾草(*S. officinalis*)的基因组测序、关键萜类合酶和CYP450家族修饰酶类的功能进行深入研究。利用转录组数据鉴定了倍半萜类合酶基因SmSTPS1、SmSTPS2和SmSTPS3,首次发现了新的产物(-)-5-epieremophilene。

研究团队还以黄芩为材料,通过代谢组学研究,分析得到400余种黄芩中的次生代谢化合物。我们改进了黄芩发状根诱导及培养方法,建立了发状根转基因体系及RNA干扰体系,发现了黄芩植物中存在两条不同的黄酮代谢途径,分别负责黄芩地上部分的野黄芩素和根中特殊的黄芩素、汉黄芩素合成,为合成生物学异源合成这些物质提供了基础。完成了黄芩基因组测序,占预估基因组的94.73%,共注释了28930个基因,进一步揭示了黄芩特异黄酮途径的进化机制。

4 种质创新及新品种培育

基于建立的鼠尾草标准化描述和种质资源评价系统,以及已分析物种的活性成分、引种栽培适应性以及观赏及抗逆特性,我们开展了引种鼠尾草资源和潜在利用价值的综合评价工作。利用属内种间遗传相容性高的优势,通过人工杂交选育,将优良性状定向组合,获得了具有多种抗性特性和高含量活性成分的种质资源,为开发利用鼠尾草的园艺和药用价值奠定基础。团队还利用47个物种为亲本材料获得了261个杂交后代组合,获得35个具有较高观赏性和潜在利用价值的杂交后代,并与中国农科院合作完成《鼠尾草属DUS测试指南》的编撰,推动国内优良鼠尾草资源的保护和开发利用。我们还与中国科学院昆明植物研究所合作建立鼠尾草迁地保育基地,开展物候观测、引种驯化和品种选育研究,利用云南丰富的唇形科资源,筛选优良种质。

5 专类植物展示和科普教育

世界现代植物园可以说是从药用植物园发展而来的,目前许多植物园中都有药用植物专类园。利用植物园收集的资源通过精心布置,向公众展示自然之美、传递生态保护和科学理念也是植物园的一大职责和功能所在。在辰山植物园的中心专类园区域,以"植物与健康"为主题建成的 40000m^2 的药用植物园,包括了鼠尾草园、本草园、香草园、芍药园 4 个园中园。该园区通过立足华东植物区系,突出地方特色,追求多样化配置,主要展示对人类生活影响较深的、注重养生保健的、现代研究前沿的药用植物。鼠尾草园作为专类植物的重点展示园,位于药用植物区中部,占地面积 3000m^2 。以自然风格为主,主题突出多样性和世界性分布,重点展示了分布于美洲、欧洲和亚洲等世界各地的鼠尾草属植物 300 个种(含品种),结合科研、科普及园艺展示,介绍其独特的观赏、食用、药用及科研价值。

6 资源共享和成果转化

为了发挥植物资源的更大价值,我们借助资源库收集的大量种质资源和完整信息,通过建设开发鼠尾草属种质资源信息网站,有效地利用和管理相关信息,开展国内外资源共享与合作。辰山先后与英国皇家植物园邱园、爱丁堡植物园,德国汉堡植物园,澳大利亚墨尔本植物园,中国科学院昆明植物研究所,浙江理工大学和中国农科院等单位建立了合作研究、资源共享和材料交换机制,提供和交换的唇形科材料(累计 20 余次,含 92 个物种 1279 个样本)用于分子鉴定、系统发育、有效成分、代谢合成和杂交选育等研究。资源共享进一步拓宽了合作渠道,扩大了资源的利用范围和领域,同时服务于更多机构开展科学研究。另一方面,我们基于对唇形科鼠尾草的研究成果,也积极探索合理有效的方式将其转化并服务于社会。我们在浙江上虞建立了院士工作站,为当地的丹参栽培提供技术支撑。2019 年 12 月中国产学研合作促进会成立中国丹参产业技术创新战略联盟,辰山植物园作为全国较早开展丹参及其资源收集和利用的理事单位,将发挥独特的资源和人才优势,为药用植物的研究和成果转化尽一份力。

7 结语

经过十年发展,辰山研究团队已经在唇形科(尤其是鼠尾草属和黄芩属)研究领域形成自己的特色,积累了丰富的种质资源,构建了比较完整的科研体系,建立了上海市唇形科植物国家林木种质资源库,获得 6 项国家和中国科学院基金,以及上海市绿化和市容局科学技术项目的支持。发表 50 余篇科研论文,1 项授权专利,受到国内外同行较高的关注。作为一个年轻的植物园,辰山一直以"国内领先、国际一流"为目标,以"精研植物、爱传大众"为使命,并将之深入践行,持续奋斗。

参考文献

贺善安,顾姻,於虹,等,2005. 论植物园的活植物收集[J]. 自然资源与环境学报,14(1):49-53.

胡永红,杨舒婷,杨俊,等,2017. 植物园支持城市可持续发展的思考——以上海辰山植物园为例[J]. 生物多样性,25(9):951-958.

黄宏文,2018. "艺术的外貌、科学的内涵、使命的担当"——植物园500年来的科研与社会功能变迁(二):科学的内涵[J]. 生物多样性,26(3):304-314.

世界主要科研型植物园简介

马金双[1]

(1.上海辰山植物园,上海 201602)

摘要:介绍世界上20个以科研为主的著名植物园(包括树木园)和他们的科研及其成就。

关键词:植物园,外国,科研

Brief Introduction of Major Foreign Botanical Gardens with Special in Science

MA Jin-shuang[1]

(1. *Shanghai Chenshan Botanical Garden*, *Shanghai* 201602)

Abstract: Twenty famous foreign botanical gardens (including arboretum) with special in science, and their research work as well as achievement, were introduced briefly.

Keywords: Botanical Garden, Foreign, Research

世界上的植物园(包括树木园,下同)很多,仅国际植物园保护联盟(BGCI)注册的就有100多个国家和地区的600多个(还有很多没有注册的)。世界上著名的植物园也很多,但特色不同。本文选取世界上20个以科研为主的著名植物园作简单介绍,并特别关注他们的科研及成就。他们是:爱尔兰的国家植物园,澳大利亚国家植物园和维多利亚皇家植物园,巴西的里约热内卢植物园,比利时的梅西植物园,德国的柏林植物园与植物博物馆,俄罗斯的圣彼得堡植物园,法国的国家自然历史博物馆,瑞士的日内瓦市温室与植物园,斯里兰卡的皇家植物园,美国的哈佛大学阿诺德树木园、密苏里植物园和纽约植物园,南非的克斯腾伯斯国家植物园,西班牙的马德里皇家植物园,新加坡的新加坡植物园,印度的印度植物园,印度尼西亚的茂物植物园,英国的爱丁堡皇家植物园和皇家植物园邱园。内容包括地理位置、成立时间、园区面积、收藏活植物种类、植物标本馆和图书馆收藏量,主要特色、主要研究领域及其成就等(按国别先后顺序排列如下;所有内容均依据其官方网址(部分数据参考了BGCI会员内容:https://toolsbgciorg/garden_searchphp,截止时间2020年8月20日星期四)。

爱尔兰:国家植物园(National Botanic Garden,http://botanicgardensie/glasnevin/)

位于首都都柏林的格拉斯奈文区,成立于1790年,占地195hm^2,收集活植物约1.5万种(含品种,下同),植物标本馆收藏约75万份,图书馆藏书2万多卷,外加国内外期刊以及国际种苗交换名录等。研究注重于本土植物,包括《爱尔兰植物志》等,特别是珍稀濒危以及保护植物,且数字化。

澳大利亚:澳大利亚国家植物园(Australian National Botanic Gardens,https://wwwanbggovau/indexhtml)

位于首都堪培拉(简称堪培拉植物园),成立于1949年,占地35hm^2,收集活植物约7000种,标本馆约120万份,图书馆2万多卷,400多种国内外期刊以及5000多幅地图等。与澳大利亚国家生物多样性研究中心(Centre for Australian National Biodiversity Research,CANBR)组成庞大的科研队伍,注重于本土植物多样性研究,特别是各种形式的植物数据库与网络资源,包括著名的《澳大利亚植物志》(*Flora of Australia*, https://profilesalaorgau/opus/foa,1981—)和澳大利亚植物名称索引(Australian Plant Names Index,APNI,https://wwwanbggovau/apni/indexhtml,1991—)等,引领植物研究多样性的信息时代。

澳大利亚:维多利亚植物园——墨尔本植物园(the Royal Botanic Gardens, Victoria - Melbourne Gardens)

维多利亚植物园由墨尔本植物园和克兰本植物园两个组成(本文只介绍前者)。墨尔本植物园位于维多利亚州府墨尔本,成立于1846年,占地38hm^2,收藏活植物约1万种,标本馆收藏约150万份,图书馆藏书与期刊5万多卷册以及大量的档案。侧重于维多利亚植物及其多样性的研究,特别是澳大利亚的代表性植物,诸如豆科、桃金娘科、山龙眼科等,出版物包括期刊*Muelleria*(1955—)以及4卷本的*Flora of Victoria*(1993—1999,原生与归化植物)和5卷本的*Horticultural Flora of south - eastern Australia*(1995—2005,栽培植物),且全部数字化。

巴西:里约热内卢植物园(Jardim Botânico do Rio de Janeiro, Rio de Janeiro Botanical Garden,http://wwwjbrjgovbr/)

位于里约热内卢市南区,成立于1808年,占地约140hm^2,收藏活植物约1万种,馆藏各类植物标本80万份,馆藏图书与期刊达10余万卷册;致力于植物多样性的收集与研究(所有类群,包括菌物、藻类、苔藓和维管植物),以及珍稀濒危与保护植物研究,出版物包括里约热内卢植物、巴西植物名录(在线:https://ckanjbrjgovbr/dataset/floradobrasil,2010—)、巴西植物志(在线:http://floradobrasiljbrjgovbr/,2016—),特别是数据库与虚拟标本馆等具有特色。

比利时:梅西植物园(2014年之前称为比利时国家植物园)(Meise Botanic Garden, as National Botanic Garden of Belgium before 2014,https://wwwbrusselsmuseumsbe/en/)

位于布鲁塞尔北部梅西市,1958年由市区迁入新址梅西(原址现称为布鲁塞尔植物园,始建于1795年),占地约92公顷,收藏活植物约1.8万种,馆藏植物标本400万份(包括藻类、菌物、苔藓和微管植物),馆藏图书与期刊达20多万卷册;致力于本国以及欧洲、中非和南极的藻类、菌物、苔藓和植物的收集与研究,特别是生物多样性与保护、进化、生态系统、植物的利用以及珍稀濒危与保护植物研究。

德国:柏林植物园与植物博物馆(Botanischer Garten und Botanisches Museum Berlin,https://wwwbgbmorg/en/home)

位于柏林(常称为柏林植物园),1910年由市区移入新址达莱(Dahlem,故又称为柏林达莱植物园;原址位于市中心,今为公园,建于1679年),占地约126英亩(约51hm^2),收藏活植物约2.2万种,馆藏植物标本380万份,馆藏图书与期刊达30多万卷册。新址是著名植物分类学家恩格勒(Adolf Engler,1844—1930)领导筹建并实施的,他不但承担了新植物园的设计与施工,同时还领导了一百多年前植物分类学领域著名的恩格勒学派,出版了系列性并至今影响植物分类学的专著(如恩格勒系统等),遗憾地是“二战”时标本和图书等损失惨重。然而,一百多年来,柏林植物园致力于世界性植物的采集、鉴定、研究、展示和保护的宗旨并没有变化,同时开展了现代的分子技术和信息技术。目前主编的出版物有*Willdenowia*(1954—)和*Englera*(1963—)。

俄罗斯:圣彼得堡植物园(Saint Petersburg Botanical Garden, http://wwwbinranru/)

位于圣彼得堡,正式建立于1823年(始称帝国植物园,原为建于1714年的药用植物园),1830年隶属俄罗斯科学院,1831年与植物博物馆合并,更名为植物研究所,1940年更名为"苏联科学院科马洛夫植物研究所"(前苏联解体后改名为俄罗斯科学院科马洛夫植物研究所),占地约19公顷,收藏活植物约1万种,馆藏植物标本600多万份,馆藏图书与期刊达50余万卷册。已经成为一个综合性的植物学研究机构,特别是致力于植物分类学和植物地理学研究,出版众多前苏联的植物名录以及植物志,如多达30卷的《苏联植物志》(*Flora SSSR*,1934—1964),以及各加盟共和国植物志等。目前主编的出版物有*Komarovia*(1999—)等。

法国:国家自然历史博物馆(Muséum national d'histoire naturelle, https://wwwmnhnfr/en)

位于巴黎第五大区,其前身为成立于1635年的皇家药用植物园(Jardin royal des plantes médicinales),1718年更名为皇家公园(Jardin du Roi'),1793年又被改建为国家自然历史博物馆,现包括植物园(Jardin des Plantes)和动物园;占地26hm^2,收藏活植物约1.8万种,隐花植物和显花植物标本馆收藏总数达800万份,是世界上收藏最多的机构之一,图书馆藏书与期刊2万多卷册。研究注重于分类与演化、分子多样性、生态与多样性管理、地学、人类、自然和史前等,植物学方面多为海外早期的殖民地工作,特别是马达加斯加、新喀里多尼亚以及多卷本的《柬埔寨、老挝和越南植物志》(*Flore du Cambodge, du Laos et du Vietnam*,1960—)等。

美国:哈佛大学阿诺德树木园(The Arnold Arboretum of Harvard University, https://arboretumharvardedu/)

位于麻州波士顿南郊牙买加平原市,1872年建立,占地约114公顷,收藏活植物约3850种(特别是北美洲和东亚木本植物),馆藏图书与期刊达4万卷册,以及丰富的网络资源,另有65万张照片及丰富的网络档案资料,21世纪初建立了多功能的科学实验室。位于波士顿北部剑桥市的哈佛大学植物标本馆(Harvard University Herbaria, https://huhharvardedu/pages/about)馆藏标本达500多万份(包括A、AMES、GH,ECON,FH),图书馆收藏近30万卷册,其植物(分类)数据库索引(Index of Botanical Databases, https://kikihuhharvardedu/databases/)包括学者、出版物、标本和图像,享誉世界植物分类学界;另有分子实验室。哈佛历史上曾以东亚植物研究闻名于世,特别是百年前威尔逊(Ernest H Wilson, 1876—1930)的采集与相关工作,近年来的有英文版中国植物志网络版(*Flora of China*, http://florahuhharvardedu/china/),以及横断山生物多样性(*Biodiversity of the HENGDUAN MOUTAINS and adjacent areas of south - central China*, http://hengduanhuhharvardedu/fieldnotes)。目前主编的出版物有Harvard Papers in Botany。

美国:密苏里植物园(Missouri Botanical Garden, https://wwwmissouribotanicalgardenorg/)

位于密苏里州圣路易斯市,1859年建立,占地约79英亩(约32hm^2),收藏活植物约17500种,馆藏标本近700万份,馆藏图书与期刊达30万卷册;具有庞大的科研队伍,特别是植物分类学领域闻名于世,尤其是他们开发的植物(分类信息)数据库(https://wwwtropicosorg/home, 1982—)。以研究中美洲和北美洲植物而著名,例如多达11卷的中美洲植物志(*Flora Mesoamericana*,1994—)和多达30卷的《北美植物志》(*Flora of North America North of Mexico*,1993—;目前完成大约 70%)。20 世纪 90 年代开始中美合作项目——《中国植物志(英文版)》(*Flora of China*,25 卷文字版,1994—2013;24 卷图册版,1998—2013)和《中国藓类志(英文版)》(*Moss Flora of China*,8 卷本,1999—2011);此外,还有 Peter F Stevens(1944—)创建的当今世界著名的 APG 系统网址(ANGIOSPERM PHYLOGENY WEBSITE, http://wwwmobotorg/MOBOT/Research/APweb/welcomehtml);他同时也是该系统 4 个版本(1998、2003、2009 和 2016)均为作者的两位学者之一(另一位参见邱园介绍);主编的期刊有 *Annals of the Missouri Botanical Garden*(1914—),以及很多国人学者所熟悉的 *Novon: A Journal for Botanical Nomenclature*(1991—)。

美国:纽约植物园(The New York Botanical Garden,https://wwwnybgorg/)

位于纽约市布朗区,1891 年建立,占地约 250 英亩(约 101hm²),收藏活植物近 1.5 万种,馆藏标本近 800 万份,馆藏图书 55 万卷,期刊达 1800 多种。具有庞大的科研队伍,特别是植物分类学和经济植物学研究领域闻名于世;植物标本馆开发的网络版世界植物标本馆数据库(Index Herbariorum, http://sweetgumnybgorg/science/ih/),每位从事植物分类学的研究人员必须参考;研究以新大陆植物著称,如主编的新热带植物志(*Flora Neotropica*,1967—)已经出版 100 多卷;近年来与制药公司巨头辉瑞合作建立了分子实验室,从事药用植物分子方面的工作。主编的期刊有 *Botanical Review*(1935—)、*Brittonia*(1931—)和 *Economic Botany*(1947—)等。

南非:克斯腾伯斯国家植物园(Kirstenbosch National Botanical Garden, https://wwwsanbiorg/gardens/kirstenbosch/)

位于开普敦市桌山东坡,1913 年建立(1989 年与其他国家植物园和植物研究所组成国家植物研究所,2004 年更名为南非国家生物多样性研究所,South African National Biodiversity Institute,SANBI),占地约 528hm²,收藏活植物近 5000 种,馆藏标本近 85 万份,馆藏图书 8000 卷,期刊达 750 多种,另有单行本 5000 份。具有庞大的科研队伍,研究开普敦和南非本地植物和入侵植物,特别是具有完整的植物多样性信息化网络资源(包括有关的出版物等)。

瑞士:日内瓦市温室与植物园(Conservatory and Botanical Garden of the City of Geneva,http://wwwville-gech/cjb/)

位于日内瓦市(简称日内瓦植物园),1817 年建立,占地约 69 英亩(约 28hm²),收藏活植物 1.4 万种,馆藏标本近 600 万份,馆藏图书与期刊达 22 万卷册,甚至包括很多 16 和 17 世纪林奈以前的经典著作。日内瓦植物园由 Augustin de Candolle(1778—1841)创建,其家族 3 代人编著多达 17 卷的首部《世界植物志》(*Prodromus Systematis Naturalis Regni Vegetabilis*,1824—1873);特别是 De Candolle 创建了分类系统(1813 和 1824),而儿子(Alphonse de Candolle,1806—1893)又首次倡导命名法律(1867),即今日命名法规的雏形。其标本以及文献等收藏极为丰富,特别是有关早年的工作。研究侧重于瑞士与高山植物、地中海、非洲和马达加斯加,以及植物多样性保护等。现出版物包括 *Candollea*(1922—)和 *Boissiera*(1936—),以及《巴拉圭植物志》和《乍得植物志》。

斯里兰卡:皇家植物园(Royal Botanical Garden, Peradeniya, http://wwwbotanicgardensgovlk/)

位于中央省省会康提郊外的佩拉德尼亚区(又称为佩拉德尼亚植物园),建于 1821 年,占地 147 英亩(约 60hm²),收藏 4000 多种,特别富有兰花和棕榈,以及香料和药用等热带植物;国家植物标本馆收藏16万份;其著名的工作包括6卷本的《斯里兰卡植物志手册》(*A Hand-Book to the Flora of Ceylon*, 1896—1900)及其15卷的修订版(*A Revised Handbook to the Flora of Ceylon*, 1980—2006)。

西班牙:马德里皇家植物园(Real Jardín Botánico de Madrid,wwwrjbcsices)

位于马德里市区(简称马德里植物园),建于1755年,占地20英亩(约8hm²),收藏6000多种活植物;植物标本馆收藏115万份;图书馆收藏34万卷册及2000多种期刊,外加2万多份历史档案和1万多张绘图;研究侧重于本地植物及其多样性与保护,出版了著名的《利比里亚植物志》(*Flora Iberica*, 1980—,目前已出版21卷)及《利比里亚菌物志》(*Flora Mycologica Iberica*, 1995—,目前已出版6卷)。

新加坡:新加坡植物园(Singapore Botanic Gardens, http://wwwsbgorgsg/indexasp)

位于新加坡市区,建于1859年,占地82hm²,收藏8700种活植物,植物标本馆收藏75万份,图书馆收藏3万多卷册,包括4000多珍稀图书和绘图;2015年入选联合国教科文组织的世界遗产名录;侧重于本地和热带亚洲植物及其多样性研究与保护,部分人员还参与了著名的《马来西亚植物志》(*Flora Malesiana*)工作(https://floramalesianaorg/new/);主办的刊物 *Gardens' Bulletin Singapore* (1947—) 和 *Gardenwise* (1989—)。

印度:印度植物园(Indian Botanical Garden, https://bsigovin/bsi - garden/en?rcu=140)

位于加尔各答市豪拉区(常称为加尔各答植物园),建于1787年,占地约110hm²,收藏数千种活植物,植物标本馆收藏200万份,图书馆收藏约2万卷册;作为印度植物调查局(Botanical Survey of India, BSI, https://bsigovin/)的中心,印度植物园联合其他相关机构,侧重于本国植物及其多样性研究与保护,主持编写诸多植物志,包括《印度植物志》(*Flora of India*)和地方植物志等;主办的刊物 *NELUMBO-The Bulletin of the Botanical Survey of India*(1959—)。

印度尼西亚:茂物植物园(Kebun Raya Bogor, the Bogor Botanic Gardens, http://krbogorlipigoid/id/berandahtml)

位于西爪哇省茂物市,建于1817年,占地约87hm²,收藏4000多种活植物,特别是兰科、大花草科、夹竹桃科和龙脑香科等,植物标本馆收藏5万份,图书馆收藏数千种;研究侧重于本地植物及其多样性研究与保护,尤其是兰花、热带果树、药用植物、棕榈和水生植物等;1967年成立的印度尼西亚科学研究所(Lembaga Ilmu Pengetahuan Indonesia, LIPI, The Indonesian Institute of Sciences)包括4个植物园(其他3个植物园分别是:Cibodas Botanical Garden, West Java, Purwodali Botanical Garden, East Java, Bali Botanical Garden, Bali),使其成为重要的综合性研究机构;主办的刊物 *Reinwardtia*(1950—)。

英国:爱丁堡皇家植物园(The Royal Botanic Garden Edinburgh, https://wwwrbgeorguk/)

位于苏格兰爱丁堡市(简称爱丁堡植物园),1670年建立,占地约28hm²,收藏活植物近1.5万种,馆藏标本近300万份,馆藏图书7万卷册,期刊达15万种。侧重于高山植物,包括青藏高原和喜马拉雅等地区,特别是杜鹃花等收藏和研究闻名于世,出版物包括《尼泊尔植物志》(*Flora of Nepal*, 2013—, http://wwwfloraofnepalorg/),以及详细的在线植物名录(Catalogue of Plants, https://datarbgeorguk/search/livingcollection/)。目前主编的期刊有 *Edinburgh*

Journal of Botany(1900—)等。

英国:皇家植物园邱园(The Royal Botanic Gardens, Kew,https://wwwkeworg/)

位于伦敦西南郊里士满市邱区(简称邱园),1759年建立,占地约132公顷,收藏活植物近2.7万种,馆藏标本812万份(包括菌物),馆藏图书与期刊达75万卷册,另有17万各类档案与绘图;早年建立了实验室(Jodrell Laboratory, http://wwwkeworg/visit-kew-gardens/explore/attractions/jodrell-laboratory),近年来又建设了著名的千年种子库(The Millennium Seed Bank,https://wwwkeworg/wakehurst/whats-at-wakehurst/millennium-seed-bank),2003年入选联合国教科文组织的世界遗产名录。邱园是世界上著名的植物分类学中心,不管是历史上还是信息时代的今天,他们的各类出版物与数据库无疑是世界的植物分类学和植物系统学的公认平台:邱园索引(*Index Kewensis*, 1893—1895, and *Index Kewensis Supplement*, 1902—2002)、国际植物名称索引(International Plant Name Index, IPNI,1999—, https://wwwipniorg/)、世界在线植物志(World Flora Online, WFO, 2012—, http://aboutworldfloraonlineorg/)、世界在线植物(The Plants of the World Online,POWO,2017-, http://wwwplantsoftheworldonlineorg/about)等;还有著名学者Mark W Chase(1951)领衔的闻名于世的APG系统,他是4个版本均作为作者的两位学者的之一(另外一位参见密苏里植物园介绍)。目前主编的期刊有*The Botanical Magazine*(1787—)、*Kew Bulletin*(1887—)等。

简而言之,世界著名的以科研为主的植物园具有:第一,长达几百年的悠久历史,丰富的馆藏标本和图书以及电子资源,始终如一的分类学与系统学研究方向,坚持不谢的长期积累使之成为今日世界植物园的典范,如邱园、日内瓦植物园、柏林植物园等,特别是坚持自己的特色,成为世界上公认的植物园楷模,如爱丁堡植物园的杜鹃花和高山植物、哈佛大学阿诺德树木园的东亚植物、密苏里植物园中美洲植物、纽约植物园新热带植物等;第二,与时俱进,紧跟时代步伐,传统与现代并进,开展分子与信息领域工作,提供坚实的科学依据并以网络信息形式服务于社会,如邱园、爱丁堡植物园、澳大利亚国家植物园、里约热内卢植物园、克斯腾伯斯国家植物园等;第三,开拓进取,不断发展壮大,与相关机构结合发展成为当今世界植物研究的综合学术机构,如巴黎植物园(国家自然历史博物馆)、圣彼得堡植物园(科马洛夫植物研究所)、克斯腾伯斯国家植物园(南非生物多样性研究中心)、哈佛大学阿诺德树木园(哈佛大学植物标本馆)、茂物植物园(印度尼西亚科学研究所)、印度植物园(印度植物调查局)等;第四,不负使命,坚持不懈地开展国家和地区植物分类学基础性研究工作,为国家或地区提供权威的植物多样性与保护咨询,如爱尔兰国家植物园、里约热内卢植物园、澳大利亚国家植物园、墨尔本植物园、比利时梅西植物园、马德里植物园、新加坡植物园、斯里兰卡皇家植物园等;第五,信息时代,国际间的学术性交流与实质性合作成为必然,其研究成果引领世界植物分类学与系统学新潮流,如邱园的国际植物名称索引、密苏里植物园的植物(分类信息)数据库、哈佛大学的植物(分类)数据库索引都是彼此密切合作的世界级成果;众所周知的APG系统更是当今世界性顶级学者共同合作、举世公认的辉煌成就,并将永远载入史册。

用绘画方法评估一次植物园夏令营成效①

王西敏[1]　王宋燕[1]

（1. 上海辰山植物园，上海　201602）

摘要：绘画评估法是环境教育领域一种常用的评估方法，适合阅读和书写能力尚弱的儿童。上海辰山植物园用绘画法开展前测和后测，对38名参加了为期2天夏令营活动的儿童进行了评估。我们发现，有52%的儿童在参加完夏令营后，绘画中（1）增加了更多的植物名称；（2）植物的色彩更加丰富；（3）植物的细节更加突出。这表明这些儿童在植物认知上确实得到了提升。绘画评估法结果表现直观，易于操作，值得在植物园科普活动中推广。

关键词：绘画，夏令营，科普教育

Evaluate Summer Camp in Botanical Garden by Using Pre - and Post - Drawing

WANG Xi - min[1]　WANG Song - yan[1]

（1. *Shanghai Chenshan Botanical Garden*，*Shanghai* 201602）

Abstract: Drawing is a popular evaluation method in environmental education, especially for kids who are too young to read and write. We used pre - and post - drawing to assess 38 kids during a 2 - day summer camp holding in Shanghai Chenshan Botanical Garden. We found that more specific plants were mentioned, more colors and more details were described in the post - drawings of 52% kids in the total. Drawing is worth to be promoted as an evaluation method in botanical gardens for it is measurable and intuitive.

Keywords: Drawing, Summer camp, Nature education

如何评估植物园的科普活动成效一直是植物园科普工作者关心的问题。长期以来，由于缺乏有效的评估手段，对植物园科普工作的评价往往注重科普活动的数量和参与的人数，但科普活动的效果关注度却不够。由于植物园日常科普工作较为繁忙，一线的科普工作者也往往无暇做深入的评估工作。

然而，评估的重要性却是不言而喻的。通过评估，我们才能够知道所开展的活动是否有效，以及为什么会有效，进而在科普实践中加强有效的部分，减少或有针对性地改进效果不明显的工作，提高活动的投入和产出比。

绘画评估法是国际环境教育、科学教育领域里较为常用的一种方法，适合年龄较小、阅读和书写能力较弱的孩子。这样的研究包括探讨儿童理解的人和自然的关系（Kalvaitis & Monhardt，2012），了解孩子们是如何看待自己在学校里学习科学（Zhai *et al.*，2014），50年来儿童画中科学家形象的变化（Miller *et al.*，2018），以及测量环境教育项目是否改变了孩子对动物的刻板印象（Wu *et al.*，2020）等。

我们用绘画评估法对上海辰山植物园2020年7月3～4日举办的一场夏令营（表1）进行了评估工作，并对其结果以及局限

①　基金项目：上海市科委科普项目资助（项目编号：20DZ2300500）。

性进行了分析，供植物园科普同仁参考。

表 1　夏令营主要活动安排

日期	时间	活动内容
7.3	10:00～10:30	报到，开始前测
	10:30～11:00	分组、换装、发材料
	11:00～12:00	科普讲座“种子的旅行”
	12:00～12:40	午餐
	12:40～13:20	科普视频“生灵之翼”，主要讲述动植物协同进化
	13:20～15:00	互动游戏：接龙传乒乓球、木棍搭建
	15:00～16:20	行李放置、休息
	16:20～17:50	《诗经植物》体验活动(藤蔓园)
	17:50～18:10	晚餐
	18:10～18:30	科普短视频：种子博士、王莲和食虫植物
	18:50～20:00	夜游植物园，包括参观王莲、睡莲和温室
7.4	8:30～10:00	参观标本室和苗圃
	10:00～11:20	颜色密码(通过色卡寻找不同颜色的花朵)
	11:20～13:30	午餐
	13:40～14:40	自然中的乘法(用数学的方式画出植物的样子，并寻找对应的植物)
	14:40～15:10	后测

1　评估对象

参加上海辰山植物园“辰山奇妙夜夏令营”的学生，人数为 42 人，年龄跨度为 6～12 岁。但由于部分学生因故提前离开或者晚到，最终全部完成前后测的学生为 38 人，其中男女生各 19 人。

2　数据采集方法

在孩子们第一天上午报到正式开始夏令营活动之前，要求学生在 30 分钟内“画 3 种印象深刻的植物，并用一句话说明我期望在这次夏令营中学到什么？”第二天下午夏令营结束之前，再请学生完成同样的一份调查问卷，“画三种印象深刻的植物，并用一句话说明我在这次夏令营中学到了什么？”以此来了解学生在夏令营前后对植物认知的变化。

但由于学生年龄跨度大，部分学生组织语句较为困难，数据有效性不高，因此学生的语言表述没有被本次评估采用。

3　数据分析

回收问卷后，我们对同一个孩子的画进行了对比，按照植物名称、植物色彩、植物外形三个标准进行评判，如果三项标准中的任何一项有较为明显的变化，我们都将其归之于有显著变化一组，反之则归于无显著变化一组。再分析两组的性别、年龄构成。

4　研究结果

按照以上标准，通过对绘画的分析，我们发现前后有显著变化的为 20 人，占总人数的 52%，其中女生 11 名，男生 9 名。其他 18 人(占 48%，女生 8 名，男生 10 名)变化不显著。

变化主要体现在以下几个方面。

4.1　能够准确地写出或者画出此次活动了解的植物名称

后测中，孩子写下了诸如王莲、椰子、仙人掌、百岁兰、旅人蕉、见血封喉等植物的名称(图 1)。而在活动的前测中，孩子们基本不会写上植物的名称，或者仅以花、草、树来代表不同的植物，只有一个孩子写了蒲公英、水杉等。

图 1　一名 10 岁的女生在前测(左图)和后测(右图)的比较。前测只是用树、花和草指代 3 种植物。而在后测中则能够准确写出具体植物的名称荷花、仙人球和王莲

4.2　植物的色彩更加丰富

尽管前、后测都提供了彩笔供学生使用，但前测所画的植物，彩笔基本上被孩子们用来描绘线条或者整体涂色，色彩通体上单调；但在后测中，孩子们开始有意识地用不同的色彩来描绘呈现真实植物的不同部位，如花瓣、花蕊、叶子等（图2）。

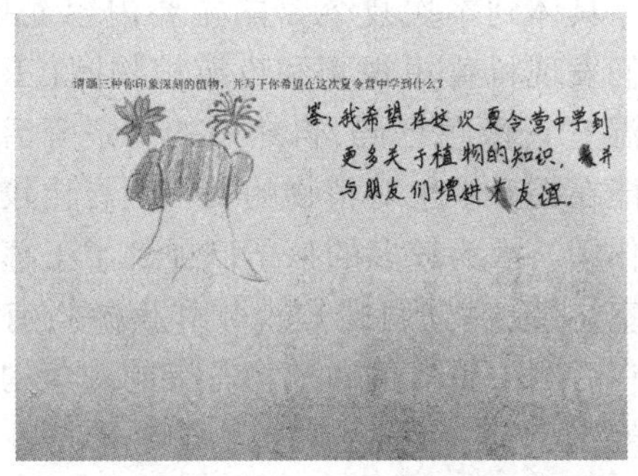

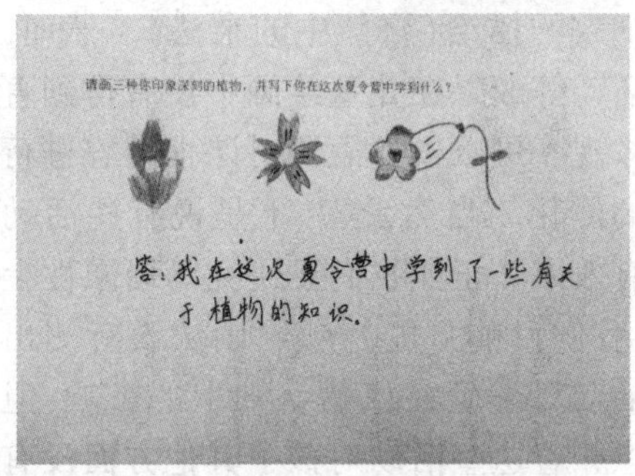

图2　一名12岁的男生在前测（上图）和后测（下图）的比较。前测植物画了一棵树和两种花；在后测画的3种植物符合真实植物色彩，从左至右可以看出，分别是凤梨、鬼针草和苦苣苔

4.3　植物的细节更加突出

前测过程中，孩子的所画的花、果、叶子基本都是简单的线条，并不能区分到具体的物种。但在后测中，我们发现孩子画了更多植物的细节，即使有的孩子没有在上面写上植物名称，我们也可以通过图画来判断他们所画的具体植物（图3）。这说明孩子们对植物细节有了更多的关注和了解。

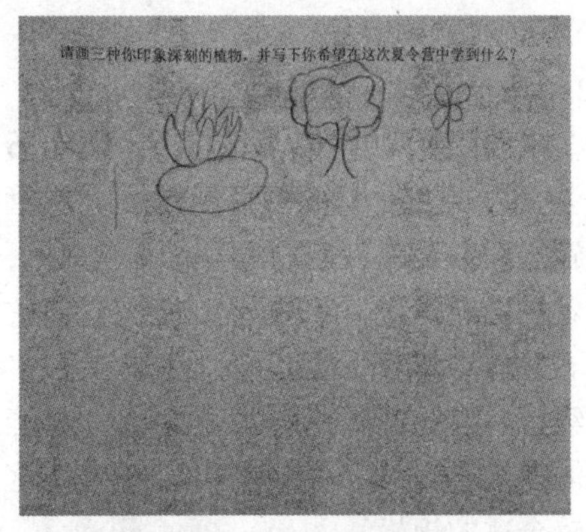

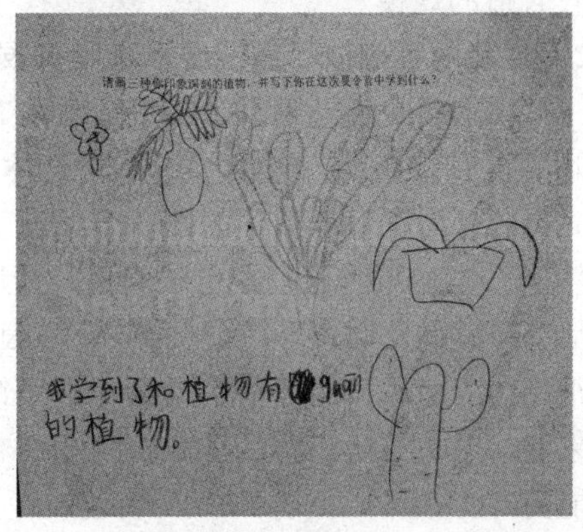

图3　一名8岁的女生在前测（上图）和后测（下图）的比较。她在前测中画了几种植物的通用外形，除了一朵类似荷花外很难辨认出其他种类；但后测中画的植物虽然没有标出名称，除第一朵花外，从左至右可以从外形上分辨分别是酒瓶椰子、旅人蕉、百岁兰和仙人掌

5　本次评估的局限

有研究显示，部分孩子并不能很好地用绘画表达出自己的想法，反而在访谈中能够更准确、更详细地传递更多信息（Strommen，2010）。由于本次评估仅采用了绘画法一种方式，评估内容也只注重对植物的认知，并不涉及对植物的意识、态度、行动等方面，因此不能完全反映孩子在本次夏令营收获的实际情况。如果能够配合其他方法，如观察法、现场访谈法，乃至事后跟踪访谈法，应该能够得到更全面、准确的结果。

6　对辰山植物园夏令营活动的建议

尽管我们能看到一半以上（52%）的孩子在两天的夏令营之后，对植物的认知上有了显著的提高，但仍有48%的孩子没有看出显著的变化。我们认为有可能通过以下改进，进一步提升学生参加夏令营活动后对植物的认知程度。

6.1 适当控制人数规模

根据现场观察和评估结果,42 个 6 ~ 12 岁孩子的夏令营规模可能过大。尽管在实施过程中,会有助教和其他老师支持,但一名主讲老师应对 42 个精力旺盛、理解能力不一的孩子还是较为困难,造成有些孩子经常游离在老师讲课内容之外。对于这样体验性强的线下活动,30 名以内应该是比较合适的规模。

6.2 活动内容应该尽量围绕动植物开展

两天的夏令营过程中,有一项耗时 1.5 小时的拓展型活动(移动乒乓球、搭建木棍等),目的是为了培养孩子的团队合作意识。虽然孩子很喜欢游戏过程,也较为投入,但这些活动和植物及周边环境的关系不大,因此也很难在植物认知的评估中得到积极反馈。如果能够把此类拓展型活动和植物相结合,更能突出植物园举办科普活动的特色。

6.3 孩子的年龄应该尽量一致

通过对有显著变化组和无显著变化组孩子的性别分析,没有发现性别因素和学生对植物的认知不同有相关性。但在年龄上,我们发现全部的 4 名 6 岁孩子都被归为了无显著变化组,这说明他们在植物认知的收获不明显。尽管现场观察发现孩子们玩得也很开心,但并没有达到本次科普活动学习植物知识的预期目标,可能说明此类活动更适合年龄较大的孩子参与。植物园如果能够进一步细分孩子的年龄,针对不同年龄的孩子设计活动,可能会更有效果。

6.4 优化夏令营主要内容安排

具体到本次夏令营的主要内容安排,我们发现科普短视频和夜游植物园(王莲及温室)、颜色密码、自然中的乘法等活动可能在提升学生对植物的认知上有比较大的作用。因为较多的孩子们提到了王莲和温室热带植物(科普短视频和夜游);有孩子在后测中更多关注植物花朵的颜色构成(植物密码);有孩子对植物的外形特征有更细致的描绘(自然中的乘法)。然而,其他活动等成果在儿童绘画中没有得到直接的体现。可以根据需要对课程内容进行适当的优化。当然,这并不是说有些活动就没有效果。正如我们在研究等局限性上所说,我们目前只能判断绘画法没有测出此类活动对学生在植物认知上的影响,但并不意味着这些活动对孩子其他方面没有造成影响,这可能需要更多的评估方法,如深入访谈等来测量,这也是我们鼓励用多种方法进行科普活动评估等原因。

参考文献

Kalvaitis D, Monhardt R M, 2012. The architecture of children's relationships with nature: a phenomenographic investigation seen through drawings and written narratives of elementary students[J]. Environmental Education Research, 18 (2): 209 – 227. DOI:10.1080/13504622.2011.598227.

Miller D, Kyle M, et al., 2018. The Development of Children's Gender – Science Stereotypes: A Meta – analysis of 5 Decades of U. S. Draw – A – Scientist Studies [J]. Child development. DOI: 10.1111/cdev.13039.

Strommen E, 2010. Lions and tigers and bears, oh my! children's conceptions of forests and their inhabitants[J]. Journal of Research in Science Teaching. 32(7): 683 – 698.

Wu M, Yuan T C, Liu C C, 2020. Changing stigma on wild animals: a qualitative assessment of urban pupils' pre – and post – lesson drawings [J]. Environmental Education Research. DOI: 10.1080/1350 4622.2020.1752364.

Zhai J, Jocz J A, Tan A L, 2014. 'Am I Like a Scientist?': Primary children's images of doing science in school[J]. International Journal of Science Education, 36(4): 553 – 576.

论上海辰山植物园十周年园庆宣传策划与实施效果

张　哲[1]

（1. 上海辰山植物园，上海 201602）

摘要：上海辰山植物园十周年庆典恰逢疫情期间，因此，创造性地采取了“云赏花”模式为全国人民展示了辰山植物园的风采。本文介绍了辰山植物园的现状、十周年园庆的宣传概要、实施方案和效果影响力分析。为以后可以采取更开放式、多层次的宣传推广方案提供新的思路和建议。

关键词：辰山植物园，十周年，宣传策划，影响力

Publicity Planning and Implementation Effect of the 10th Anniversary Shanghai Chenshan Botanical Garden Celebration

ZHANG Zhe[1]

（1. *Shanghai Chenshan Botanical Garden*，*Shanghai* 201602）

Abstract：The year of 2020 is the 10th anniversary of Shanghai Chenshan Botanical Garden. Nowadays tourists are becoming more and more enjoy the beautiful scenery of garden. Facing COVID – 19，the garden innovatively adopted the pattern of‘cloud’viewing which means to display the charm of Chenshan Botanical Garden to the whole nation by WeChat，MicroBlog and other new media，and promoted high moral standards throughout society. This paper introduces the situation of the garden，celebration summary，publicity planning，implementation plan and effect impact analysis which provide more new ideas and suggestions for publicity.

Keywords：Chenshan Botanical Garden，10th anniversary，Publicity planning，Influence

今天的植物园，为城市、人类和文明而创新。观历史，植物园不是象牙塔，而是全球化的助推器；观全球，植物园是一艘保护生物多样性的诺亚方舟；观城市，植物园是城市的园艺师；观辰山，已从一个有形的园子发展为一个无形的平台（高铭作 等，2019）。每一个成功的植物园，都要与社会、与时代的需求呼应和结合。作为地处上海的植物园，辰山植物园的理念可以概括为三点：一是站得高，全球视野，不限于一地之争；二是看得远，20 年长远目标清晰；三是定得准，在国家战略、地方需求之中找准自己的位置（焦阳 等，2019）。

不知不觉中，辰山植物园已经走过了十个春秋。通过十年的努力，辰山植物园不仅为广大市民提供游览、休憩、植物科普教育的重要场所，同时也是我国与世界植物科研交流的重要平台和上海向世界展示科技、文化的重要窗口。2020 年 4 月 26 日，辰山植物园举行了庆祝 10 周年“云赏花、云享乐”系列特别直播活动，辰山植物园职工身穿红色卫衣，以方阵的形式摆出“辰山十年”字样，铿锵有力的口号“精研植物、爱传大众”响彻天际，拉开了直播的序幕。新华社现场云平台对此次活动进行了全程直播，该直播视频在新华社客户端、澎湃新闻“上直播”、辰山植物园官方抖音号上进行了转播。

1 辰山植物园介绍

上海有这么一处充满魔力的地方,一年四季,花开烂漫,207hm^2 的土地上,近15000种千姿百态的植物,连绵不断地点燃人们探访自然的渴望。辰山植物园是全球综合实力最强的植物园之一,以"国内领先、国际一流"为目标,以"精研植物、爱传大众"为使命,立足华东,面向东亚,进行植物的收集、研究、开发和利用。

2 宣传概要

本次十周年园庆宣传分为前期、中期和后期。因为新冠疫情影响,主要以直播为主、传统媒体为辅的形式来开展。庆典前、中期,因为处于疫情期间,辰山植物园推出了"云赏花"系列互动直播。2月22日,中央电视台以"早樱初绽俏争春"为题,在《共同战"疫"》栏目进行直播,收看人数达到150万人次。2月25日,新华社采访拍摄的樱花视频上线后,新华网、澎湃新闻、人民网微博平台纷纷转发。短短数个小时,仅新华网微博视频播放量就达到700万人次,"上海的樱花开了"微博阅读量超过3.2亿人次,讨论量5.4万人次,一度上了微博热搜的排名第六,也登上了辰山植物园宣传的巅峰。3月3日,"云赏花"升级为"2.0版本",推出"植物教你养"系列,讲解如何开展家庭养花,如红遍大江南北的"多肉植物",再次登上微博热搜。

线上的科技直播手段是一种技术,与精彩的内容结合,有着无限可能。辰山的"云赏花"受到热捧,可以说是"天时""地利""人和"的综合体现。与辰山团队多年兢兢业业,对各种花卉的保育、研究密不可分,也与辰山立足上海城市发展、传播人类文明的理念"心心相印"。园庆宣传中,后期,即为围绕4月26日一周左右的密集型宣传企划,名为"辰山云时刻"。

3 宣传策划概述

3.1 "感恩十年,辰山时刻"鲜花派送活动

4月26日是上海辰山植物园开园十周年的日子,为答谢广大游客长期以来对辰山植物园的关注和支持,当日购买全价票的游客可以免费参加园方举办的"感恩十年,辰山时刻"鲜花派送活动。

3.2 "我爱辰山"视频、征文系列活动

在辰山植物园建园十周年的重要历史时刻,辰山植物园以多维度、新视角引领群众参观游览辰山美景,体现园区建设与发展的重要意义。在此期间鼓励市民踊跃参与"我爱辰山"视频、征文系列活动,与市民共赏春意。

3.3 "云赏花,云享乐"系列节目"辰山云时刻"

继"听见樱花雨"音乐直播后,辰山植物园联合东方广播在2020年五一小长假期间,为全国观众带去精心策划的"云赏花,云享乐"系列节目"辰山云时刻"。这也是辰山植物园开园十周年推出的"植物科普3.0"概念。此期间共开展了12场不同平台的直播活动(表1),让全国人们都来了解辰山,喜欢辰山。

表1 直播活动目录

序号	日期	宣传媒介	主题
1	4月22日	东广新闻台	FM十万个为什么
2	4月23日	东广 FM93.4	新闻广播、话匣子、公益报时带你认识辰山的植物朋友们
3	4月24日	抖音	博士带你春末赏花
4	4月25日	央视	云赏今日辰山
5	4月26日	新华社	新时代植物园的新使命
6	4月26日	澎湃新闻直播	春日踏青徜徉月季花海

（续）

序号	日期	宣传媒介	主题
7	4月26日	腾讯直播	挖掘辰山最好玩场景
8	4月26日	东广新闻台	极客秀
9	5月1日	百视通/947	为植物创作的音乐
10	5月2日	百视通/947	我的秘密花园·西方经典歌剧与歌曲@珍奇植物馆
11	5月3日	百视通/947	我的秘密花园·中国经典歌曲@珍奇植物馆
12	5月4日	百视通/947	最熟悉的陌生人@热带花果馆

4 实施方案与效果

4.1 东广新闻台——“科学家族”辰山植物园十周年宣传

通过5个主题宣传：主题节目（植物与植物园）、公益报时、视频直播、系列短音频、系列短视频。4月22日《十万个为什么》节目收听覆盖超过180万人次（图1）。4月27日~5月3日12点、20点公益报时。4月26日上海人民广播电台“科学家族”话匣子APP直播“辰山云时刻”，浏览量100420人次。5月1日起推出短音频系列：认识辰山的植物朋友们。5月1日短视频系列：问不倒TV①花菜会开花吗？问不倒TV ②你见过榨菜的花吗？发布平台：上海新闻广播微信、Bilibili、腾讯视频等。

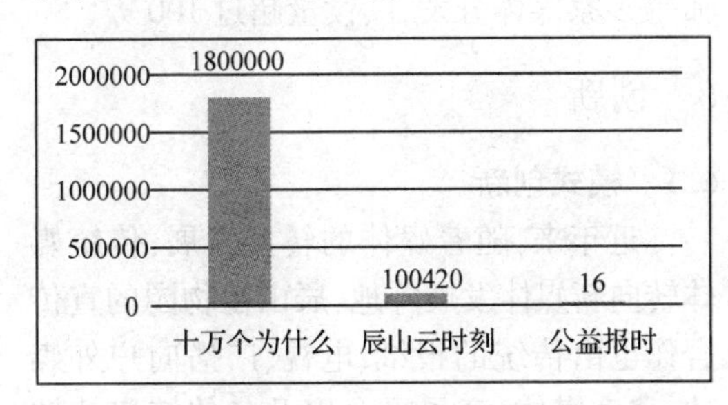

图1 三个主题宣传的效果

4.2 新华社——“一‘镜’十年，莫负‘辰’光”十周年庆典直播

精心设计多张预热海报，新华社客户端上海频道采用小程序方式内嵌“带你云赏今日辰山”直播链接，进行活动预热。现场云直播，播放时长为1小时49分钟，在新华社客户端上海频道开展信息流推广、创新性的进行微信朋友圈配发推广。

直播平台浏览量达到18111，百余人全程互动热烈。现场云内设精彩跟踪报道内容30条，精选图片40张；现场精修视频7条，并剪辑各类精彩航拍视频，直播活动结束以后节选精彩内容，配合相关动图及视频。制作二次推广活动总结推文。推文在新华社客户端上海频道进行推广，稿件浏览量达到235703次（见图2）。

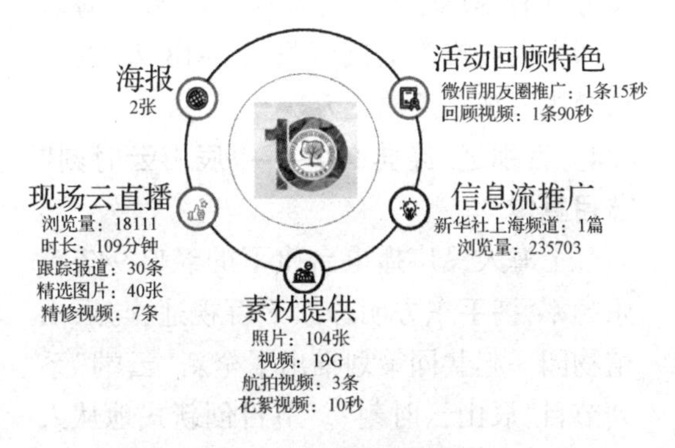

图2 现场云直播实施效果

4.3 腾讯直播——“精研植物，爱传大众”十周年宣传

此次腾讯针对上海辰山植物园十周年园庆活动，通过腾讯直播、腾讯大申网上海玩乐微信公众号做了视频及图文宣传，并邀约了具有百万粉丝的网红达人“momo带你玩儿”一同做了抖音直播及介绍上海辰山植物园的文创产品。具体包括朋友圈精准数字营销，在微信朋友圈精准投放宣传广告，园庆两天曝光量高达近60万次（图3）。

根据精准营销，开展了特色主题海报设计，同时在4月26日11:00将直播预告上线腾讯新闻APP直播页卡，直播正式开始后分布推送到腾讯新闻APP上海页卡、腾讯直播页卡。直播时长60分钟，观看人次达50万。

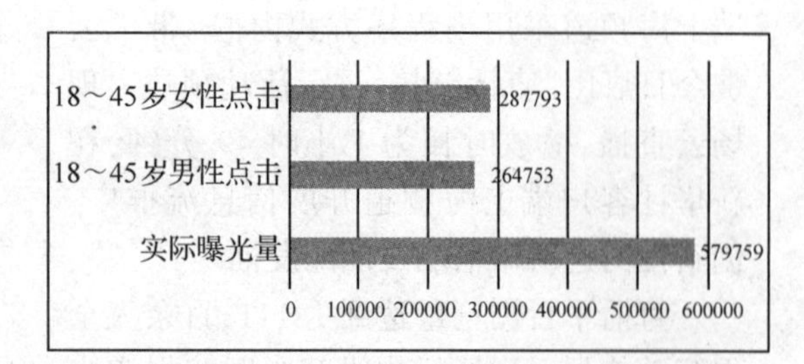

图3 曝光量数据

辰山植物园植物学郗旺博士携手达人Momo，通过镜头向线上观众科普了辰山植物园收集的800多种月季品种。腾讯直播观看人次达50万，Momo抖音直播间在线观看人数超过1.2万，60分钟直播内，大约每分钟有30人进入直播间。腾讯上海玩乐图文内容推荐的阅读量为5818人次，腾讯微视短视频播放近万次。

4.4 百视通/经典947——“辰山云时刻”节目宣传

上海人民广播电台旗下的经典947音乐频率，携手东方明珠旗下百视通，与辰山植物园一起共同策划推出了全新“云端”系列节目“辰山云时刻”。节目创新式地从人文、艺术、科普的角度去呈现“云赏花，云赏乐”的云艺术体验，并于5月1日至4日每晚通过经典947的Bilibili直播间以及百视通IPTV（电视大屏端）、OTT以及BestvAPP中进行点播观看，将上海的顶尖植物科普力量与艺术普及工作输送至全国千万家庭的客厅中，共度一个特殊又充实的五一小长假。

4期节目包括《宋思衡的疫情音乐日记》新作首演、《我的秘密花园——西方经典歌剧唱段与歌曲》、《我的秘密花园——中国经典歌曲》和科普片《植物的生存智慧》。这些节目使用了多平台互动播放（IPTV、OTT及手机端）的形式，同时与上海歌剧院B站，百视通IPTV、OTT、APP，SiTV数字电视等互联网及入户电视播出平台同步呈现，4期共4小时系列节目吸引了全国近70万家庭用户观看，每期平均观看时长近半小时。

相关节目资讯多平台推送，经典947、上海人民广播电台、百视通、SMG番茄酱、辰山植物园、上海歌剧院、雅马哈钢琴、文化上海、佘山国家旅游度假区等9个微信平台先后推文报道；上海市人民政府网、腾讯网、上海科普网、上海市绿化和市容管理局、搜狐网、澎湃新闻等资讯平台竞相报道。经典947频率5月1日至4日全天滚动播放“辰山云时刻”宣传片，广播调频及互联网APP云端收听触达收听人群超400万；外宣效果正面积极，乐迷网友互动踊跃。宋思衡亲自进入直播间与网友互动，流量艺人霍尊在朋友圈为节目点赞，网友对这样的植物科普与艺术形式非常赞赏，且颇有期待。

5 媒体影响力

辰山植物园执行园长胡永红在4月19日上观新闻发表题为《全球1/15植物园在中国，它们与公园究竟有何不同?》的文章，并于2020年4月21日转载到《解放日报》思想者版整版报纸和线上APP同步刊载。《上海辰山植物园十周年，“云赏花”景色依旧》短视频在澎湃新闻上发布，并在新浪微博、百度百家、今日头条、Bilibili、文汇网、搜狐等多家媒体分发，阅读量超过100万。

6 创新

6.1 模式创新

近年来，随着媒体的转型发展，传统媒体转向新媒体发展阵地，辰山植物园的宣传合作也由传统的报纸、电视、广播向户外媒体、移动媒体、亲子平台以及各传统媒体转型后的新媒体转移，始终牢牢抓住受众。不同于以往采用纸质媒体的形式，本次十周年庆典创新性采用网络平台直播、微信朋友圈广告的形式来丰富植物园内涵。辰山植物园经过前期调研发现，目前用户对视频的需求发生爆发性的增长，直播就是提供视频内容的有效形式。同时考虑到微信是一个巨大的用户群体，其自身携带流量，所以我们重点考虑了直播和微信这两种推送形式。直播是实时在线的，也是在现代技术条件下最好地还原“人与人之间、面对面交流”的运用，希望通过直播建立心灵沟通的桥梁，增加粉丝黏性。同时，基于微信用户的朋友圈精准数字营销宣传，聚焦了标签为“旅行控”“亲子家庭”“踏青”“周边游”“上海旅游”等目标群体，并定位上海群体，吸引更多游客前往打卡。

6.2 内容创新

植物园所肩负的科学普及职能主要是通过各类主题活动付诸实践的，并通过对主题活动进行线上、线下的宣传扩大社会影响力（刘鹏，2019）。本次十周年活动主要采取了多样化的形式，包括庆典吉祥物的投稿、主题征文活动、云赏花、云玩乐等内容。同时与艺术家合作，推出“云享乐”，用音乐与大自然沟通。五一期间，还推出鲜花派送、免费游园等活动。结合AR等现代科技手段，最大程度激发参与者的兴趣，从而提高科普的实效。主题上围绕植物，延伸至整个生态环境领域，充实丰富，并尽可能从当下热点切入，创意十足，力求生动有趣，贴近民生。

7 小结与展望

宣传品牌的打造，手段日新月异，而拥抱互联网，则成为大势所趋。辰山植物园努力建立与消费者内心深处的人性联结，以形成品牌的影响力和忠诚度（王发堂和杨旭帆，2019）。除了传统的硬广告投放以外，广泛尝试基于移动互联网及新媒体端的品牌营销手段。比如以短视频的形式进行宣传，在微信公众号、今日头条、新浪微博等进行文案宣传等。同时，举办“上海国际兰展”“上海月季展”“辰山睡莲展”等特色主题花展，以及“辰山草地广播音乐节”“辰山自然生活节”等主题品牌活动，为游客搭建休闲娱乐的绿色平台，形成亮丽的“辰山品牌”升级版。

参考文献

高铭作，李纪元，何丽波，2019. 美国亨廷顿植物园景观及其空间叙事手法应用[J]. 湖南包装，34(06)：35－39.

焦阳，邵云云，廖景平，2019. 中国植物园现状及未来发展策略[J]. 中国科学院院刊，34(12)：1351－1358.

刘鹏，2019. 小议亨廷顿图书馆、艺术收藏馆和植物园的管理之道[J]. 上海艺术评论，(06)：43－45.

王发堂，杨旭帆，2019. 当代英国园林的促进者——英国园艺家约翰·C·洛顿的研究[J]. 中国园林，35(12)：111－116

培养基组分对槭叶铁线莲花粉萌发和花粉管生长的影响①

温韦华[1]　杨　禹[1]　陈　燕[1]
（1. 北京植物园，北京市花卉园艺工程技术研究中心，城乡生态环境北京实验室，北京 100093）

摘要：采用花粉液体培养法研究不同培养基组分（蔗糖和硼酸）对槭叶铁线莲花粉萌发和花粉管生长的影响。实验结果表明：适量的蔗糖和硼酸浓度有助于槭叶铁线莲花粉萌发和花粉管生长。筛选出适合槭叶铁线莲花粉萌发和花粉管生长的培养基组分为：5% 蔗糖 +0% 硼酸。

关键词：槭叶铁线莲，花粉萌发，花粉管生长，蔗糖，硼酸

Effects of Medium Components on Pollen Germination and PollenTube Growing in *Clematis acerifolia*

WEN Wei－hua[1]　YANG Yu[1]　CHEN Yan[1]
（1. *Beijing Botanical Garden, Beijing Floriculture Engineering Technology Research Centre, Beijing Laboratory of Urban and Rural Ecological Environment, Beijing* 100093）

Abstract: The effects of medium components (sucrose; boric acid) on pollen germination and pollen tube growing in *Clematis acerifolia* by cultivating pollens in liquid medium were studied. The results showed that the proper concentration of sucrose and boric acid is helpful to the pollen germination and pollen tube growing of *Clematis acerifolia*. The suitable medium was 5% sucrose + 0% boric acid.

Keywords: *Clematis acerifolia*, Pollen germination, Pollen tube growing, Sucrose, Boric acid

槭叶铁线莲（*Clematis acerifolia*）是毛茛科铁线莲属的直立小灌木，一般高 30～60cm。花期 4 月，果期 5～6 月，特产北京。多生于低山陡壁或土坡上，生存环境独特，被当地人称为“崖花”。槭叶铁线莲因其分布区域狭小、种群数量稀少和独特的生长特性及生境，具有很高的观赏价值和科研价值，是《北京市重点保护野生植物名录》中收录的一级保护植物。

槭叶铁线莲至今没有人工种植，对其进行的科学研究目前也处于起步阶段，仅局限于种质资源调查、科普方面（刘晶晶和高亦珂，2013；彭博，2011）。对槭叶铁线莲的系统位置进行了研究分析，开启了槭叶铁线莲科学研究的大门（穆琳和谢磊，2011）。

随着山体开发、道路建设等人为干预，槭叶铁线莲种群的生存环境一再被侵占，种群数量和规模面临着严重威胁。实现槭叶铁线莲的成功引种驯化、人工栽培繁育，对槭叶铁线莲的保护具有重要意义。针对槭叶铁线莲野外资源分布的特殊性，为摸清其繁殖特性，进行槭叶铁线莲花粉萌发试验，以了解槭叶铁线莲花粉萌发情况，并寻求适合槭叶铁线莲花粉萌发的基质，以指导育种及其他研究工作。

1　材料与方法

1.1　试验材料

本试验于 2019 年 3～4 月进行，所用槭

①　基金项目：北京市公园管理中心北京植物园园管课题（BZ201802）。

叶铁线莲植物材料采自北京市门头沟区野外。采集处于盛花期内的开花枝条，水培于实验室内，选择当天开花的花朵采集花粉用于萌发试验，现用现采。采集花粉时，用镊子轻轻夹起已经开散的花药，抖落花粉于带有凹槽的载玻片上备用。

1.2 试验方法

1.2.1 液体培养基组分及试验处理

本试验采用不同硼酸浓度、不同蔗糖浓度的两因素完全随机设计，液体培养基设置5个硼酸浓度、3个蔗糖浓度，共设置15个试验处理(表1)。

表1 花粉萌发试验设计

处理编号	液体培养基各组分浓度(%)	
	硼酸	蔗糖
1	0	0
2	0.025	0
3	0.050	0
4	0.075	0
5	0.100	0
6	0	5
7	0.025	5
8	0.050	5
9	0.075	5
10	0.100	5
11	0	10
12	0.025	10
13	0.050	10
14	0.075	10
15	0.100	10

1.2.2 花粉萌发情况的测定及数据分析

在载有槭叶铁线莲花粉的凹槽载玻片上，滴取2滴液体培养基，置于光照培养箱内，设置温度为25 ℃，湿度为95%；20 h后置于Olympus CX31显微镜下进行镜检。每个培养基下随机观察15个视野，观察时以萌发的花粉管长度超过花粉粒直径作为花粉萌发的标准。统计每个视野内花粉总数和萌发花粉总数，然后计算花粉萌发率，其计算方法为：

花粉萌发率＝视野内萌发花粉总数/视野内花粉总数×100%。

花粉管的长度测量方法采用显微图像分析软件进行拍照，每个处理随机拍照，比例尺为10μm。用Image J软件进行花粉管长度测量。试验数据采用SPSS 19.0软件进行分析。

2 结果与分析

2.1 不同因素对槭叶铁线莲花粉萌发率和花粉管生长的影响

2.1.1 蔗糖浓度对槭叶铁线莲花粉萌发率和花粉管生长的影响

处理1、6、11为不添加硼酸只改变蔗糖浓度的试验组。由表2可知，在3种不同蔗糖浓度条件下槭叶铁线莲的花粉萌发率与花粉管长度均存在差异。当蔗糖浓度为0时，槭叶铁线莲的花粉萌发率与花粉管长度均为0；当蔗糖浓度为5%时，槭叶铁线莲的花粉萌发率最高为79.79%，花粉管长度最长为60.55μm；当蔗糖浓度为10%时，槭叶铁线莲的花粉萌发率为12.87%，花粉管长度为10.19μm。在本试验中，适合槭叶铁线莲花粉萌发和花粉管生长的蔗糖浓度为5%。

表2 不同液体培养基培养条件下花粉萌发率和花粉管长度

处理编号	花粉萌发率(%)	花粉管长度(μm)
1	0.00 h	0.00 g
2	10.62 ±4.28 g	19.51 ±1.60bc
3	6.84 ±1.40gh	18.97 ±4.80bc
4	8.75 ±2.28g	7.72 ±1.16ef
5	4.61 ±0.84gh	5.14 ±0.39f
6	79.79 ±0.79a	60.55 ±2.80a
7	66.04 ±3.38b	24.20 ±1.96b
8	51.35 ±2.78cd	12.35 ±1.35de
9	40.45 ±4.44e	10.19 ±1.37ef
10	29.34 ±3.17f	8.11 ±0.70ef
11	12.87 ±3.21g	10.19 ±1.35ef
12	25.68 ±4.64f	15.81 ±1.40cd

（续）

处理编号	花粉萌发率(%)	花粉管长度(μm)
13	49.85 ±1.54cd	16.97 ±1.43cd
14	57.09 ±2.83c	19.91 ±1.27bc
15	44.27 ±2.01de	8.32 ±0.62ef

注:同列数字后不同小写字母表示差异显著($P < 0.05$)。

2.1.2　硼酸浓度对槭叶铁线莲花粉萌发率和花粉管生长的影响

由处理1~5的试验数据可知,在5种硼酸浓度条件下,槭叶铁线莲的花粉萌发率与花粉管长度存在差异。随着硼酸浓度的升高,槭叶铁线莲的花粉萌发率总体呈现先升后降的趋势。当硼酸浓度为0时,槭叶铁线莲的花粉不萌发。硼酸浓度为0.025%时,槭叶铁线莲的花粉萌发率最高为10.62%。槭叶铁线莲花粉管长度的变化趋势与萌发率变化趋势基本一致,在硼酸浓度为0.025%时花粉管最长为19.51μm。处理2与处理3的长度差异不显著,但是与处理1、4、5的差异显著。

仅考虑硼酸单因素对槭叶铁线莲的花粉萌发率与花粉管生长的影响,低浓度的硼酸有利于其花粉萌发与花粉管的生长。在本试验中,槭叶铁线莲花粉萌发与花粉管生长最适的硼酸浓度为0.025%和0.050%。

2.2　不同液体培养基对槭叶铁线莲花粉萌发和花粉管生长的影响

由表2可知,不同液体培养基对槭叶铁线莲的花粉萌发率、花粉管长度间的影响存在差异。

2.2.1　不同液体培养基对槭叶铁线莲花粉萌发率的影响

槭叶铁线莲的花粉萌发率以处理6最高,萌发率达79.79%;显著高于其他处理。其次是处理7,萌发率是66.04%,显著高于除处理6之外的其他处理。未添加蔗糖的处理下槭叶铁线莲的花粉萌发率总体偏低,均低于11.00%;当蔗糖浓度为5%时,花粉萌发率总体较高,呈现出随着硼酸浓度的升高而降低的变化趋势;当蔗糖浓度为10%时,花粉萌发率随着硼酸浓度的升高呈现升高的趋势,以硼酸浓度为0.075%时最高为57.09%。

2.2.2　不同液体培养基对槭叶铁线莲花粉管长度的影响

除了处理6和7以外,其他处理的花粉管长度均低于20.00μm。当蔗糖浓度为5%时,硼酸浓度为0的处理花粉管长度达到最高为60.55μm;随着硼酸浓度的升高,花粉管长度呈现逐渐降低的趋势。当蔗糖浓度为10%时,槭叶铁线莲的花粉管长度水平总体较低,处于8.00~20.00μm。结果表明,处理6对槭叶铁线莲花粉管的生长有显著促进作用。

3　讨论

花粉的离体培养需要适当浓度的蔗糖和硼酸,适当的浓度的液体培养基配比影响着花粉的萌发和花粉管的生长。本研究通过二因素完全随机试验,通过5个水平的硼酸浓度和3个水平的蔗糖浓度处理,对蔗糖和硼酸对槭叶铁线莲花粉萌发的影响进行了初步研究。初步筛选出适合槭叶铁线莲花粉萌发的液体培养基组合为:5%蔗糖+0%硼酸。

大量研究表明,蔗糖对花粉的萌发和花粉管的生长具有明显的促进作用。作为营养物质,蔗糖是花粉粒萌发和花粉管壁合成的关键物质;作为碳源,其还参与到花粉的代谢和跨膜运输过程中(Fei & Nelson,2003)。此外,蔗糖还具有维持外界环境渗透压的作用,过高和过低的浓度都不利于花粉保持正常的水份平衡,导致花粉壁质分离而不能萌发(Feruzan *et al.*,2004;金爱红 等,2005;张玉芳 等,2008)。在本研究中,蔗糖浓度为0和10%时,槭叶铁线莲的花粉萌发率分别为0和12.87%,均不理想。当蔗糖浓度为5%时,槭叶铁线莲的花粉萌发率最高,达79.79%。不同浓度蔗糖对槭叶铁线莲花粉萌发率和花粉管长度的影响趋势相似,过高、过低的蔗糖浓度均不利于其花粉管的生长。因此可见,适当的蔗糖浓度对槭叶铁线莲花粉的萌发和花粉管的生长至关重要。

此外,适量的硼酸对花粉的萌发和花粉管的生长也起着重要作用。在花粉粒萌发和花粉管生长的过程中,硼酸一方面具有帮助糖的吸收和利用的作用,另一方面具有帮助形成细胞外的Ca^{2+}浓度梯度的作用(蔡庆生,2011)。此外,由于花粉管壁的主要成分为果胶—纤维素类多糖,硼酸具有可以与之结合而调节细胞壁的性质和结构的作用,防止酚类物质的积累,促使花粉管以极性生长模式由顶端伸长出来(杨晓东 等,1999)。而过量的硼酸会抑制花粉的新陈代谢,从而影响花粉的正常萌发(郭英姿 等,2019)。在本研究中,未添加蔗糖的处理下,随着硼酸浓度的升高,槭叶铁线莲的花粉萌发率和花粉管长度总体呈现先升后降的趋势。当硼酸浓度为0.025%时,槭叶铁线莲的花粉管长度最长,达19.51μm。仅考虑硼酸单因素对槭叶铁线莲的花粉萌发率的影响,过高、过低的硼酸浓度均不利于其花粉萌发和花粉管生长。在本试验中,适合槭叶铁线莲花粉管生长的硼酸浓度为0.025%和0.050%。

在各处理条件下,均未发现花粉管变态加粗等不正常生长的情况。

参考文献

蔡庆生,2011. 植物生理学[M]. 北京:中国农业大学出版社.

郭英姿,贾文庆,周秀梅,等,2019. 早开堇菜花粉生活力研究[J]. 江苏农业科学,47(13):191-194.

金爱红,褚立民,徐东青,等,2005. 钙对葱兰花粉萌发和花粉管生长的影响[J]. 湖北农业科学,3:91-93.

刘晶晶,高亦珂,2013. 北京地区野生铁线莲属植物种质资源调查研究[J]. 黑龙江农业科学,4:65-69.

穆琳,谢磊,2011. 槭叶铁线莲的系统位置初探——来自ITS和叶绿体DNA序列片段的分析[J]. 北京林业大学学报,33(5):53-59.

彭博,2011. 北京野生观赏花卉系列之"槭叶铁线莲"[J]. 绿化与生活,8:55.

杨晓东,孙素琴,李一勤,1999. 硼缺乏导致花粉管细胞壁多糖分布的改变[J]. 植物学报,41(11):1169-1176.

张玉芳,岳岚,何松林,等,2008. 观赏植物花药培养的主要影响因素[J]. 中国农学通报,24(6):58-61.

Fei S, Nelson E, 2003. Estimation of pollen viability, shedding pattern, and longevity of creeping bentgrass on artificial media[J]. Crop Science, 43(6): 2177-2181.

Feruzan D, Goksel O, Ozlem D, 2004. *In vitro* pollen germination of some plant species in basic in basic culture medium[J]. Journal of Cell and Molecular Biology, 3: 71-76.

蓝紫光对三叶青生理特性的影响①

刘守赞[1]　韩敏琪[1]　白　岩[1*]　王嘉一[1]　李　者[1]　郑炳松[1]

（1. 浙江农林大学省部共建亚热带森林培育国家重点实验室，
浙江农林大学林业与生物技术学院，杭州 311300）

摘要：为探讨三叶青对蓝紫光的响应及其生理机制，在对照白光（W）、蓝光（B）和紫光（P）处理下，于7d、15d、30d、45d和60d后取样，测定其生理生化指标和黄酮含量变化。本研究结果显示，适量的蓝紫光照射可提高三叶青保护酶活性，以减轻膜脂氧化程度，减少MDA积累；还可增加光合色素的含量，调节渗透物质，增加其黄酮化合物的积累。

关键词：三叶青；蓝紫光；黄酮合成关键酶；总黄酮

Effect of Blue - violet Light on Physiology Characteristics of *Tetrastigma hemsleyani*

LIU Shou - zan[1]　HAN Min - qi[1]　BAI Yan[1*]
WANG Jia - yi[1]　LI Zhe[1]　ZHENG Bing - song[1]

（1. *State Key Laboratory of Subtropical Silviculture，Zhejiang Agriculture and Forestry University/ School of Forestry and Biotechnology，Zhejiang Agriculture and Forestry University，Hangzhou* 311300）

Abstract：In order to explore the response and physiological mechanism of *Tetrastigma hemsleyani* to blue - violet light，under the control of white light（W），blue light（B）and purple light（P），on 7d，15d，30d，45d and 60d samples were taken to determine their physiological and biochemical indexes and flavonoid content changes. The results showed that the appropriate amount of blue - violet light irradiation can increase the activity of the protective enzymes of *T. hemsleyani*，to reduce the degree of membrane lipid oxidation，and reduce the accumulation of MDA. What's more，which could increase the content of photosynthetic pigment，regulate the osmotic substances，and increase the accumulation of flavonoids.

Keywords：*Tetrastigma hemsleyani*，Blue - violet，Key enzymes in flavonoid synthesis，Total flavonoids

三叶青（*Tetrastigma hemsleyani*）为葡萄科崖爬藤属植物，又名三叶崖爬藤，有“植物抗生素”“抗癌神草”等美誉，为民间珍稀中草药（吉庆勇 等，2014）。三叶青性喜阴喜湿，常于林下栽培，尤以毛竹林下套种较为常见（陈建明 等，2017），对于发展绿色无公害药用植物种植、促进生态农业可持续发展，具有重要意义（程良绥，2014）。

光是植物生长发育过程中重要的环境因子，为光合作用提供能量，在植物的形态结构和开花结实等方面起到重要的调节作用（许大全 等，2015）。其中，蓝紫光还作为信号因子调控。例如，王珺儒等（2019）发现在蓝光条件下，苦荞芽中芦丁、槲皮苷和槲皮素含量显著增加，同时其抗氧化活性有所提高。王虹等（2010）研究表明，紫

① 项目资助：中央财政林业科技推广示范资金项目（2019TS08）。

光和蓝光可以维持叶片较高的抗氧化酶水平，延缓植株的衰老。张晓敏等（2018）发现紫光照射更有利于三角梅的生长、叶绿素合成、增加开花量、延长花期、减少新枝生长，提升观赏价值。迄今为止，关于光质对三叶青生长特性及其生理响应机制的研究较少（程小燕 等，2018；韩敏琪 等，2019），为此，本文通过蓝紫两种短波光及不同时间段处理，揭示三叶青对光质响应的差异和机理，为筛选更有利三叶青有效物质积累提供理论依据。

1 材料与方法

1.1 试验材料

选用块根膨大的三年生三叶青苗为试验材料，由浙江农林大学白岩老师鉴定。试验处理及测定在省部共建亚热带森林培育国家重点实验室和试验基地（浙江临安，北纬30°15′30.39″，东经119°43′26.92″）进行；盆栽基质配比为泥炭：田园土：珍珠岩：牛粪=4：4：4：1，每盆一棵（花盆直径18cm，高20cm），于2019年4~6月进行取样测定。

1.2 试验设计

选取生长健壮、无病虫害、苗高及大小近似的三叶青30盆，随机分为3组，移入实验室内由不透光黑布完全覆盖的三组置物架中，分别配置40W的白光、蓝光和紫光3种LED灯（购于南京华强电子有限公司），3种光的光强范围均为16~18μmol/m^2·s。照射时间为每天7:00~19:00，每3天浇一次水，浇水量一致。分别在处理后的第7天（7d，下同）、15d、30d、45d和60d取样。其中，以白光（400~700nm）作对照记为W，蓝光（450~480nm）记为B，紫光（400~450nm）记为P；叶片材料记为L，块根材料记为R。每个指标测定5株，选择其中3株标准差最小，作为最终结果。

1.3 测定指标及方法

光合色素含量测定，参考Lichtenthaler（1987）的测定及计算方法进行。

采用张志良等（2009）的方法，测定过氧化氢酶（CAT）、过氧化物酶（POD）、超氧岐化酶（SOD）活性和丙二醛（MDA）含量。

渗透调节物质含量参考徐琳煜等（2018）的方法，测定可溶性蛋白质和可溶性糖。

1.4 数据分析

利用Excel 2010和SPSS 19软件处理数据，运用单因素方差分析法（ANOVA）和最小显著性差异法（LSD）进行方差分析和多重比较（α=0.01）；图和表中数据为平均值±标准差。

2 结果与分析

2.1 蓝紫光对光合色素影响

如表1所示，蓝紫光照射可使三叶青的光合色素含量和比例发生变化，对比试验结果发现，蓝光有利于叶绿素含量的积累，白光有利于类胡萝卜素含量的积累，紫光则是抑制光合色素的积累。

表1 蓝紫光对三叶青光合色素的影响 单位：mg/g·FM

	光质	叶绿素a	叶绿素b	叶绿素a+b	叶绿素a/b	类胡萝卜素
7d	W	0.643±0.020ab	0.028±0.003b	0.671±0.017ab	22.953±2.986a	0.211±0.006b
	B	0.372±0.078b	0.045±0.002c	0.417±0.079b	8.248±1.696bc	0.144±0.025c
	P	0.759±0.103a	0.043±0.005a	0.802±0.103a	17.902±2.774bc	1.973±0.060a
15d	W	0.639±0.055ab	0.049±0.009a	0.688±0.063ab	13.402±1.415b	0.225±0.014b
	B	0.686±0.048a	0.030±0.001c	0.716±0.050a	22.609±0.775a	0.212±0.011b
	P	0.511±0.017bc	0.018±0.001b	0.529±0.017bc	29.181±0.931a	0.211±0.008bc

（续）

	光质	叶绿素 a	叶绿素 b	叶绿素 a + b	叶绿素 a/b	类胡萝卜素
30d	W	0.689 ±0.016a	0.051 ±0.002a	0.738 ±0.018a	13.539 ±0.280b	0.344 ±0.043a
	B	0.780 ±0.033a	0.035 ±0.002c	0.815 ±0.034a	22.130 ±1.203a	0.327 ±0.034a
	P	0.451 ±0.010c	0.042 ±0.007a	0.494 ±0.017c	10.903 ±1.454c	0.151 ±0.003c
45d	W	0.508 ±0.135b	0.039 ±0.009ab	0.547 ±0.141b	13.004 ±2.083b	0.221 ±0.024b
	B	0.720 ±0.078a	0.098 ±0.016a	0.818 ±0.094a	7.444 ±0.387c	0.201 ±0.011bc
	P	0.601 ±0.078b	0.043 ±0.001a	0.644 ±0.077b	13.973 ±1.954c	0.230 ±0.033b
60d	W	0.667 ±0.076ab	0.042 ±0.008ab	0.708 ±0.082ab	16.021 ±2.337b	0.220 ±0.020b
	B	0.754 ±0.019a	0.074 ±0.003b	0.828 ±0.020a	10.207 ±0.465b	0.163 ±0.011c
	P	0.483 ±0.019bc	0.025 ±0.003b	0.508 ±0.021c	19.800 ±1.620b	0.202 ±0.005bc

注：不同小写字母表示在 0.05 水平上差异显著。

2.2 蓝紫光对保护酶和丙二醛的影响

图 1 所示，CAT 变化趋势随着光照时间增加，在 45d 达到峰值，且与 7d 的活性相比，W 组、B 组和 P 组分别增加了 1.305U/g、1.639U/g 和 1.476U/g，B 组处理提高 CAT 活性的效果更好。B 组 POD 活性升高显著，而 P 组呈下降趋势，明显抑制了 POD 的活性。SOD 活性变化较为复杂，规律性不显著，除了 B 组在 30d 处有峰值之外，整体均呈现下降趋势。

MDA 随着处理时间增加，含量缓慢上升（图 1 – D），B 组和 P 组的 MDA 含量的变化与前三种酶趋势大致呈负相关，B 组和 P 组含量先是下降至最低点（30d），相比 7d 时含量下降了 1.335mmol/g 和 0.975mmol/g，

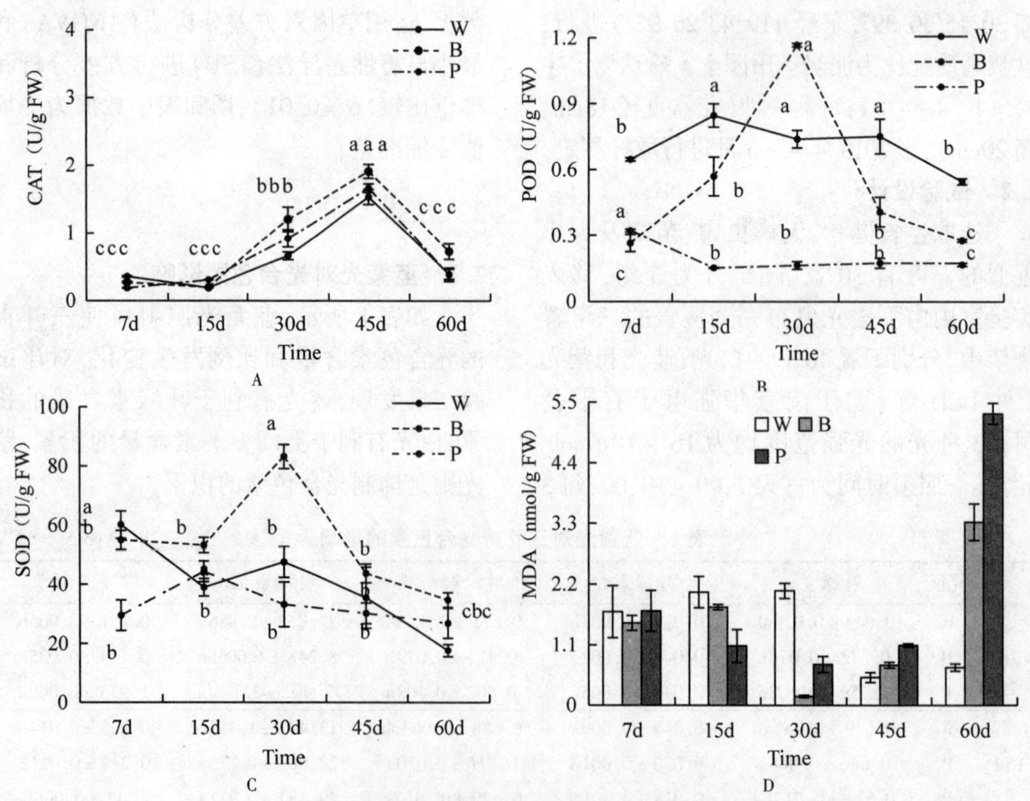

图 1 蓝紫光对三叶青保护酶活性和丙二醛含量的影响

（A：过氧化氢酶活性；B：过氧化物酶活性；C：超氧化物歧化酶活性；D：丙二醛含量）

注：不同小写字母表示在 0.05 水平上差异显著。

然后再急速上升，在60d时更是比7d增加了1.829mmol/g和3.576mmol/g。

2.3 蓝紫光对三叶青渗透调节物质的影响

从图2－A和2－B可知，叶片中，W组变化差异不大，B和P组蛋白质含量随着时间的增加而减少；而块根中的可溶性蛋白含量远高于叶片，且在一定时间内有提高。

图2－C和2－D显示，块根中的可溶性糖含量远高于叶片，且均在30d达到峰值，增加了约28%、53%和91%；在叶片中，W组的可溶性糖含量最高的时间段，比7d的含量（0.042mg/g）增加了48%。B组在30d时可溶性糖含量最高，与7d时的含量相比显著增加了177%。P组呈较快的下降趋势，比最低的组下降了近70%。

3 讨论与结论

3.1 蓝紫光对三叶青光合色素的影响

光质对植物光合作用影响的直接原因是不同光质下叶绿素含量和组成发生了变化（邢阿宝 等，2018），类胡萝卜素担当叶绿体光合天线的辅助色素，帮助叶绿体吸收和耗散光能，提高光合效率（张怡评 等，2019）。本研究中，随着照射时间的增加，白光和蓝光促进光合色素含量的积累，紫光则抑制光合色素的合成。蓝光和紫光均使叶绿素a/b先上升后下降，可能是三叶青对蓝紫光适应的结果（李汉生和徐永，2014）。

3.2 蓝紫光对三叶青抗氧化保护酶系统

植物遭受逆境环境后，抗氧化酶可有效清除活性氧和自由基，起到保护作用（李青竹 等，2019）。本研究中，蓝光显著提高CAT、POD和SOD活性，紫光对CAT活性有影响，可见光质处理提高保护酶活性，增加抗逆性，减少MDA含量。本研究与王虹等（2010）结果相似，即紫光和蓝光处理下

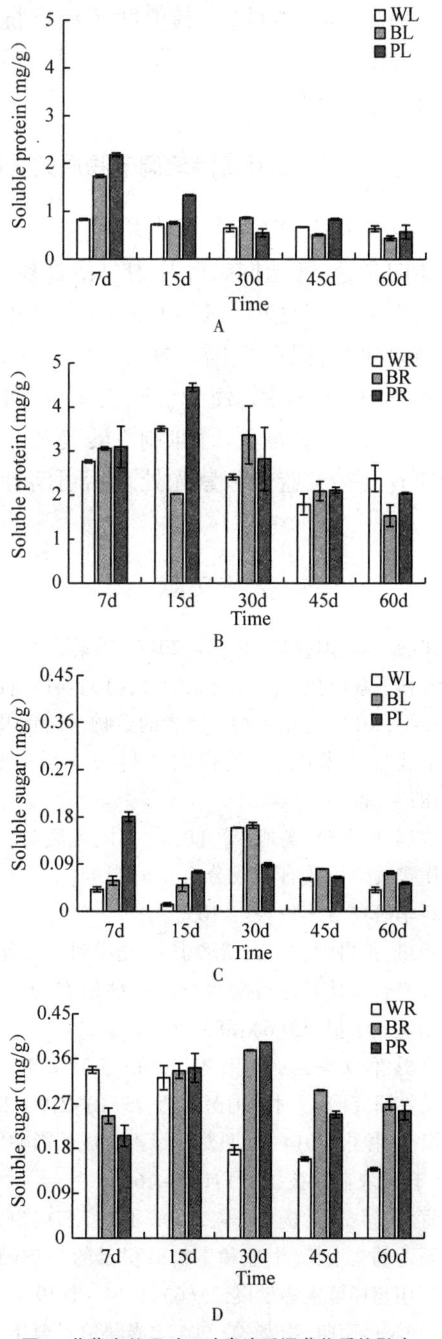

图2 蓝紫光处理对三叶青渗透调节物质的影响
（A：叶片可溶性蛋白质含量；B：块根可溶性蛋白质含量；C：叶片可溶性糖含量；D：块根可溶性糖含量）

注：不同小写字母表示在0.05水平上差异显著。

叶片的SOD和CAT等活性呈上升趋势，减少了MDA的累积。但随着光照时间的增加，尤其在45d后，酶活性下降，内部代谢破坏，导致膜脂过氧化，MDA积累过量。紫

光仅提高 CAT 活性，与其他两组相比抗性较弱，MDA 含量总体上较高，尤其是在后期显著高于另外两组。

3.3 蓝紫光对三叶青渗透调节物质的影响

本试验中，白光和蓝光均可增加可溶性糖的含量；紫光抑制叶片中可溶性糖，促进块根中可溶性糖含量增加，与光合色素的结果同步，因此推断可能是紫光影响了三叶青的光合作用，使光合产物减少，可溶性糖含量的增加受到抑制（梁曼曼 等，2017）。白光、蓝光和紫光处理后可溶性蛋白含量分别提高了 27%、10% 和 44%。张立伟等(2010)研究表明，蛋白质的最大吸收波长在 UV－B 辐射的波长范围内，因此，波长更接近紫外辐射的紫光对蛋白质产生影响会更显著。

综上所述，与白光相比，蓝光有利于增加三叶青的光合色素和抗氧化能力，对植物起到保护作用；紫光可促进渗透调节物质的积累，利于同化产物的积累；蓝紫光能否调控三叶青有效成分合成和积累，还有待进一步研究。

参考文献

陈建明，李振国，陈宝忠，等，2017. 闽北区域三叶青林下栽培技术[J]. 农家参谋，(10)：41－41.

程良绥，2014. 药用植物三叶青的生物学特性及林下栽培技术[J]. 现代农业科技，628(14)：187－188.

程小燕，杨志玲，杨旭，等，2018. 不同光质对三叶崖爬藤生长及有效成分含量的影响[J]. 林业科学研究，31(5)：98－103.

韩敏琪，徐琳煜，白岩，等，2019. 光质对三叶崖爬藤光合特性和总黄酮含量调控的研究[J]. 植物生理学报，55(6)：883－890.

吉庆勇，程文亮，吴华芬，等，2014. 三叶青生物学特性研究[J]. 时珍国医国药，25(1)：219－221.

李汉生，徐永，2014. 光照对叶绿素合成的影响[J]. 现代农业科技，(21)：161－164.

李青竹，蔡友铭，杨贞，等，2019. 不同 LED 光质对石蒜幼苗生长、生理和生物碱积累的影响[J]. 应用与环境生物学报，25(6)：1414－1419.

梁曼曼，弓萌萌，李寒，等，2017. 光胁迫对翌年'绿岭'核桃树体生长发育的影响[J]. 北方园艺，(17)：34－39.

王虹，姜玉萍，师恺，等，2010. 光质对黄瓜叶片衰老与抗氧化酶系统的影响[J]. 中国农业科学，43(3)：529－534.

王珺儒，易倩，帖青清，等，2019. 不同光质对苦荞芽黄酮类物质及抗氧化活性的影响[J]. 食品科技，44(5)：213－218.

邢阿宝，崔海峰，俞晓平，等，2018. 光质及光周期对植物生长发育的影响[J]. 北方园艺，(3)：163－172.

许大全，高伟，阮军，2015. 光质对植物生长发育的影响[J]. 植物生理学报，51(8)：1217－1234.

徐琳煜，刘守赞，白岩，等，2018. 不同光强处理对三叶青光合特性的影响[J]. 浙江农林大学学报，35(3)：467－475.

张立伟，刘世琦，张自坤，等，2010. 不同光质下香椿苗的生长动态[J]. 西北农业学报，19(6)：115－119.

张晓敏，黄旭光，马跃峰，等，2018. 不同光质对三角梅开花及其生理指标的影响[J]. 南方农业学报，49(2)：328－332.

张怡评，陈晖，方华，等，2019. 类胡萝卜素类成分的生物活性与吸收代谢研究进展[J]. 海峡药学，31(7)：17－20.

张志良，瞿伟菁，李小方，2009. 植物生理实验指导[M]. 4 版. 北京：高等教育出版社.

Lichtenthaler H K，1987. Chlorophylls and carotenoids：pigments of photosynthetic biomembranes. Methods in enzymology，148：350－382.

智慧公园背景下植物科普互动模式初探
——以北京市属公园为例

卢珊珊[1]　宋利培[2]　陈　娇[3]　焦志伟[3]　孟雪松[2]
（1. 北京植物园，北京市花卉园艺工程技术研究中心，城乡生态环境北京实验室，北京 100093；
2. 北京市公园管理中心，北京 100044；3. 北京市颐和园管理处，北京 100091）

摘要：在智慧公园建设背景下，将微信公众号平台与牌示相结合建立线上和线下的关联。设计10道北京春季开花植物科普互动题目，游客可扫描二维码参与活动并第一时间得到解析。以此实现大数据的收集和分析，为城市公园科普教育工作提供借鉴。

关键词：智慧公园，植物科普，城市公园，互动答题

Exploration on the Plant Science Communication Interactive Under the Background of Smart Parks:
A Case Study in Beijing Parks

LU Shan-shan[1]　SONG Li-pei[2]　CHEN Jiao[3]　JIAO Zhi-wei[3]　MENG Xue-song[2]
(1. *Beijing Botanical Garden, Beijing Floriculture Engineering Technology Research Centre, Beijing Laboratory of Urban and Rural Ecological Environment, Beijing* 100093; 2. *Beijing Municipal Administration Center of Parks, Beijing* 100044; 3. *Administration Office of the Summer Palace, Beijing* 100091)

Abstract: Under the background of smart park construction, combined WeChat official account with science communication boards to establish online and offline interaction. Ten interactive questions about spring flowering plants in Beijing were designed. Visitors scanned QR code to participate in the activity and get the answer and analysis timely, so as to collection and analysis data. The results could provide reference for science communication education of urban parks.

Keywords: Smart parks, Plant science communication, City parks, Interactive Q&A

1　项目背景

植物科普教育是指以植物为教学对象，以科普为目的的科普教育。植物是自然的组成要素之一，在日常生活中是最易接触的自然事物（杜家烨，2018），极高的接触率和熟悉度，使植物科普成为公众认识自然的第一步，因此具有极高的科普研究价值（马仲辉 等，2015）。与学校课堂所提供的正规教育相比，户外自然环境场所提供的非正规教育亦有着同样重要的地位（李浩 等，2019；王青 等，2019）。近年来，随着社会快速的发展和生活品质的提升，人们在公园中已不再满足于简单的游憩娱乐，尤其对青少年来说，家长期望在游玩过程中能为孩子提供更多更专业的科普知识，开阔见识。因此，城市公园成为塑造高质量植物科普教育的重要载体。北京市属公园在植物的科普教育中发挥着重要作用，已逐渐成为公众身边的“绿色课堂”，主要体现在以下几个方面：（1）提供开展科普教育的场所；（2）承载丰富的植物资源；（3）拥有植物学专业背景的人才；（4）开发丰富多样的科普教育活动等。

但是,随着时代的发展,传统的科普方式存在着出一些问题:(1)活动的受众规模具有局限性,讲解员、科普教师等师资有限;(2)科普牌示缺少趣味性,传统的科普牌示多为图片结合文字,若内容冗长则难以吸引游客,而过于简短则信息量小,同时也缺乏互动;(3)缺乏大数据的收集、受众缺少反馈途径,不利于公园对科普教育工作进行提升改进(马仲辉 等,2015;韩瑞卿,2016)。

伴随互联网技术的快速发展和智能手机的普及应用,智慧化时代的到来为这一困局提供新思路、新技术、新途径(陈进燎 等,2013)。不少机构和学者在植物科普教育方面开展了一系列的研究和探索。马仲辉等人认为在"互联网 +"的时代背景之下,传统植物学知识可以和现代的互联网模式相结合(马仲辉 等,2015);韩瑞卿以华科大校园植物微信公众号为例,以新媒体方式为手段,线上与线下相结合的方式对校园植物进行科普教育(韩瑞卿,2016);一项研究尝试设计一款"观·赏·树"的植物科普 APP,并将青少年和成年人列入植物科普教育对象之中,以应对植物科普教育的幼龄化(韩瑞卿,2016);中国科学院西双版纳热带植物园于 2016 年开展了"微信寻宝"活动,将植物探索地图信息化,通过大数据对游客使用偏好和游览行为进行探索(王西敏 等,2017)。本文以北京地区春季常见花卉为科普对象,选择 10 道植物科普题目,通过线下展板和线上公众号平台,设计出一项公众互动问答活动,活动在北京市属 11 家公园(单位)同时开展,以期获得较为全面的数据,为公园科普教育提升提供依据和借鉴。

2 项目概况

2.1 题目设计

项目结合北京市公园管理中心 2019 年春季"生物多样性保护科普宣传月"主题活动开展,期间正值北京植物园桃花节、景山公园牡丹展、玉渊潭公园樱花节等公众关注的花卉主题展览。依托北京市属公园丰富的科普资源(植物、动物、古建等),初步建立了"科普答题库"。为了提高本次活动的参与度,精选的 10 个题目均围绕春季开花植物设置,多为市属公园的品牌花卉,兼顾知识性、趣味性和植物文化等内容,题目见表 1。为了让牌示醒目富有吸引力,采用统一的设计风格、简洁精美,内容包括图片、问题和二维码(图 1)。

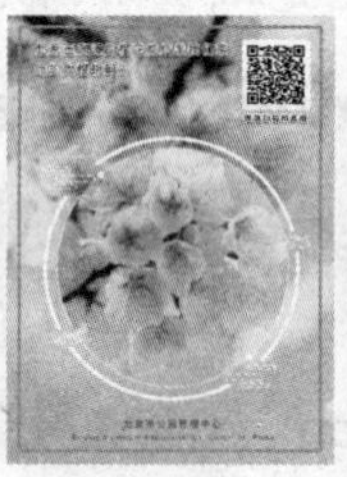

图 1 题目牌示

表 1 植物科普活动的题目

题号	题目
1	"人间四月芳菲尽,山寺桃花始盛开"说的影响树木开花的因素是什么?
2	"疏影横斜水清浅,暗香浮动月黄昏。"该诗句描述的是哪种植物?
3	《诗经·卫风·伯兮》中:"焉得谖(xuān)草,言树之背。"意指"我到哪里能找到谖草,种在母亲堂前,以解忧思。"请问这种植物是什么?
4	花有五颜六色,主要决定其颜色的不是什么因素?
5	百花之王牡丹和中国情人花芍药,它们的区别是什么?
6	蜡梅是梅花吗?
7	在北京,哪种植物会在春天"老茎生花"?
7	"大名像女娃,外号婆婆丁,种子满天飞,根叶能治病。"指的是什么植物?
9	《红楼梦》中经典情景"憨湘云醉眠芍药裀"中的芍药花名中带着个"药"字,那芍药的花叶根茎是否可以入药呢?
10	北京玉渊潭公园的樱花能结出我们常吃的大樱桃吗?

2.2 互动模式

项目依托“科普公园”公众号和题目牌示实现“线上 + 线下”互动答题模式。将制作好的牌示投放于颐和园、天坛、北海、中山、香山、景山、北京植物园、北京动物园、陶然亭、紫竹院、玉渊潭等 11 家北京市属公园及中国园林博物馆，设计好的答题科普牌示放置于公园大门、科普展览、主要景点等游客量较大的区域。来园游客在阅读牌示上的问题后，通过“扫一扫”题版上的二维码进入公众号，在答题界面勾选认为正确的答案，系统自动判定正误后并显示解析，并根据答题正确数量给予相应的虚拟奖励。

3 结果与结论

3.1 参与情况分析

2019 年 4 月 13 日至 5 月 24 日期间，共有 3977 个微信用户参与活动，扫描了 8357 题次，正确率为 57.37%。由图 2 可见，扫码互动的峰值分别出现在周末和五一假期（5 月 1 ~4 日），参与人数显著高于平日，其中 4 月 20 ~21 日的参与活动人数最多，分别为 254 人和 303 人，该周末天气晴朗，较适宜外出踏青；5 月 1 ~4 日平均答题人数达 224 人/日，节假日效益明显，与公园游园的高峰期基本一致。

从整体趋势来看，4 月平日参与活动人数高于 5 月平日。4 月公园中正值花期的植物较多，游人较多；而五一假期过后伴随开花植物减少，出游热度减退；此外，5 月 19 日后，公园陆续撤下题板，对活动参与人数都有着一定的影响。

3.2 题目分析

本次活动从题库中选取了 10 道问题，由于恰逢公园春季主题花卉展览时期，故题目皆与此类植物相关，让游客有熟悉感从而增加参与活动的兴趣。题目可大致分为 3 类，即：“植物文化类”（1、2、3 题），主要与中国传统文化诗词中出现的植物为主；

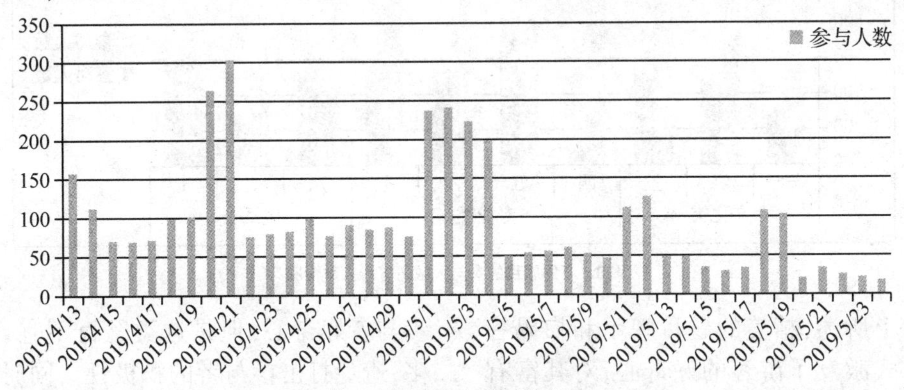

图 2 不同日期参与活动的人数

“植物专业类”（4、5、6、7 题），主要以植物学生态知识为主；“植物生活类”（8、9、10 题），主要以人与植物的关系为主。不同题目的答题人数存在差别，其中，答题人数最多的题目为第 5 题“百花之王牡丹与芍药的区别是什么”，共有 1181 名游客参与回答了该问题；参与人数最少的题目为第 8 题“‘大名像女娃，外号婆婆丁，种子满天飞，根叶能治病’指的是什么植物”，参与人数仅 548 人。整体来看，3 类题型对公众的吸引力由强到弱排序为：植物专业类 > 植物文化类 > 植物生活类（见表 1）。利用单因素方差分析（one - way ANOVA）方法对 3 类题型与参与者数量之间的影响进行分析比较，结果显示：在参与人数方面，植物专业类与植物文化类之间无显著性差异，但植物专业类和文化类都显著优于植物生活类（表 2）。由此可见，公众对于植物专业类和文化类的题型更感兴趣,愿意参与答题活动;而对于植物生活类的题目参与欲望不强。

结合答题正确率来看(图3),10个题目的平均正确率为57.3%。其中参与人数最低的8题、10题的正确率反而最高,分别为98.4%和92.9%。对题干和牌示进行分析,第8题的命题和图片均告知了游客正确答案为“蒲公英”,而第10题“北京玉渊潭公园的樱花能结出我们常吃的大樱桃吗”也是凭借生活常识即可知晓的问题,故许多游客并未扫码作答,而参与答题的绝大多数也选择正确。正确率最低的题目是第4题“花有五颜六色,主要决定其颜色的不是什么因素”,此题参与人数达989人,而正确率仅8.4%,从题干和牌示设计来看,题目具有吸引力和专业知识挑战性,且题目设问为“不是什么”,对审题也有一定的要求,故极少数游客回答正确。参与人数最多的第5题,正确率较高为70.1%;参与人数较少的第1题和第9题,正确率也不太理想,分别为46.4%、44.0%。

表2 3类题型对参与人数的影响

题型	n	$\bar{x} \pm s$	F	P
植物专业类	4	1042 ±93		
植物文化类	3	867 ±170	11.384	0.006
植物生活类	3	622 ±66		

表3 3类题型间差异性比较

题型	平均数	-植物生活类	-植物文化类
植物专业类	1042	420 *	175
植物文化类	867	245 *	
植物生活类	622		

注:LSD法;* $P<0.05$;因变量:参与人数。

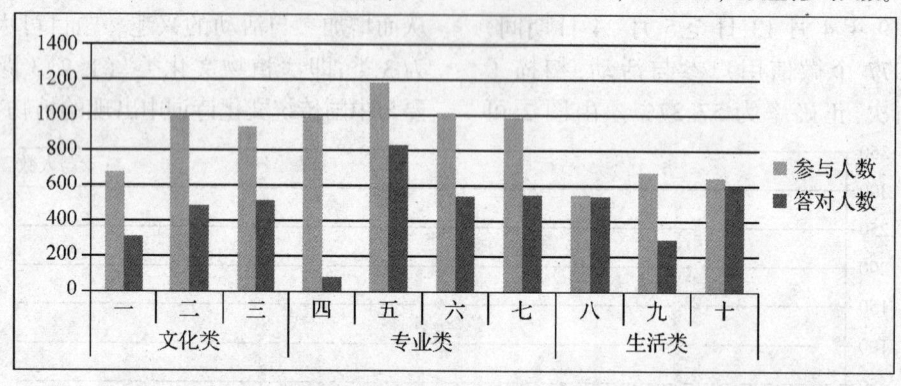

图3 不同题目的参与人数与答对人数情况

综上所述,精美的题目牌示和扫码答题的方式激发了游客的好奇心,对其富有一定的吸引力。从时间维度来看,假期和周末效应比较明显,游客参与度较高,同时受到天气状况、花期等因素影响,参与人数也有一定的变化。从题目的设置来看,游客对植物专业类、植物文化类的题目相对更感兴趣,而过于直白、简单的题目则无法激发其参与的热情,未来应尽量避免设置该类题目。另一方面,由于知识背景原因,过于专业的题目正确率极低,虽然引发了参与者好奇心,但是这类题目不宜设置过多,避免打击参与者的积极性。同时发现,第5题无论是参与度还是正确率都较高,这类题目贴近生活且具有一定的专业挑战性,是较为适合作为互动的题型。

4 讨论与展望

在智慧公园建设背景和在“互联网+”发展的新形势下,利用移动互联网、物联网、大数据云计算和信息智能终端等新科技技术,公园建设管理智慧化已成为必然趋势。科普教育是新时代城市公园的重要功能之一,科普教育方式应全面与信息技术相结合,尤其疫情以来,诸多教育课程都由线下转为线上模式。

本研究针对城市公园植物科普互动模式进行了初步探索,与传统的科普教育方式相比体现出以下特点。一是规模大,覆盖面广。一次设计后,可以同时投放至多家公园,公众参与度较为广泛。二是简单易行,不受时间限制。用户拥有一部手机即可参与活动,无需安装 APP,并且可以在公园开放期间的任何时间参与活动。三是成本低,利于管理。该活动可以在特定时间段内收集大量有效数据,通过数据分析有利于及时反馈信息,便于对内容、题目进行调整。四是具有互动性和趣味性。通过扫码线上答题,和游客能够灵活互动,及时反馈答案正误、对答案进行解析,引导其进行更多答题,并设置虚拟奖励,增添了科普知识学习的乐趣。

总体来说,从该项目的初步分析结果看,以智能手机为载体,深受游客喜爱和欢迎,通过线上和线下的互动开展科普教育的形式存在很大的发展和利用空间。但是,宣传指引工作的欠缺和推广渠道的限制,相对于北京市属公园春季的游客总量来看,参与此次活动的游客规模仍较小。未来可将实物、文字、图片、语音、视频相结合,为游客营造体验式游园学习的平台,打破每次活动受众少、科普师资有限的缺点。今后在内容上也可以更加广泛,如园林文化、古建知识、动物知识、生态知识等包含其中,结合植物的物候期、节假日、特色花展以及文化活动,开展多场次的线上互动答题活动,并对游客的基本情况进行调查,包括:性别、年龄、学历等,综合分析优化,增加公众参与度。大量的数据收集可为智慧公园管理提供依据,构建"大平台、大系统、大数据",更好地促进科普服务的提升和教育工作的创新。

参考文献

陈进燎,吴沙沙,周育真,等,2013. 植物园解说系统二维码技术应用与设计[J]. 沈阳农业大学学报(社会科学版),15(6):745 - 749.

杜家烨,2018. 自媒体视域下的自然教育实践——以植物科普教育为例[D]. 杭州:浙江农林大学,

韩瑞卿,2016. 华科大校园植物微信公众号制作[D]. 武汉:华中科技大学.

李浩,周惠瑜,2019. 城市公园科普发展探索——以昆明市属公园为例[J]. 云南科技管理,(5):38 - 40.

马仲辉,邹承武,张平刚,等,2015. "互联网 + "背景下高校校园植物科普教育及网络建设初探——以广西大学为例[J]. 广西农学报,30(06):68 - 69.

王青,王丽娟,张卫哲,2019. 自媒体视域下的自然教育实践——以植物科普教育为例[J]. 农业开发与装备,(2):62 - 63.

王西敏,赵金丽,吴超,2017. "微信寻宝":新媒体时代科普方式的新突破——以中国科学院西双版纳热带植物园为例[M]//中国植物学会植物园编辑委员会,2017. 中国植物园(第二十期). 北京:中国林业出版社,116 - 119.

梅花引种与繁殖技术初探

孙　宜[1]　包峥焱[1]

（1. 北京植物园，北京市花卉园艺工程技术研究中心，城乡生态环境北京实验室，北京 100093）

摘要：北京植物园从20世纪80年代至今梅花引种8次，121个品种，现栽植79个品种，分属10个品种群；从山东、河南北方地区引种胸径3～10 cm壮苗成活率高达92.6%。本研究初步观测梅花品种在北京的适应性和观赏性，结果显示，杏梅和美人品种群生长势强、适于北京栽培；花期多集中在3月下旬至4月初；花色从白到粉到玫红，花型从单瓣到重瓣，花香类型从无味到清香甜香，观赏性状丰富。对11个品种进行嫁接、3个品种进行嫩枝扦插繁殖研究。结果表明：T形芽接成活率较高；IBA为主的RHIZOPON系列生根粉对扦插生根有促进作用。

关键词：梅花，引种，嫁接，嫩枝扦插

Study on Introduction and Propagation Techniques of *Prunus mume* in Beijing Botanical Garden

SUN Yi[1]　BAO Zheng－yan[1]

（1. *Beijing Botanical Garden*，*Beijing Floriculture Engineering Technology Research Centre*，*Beijing Laboratory of Urban and Rural Ecological Environment*，*Beijing* 100093）

Abstract：8 times and 121 cultivars of Mei flower introduction were carried out in Beijing Botanical Garden since the 1980s. Now there are 79 cultivars which belong to 10 cultivar groups were planted in Beijing Botanical Garden. The survival rate was high up to 92.6%. Plants introduced from Shandong and Henan province with 3～10cm DBH. The adaptability and ornamental characters of those cultivars in Beijing were preliminarily observed in this study. The results showed that：Xing Mei Group and Meiren Group grow strongly and are suitable for cultivation in Beijing. The flowering period is mainly from late March to early April. The colors of the flowers range from white to pink to rose red，from single petal to double petal. The flower fragrance is from tasteless to delicate fragrance and sweet. In addition，11 cultivars were budding grafted and 3 cultivars were propagated by softwood cutting of Mei flowers. The results showed that：The survival rate of T－type budding was higher，RHIZOPON（mainly IBA）can promote rooting.

Keywords：Mei flowers，Introduction，Budding，Softwood cutting propogation

梅（*Prunus mume*）原产中国，是我国十大名花之一。因花期早，花香清雅，深受人们喜爱。梅花的栽培分布自古多在长江及淮河流域，北以黄河、南以珠江为界。随气候变暖和园艺水平提高，“南梅北移”初见成效。目前山东、河南、河北及东北、新疆地区均有梅花栽培。

据史料记载，梅花最早在北京地区露地栽培的时间为清乾隆三十四年（公元1769年）。在《清高宗（乾隆）御制诗文全集》中乾隆皇帝的三首咏梅诗，其中两首反映了紫禁城和圆明园内有露地栽植梅花，均做人工搭棚防寒处理；另一首诗记述香山盆栽梅花种植在庭院中，“七年后八尺高

(约2.4m),阴历四月初开花"。诗序称:"其天自全"(未采取防寒措施)。说明清乾隆年间北京既有庭院露地栽植的梅花。为了更好地发展与弘扬梅文化,使首都人民欣赏更多、更美的梅花品种,北京植物园从20世纪80年代开始一直致力于梅花的引种工作,并取得显著成效。

1 梅花引种

北京植物园从20世纪80年代至今共引种8次、121个品种,分属于11品种群(表1)。20世纪80年代,从江南地区引种栽植梅花6棵(品种名不清)。后陈俊愉院士鉴定分别为:'江梅'('Jiangmei')、'小绿萼'('Xiao Lv-e')(2棵)、'银红台阁'('Yinhong Taige')、'小宫粉'('Xiao Gongfen')和'朱砂晚照水'('Zhusha Wanzhaoshui')。1998年,时任园长张佐双从日本引进梅花品种34个。同年陈俊愉受旅日华侨刘介宙委托从河南豫西梅园引进'美人'梅('Meiren')(许联英和孙宜,2012)。2003、2007、2015、2016和2017年分别从河南、山东陆续引进梅花品种。

2015、2016、2017年从河南引种的梅花开花后发现部分品种错误,对错误品种单独记载,陆续进行品种鉴定工作。

2 北京植物园梅花现状

2.1 栽培小环境

梅花品种引进后主要栽植于北京植物园梅园。梅园位于植物园西北部,与樱桃沟景区毗邻,现有面积40000m²,包括一个8000m²的湖面。因其西北两面靠山,冬季可阻挡部分西北风,从而构成相对背风向阳的小气候环境(包峥焱,2007)。

2.2 越冬防护技术

1998年日本引进的梅花品种为两年生芽接苗,株高30~35cm,砧木为野生梅花。引种后栽植于北京植物园苗圃内。最初3年每年冬季对植株基部进行培土防寒,次年4月初去除覆土。其后不做防护直接进行抗寒锻炼。2007年统计品种保存率为79.4%。梅园建成后移栽至梅园。

2003年后引进的梅花品种,苗木胸径为3~10cm,直接栽植于梅园内并进行重剪。当年冬季浇冻水后对植株基部1.2m×1.2m范围内覆盖地膜,主干缠草绳并用双层无纺布包裹全株,最后在根颈部压土埋实;第二年只进行裹干和全株包裹防寒;第三年仅采用全株包裹;以后直接露地越冬。这些梅花品种保存率高达92.6%。北方地区梅花引种,选择北方苗源和胸径3~10cm壮年苗,更利于苗木成活。

2.3 梅花适应性及观赏特性

引进的121个梅花品种中,错误品种19个,死亡品种23个,其中7个日本引进的品种在苗圃地内死亡。20世纪80年代引进的'小宫粉''小绿萼'和'银红台阁'随着树龄增大,2010年后树势逐渐衰弱,最终死亡。'朱砂晚照水'由于栽植区域长期光照不足造成植株死亡。2020年春季统计北京植物园内保存梅花品种79个,分属于10个品种群。其中杏梅品种群、美人品种群抗寒性强、生长健壮,非常适合北京地区种植。龙游品种群抗寒性差,在小环境下每年越冬均需采取防寒措施。其他品种群的梅花,除个别品种抗寒性较差外,大多品种经过3年越冬保护后均可直接露地生长。

79个梅花品种中,早花品种(3月20日以前初花)5个,为'大羽''豫西早宫粉''八重寒红''虎之尾'和'红冬至';晚花品种(4月1日以后初花)5个,分别为'扣瓣大红''洪岭二红''变萼淡春粉''红千鸟'和'美人'梅。中花品种(3月21~31日初花)69个,花期集中于3月下旬至4月初。早花、晚花品种各占总体的6.3%,中花品种占87.3%。

植物园内不同品种群观赏特点不同:垂枝品种群枝条下垂、树形特殊。'开运垂枝''单碧垂枝'和'锦红垂枝'长势强健;'开运垂枝'花大、粉红色,观赏效果尤佳。朱砂品种群花多玫红色、清香,最受人们喜爱;其中'大盃''红千鸟'枝条舒展、着花繁密,花期长;'乌羽玉'花为深紫红色,极其少见;'江南朱砂''云锦朱砂'为该品种群中长势最强的品种,花重瓣,着花繁密,观赏效果极佳。宫粉品种群花粉色、重瓣,清香;'见惊'花水粉色,色彩纯净、姿态美丽;'变萼淡春粉'花期晚,有萼瓣,着花繁密,植株健壮。玉蝶品种群花白色,重瓣;其中'北京玉蝶'为北京地区抗寒梅花的代表品种之一;'虎之尾'花期早,观赏价值高。绿萼品种群花白色,萼片纯绿色,色彩淡雅,花香浓郁;表现优秀的有'白狮子''月影''变绿萼'等。单瓣品种群的花色多为白、粉色;'养老''道知辺'花粉色、着花繁密,观赏效果佳;'北斗星'花丝长于花瓣,呈辐射状,观赏效果独特。79 个梅花品种中同时具有观枝和观花特性的为'龙游'和'垰出锦';'龙游'枝条自然扭曲,婉若游龙,但长势弱,每年冬季需全株包裹防寒;'垰出锦'一年生枝绿色,上有不规则黄色和粉红色条块,花重瓣、粉色,全株均具观赏性。

表 1 北京植物园梅花引种情况

引种时间	品种群	中名	学名	来源	生长状况	花期	形态特征	备注
80 年代;2016	宫粉	'小宫粉'	'Xiao Gongfen'	江南;河南	良好	3 月下旬	花粉、重瓣,甜香	
80 年代	宫粉	'银红台阁'	'Yinhong Taige'	江南				死亡
1998	宫粉	'八重寒红'	'Bachong Hanhong'	日本	良好	3 月中下旬	花深粉红,重瓣,清香	
1998	宫粉	'玉垣'	'Yuyan'	日本				死亡
1998	宫粉	'开连'	'Kailian'	日本	良好	3 月中下旬	花淡粉、重瓣,有香味	
1998	宫粉	'见惊'	'Jianjing'	日本	弱	3 月下旬至 4 月初	花淡粉、重瓣,清香	
2007;2016	宫粉	'虎丘晚粉'	'Huqiu Wanfen'	山东、河南	良好	3 月下至 4 月上旬	花粉、重瓣,甜香	着花繁密
2007	宫粉	'红粉台阁'	'Hongfen Taige'	山东				死亡
2007	宫粉	'红怀抱子'	'Honghuai Baozi'	山东				死亡
2007	宫粉	'大羽'	'Dayu'	山东	良好	3 月中下旬	花淡粉、重瓣,清香	花期早
2007	宫粉	'大宫粉'	'Da Gongfen'	山东	良好	3 月下旬	花粉、重瓣,甜香	
2007	宫粉	'傅粉'	'Fufen'	山东	良好	3 月底至 4 月初	花粉白、重瓣,清香	
2015	宫粉	'粉皮宫粉'	'Fenpi Gongfen'	河南				品种错误
2015;2017	宫粉	'粉妆台阁'	'Wanzhuang Taige'	河南				品种错误
2015	宫粉	'晚碗宫粉'	'Wanwan Gongfen'	河南				品种错误
2015;2017	宫粉	'扣瓣大红'	'Kouban Dahong'	河南	良好	4 月上旬	花、重瓣,浓香	花期晚

（续）

引种时间	品种群	中名	学名	来源	生长状况	花期	形态特征	备注
2015	宫粉	‘淡桃粉’	‘Dantao Fen’	河南	好	3月下旬至4月初	花粉、重瓣，淡杏香	着花繁密
2015	宫粉	‘人面桃花’	‘Renmian Taohua’	河南	良好	3月下旬	花粉、重瓣，杏花香	着花繁密
2015	宫粉	‘南京红’	‘Nanjing Hong’	河南	弱	3月中下旬	花粉、重瓣，杏花香	
2016	宫粉	‘粉霞’	‘Fen Xia’	河南				品种错误
2016	宫粉	‘埘出锦’	‘Shichu Jin ’	河南	良好	3月下旬	花深粉、重瓣	
2016	宫粉	‘贵阳粉’	‘Guiyang Fen’	河南	良好	3月下旬	花粉、重瓣	
2016	宫粉	‘老人美大红’	‘Laorenmei Dahong’	河南	良好	3月下旬	花桃粉、瓣色不均、重瓣，甜香	
2016	宫粉	‘豫西早宫粉’	‘Yuxi Zaogongfen’	河南	良好	3月中下旬	花玫红、重瓣	花期早
2016	宫粉	‘洪岭二红’	‘Hongling Erhong’	河南	良好	4月上旬	花粉、重瓣，浓香	花期晚
2017	宫粉	‘小欧宫粉’	‘Xiaoou Gongfen’	河南	良好	3月下旬	花淡粉、重瓣	
2017	宫粉	‘矫枝’	‘Jiao Zhi’	河南				品种错误
2017	宫粉	‘桃红台阁’	‘Taohong Taige’	河南				品种错误
2017	宫粉	‘凝馨’	‘Ning Xing’	河南				品种错误
2017	宫粉	‘变萼淡春粉’	‘Bian－e Danchunfen’	河南	好	4月上至中旬	花淡粉、重瓣、有萼瓣，清香	花期晚
80年代	朱砂	‘朱砂晚照水’	‘Zhusha Wan zhaoshui’	江南				死亡
1998	朱砂	‘绯之司’	‘Fei Zhisi’	日本				圃地内死亡
1998	朱砂	‘大盃’	‘Dabei’	日本	良好	3月中至4月初	花深粉红、单瓣、多6瓣，清香	花期长
1998	朱砂	‘红千鸟’	‘Hong Qianniao’	日本	良好	4月上旬	花深玫红、单瓣，清香	花期晚
2007	朱砂	‘姬千鸟’	‘Ji Qianniao’	山东				死亡
2007	朱砂	‘云锦朱砂’	‘Yunjin Zhusha’	山东	良好	3月中旬至下旬	花玫红、重瓣	
2007	朱砂	‘江南朱砂’	‘Jiangnan Zhusha’	山东	好	3月下旬至4月初	花玫红、重瓣	着花繁密
2015	朱砂	‘粉红朱砂’	‘Fenhong Zhusha’	河南	良好	3月下旬至4月初	花淡粉、重瓣，清香	
2015	朱砂	‘千瓣朱砂’	‘Qianban Zhusha’	河南				品种错误
2015;2016	朱砂	‘白须朱砂’	‘Baixu Zhusha’	河南	良好	3月下旬	花玫红、花丝白、单瓣，浓香	
2015;2016	朱砂	‘多萼朱砂’	‘Duo－e Zhusha’	河南	良好	3月下旬	花深玫粉、重瓣	
2015	朱砂	‘皱瓣朱砂’	‘Zhouban Zhusha’	河南				品种错误
2015	朱砂	‘骨红大朱砂’	‘Guhong Dazhusha’	河南	良好	3月下至4月上旬	花淡粉、重瓣	
2015	朱砂	‘早种朱砂’	‘Zaozhong zhusha’	河南				品种错误
2015	朱砂	‘单瓣朱砂’	‘Danban zhusha’	河南	好	3月下旬	花玫红、单瓣	

（续）

引种时间	品种群	中名	学名	来源	生长状况	花期	形态特征	备注
2016	朱砂	‘舞朱砂’	‘Wu Zhusha’	河南	良好	3月下至4月上旬	花深玫粉、重瓣	着花繁密
2016	朱砂	‘乌羽玉’	‘Wuyu Yu’	河南	良好	3月下旬	花极深紫红、单瓣，	花色独特
2016;2017	朱砂	‘台阁朱砂’	‘Taige Zhusha’	河南	良好	3月下旬至4月初	花玫粉、重瓣，浓香	
2016	朱砂	‘小红朱砂’	‘Xiaohong Zhusha’	河南	良好	3月下旬	花玫粉、重瓣，清香	着花繁密
2016	朱砂	‘豫西皱瓣朱砂’	‘Yuxi Zhouban Zhusha’	河南	良好	3月下至4月上	花玫粉、重瓣	
2017	朱砂	‘红须朱砂’	‘Hongxu Zhusha’	河南	弱	3月下旬	花深玫红、重瓣，清香	
2017	朱砂	‘徽州朱砂’	‘Huizhou Zhusha’	河南	良好	3月下旬	花玫红、重瓣	
2017	朱砂	‘水朱砂’	‘Shui Zhusha’	河南	良好	3月下旬	花浅粉、重瓣，淡香	
2017	朱砂	‘豫西朱砂’	‘Yuxi Zhusha’	河南	好	3月中下旬	花玫红、重瓣	着花繁密
1998	玉蝶	‘玉牡丹’	‘Yu Mudan’	日本				死亡
1998	玉蝶	‘虎之尾’	‘Hu Zhiwei’	日本	良好	3月中下旬	花白、重瓣，有香味	花期早
2007	玉蝶	‘素白台阁’	‘Subai Taige’	山东	良好	3月下至4月初	花白、重瓣，清香	
2007	玉蝶	‘北京玉蝶’	‘Beijing Yudie’	山东				死亡
2007	玉蝶	‘三轮玉蝶’	‘Sanlun Yudie’	山东	良好	3月底至4月上旬	花白、重瓣，清香	花期长
2015	玉蝶	‘玉台照水’	‘Yutai Zhaoshui’	河南	弱	3月下旬	花白、重瓣，花朵向下。	
2015;2017	‘玉蝶	华农玉蝶’	‘Huanong Yudie’	河南	良好	3月下旬	花白、重瓣	
2015;2017	玉蝶	‘小玉蝶’	‘Xiao Yudie’	河南				品种错误
2015;2017	玉蝶	‘徽台玉蝶’	‘HuiTau Yudie’	河南				品种错误
2017	玉蝶	‘大萼玉蝶’	‘Bian-e Yudie’	河南				品种错误
80年代;2015	绿萼	‘小绿萼’	‘Xiao Lü-e’	江南;河南	良好	3月下旬至4月初	花白、重瓣，清香	
1998	绿萼	‘大轮绿萼’	‘Dalun Lü-e’	日本				圃地内死亡
1998	绿萼	‘白狮子’	‘Bai Shizi’	日本				死亡
1998	绿萼	‘月影’	‘Yueying’	日本	良好	3月下旬	花白、单瓣，清香	
1998	绿萼	‘金狮子’	‘Jin Shizi’	日本				圃地内死亡
1998	绿萼	‘流芳阁’	‘Liu Fangge’	日本				圃地内死亡
2007;2016	绿萼	‘长蕊变绿萼’	‘Changrui Bian Lü-e’	山东;河南				品种错误
2007;2016	绿萼	‘变绿萼’	‘Bian Lü-e’	山东;河南	良好	3月下至4月上旬	花大、白、重瓣，萼片多，清香	
2007;2017	绿萼	‘二绿萼’	‘Er Lü-e’	山东,;河南	良好	3月下旬	花白、重瓣，清香	

（续）

引种时间	品种群	中名	学名	来源	生长状况	花期	形态特征	备注
2015	绿萼	‘复瓣绿萼’	‘Fuban Lü－e’	河南	良好	3月下至4月上旬	花白、复瓣，清香	
2015	绿萼	‘米单绿’	‘Midan Lü’	河南				品种错误
2016	绿萼	‘豫西变绿萼’	‘Yuxi Bian Lü－e’	河南	良好	3月下至4月初	花白、重瓣，萼片多	
2016	绿萼	‘徽州小绿萼’	‘Huizhou Xiao Lü－e’	河南	好	3月下至4月初	花白、重瓣	着花繁密
80年代；2016	单瓣	‘江梅’	‘Jisngmei’	江南；河南	好	3月下旬	花白、单瓣	着花繁密
1998	单瓣	‘养老’	‘Yanglao’	日本	好	3月下至4月初	花淡粉、单瓣，清香	着花繁密
1998	单瓣	‘冬至’	‘Dongzhi’	日本				圃地内死亡
1998	单瓣	‘古今集’	‘Gu Jinji’	日本				死亡
1998	单瓣	‘雪月花’	‘Xue yuehua’	日本	良好	3月下至4月上旬	花白、单瓣，清香	
1998；2005	单瓣	‘红冬至’	‘Hong Dongzhi’	日本；山东	良好	3月中下旬	花淡粉、单瓣，清香	花期早
1998	单瓣	‘道知辺’	‘Dao zhidao’	日本	弱	3月下旬	花粉、单瓣，清香	
1998	单瓣	‘光口’	‘Guangkou’	日本				圃地内死亡
1998	单瓣	‘白加贺’	‘Bai Jiahe’	日本				死亡
1998	单瓣	‘北斗星’	‘Bei Douxing’	日本	良好	3月下旬	花白、单瓣，浓香	
1998	单瓣	‘梅乡’	‘Meixiang’	日本	良好	3月下旬	花白、单瓣，清香	
1998	单瓣	‘铃铃阁’	‘Lingling Ge’	日本				圃地内死亡
1998	单瓣	‘米良’	‘Miliang’	日本	弱	3月下至4月初	花白、单瓣，甜香	
1998	单瓣	‘小梅’	‘Xiaomei’	日本				死亡
2016	单瓣	‘寒红’	‘Han Hong’	河南				品种错误
1998	跳枝	‘鬼桂花’	‘Gui Guihua’	日本				死亡
2003	跳枝	‘复瓣跳枝’	‘Fuban Tiaozhi’	河南	好	3月下至4月初	花白、重瓣，偶有单枝花粉，或花具粉色斑块，清香	
2007	跳枝	‘春日野’	‘Chun Riye’	山东				死亡
2015；2017	跳枝	‘晚跳枝’	‘Wan Tiaozhi’	河南				品种错误
2015	跳枝	‘复色跳枝’	‘Fuse Tiaozhi’	河南				品种错误
2016	跳枝	‘豫西跳枝’	‘Yuxi Tiaozhi’	河南	良好	3月下至4月初	花白、重瓣，具粉红色跳枝现象，清香	
2016	跳枝	‘昆明小跳枝’	‘Kunming Xiao Tiaozhi’	河南	良好	3月下至4月初	花白，重瓣，具粉红色跳枝现象，清香	

（续）

引种时间	品种群	中名	学名	来源	生长状况	花期	形态特征	备注
2007	垂枝	‘开运垂枝’	‘Kaiyun Chuizhi’	山东	好	3月底至4月上旬	花玫粉、重瓣，近无香	着花繁密
2007	垂枝	‘单粉垂枝’	‘Danfen Chuizhi’	山东	良好	3月下至4月初	花粉、单瓣，清香	
2007	垂枝	‘单碧垂枝’	‘Danbi Chuizhi’	山东	好	3月下至4月初	花白、单瓣，清香	
2015	垂枝	‘杏梅垂枝’	‘Xingmei Chuizhi’	河南	良好	3月下旬	花淡粉、单瓣，淡香	
2015;2016	垂枝	‘双碧垂枝’	‘Shuangbi Chuizhi’	河南	良好	3月下至4月上旬	花白、重瓣，清香	
2015;2016	垂枝	‘锦红垂枝’	‘Jinhong Chuizhi’	河南		3月下旬	花玫红、重瓣，淡香	
2015;2017	黄香	‘黄山黄香’	‘Huangshan Huangxiang’	河南				品种错误
1998	龙游	‘香篆’	‘Xiangzhuan’	日本				死亡
2015;2017	龙游	‘龙游’	‘Longyou’	河南	弱	2月下旬至3月中旬（非自然花期）	花白、重瓣，清香	需冬季防寒
初1998;2007	杏梅	‘武藏野’	‘Wu Zangye’	日本;山东	好	3月下旬至4月初	花淡粉、重瓣，杏花香	着花繁密
1998	杏梅	‘淋朱’	‘Linzhu’	日本				死亡
1998;2007	杏梅	‘江南无所’	‘Jiangnan Wusuo’	日本;山东	好	3月底至4月上旬	花粉、重瓣，淡香	着花繁密
1998	杏梅	‘单瓣丰后’	‘Danban Fenghou’	日本	好	3月下旬	花极淡粉、单瓣，杏花香	着花极繁密
1998	杏梅	‘入日之海’	‘Ruri Zhihai’	日本	好	3月下旬	花白、单瓣，淡杏花香	着花极繁密
2003;2015	杏梅	‘丰后’	‘Fenghou’	河南	好	3月下旬	花粉红、重瓣，无香	
2003	杏梅	‘淡丰后’	‘Dan Fenghou’	河南	好	3月下旬	花白、重瓣，无香	
2003	杏梅	‘燕杏’	‘Yanxing’	河南	好	3月下旬	花白、单瓣，无香	着花繁密
2003	杏梅	‘中山杏’	‘Zhongshan Xing’	北京	好	3月下旬	花白、单瓣，浓杏花香	着花繁密
2007	杏梅	‘杨贵妃’	‘Yang Guifei’	山东	好	3月下旬	花浅粉红、重瓣，杏花香	花大
2007	杏梅	‘送春’	‘Songchun’	山东	好	3月下旬	花粉红、重瓣，杏花香	着花繁密
2007	杏梅	‘花蝴蝶’	‘Hua Hudie’	山东	好	3月下旬	花淡粉、单瓣，淡香	树姿飘逸
1998	美人	‘美人’	‘Meiren’	河南	好	4月上中旬	花水粉、重瓣，有香味	花期晚

注：表中“80年代”指“20世纪80年代”。

3 梅花繁殖技术研究

梅花繁殖多依靠嫁接（李振坚和陈俊愉，2004；金丽丽和程龙春，2016；吴翠珍等，2018；刘永刚，2019）。南方砧木多用青梅（李振坚和陈俊愉，2004），北方地区多为山桃和山杏，但是随着植株长大，易出现流胶、大小脚等现象，影响梅花寿命（李振坚等，2009）。杏砧耐寒性强，更加适用于杏梅品种群；桃砧养护条件高，抗逆性弱（戴永平,2019)。扦插因有效保留母本性状、开花早、利于延长植株寿命,成为重要的繁殖手段。高乔坤(2005)于2003、2004年12月扦插'美人'梅,成活率分别为79.8%和86.2%。吕明霞(2000)研究宫粉品种群梅花品种的扦插繁殖,得出IBA促进插条生根,硬枝扦插生根率高。李振坚等(2009)对22个梅花品种进行了嫩枝扦插繁殖的研究,得出IBA能够明显提高梅花插穗的生根率。'三轮玉蝶''小美人'和'美人'使用IBA后,生根率均达到90%以上。

3.1 嫁接繁殖

3.1.1 材料与方法

2008年8月,选择11个梅花品种(见表2)进行嫁接繁殖。采用T形芽接。次年早春发芽前统计成活率。

3.1.2 结果与分析

不同品种间嫁接成活率有一定差异。由表2可知,成活率低于50%的品种有2个;50%~60%的品种有3个;60%~70%的品种有4个;高于70%的品种有2个。

表2 嫁接成活率

品种群	品种名称	成活率(%)	一年后成活率(%)
朱砂品种群	'大盃'	62	6.2
	'江南朱砂'	33	17
	'红千鸟'	67	0
宫粉品种群	'小宫粉'	78	11
	'见惊'梅	58	8.3
	'八重寒红'	43	14
玉蝶品种群	'虎之尾'	64	18
绿萼品种群	'白狮子'	50	0
	'月影'	67	0
单瓣品种群	'养老'	50	0
	'道知辺'	75	25

苗木嫁接成活后,后期养护尤为关键。嫁接成活苗木栽植一年后观察,所有品种均出现不同程度的死亡,苗木保存率较低。'白狮子''养老''红千鸟'和'月影'的幼苗全部死亡。成活率大于10%的品种仅有5个,由高到低分别为:'道知辺''虎之尾''江南朱砂''八重寒红''小宫粉'。

分析原因如下:(1)越冬防寒方式不当。幼苗采用搭风障结合根部培土的防寒方式,次年早春抽条,部分植株死亡。(2)早春管理不当。北京春季低温、风大干旱。过早地去掉风障,会导致幼芽冻伤。(3)流胶病导致死亡。部分幼苗在切口处出现流胶现象,造成死亡。为了减少死亡率,北京地区繁殖的梅花幼苗应在春季升温平稳后去除风障并及时浇春水。生长势较弱的品种可采用冬季假植的防寒方法。

3.2 嫩枝扦插繁殖

3.2.1 材料与方法

实验材料:2016年5月31日于北京市植物园梅园内采'八重寒红''云锦朱砂'和'北京玉蝶'的嫩枝('北京玉蝶'2018年因施工移栽死亡)。

扦插基质:珍珠岩和草炭土以2∶1体积比混合。0.5%的高锰酸钾喷洒基质消毒。清水洗净备用。

激素:RHIZOPON系列生根粉剂(主要成分吲哚丁酸IBA),3种生根粉含IBA浓度分别为1000mg/L、2500mg/L和5000mg/L。蘸水后速蘸生根粉剂,静置60s后插于基质2~3cm深。

每处理15根插穗,3次重复,清水为对照(CK)。

插床管理:全光照自动喷雾插床,白天每0.5h喷水30s。夜间每1h喷水30s。插床上80cm处覆盖遮阳网,20~30d生根后去除遮阳网。每周喷施多菌灵500倍液。

数据统计分析:60d后统计扦插生根结果。计算生根率:

$$生根率/\% = \frac{生根插穗数}{扦插插穗数} \times 100\%$$

试验数据使用EXCEL进行数据统计。

3.2.2 结果与分析

表3显示梅花品种不同而扦插生根率不同。'八重寒红'CK组生根率达到41.67%,最大生根率为58.33%。

RHIZOPON系列生根粉对梅花嫩枝扦插有促进作用,只是不同品种最适浓度不同。'北京玉蝶'和'云锦朱砂'是5000mg/L,相对CK生根率净增值分别为64.58%和42.22%,'八重寒红'的最佳处理浓度2500mg/L,净增值16.66%。

表3 不同处理下梅花品种的生根率

(单位:%,平均值±标准误)

处理	IBA 浓度(mg·L^{-1})			
	CK	1000	2500	5000
'北京玉蝶'	8.33±8.33	60.42±2.08	68.75±3.61	72.91±5.51
'八重寒红'	41.67±8.34	54.17±4.17	58.33±4.17	33.33±4.17
'云锦朱砂'	0	0	13.33±3.85	42.22±5.88

参考文献

包峥焱,2007. 北京植物园梅花的露地栽培与养护[J]. 北京园林,2:43-46.

高乔昆,2005.'美人'梅扦插繁殖技术[J]. 林业调查规划,30(05):96-97.

金丽丽,程龙春,2016. 沈阳地区梅花嫁接方法研究[J]. 现代园艺,12:8.

李振坚,2004. 抗寒梅花适宜砧木亲和力试验[M]//张启翔,2004. 中国观赏园艺研究进展. 北京:中国林业出版社,276-281.

李振坚,陈瑞丹,李庆卫,等,2009. 生长素和基质对梅花嫩枝扦插生根的影响[J]. 林业科学研究,22(1):120-123.

刘永刚,2019. 山桃育苗及梅花嫁接培育技术[J]. 江西农业,4:11-12.

吕明霞,2000. 梅花扦插繁殖技术的研究[J]. 浙江林业科技,20(2):43-45.

吴翠珍,周莉,吉浩,等,2018. 不同播种季节和嫁接方法对梅花扩繁成活率的影响[J]. 林业科学,22:122-123,125.

许联英,孙宜,2012. 北京梅花的园林应用[J]. 北京园林,4:34-38.

大百合属植物引种栽培研究①

张　蕾[1]　董知洋[1]　张　辉[1]　迟　淼[1]　邓军育[1]　魏　钰[1]*

（1. 北京植物园，北京市花卉园艺工程技术研究中心，城乡生态环境北京实验室，北京 100093）

摘要：大百合属是东亚特有植物，不仅具有较高的观赏价值，还兼有药用、食用等经济价值，但是由于其繁殖困难，未能够被广泛认知并应用。北京植物园近年来开展了对野生大百合属植物的引种和栽培研究，包括野外居群调查、引种驯化、物候观测等。结果表明，大百合在北京地区物候为11月至翌年2月休眠期，3月中旬萌发，4月下旬茎节开始伸长，直立茎顶端花芽已经形成。大百合在北京植物园遮阴下生长的平均株高为71.3cm，荞麦叶大百合为27.2cm；单株平均花朵数大百合为7.4朵，荞麦叶大百合为3.9朵；平均花序大百合为7.4cm，荞麦叶大百合为2cm；大百合开花天数为8d，荞麦叶大百合为4d。本研究初步摸索出大百合属植物在北京地区的生长规律和栽培要点，为下一步大百合属植物在北京植物园展示以及在城市园林中应用提供了有益的参考和借鉴。

关键词：大百合，引种，栽培，物候期，居群调查

Study on Introduction and Culture of *Cardiocrinum* in Beijing

ZHANG Lei[1]　DONG Zhi-yang[1]　ZHANG Hui[1]　CHI Miao[1]　DENG Jun-yu[1]　WEI Yu[1]*

(1. *Beijing Botanical Garden, Beijing Floriculture Engineering Technology Research Centre, Beijing Laboratory of Urban and Rural Ecological Environment, Beijing* 100093)

Abstract: *Cardiocrinum* is an endemic genus of Eastern Asiatic Region. It not only has good ornamental value, but also has economic value of medicine and food. However, due to hard to propagate, it has not been widely applied in city. Introduction, culture, wild population investigation on *Cardiocrinum* were studied in this paper. The phenological phase in Beijing was observed. The dormant period is from November to February, the sprouting is beginning in the middle of March, the stalk node is beginning to elongate in the late of April, and flower bud is formed at the top of erect stem then. Average height of *C. giganteum* grown under shade was 71.3cm and 27.2cm of *C. cathayanum*. The average number of flowers per plant was 7.4 in *C. giganteum* and 3.9 in *C. cathayanum*. Inflorescence average length of *C. giganteum* was 7.4cm and *C. cathayanum* was 2cm. The flowering days of *C. giganteum* is 8d, and *C. cathayanum* is 4d. It provides a useful reference for the concentrated display of *Cardiocrinum* in gardens in Beijing.

Keywords: *Cardiocrinum*, Introduction, Culture, Phenological phase, Population investigation

大百合属（*Cardiocrinum*）是百合科多年生草本植物，其基生叶的叶柄基部膨大形成鳞茎，大鳞茎基部常着生多个小鳞茎，偶尔可见走茎。茎高大直立无毛，叶基生或茎生，通常为卵状心形，叶脉网状，具叶柄。花

① 项目资助：北京市公园管理中心项目“大百合属植物收集与展示研究”（编号：ZX2019009）。

序总状,花狭喇叭形,大多为白色。种子多数、扁平、红棕色,周围有窄翅(李彦坤 等,2015)。目前该属有大百合(*C. giganteum*)、荞麦叶大百合(*C. cathayanum*)和日本大百合(*C. cordatum*)3 个种,其中前两种在中国均有分布(中国科学院中国植物志编辑委员会,1980)。

大百合属植物是一种低光饱和点植物,喜阴生或半阴生环境,忌强光直射,在强光下植株生长不良,叶片枯萎,花朵变小或畸形,植株过早进入休眠期,会大大降低观赏效果(苗永美 等,2006)。目前对大百合的研究多集中于其分布、资源概况、分类学、生物多样性(中国科学院昆明植物研究所,1997;张金政 等,2002)和组织培养等方面(李守丽 等,2007)。但是对野生大百合的引种驯化缺乏系统研究,没有形成一套完整的栽培技术;此外其繁殖较慢,因此还没有规模化生产和在园林中广泛应用。

1 野生居群考察

本研究团队于 2019 年先后前往四川省雅安市、湖北省恩施土家族自治州、陕西省秦岭地区等地进行大百合属植物的野生居群考察,目的在于了解其原生境的地理、气候等生长条件,旨在为大百合属植物在北京植物园引种栽培提供参考。

1.1 大百合野生居群调查

大百合主要分布于我国四川、云南、湖北,陕西等地中海拔较低的山区常绿阔叶林、常绿落叶阔叶混交林带。性喜凉爽、湿润,要求微酸性至中性且富含有机质、深厚、排水良好的土壤。此次野外调查在雅安、恩施等地发现了大量野生大百合居群,具体情况见表 1。

表 1 大百合野生居群调查

居群编号	分布地点	经纬度	海拔	生境特点	居群大小	伴生植物
DP1	四川雅安市天全县(林业站)	N 30°14′17″ E 102°38′14″	1582m	自然林下/林缘/山坡灌丛/道路边	开花 > 120 株 + 植株 > 100 株;约 200m²	蕨类、灯台树、野核桃、香杉、珙桐以及其他灌木
DP2	四川雅安市天全县(林业站)	N 30°14′19″ E 102°38′19″	1557m	自然林下山坡灌丛/道路边/下有溪流	开花 > 11 株 + 植株 > 10 株;约 100m² 条带分布	蕨类、灯台树、野核桃、柳杉以及其他灌木
DP3	四川雅安市天全县(林业站)	N 30°13′28″ E 102°38′5″	1410m	自然林下/山坡灌丛/道路边	开花 0 株 + 植株 > 50 株;约 100m² 道路两侧	蕨类、竹子、蝎子草等其他乔灌木
DP4	四川雅安市天全县(林业站)	N 30°14′0″ E 102°37′54″	1516m	自然林下/较为平坦	开花 1 株 + 植株 > 7;面积约 10m²	蕨类、野核桃、香杉等其他乔灌木
DP5	湖北利川市金柴山林场	N 30°19′28″ E 109°3′50″	1401m	自然林下	开花 100 株 + 植株 > 120 株;约 300m²	水杉、松、鸭儿芹、蕨类等
DP6	湖北利川市金柴山林场	N 30°19′28″ E 109°3′50″	1388m	自然林下	开花 > 70 株 + 植株 > 60 株;面积约 120m²	蕨类、水杉、马褂木、棕竹、卷丹百合
DP7	湖北利川市金柴山林场	N 30°19′28″ E 109°3′50″	1388m	自然林下	开花 > 150 株 + 植株 > 110 株;面积约 300m²	蕨类、鹅掌楸、杜鹃、常春藤、蔷薇、矾根、异叶榕
DP8	湖北利川市金柴山林场	N 30°19′28″ E 109°3′50″	1437m	自然林下/道路边	开花 10 株 + 植株 > 30;面积约 30m²	金银花、马褂木、枇杷、蕨类、蔷薇、玉簪、水杉、榕树

（续）

居群编号	分布地点	经纬度	海拔	生境特点	居群大小	伴生植物
DP9	湖北利川市金柴山林场	N 30°19′28″ E 109°3′50″	1388m	自然林下	开花 17 株 + 植株 > 15；面积约 150m²	蕨类、旋复花、车前草、一把伞南星、柴堇、竹子、珙桐
DP10	湖北利川市金柴山林场	N 30°12′39″ E 108°42′10″	1398m	自然林下	开花 5 株 + 植株 > 15 株；面积约 50m²	蕨类、厚朴、猕猴桃、紫菀、柳杉、鸢尾、玉簪

根据上表显示大百合大多生长在海拔1300～1600m的自然林下陡坡上，排水良好，不会因积水导致球茎腐烂；野外生境附近一般有山涧、溪流，空气湿度很大，土壤以腐殖质为主；伴生植物中与大百合高度相近的灌木、草本较少，乔木多为高大的落叶阔叶树，使得大百合可以接受到部分稀疏的阳光。

1.2 荞麦叶大百合野生居群调查

荞麦叶大百合产江苏、浙江、安徽、江西、湖南、湖北等地，为华中至华东地区的特有种（万珠珠 等，2007），海拔多在1000m以下。此次在秦岭太白山自然保护区发现了荞麦叶大百合野生居群，具体详见表2。

表2 荞麦叶大百合野生居群调查

居群编号	分布地点	经纬度	海拔	生境特点	居群大小	伴生植物
QP1	秦岭太白山自然保护区财神谷	N 34° 5′ 24″ 98/E 107°42′ 50″ 64	1095m	自然林下/山坡灌丛	开花 0 株 + 植株 >10 株；约 30m²	茶藨子、金钱槭、秦岭藤、秦岭金腰子、蛇果黄堇、蕨类、绞股蓝
QP2	秦岭太白山自然保护区财神谷	N 34° 5′ 24″ 03/E 107°42′ 52″ 01	1112m	自然林下/山坡灌丛	独立 1 株；约 3m²	蕨类、蛇果黄堇、青皮槭、苦木、漆树、云雾草、求米草
QP3	秦岭太白山自然保护区财神谷	N 34° 5′ 24″ 03/E 107°42′ 51″ 47	1110m	自然林下/山坡灌丛	开花 3 株 + 植株 >10 株；约 50m²	蕨类、变豆菜、蛇果黄堇、青皮槭、苦木、漆树、云雾草、求米草
QP4	秦岭太白山自然保护区财神谷	N 34° 5′ 27″ 22/E 107°42′ 48″ 22	1086m	自然林下/山坡灌丛	开花 3 株 + 植株 >15 株；约 40m²	雪荚草、蕨类、蝇线草、板栗、核桃、蝎子草、苔草、鹅耳枥
QP5	秦岭太白山自然保护区财神谷	N 34° 5′ 27″ 36/E 107°42′ 49″16	1080m	自然林下/山坡灌丛	开花 13 株 + 植株 >35 株；约 80m²	漆树、大叶朴、青皮槭、茶条槭、山梅花、稠李、蕨类、红蓼
QP6	秦岭太白山自然保护区财神谷	N 34° 5′ 28″ 89/E 107°42′ 46″91	1075m	自然林下/山坡灌丛	开花 10 株 + 植株 >16 株；约 50m²	溲疏、陕西卫矛、蝎子草、大叶铁线莲、大叶朴、榔榆、板栗

此次所见的野生荞麦叶大百合居群主要分布在海拔1000～1100m范围，主要生境为自然林下坡地，与大百合接近，但是由于地理位置不同，伴生植物有所不同。

2 引种栽培研究

引种栽培是对某一种植物资源加以保护的直接手段（邓颖连，2011），可为野生资源的合理利用提供理论依据，也是开发园艺新品种的重要途径（姚霞珍 等，2013；崔凯峰 等，2013；谢孔平 等，2013）。大百合的引种栽培相比其他繁育方式，所需时间最短见效最快。同时，为该植物的研究提供了丰富的种质资源。

2.1 物候观测

2018年11月从四川雅安引入大百合鳞茎71个，同时从浙江大明山引入荞麦叶大百合鳞茎97个，随即栽植到北京植物园圃地中。栽植前翻耕土壤深度40cm；栽培基质按照园土与腐殖土1∶1配比。栽植时株行距25cm×25cm，鳞茎顶端覆土3cm，冬季用10cm厚的松针覆盖防寒。

从2019年3月初开始每天对栽植地进行物候观测（表3），从叶芽破土而出开始为萌芽期，从叶芽到叶片横向展开为展叶期，鳞茎中心出现花蕾开始确定为出葶期；每天对花葶高度进行记录，整个花序开放的第一朵花开始为始花期，所有花朵开放为盛花期，花朵的萎蔫为衰败期，秋季果实变色裂开时为果实成熟期。

表3 2019年大百合属引种物候记录表

种名	发芽期	展叶期	出葶期	始花期	盛花期	衰败期	果实成熟期
大百合	3.18	4.2	4.22	5.22	5.25	5.30	11.19
	3.18	4.2	4.20	5.23	5.27	5.31	11.19
	3.18	4.2	4.22	5.25	5.30	6.3	11.19
	3.20	4.6	4.25	5.30	6.3	6.6	未结实
	3.29	4.6	4.26	5.31	6.3	6.7	未结实
荞麦叶大百合	3.26	4.7	7.22	8.19	8.19	8.24	11.18
	3.21	4.7	7.28	8.22	8.22	8.24	11.18
	3.29	4.9	6.16	7.10	7.14	7.19	11.4
	3.29	4.9	7.16	8.13	8.13	8.24	未结实
	3.26	4.7	7.28	8.22	8.22	8.24	未结实

注：早春时对每个植株进行物候观测并记录；开花的植株数量有限，现蕾后，每种选取5株进行物候观测。

通过表3可以看出，鳞茎在11月栽植后至翌年2月为休眠期，3月气温开始回升，鳞茎中央叶芽开始萌动，3月中下旬中央芽破土而出；经过2周的生长，每个植株可长出1～6片叶，植株展叶高度为10～25cm左右；随着气温逐渐升高，大百合在4月上旬茎节开始伸长，直立茎顶端花芽已经形成随着茎节伸长花芽不断饱满增大；4月中下旬生长速度进一步加快，花序从花芽的鳞片中钻出；5月20日左右进入始花期，5月25日盛花期，6月6日末花期，花谢后子房开始膨大经过180d左右至11月中旬果实呈褐色、开裂，即果实成熟。荞麦叶发芽期与展叶期与大百合的时间基本一致，但是其出葶期至末花期的时间要比大百合晚70d左右，相对的果实期也从180d缩减到90d左右。由于北京地区7月进入雨季，持续的阴雨使果实的生长受到抑制，部分植株出现落果、花茎腐烂并逐渐变黄干枯的现象。

2.2 原生境与栽培地条件比较

2.2.1 土壤条件比较

分别从雅安、恩施以及秦岭等地大百合原生境各收集土样1kg，和北京植物园圃地土壤一同送往北京市园林科学研究院进行土样化验，结果详见表4。

表4 不同栽植地点土壤主要成分对照表

地点	水解性N (mg/kg)	有效P (mg/kg)	速效K (mg/kg)	有机质 (g/kg)	EC (μS/cm)	pH值	土壤类型
雅安	1090.37	8	528	207.4	478.5	5.05	腐殖土
恩施	625.09	14.1	466	220.1	297.9	7.04	腐殖土

（续）

地点	水解性 N（mg/kg）	有效 P（mg/kg）	速效 K（mg/kg）	有机质（g/kg）	EC（μS/cm）	pH 值	土壤类型
秦岭	296.71	11.5	260	76.5	104.8	6.45	腐殖土
北京植物园	215.22	88.7	197	30.2	249.5	7.91	混合土
参考值	≥60	≥10	≥100	≥10	<900	6.5－8.5	—

从表4数据可以看出植物园土壤在有效P、有机质、pH值明显劣于原生境的土壤条件，但是这样并不影响大百合属植物开花结果，因此说明大百合属植物对土壤要求并不严格。

2.2.2 气候条件比较

为了更好地了解野生大百合属生长环境，分别对雅安、恩施、秦岭和北京植物园圃地2019年全年的气象条件进行了对比，具体详见表5。

表5 2019年不同栽植地气象条件比较

地点	日均最低温	日均最高温	环境	阴	雨	晴	雪
雅安	14 ℃	21 ℃	山地林下	180 d	162 d	17 d	1 d
恩施	13 ℃	22 ℃	山地林下	195 d	98 d	70 d	2 d
秦岭	10 ℃	20 ℃	山地林下	193 d	104 d	59 d	4 d
北京植物园	8 ℃	19 ℃	人工遮阴	136 d	50 d	157 d	5 d

从表5中可以看出原生境与北京植物园全年日均温度基本一致。原生境阴雨天较多，晴天较少；而圃地晴天较多，雨天较少，导致环境湿度明显不足，影响了大百合的生长发育。植株萌发后，每天必须观测温、湿度变化，必要时喷水降低温度、提高湿度，随着光照强度变化可选用45%～70%遮阴网处理（刘筱 等，2011），有效地缓解大百合属植物因不良环境条件带来的伤害。

2.2.3 生物学特性比较

生物学特性的测定，是在生长期对植株的株高、花序高度、单株花朵数量、花瓣长度进行测定。野外考察居群与圃地栽植植株，每个地点随机取10株的平均值。

表6 大百合生物学特性对比

地点	平均株高（cm）	平均花序长度（cm）	平均花朵数量（个）	平均花瓣长度（cm）
雅安	187.8	20.8	11.4	17.2
恩施	223.4	35.4	14.6	18
北京植物园	71.3	7.4	7.4	15.8

表6数据看出北京植物园栽植大百合平均值的株高、花序高度、花朵数量、花瓣长度与恩施和雅安原生境条件下生长的大百合差距非常明显。

表7 荞麦叶大百合生物学特性对比

地点	平均株高（cm）	平均花序长度（cm）	平均花朵数量（个）	平均花瓣长度（cm）
秦岭	120.2	8.6	3	14.5
北京植物园	27.2	3.9	2	14.6

表7数据看出北京植物园栽植荞麦叶大百合与秦岭原生境条件下生长的植株在株高及花序高度有明显差异外，花朵数量及花瓣长度的平均值并未有明显差异。

通过表6、表7对比结合前面表4可以看出：土壤中N元素和有机质含量高的地区，其长势更健壮，平均株高、花序长度及花朵数量都高于引种栽植的植株。分析在植株出葶期，北京地区气温升高较快，且较为干燥，植株营养生长时间较短，未能达到其正常生长的时间并提前进入花期，是造成植株过矮、花序过短的直接原因。

3 结论与讨论

大百合花多密集、大而白且具紫斑,有淡淡的香味,十分高雅。大百合在园林中可布置于阴湿林下溪旁处,花境栽植或单一片植都具有较高的观赏价值。通过野外考察、引种物候及环境条件对比分析表明大百合属植物对土壤要求并不严格,排水良好的土壤为宜。由于大百合属植物生长环境的特殊性,引种栽植时需注意温度和湿度控制,根据情况及时对大百合进行遮阴和补水是最直接也是最有效的管理措施。水肥条件对其影响也很大,大百合喜湿阴,但不耐水湿(袁媛,2007),积水会导致鳞茎发生腐烂现象,轻者影响正常生长重者会直接死亡。栽培中适当施肥可使其生长更旺盛(张帆 等,2013)。

由于大百合属于多年生一次性开花植物,开花后母球的营养会消耗殆尽,但其根盘会生出新的子球继续繁衍生长,但是子球需要数年才能开花,导致园林应用时不能够连续开花,因此应该尽快掌握其快速繁殖技术,规模化生产种球,才能令其在园林中大面积应用,让更多的人见识其美丽的身姿。

参考文献

崔凯峰,刘丽杰,于长宝,等,2013. 长白山区野生百合引种驯化及园艺栽培技术[J]. 中国野生植物资源,32(3):63-66.

邓颖连,2011. 细叶百合引种驯化栽培研究[J]. 中国科技信息,3:61-62

李守丽,石雷,张金政,等,2007. 大百合子房的离体培养[J]. 园艺学报,34(1):197-200.

李彦坤,高亦珂. 2015. 大百合属植物开发价值研究[J]. 现代园艺,(5).

刘筱,赵景龙,邓洁,等,2011. 遮阴对不同大小种球大百合生长与光合特性的影响[J]. 安徽农业科学,39(36):22274-22276.

苗永美,简兴,2006. 大百合的繁殖[J]. 中国林副特产,6(3).

万珠珠,龙春林,程治英,等,2007. 重要野生花卉大百合属植物研究进展[J]. 云南农业大学学报,22(1):30-34.

谢孔平,李策宏,李小杰,等,2013. 峨眉山区几种百合引种及其生长规律的研究[J]. 资源开发与市场,29(7):691-692.

姚霞珍,刘康,益西扎巴,等,2013. 高海拔区4种百合的引种栽培试验研究[J]. 中国林副特产,4:7-9.

袁媛同,2007. 栽植期与遮荫对野生大百合成花过程生理变化及开花期性状的影响[D]. 雅安:四川农业大学.

张帆,刘敏,赵景龙,等,2013. 不同栽培措施对野生大百合生长和开花的影响[J]. 北方园艺,(1):49-52.

张金政,龙雅宜,孙国峰,2002. 大百合的生物多样性及其引种观察[J]. 园艺学报,29(5):462-466.

中国科学院昆明植物研究所. 1997. 云南植物志(7卷)[M]. 北京:科学出版社,787-789.

中国科学院中国植物志编辑委员会,1980. 中国植物志(14卷)[M]. 北京:科学出版社,157-159.

南京中山植物园叶甲总科 Chrysomeloidea 昆虫 5 个种类的发生情况及其防治管理

汪泓江[1]　顾永华[1]　佟海英[1*]

（1. 江苏省中国科学院植物研究所，南京中山植物园，南京 210014）

摘要：植物园往往生态环境良好，蕴含着生物多样性。本文简述南京中山植物园叶甲总科（Chrysomeloidea）昆虫中绿缘扁角叶甲（*Platycorynus parryi*）、琉璃榆叶甲（*Ambrostoma fortunei*）、褐足角胸肖叶甲（*Basilepta fulvipes*）、油菜蚤跳甲（*Psylliodes punctifron*）和北锯龟甲（*Basiprionota bisignata*）5 个种类的生物学特性及其防治管理，注重植物园生态系统各因子的和谐稳定，认为可以很好地利用昆虫的多样性来进行科普教育。

关键词：植物园，生物多样性，叶甲，防治管理，自然控制

Development and Prevention Management of 5 Insect Species in Chrysomeloidea in Nanjing Botanical Garden Mem. Sun Yat - sen

WANG Hong - jiang[1]　GU Yong - hua[1]　TONG Hai - ying[1]

（1. *Institute of Botany, Jiangsu Province and Chinese Academy of Sciences, Nanjing Botanical Garden Mem. Sun Yat - Sen, Nanjing* 210014）

Abstract: A botanical garden is often located in a good ecological environment with biodiversity. This article briefly introduced the biological characteristics and prevention management of 5 insect species including *Platycorynus parryi*, *Ambrostoma fortune*, *Basilepta fulvipes*, *Psylliodes punctifrons* and *Basiprionota bisignata*in Chrysomeloidea in Nanjing Botanical Garden Mem. Sun Yat - sen, focusing on the harmony and stability of the various ecosystem factors in the garden. It is also believed that insect biodiversity is available for the science education.

Keywords: Botanical garden, Biodiversity, Leaf beetle, Prevention management, Natural control

南京中山植物园坐落于南京东郊国家级钟山风景区内，占地 1.86km²，前身为“总理陵园纪念植物园”，建于 1929 年，为我国第一座规范化建设的植物园。园中气候温和、植被茂盛，收集保存植物 7700 余种（含品种）。并建成植物分类系统园、树木园、松柏园、蔷薇园、球宿根花卉园、药用植物园、红枫岗、盲人植物园、禾草园、蕨类植物园等专类园区（李梅和宇文扬，2019）。

植物园良好的生态环境，蕴含着生物多样性，形成一个生命共同体，各生命体相互依存，相互影响。植物是昆虫赖以生存的生命体，同时，一些昆虫又是植物得以传粉繁衍的媒介。因此，在植保的实践工作中，解决病虫为害问题，要科学合理地考虑生态平衡及防治效果之间的关系。鞘翅目叶甲总科（Chrysomeloidea）昆虫共有 19 个科（蔡邦华，2017），包括天牛科（Cerambycidae）、叶甲科（Chrysomelidae）、肖叶甲科（Eumolpidae）、萤叶甲科（Galerucidae）、跳甲科（Halticidae）、龟甲科（Cassididae），种类繁多，分布很广。成虫体形以长椭圆形为主，少数为圆形，大小差异很大。头部下口式或亚前口式，咀嚼式口器，触角一般为丝状。幼虫和成虫绝大多数取食植物叶片，少数蛀茎或咬根，成虫具金属光泽。本

文简述本园叶甲总科昆虫绿缘扁角叶甲(*Platycorynus parryi*)、琉璃榆叶甲(*Ambrostoma fortunei*)、褐足角胸肖叶甲(*Basilepta fulvipes*)、油菜蚤跳甲(*Psylliodes punctifron*)和北锯龟甲(*Basiprionota bisignata*)5个种类的发生情况和防治管理。

1 各物种生物学特性及防治管理

1.1 绿缘扁角叶甲

属肖叶甲科,肖叶甲亚科(Eumolpinae)。体色十分鲜艳,具强烈金属光泽。取食络石属(*Trachelospermum*)植物。分布于中国苏、浙、川、黔、鄂、闽、赣、粤、桂各地和朝鲜、越南(嵇保中 等,2011)。

1.1.1 生物学特性

1年1代,以老熟幼虫在寄主植物根际附近约5 cm深的土层下越冬,翌年4月下旬开始化蛹,5月中旬羽化进入高峰,5月底、6月初大量成虫出现。成虫在野生的络石(*Trachelospermum jasminoides*)叶片正面取食,每张叶片为害面积可达90%以上,造成浅绿色不规则大斑块,无孔洞形成,叶片边缘完整无缺。成虫善飞,但常不活跃,具群聚性、强假死性。

1.1.2 防治管理

本园野生的络石多生长在阴凉的树干上,作为常见种,虽受绿缘扁角叶甲为害,但生命力强,且常见绿缘扁角叶甲成虫受真菌侵染死亡的现象,因此采取了充分发挥自然控制因素作用的策略。而人工栽培络石属植物种植于温室檐下以及综合楼南侧,是良好的地被观赏植物。从景观和绿化用途考虑,需要重点防控,注意做好与野生络石的隔离工作,避免发生虫害。

1.2 琉璃榆叶甲

别名榆夏叶甲、榆蓝叶甲、榆绿叶甲,属叶甲科。本种为东北地区的榆紫叶甲(*A. quadriimpressum*)的近缘种,分布在长江流域(蔡邦华,2017)。

图1 绿缘扁角叶甲(*Platycorynus parryi*)成虫为害野生络石

1.2.1 生物学特性

1年1代,以成虫在地表下越冬,翌年4月初出蛰,取食、交配,产卵后相继死亡。4月中、下旬始见幼虫,共5龄,土中化蛹。6月下旬,气温较高,新羽化成虫便群聚或独处于小枝分叉处开始越夏,8月下旬,天气转凉后又恢复活动取食,11月中、下旬蛰伏越冬。幼虫和成虫皆取食琅琊榆(*Ulmus chenmoui*)叶片,从叶边缘开始取食,取食较重的叶片只剩下主脉,大多集中在距地面3m以下范围为害。

1.2.2 防治管理

琅琊榆定植在树木系统分类园,仅1株,高约20m,胸径40cm,10m之内还定植有醉翁榆(*U. gaussenii*)、榔榆(*U. parvifolia*)、大叶榉树(*Zelkova schneideriana*)、榉树(*Z. serrata*)等榆科(Ulmaceae)植物,均为高大乔木,但未见取食。为防止为害大发生,避免植物资源损失,每年4~6月、8月下旬和9月中旬重点监测为害情况,不过

图2 琉璃榆叶甲(*Ambrostoma fortunei*)幼虫为害琅琊榆

多年来虫口数量一直稳定维持在低水平，不足以对上述植物造成危害，没有采取人工干预的防治措施。

图 3　琉璃榆叶甲（*Ambrostoma fortunei*）成虫

1.3　褐足角胸肖叶甲

属肖叶甲科。取食紫薇（*Lagerstroemia indica*）和多种蔷薇科（Rosaceae）果树。体色变异极大，全国各地均有分布。

1.3.1　生物学特性

1 年 1 代。5 月底至 8 月是成虫为害期，在紫薇和樱属（*Cerasus*）植物的叶片反面取食，形成大小不一的不规则斑块，早期斑块浅绿色，后逐渐变成褐色，焦枯状。成虫活跃，受惊假死后立即振翅起飞。

1.3.2　防治管理

球宿根花卉园边的樱花园路和紫薇路相连接，2020 年 5 月底 3 株东京樱花（*Cerasus yedoensis*）和 13 株紫薇受害严重，植株无一完好叶片，影响了树木的生长和园景园貌，考虑到是本园的核心景观区域以及防止虫害蔓延到剩下的 100 余株樱属植物和紫薇上，果断采取了化学防治措施，使用 2.5% 高效氯氟氰菊酯水乳剂 1000 倍液喷洒树冠。实施前，细致圈出未受害植株，划分出打药范围，做到精准防治。

图 4　褐足角胸肖叶甲（*Basilepta fulvipes*）成虫为害紫薇

图 5　褐足角胸肖叶甲（*Basilepta fulvipes*）成虫为害的樱花

1.4　油菜蚤跳甲

别名油菜蓝跳甲、菜蚤，属跳甲科。取食多种十字花科（Brassicaceae）植物。全国各地均有分布。

1.4.1　生物学特性

1 年 1 代。5 月底到 6 月上旬是成虫活动盛期，取食十字花科植物诸葛菜（*Orychophragmus violaceus*）叶片及其幼嫩和成熟的角果，包括种子。具假死性，善跳。

1.4.2　防治管理

诸葛菜又名二月蓝、二月兰。引种栽培在本园的时间较早，不少于 25 年，种子传播繁殖力强，散落在园内多个区域的树林、土坡和溪边等。种群数量大，已经演变为半自然生长状态，虽伴随着虫害的发生，但每年 6 月仍有大量种子成熟并完成自播，翌年春天开花繁盛，灿烂壮观，能够很好地满足游客的观赏需求，因此无需对其采取人工干预防治。

图 6　油菜蚤跳甲（*Psylliodes punctifrons*）成虫为害诸葛菜（*Orychophragmus violaceus*）角果

1.5　北锯龟甲

别名二斑波缘龟甲、泡桐二星龟甲、泡桐叶甲、梓树叶甲。属龟甲科。取食泡桐属（*Paulownia*）和梓属（*Catalpa*）植物。分布于辽、陕、甘、冀、京、鲁、晋、苏、浙、皖、豫、川、滇、黔、鄂、湘、闽、赣、桂（嵇保中 等，2011）。

1.5.1 生物学特性

1年1代,以成虫在树皮缝隙、石块、地被物或是地表下越冬,翌年4月下旬出蛰,在新叶上取食、交配、产卵。5月中旬始见幼虫,共5龄,腹部末端背面附着各龄期的蜕,覆盖其身,起遮蔽保护作用,受惊扰时向后翻开。在叶片上化蛹,蛹形态似鸟粪。5月下旬到6月上旬是羽化盛期。幼虫和成虫在紫葳科(Bignoniaceae)植物梓(*Catalpa ovata*)、楸(*C. bungei*)和黄金树(*C. speciosa*)叶片正面取食,低龄幼虫不造成叶片穿孔,老龄幼虫和成虫可造成叶片大大小小的孔洞,但叶片边缘完整无缺。

1.5.2 防治管理

经多年观察,北锯龟甲出蛰时,寄主植物的物候已经处于展叶末期,虫口数量一直不高,因此其对寄主植物的生长发育总体影响不大,并且发生地位于树木园内,属非核心景观区域,不作必须防治要求,而是充分发挥自然控制因素的作用;但对苗圃栽种的科研用苗给出了防治建议,即严禁将树木园的紫葳科植物移栽至苗圃,谨防受到传播为害。

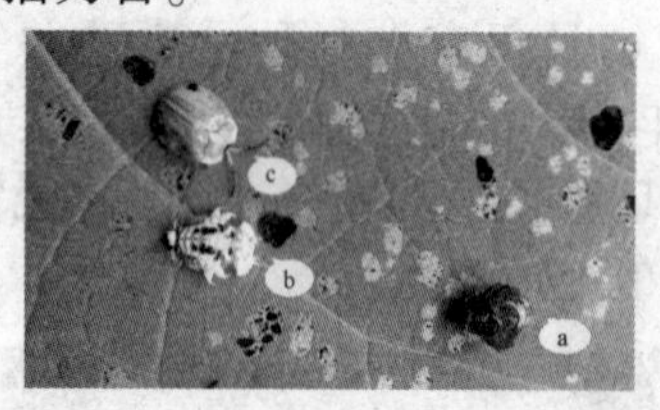

图7 北锯龟甲(*Basiprionota bisignata*):
a. 幼虫;b. 蛹;c. 成虫

2 结语

上述5种昆虫在本园的发生是常态的,也是局部的、可控的。对其管理总体上充分发挥了自然控制因素的作用,但根据发生的规律,必须做到及时巡查,尤其是在对待褐足角胸肖叶甲的防治上。

对引种植物进行检疫是必要的。近几年来,也有新的叶甲虫害随着植物的引进而被带入园内,所以对植物园的植保工作来讲,重点应该是落在对引入植物的检疫防控上,尤其是尽最大努力把本园未有的病虫害种类拒之门外,这是第一道防线,也是最重要的一道防线,甚至要更加主动向外延伸,把检疫的目光投向植物来源地,提前调查清楚该地的本园有意向引种的植物,其在栽种培育期间病虫害方面是什么状况,必要时实地考察,这个问题在园区节庆活动和景观提升改造而大量引进植物时尤为突出。

各植物园既有特殊性,又有普遍性。各植物园所处的气候条件和地理位置不同,虫害发生种类、情况和规律也不同,应结合自身的建园使命和要求,形成各自的病虫害管理策略,但总的控制原则是一致的,那就是充分发挥自然控制因素如气候、天敌等的作用,将病虫害的危害程度控制在低水平线下,不怕来年再发生,只防来年大发生,维护好生态平衡,而并不是一味要求干净彻底消灭病虫。

植物园作为科普教育基地,昆虫也可以是很好的环境教育题材之一。近年来,兴起的萤火虫,以及本文提到的形态和色彩都很特别的北锯龟甲和绿缘扁角叶甲成虫,都颇具观赏性,可以保护和挖掘这些昆虫资源,为开展自然课堂的学习和教育提供丰富多彩的内容。

植物园工作者也是生态文明建设的劳动者。从自然生态来讲,“植物园”的内涵很丰富,在这个系统中,我们除了做好植物物种的保存,活植物的管理和植被的保护,也要爱护好这个系统中的昆虫、鸟类以及其他动物,还有溪流、池塘、湖泊等水体,维持系统各因子的和谐稳定与健康发展,留给后人一份宝贵的自然遗产。

参考文献

蔡邦华,2017. 昆虫分类学[M]. 北京:化学工业出版社.

嵇保中,刘曙雯,张凯,2011. 昆虫学基础与常见种类识别[M]. 北京:科学出版社.

李梅,宇文扬,2019. 走进南京中山植物园[M]. 南京:江苏凤凰科学技术出版社.

彩色植物景观分析

——以北京植物园为例

李　静[1]

（1. 北京植物园，北京市花卉园艺工程技术研究中心，城乡生态环境北京实验室，北京 100093）

摘要：基于对北京植物园彩叶植物运用的实地调查和理论分析，探讨了彩色植物在植物园内的配置形式及目前存在的问题，并提出了相应的解决方法和建议，对今后科学配置彩叶植物具参考价值。

关键词：彩叶植物，北京植物园，植物配置

Suggestions for Improvement of Plants with Colorful Foliage and Branche in Beijing Botanical Garden

LI Jing[1]

（1. *Beijing Botanical Garden*，*Beijing Floriculture Engineering Technology Research Centre*，*Beijing Laboratory of Urban and Rural Ecological Environment*，*Beijing* 100093）

Abstract：Based on the field investigation and analysis of the application of plants with colorful foliage and branche in Beijing Botanical Garden，this paper discusses the design and existing problems of them，and provides the corresponding solutions and suggestions. It has reference significance for the scientific planting of botanical gardens in the future.

Keywords：Plant with colorful foliage and branches，Beijing Botanical Garden，Landscape design

1　彩色植物概念

彩色植物包含彩叶植物与彩干植物两大类。

彩叶植物是指在植物正常生长季或生长季的某些阶段里，叶片以非常规绿色的彩色叶作为一种观赏特性的园林植物，既包含落叶阔叶树也包含常绿针叶树（袁涛，2001）。它们以其鲜艳丰富的叶色，丰富了园林植物景观层次。彩叶植物根据叶片显现颜色的时间可分为春色叶、秋色叶和常色叶树 3 大类（张启翔和吴静，1998）。

春色叶植物是指叶片在春季生长新叶时呈现非常规的叶色植物，一般呈现红色、紫红色、黄绿色等。秋色叶植物是指叶片颜色在秋季发生明显变化的植物，一般呈现黄色、红色等。常色叶树是指叶片一年四季（常绿针叶树）或春夏秋三季（落叶阔叶树）呈现非绿色的植物。

彩干植物是指枝条显示红色、黄色、白色等色彩。

2　彩色植物收集

北京植物园成立于 20 世纪 50 年代，改革开放以来不断进行新优植物筛选，推进新优彩色树和常绿植物在园区内栽植，起到了良好的示范作用，有效改善了北京秋冬季节景观单调的状况。例如，新优针叶树：‘赫兹’北美圆柏（*Juniperus virginiana* ‘Hetz’）、‘蓝箭落矶山’圆柏（*Juniperus scopulorum* ‘Blue Arrow’）、‘老金’刺柏（*Juniperus media*‘Old Gold’）、‘蓝粉’云杉

(*Picea pungens* ‘Glauca’)等;色彩丰富的色叶植物:‘密冠’卫矛(*Euonymus alatus* ‘Compactus’)、茶条槭(*Acer ginnala*)、复叶槭(*Acer negundo*)、血皮槭(*Acer griseum*)、狭叶山胡椒(*Linder angustifolia*)等。

3 彩色植物的应用

3.1 主要彩色植物

表1至表4是北京植物园主要彩色植物种类。

表1 常色叶植物

序号	植物名称	拉丁学名	色系	显色期
1	‘蓝粉’云杉	*Picea pungens* ‘Glauca’	蓝色	常年
2	青杆	*Picea wilsonii*	蓝色	常年
3	‘赫兹’北美圆柏	*Juniperus virginiana* ‘Hetz’	蓝色	常年
4	‘蓝箭落矶山’圆柏	*Juniperus scopulorum* ‘Blue Arrow’	蓝色	常年
5	‘蓝毯高山’柏	*Juniperus squamata* ‘Blue Carpet’	蓝色	常年
6	‘蓝刺’圆柏	*Juniperus chinensis* ‘Bluepoi’	蓝色	常年
7	‘金岸’刺柏	*Juniperus* × *media* ‘Gold Coast’	金黄色	常年
8	‘洒金’圆柏	*Sabina chinensis* ‘Aurea’	金黄色	常年
9	紫杉	*Taxus chinensis*	深绿色	常年
10	‘金叶’槐	*Sophora japonica* ‘Jinye’	春秋黄色,夏季浅绿色	4~11月
11	‘金叶’榆	*Ulmus pumila* ‘Jinye’	春季黄色,夏季黄绿,秋季黄色	4~11月
12	‘金叶’复叶槭	*Acer negundo* ‘Aurea’	春季黄绿色,夏季浅绿色,秋季黄色	4~11月
13	‘紫叶稠李’	*Prunus virginiana* ‘Canada Red’	新叶绿色,初夏至秋季紫色	5~11月
14	‘紫叶桃’	*Prunus persica* ‘Zi Ye Tao’ *Prunus persica* f. *atropurpurea*	春季紫红,夏秋紫色	4~11月
15	紫叶矮樱	*Prunus* × *cistena*	春季紫红,夏秋紫色	4~11月
16	紫叶李	*Prunus cerasifera* ‘Atropurpurea’	春季紫色,夏秋暗紫	4~11月
17	‘红叶’小檗	*Berberis thunbergii* ‘Atropurpurea’	红色	4~11月
18	美人梅	*Prunus* × *blireana*	春季红色,夏秋紫红	4~11月
19	‘金叶’风箱果	*Physocarpus opulifolius* ‘Luteus’	春季金黄,夏秋黄绿色	4~11月
20	‘金亮’锦带	*Weigela florida* ‘Goldrush’	春季金黄,夏季淡黄绿色,秋季橙红色	4~11月
21	‘花叶’锦带	*Weigela florida* ‘Variegata’	绿叶白边	4~11月
22	‘金叶’女贞	*Ligustrum* × *vicaryi*	春季金黄色,夏秋黄绿色	4~11月
23	‘金叶’卫矛	*Euonymus fortune* ‘Emeraldn Gold’	春季金黄色,夏秋黄绿色	4~11月
24	‘金焰’绣线菊	*Spiraea* × *bumalda* ‘Gold Flame’	黄色	4~11月
25	‘金叶’连翘	*Forsythia koreana* ‘Sun Gold’	金黄色	4~11月

表2 春色叶植物

序号	植物名称	拉丁学名	色系	显色期	序号	植物名称	拉丁学名	色系	显色期
1	栾树	*Koelreuteria paniculata*	春季嫩叶红色	3~4月	7	茶条槭	*Acer ginnala*	春季嫩叶红色	3~4月
2	七叶树	*Aesculus chinensis*	春季嫩叶红色	3~4月	8	挪威槭	*Acer platanoides*	春季嫩叶红色	3~4月
3	臭椿	*Ailanthus altissima*	春季嫩叶紫红	3~4月	9	山杨	*Populus davidiana*	春季嫩叶红色	3~4月
4	‘绦柳’	*Salix matsudana* ‘Pendula’	春季嫩叶黄	4~5月	10	‘钻石’海棠	*Malus* ‘Sparkler’	春季嫩叶红色	3~4月
5	元宝枫	*Acer truncatum*	春季嫩叶红色	3~4月	11	‘绚丽’海棠	*Malus* ‘Radiant’	春季嫩叶红色	3~4月
6	鸡爪槭	*Acer palmatum*	春季嫩叶红色	3~4月					

表 3　秋色叶植物

序号	植物名称	拉丁学名	色系	显色期
1	白蜡树	*Fraxinus chinensis*	秋叶黄色	10～11 月
2	七叶树	*Aesculus chinensis*	秋叶橙黄色	10～11 月
3	银杏	*Ginkgo biloba*	秋叶金黄	10～11 月
4	丝棉木	*Euonymus maackii*	秋叶黄色	10～11 月
5	元宝枫	*Acer truncatum mono*	秋叶紫红色	10～11 月
6	蒙古栎	*Quercus mongolica*	秋叶红色	10～11 月
7	鹅掌楸	*Liriodendron chinense*	秋叶金黄色	10～11 月
8	黄栌	*Cotinus coggygria*	秋叶红色	10～11 月
9	悬铃木	*Platanus acerifolia*	秋叶黄褐色	10～11 月
10	栾树	*Koelreuteria paniculata*	秋叶黄色	10～11 月
11	蒙椴	*Tilia mongolica*	秋叶黄色	10～11 月
12	元宝枫	*Acer truncatum*	秋叶橙黄或红色	10～11 月
13	复叶槭	*Acer negundo*	秋叶黄色	10～11 月
14	茶条槭	*Acer ginnala*	秋叶红色	9～10 月
15	血皮槭	*Acer griseum*	秋叶红色	10～11 月
16	榉树	*Zelkova serrata*	秋叶红色	10～11 月
17	加杨	*Populus × canadensis*	秋叶黄色	10～11 月
18	柿	*Diospyros kaki*	秋叶红色	10～11 月
19	水杉	*Metasequoia glyptostroboides*	秋叶褐红色	11～12 月
20	火炬树	*Rhus typhina*	秋叶红色	10～11 月
21	紫薇	*Lagerstroemia indica*	秋叶红色或黄色	10～11 月
22	山楂	*Crataegus pinnatifida*	秋叶红色	10～11 月
23	紫荆	*Cercis chinensis*	秋叶黄色	10～11 月
24	天目琼花	*Viburnum sargentii*	秋叶红色	10～11 月
25	‘密冠’卫矛	*Euonymus alatus* ‘Compactus’	秋叶红色	9～10 月
26	木瓜	*Chaenomeles sinensis*	秋叶黄色	10～11 月
27	山茱萸	*Cornus officinalis*	秋叶红色	10～11 月
28	狭叶山胡椒	*Lindera angustifolia*	秋叶红褐色	10～11 月
29	平枝栒子	*Cotoneaster horizontalis*	秋叶红色	10～11 月
30	扶芳藤	*Euonymus fortunei*	秋叶红色	10～11 月
31	五叶地锦	*Parthenocissus quinquefolia*	秋叶红色	10～11 月

表 4　彩干植物

序号	植物名称	拉丁学名	色系	显色期
1	木瓜	*Chaenomeles sinensis*	枝干斑驳黄色	常年
2	红瑞木	*Cornus alba*	秋叶红色、枝条红色	常年
3	‘金枝’梾木	*Comus stolonifera* ‘Glauiamea’	枝条黄色	常年
4	白皮松	*Pinus bungeana*	枝干斑驳白色	常年
5	血皮槭	*Acer griseum*	枝干红褐色	常年
6	‘金枝’槐	*Sophora japonica* ‘Winter Gold’	枝条黄色	常年
7	‘金丝垂’白柳	*Salix alba* ‘Tristis’	枝条黄色	常年
8	白桦	*Betula platyphylla*	枝干白色	常年
9	河北杨	*Populus × hopeiensis*	枝干白色	常年
10	山桃	*Prunus davidiana*	枝干红褐色	常年
11	棣棠花	*Kerria japonica*	枝条黄色	常年

由所调研的表得出，彩色植物约 70 余种（品种）。常色叶植物占 33.33%，春色叶植物占 10.67%，秋色叶植物占 41.33%，彩干植物占 14.67%。每类植物因其本身的特点，在植物园发挥着重要的作用，相比之下秋色叶和常色叶植物在园林中引种较多。

3.2　彩色植物的空间布局

彩色植物在北京植物园内采用集中、分散相结合的展示形式。目前彩色植物主要分布于植物园的树木园内。树木园位于园区东北部山地，气候冷凉，同时园内建造有泄洪用人工湖，为秋色叶植物秋季变色营造了良好的气候环境。湖光山色，形成一处以彩叶植物为主的山林景观。为方便游人近距离观赏，在植物园中心区域开辟了一处以彩色植物为主题的绚秋苑，区域内大面积的栽植槭树、银杏等。同时在主要路口位置复层搭配小巧精致的彩色植物群落，秋季色彩突出。

其他各专类园内则以点缀为主，分散布置，丰富专类园植物景观层次。

3.3　彩色植物的具体应用形式

彩色植物应用上主要以孤植、群植、丛植、列植、片植的种植形式。

孤植（主景树）：彩叶植物色彩鲜艳，与绿色叶植物形成明显反差，形成视觉焦点（陈红东，2013）。如姿态、颜色俱佳的银杏、元宝枫、鹅掌楸等。一般栽植在宽广的草坪上或开阔的广场空间中。

丛植（植物景观组团）：丛植是指植物三五成丛地栽植于绿地之间，形成上、中、下复层搭配。彩色植物种类丰富,不仅具备形态上的变化,而且在色彩上更是千变万化,将彩色植物纳入植物景观组团中既活跃了园林氛围又丰富了园林景观层次(丰倩倩,2015)。彩色植物的配置需重点突出其色彩,鲜艳的色彩给人以轻快、欢乐的气氛。而深暗的色彩则给人异常郁闷的气氛(苏雪痕,1994)。不同彩色植物的相互搭配带来不一样的空间感觉。同类色植物搭配可形成协调统一连贯的视觉效果。一般有利于突出整体效果,给人营造大立面、大景观。而对比色则给人跳跃,灵动的感觉。更适合近人的尺度,布置于精致的小空间内。

以北京植物园槭树蔷薇区内彩色植物的配置为例。此区域环绕中湖,湖水与植物相互依托,游人隔岸相望,视距较远。因此植物配置时采用统一色调。首先以针叶树作为背景进行衬托。用黄色为主色调,形成连贯的立面色彩,局部以红色、紫色分割,形成节奏感。同时考虑各类植物树形的变化,栽植时高低错落,丰富林冠线。下层水岸边栽植芦苇,结合水面倒影更加突出立面的整体效果,点亮秋色植物景观,形成秋季北京植物园重点观赏区。

槭树蔷薇区的植物组团主要为:桧柏+银杏+元宝枫-美国卫矛;银杏+复叶槭-沙地柏;桧柏+元宝枫-碧桃+迎春;水杉+栾树-芦苇;油松+垂柳+元宝枫-'美人梅'+'红叶'小檗;榉树-碧桃-沙地柏("-"代表不同种植层的连接符号,下同)。

对于近人的植物空间,色彩搭配上多用对比色。一般采用绿色、蓝色等同类色不同种针叶植物搭配作为背景,前景跳跃栽植黄色,红色等彩叶植物。形成尺度亲人的植物空间。

绚秋苑草坪植物组团:白皮松+复叶槭+茶条槭-皱叶荚蒾(*Viburnum rhytidophyllum*)+金叶连翘-观赏草

展览温室前植物组团:元宝枫+金叶榆+蓝粉云杉-金岸刺柏-'密冠'卫矛-观赏草

群植(风景林):群植是指一种或几种彩叶植物作为主要树种成群栽植构成风景林。其独特的叶色和姿态在一年中尤其在叶色转变为鲜艳色彩时的景观效果十分美丽。

如植物园后山林,游人一般难以到达,适合远观。因此种植上较为粗旷,突出山林整体效果。以黄栌、刺槐、山桃、桧柏为主要树种进行群植,以形成秋季霜染山林的景观。

片植(基础栽植):片植是指同种植物成片栽植,一般作为植物群落中的基础栽植,形成底色,统一植物立面的整体色调。例如'金叶'连翘、'红叶'小檗、'洒金'龙柏、芦苇、观赏草等。

植物园的水岸边栽植成片芦苇,秋季一片金黄。既统一岸边植物色彩,又可独立成景,深受游客喜爱。

4 问题与建议

配植彩色植物时,既要考虑同一时间段整体的色彩效果,又要有意识延长彩色植物组团的观赏期。这就需要重点了解其叶色变色时间及长短,考虑其春夏秋冬的季相变化,使其一年四季都可形成画面。

4.1 彩色植物色彩略显单一

北京植物园内彩色植物主要以秋色植物为主,多呈现为黄色。其他季节可观赏性彩色植物较少。特别是夏季、冬季景观较为单调。

种植配置上建议夏季适当补植彩色观赏草,可在中心游览区范围内结合花境点缀,在东北部树木园范围内结合坡地地形适当补植,增添野趣,丰富植物色彩层次。例如,红色系:棕红薹草(*Carex buchananii*)、

‘火焰’狼尾草(*Pennisetum* × *advena*‘Fireworks’);黄色系:‘金叶’石菖蒲(*Acorus gramineus*‘Ogon’)、‘金叶’薹草(*Carex oshimensis*‘Evergold’);白色系:‘晨光芒’(*Miscanthus sinensis* ‘Morning Light’);蓝色系:蓝羊茅(*Festuca glauca*)等。冬季适量增加彩干植物数量,例如红瑞木、‘金枝’梾木、棣棠、白桦、血皮槭、白皮松等,以丰富景观。

4.2 色彩变色期集中

秋季是北方彩色植物重要的观赏季节,植物配置时需对植物色彩变色期合理调整搭配,延长观赏时间,使初秋至深秋皆有景可赏。笔者重点观测了植物园内常用的15种秋色叶植物变色时间及特点。

表5 变色期统计

序号	植物名称	初始变色时间	变色时长	特点
1	茶条槭	9月中下旬	2周	变色最早,叶色鲜红,色彩效果好,落叶早
2	白蜡	10月初	4周	叶色亮黄,色彩效果好,抗风性差,叶片易脱落
3	‘密冠’卫矛	10月初	2周	叶色鲜红,色彩效果好,抗风性差,叶片易脱落
4	复叶槭	10月上旬	3周	叶色黄色,色彩效果一般,落叶较早
5	栾树	10月上旬	4周	叶色金黄,色彩效果好,叶色期较长
6	七叶树	10月上旬	4周	秋叶橙黄,色彩效果好,叶色期较长
7	榉树	10月上旬	4周	叶色鲜红,色彩效果好,叶色期较长
8	平枝栒子	10月上旬	4~5周	叶色鲜红,色彩效果好,叶色期长
9	元宝枫	10月下旬	4~5周	叶色红色或橙黄,色彩效果好,叶色期长
10	鹅掌楸	10月下旬	4周	叶色金黄,色彩效果好,叶色期较长
11	蒙古栎	10月下旬	4周	叶色鲜红,色彩效果好,叶色期较长
12	紫薇	10月下旬	4周	叶色鲜红,色彩效果好,叶色期较长
13	狭叶山胡椒	10月下旬	4周	叶色红褐色,色彩效果一般,叶色期较长
14	银杏	10月下旬	5~6周	秋叶黄色,叶片色彩纯度高,色彩效果好,叶色期长,变色期长
15	水杉	11月上旬	5周	秋叶褐红色,可延续到冬季,叶色期长

根据观测,植物园秋季彩色植物观赏期可由9月初延续至11月下旬,最佳观赏期为10月中下旬。园内9~10月变色植物较少,需适当增加。10月上旬部分彩色植物效果不佳,需进行调整。色彩上增加红色、紫色以丰富整体景观。

4.3 彩色植物分布上不够均衡

彩色植物主要集中在园区东北部树木园内。各专类园中,彩色植物大多散点种植,与专类植物搭配较随意,未能形成良好的植物群落景观。

建议在专类园内,组团式补充彩色植物,丰富植物层次、色彩,延长观赏时间。例如碧桃园内,设计者有意在园内留出一块阳光草坪,并在附近设置休憩设施,不难看出此区域是园内重点景观区。但草坪外缘的植物配置上略显单调,植物组团以垂柳+碧桃为主,仅西侧点缀有几株白桦。建议碧桃下方基础补植‘金叶’连翘、‘密冠’卫矛等彩色灌木,丰富秋季景观;白桦下方补充红瑞木、‘金枝’梾木等观干植物,以丰富冬季观赏效果;局部补植背景植物,如青杆、‘蓝粉’云杉等以突出前景色彩。改造之后既可突出春季碧桃盛开效果,又可延长秋、冬季的观赏景观。

4.4　植物色彩与种植形式不匹配

秋色叶植物种植形式与其本身色彩息息相关。色彩纯度较高的植物种植时可考虑群植，突出整体的色彩效果。例如曹雪芹纪念馆门口栽植银杏林和北湖北岸元宝枫小径，秋季银杏一片金黄，元宝枫满树红叶，十分吸引人。然而，若植物色彩纯度不高，或花叶、彩叶树则不适合大面积种植。例如北湖南岸‘花叶’复叶槭群植，色彩略显凌乱，效果不佳。建议补种深色常绿植物作为背景，利于色彩统一，突出效果。

植物园北湖东西两岸，借助山势，水景是一处绝佳的展示植物立面色彩的区域。然而目前植物品种未能与山势地形结合，且植物色彩不够丰富。目前北湖西岸，山桃种植面积较大，种植形式单一，色彩单一。局部地区小型灌木种植松散，不成组团，植物空间不明确。

现状植物群落：侧柏 + 元宝枫 - 山桃；侧柏 + 栾树 - 山桃；散点种植‘密冠’卫矛、山茱萸、连翘等灌木。

建议丰富林冠线，梳理林缘线。根据现有植物品种的色彩、株形特点，合理引入与之色彩、株形相协调的新优品种。调整时去除部分山桃，在碉楼附近搭配常绿树；增加不同株形、不同色彩的槭树科植物，丰富岸线植物色彩，达到秋季层林尽染的景观效果；将松散的灌木移植成团，长势不好的进行移除，梳理出明确的植物空间。

建议改造植物群落：侧柏 + 元宝枫 + 茶条槭 - 山桃 - ‘密冠’卫矛；侧柏 + 栾树 - ‘绚丽’海棠 - ‘洒金矮’圆柏；油松 + 白蜡 + 血皮槭 - 沙地柏。

5　结语

彩色植物在现代城市园林绿化中发挥着举足轻重的作用。北京植物园长期以来将引种、选育、推广色彩丰富的彩色植物作为科研重点，并同时建设了以展示彩色植物为主的绚秋苑，取得了良好的景观效果，为彩色植物的应用起到一定的示范作用。纵观整个园区，有些区域在彩色植物配置上还需要进一步完善，这就需要我们园林工作者的共同努力。

参考文献

陈红东，2013. 彩叶植物在园林中的应用[J]. 北京农业，2013(15)：53.

丰倩倩，2015. 彩叶植物在关中地区植物园设计中的应用研究[D]. 西安：西安理工大学.

苏雪痕，1994. 植物造景[M]. 北京：中国林业出版社.

袁涛，2001. 彩叶植物漫谈[J]. 植物杂志，(5)：12 - 13.

张启翔，吴静，1998. 彩叶植物资源及其在园林中的应用[J]. 北京林业大学学报，20(4)：126 - 127.

景观水体环境质量分析与评价
——以北京植物园中湖为例①

桑　敏[1]　施文彬[1]　张　蕾[1]　钟　伟[1]
（1. 北京植物园，北京市花卉园艺工程技术研究中心，城乡生态环境北京实验室，北京　100093）

摘要：2019 年 6 月至 2020 年 5 月，以北京植物园景观湖区水体——中湖为研究对象，测定总氮、总磷、高锰酸盐指数、氨氮、叶绿素 a 等水质指标来开展水体水质及富营养化评价。结果表明，中湖水体水质达到国家地表水环境质量标准的 IV 类水标准。采用综合营养状态指数法评价，结果表明该湖夏季营养状态指数最高，为轻度富营养。

关键词：景观水体质量，富营养化

Assessment and Analysisof Water Quality in Middle Lake in Beijing Botanical Garden

SANG Min[1]　SHI Wen - bin[1]　ZHANG Lei[1]　ZHONG Wei[1]
（1. *Beijing Botanical Garden*；*Beijing Floriculture Engineering Technology Research Center*，*Beijing Laboratory of Urban and Rural Ecological Environment*，*Beijing* 100093）

Abstract：From June 2019 to May 2020，the water quality assessment and analysis of Middle Lake in Beijing Botanical Garden were studied by measuring the water quality indicators such as total Nitrogen，total Phosphorus，Permanganate index，Ammonia Nitrogen and Chlorophyll - a. The results showed that the water quality of Middle Lake meets the standard IV according to the national surface water environmental quality standard. The evaluation result of TLI($\sum$) indicated that the water quality was at light - eutrophication in summer.

Keywords：Water quality，Eutrophication

城市景观水体是城市水环境的重要组成部分。良好的景观水体不仅为居民提供优美、和谐的娱乐环境，同时还具有重要的生态服务价值（李颖，2013）。景观水体主要包括小型的天然湖、人造湖泊、地产项目配套的人工湖以及各种景观河道等，与人居环境联系紧密，并且景观水体大多处于一种封闭或半封闭的状态，水体流动性和自净能力差，极易发生富营养化，严重影响水体生态和周围环境。

北京植物园位于海淀区西山卧佛寺附近，景观水体为人工景观湖，主要由北湖、中湖和南湖组成，总面积约为 5hm^2，湖底由防渗水材料铺砌而成。本文对北京植物园湖区的景观水体进行了为期一年的水质指标监测，综合分析了湖区水体的水环境质量及富营养化状况，为景观水体水质管理和维护提供了基本资料。

1　材料和方法

1.1　样品采集

以北京植物园的中湖为研究对象。从

①　项目资助：北京市公园管理中心项目“北京市植物园景观水体的水质分析与景观营造”（编号 ylkjxx2018005）。

2019年6月至2020年5月，每月中旬进行湖区水样的采集。用采水器在每个采样点距离湖面50cm水层采集水样。

1.2 水质分析及评价

现场测定的指标包括透明度（SD）、温度、pH值、电导率、溶解氧和浊度；实验室测定的指标包括高锰酸钾指数（COD_{Mn}）、总磷（TP）、总氮（TN）、氨氮（NH_3-N）、5日生化需氧量（BOD_5）、色度、化学需氧量（COD）和叶绿素（Chla）。测定方法参照国家相关标准（国家环保总局，2002），具体见表1。

表1 理化指标测定方法

理化指标	检测方法	检测依据
COD_{Mn}（mg/L）	玻璃电极法	GB11892-89
COD（mg/L）	重铬酸盐法	HJ828-2017
BOD_5（mg/L）	稀释与接种法	HJ505-2009
NH_3-N（mg/L）	纳氏试剂分光光度法	HJ535-2009
TP（mg/L）	钼酸铵分光光度法	GB11893-89
TN（mg/L）	碱性过磷酸钾消解紫外分光光度法	HJ/T636-2012
Chla	丙酮萃取-紫外分光光度法	《水和废水监测分析方法》（第四版）

1.3 水体富营养化评价方法

本研究采用综合营养状态指数法（王明翠 等，2002）来评价湖区水体的富营养化状况。该方法具有简便易行的特点。

营养状态指数计算公式为：

$$TLI(Chla)=10(2.5+1.086\ LnChla)$$

$$TLI(TP)=10(9.436+1.624\ LnTP)$$

$$TLI(TN)=10(5.453+1.694\ LnTN)$$

$$TLI(SD)=10(5.118-1.94LnSD)$$

$$TLI(COD)=10(0.109+2.661\ LnCOD)$$

$$TLI(\sum)=\sum_{j=1}^{m}Wj.\ TLI(j)$$

$TLI(\sum)$ 表示综合营养状态指数；$TLI(j)$ 代表第 j 种参数的营养状态指数；w_j 为 j 种参数的营养状态指数的相关权重。

湖泊水体富营养化状态分级标准见表2。

表2 水体营养状态分级标准

序号	综合营养状态指数 [$TLI(\sum)$]	营养等级
1	<30	贫营养
2	30~50	中营养
3	50~60	轻度富营养
4	60~70	中度富营养
5	>70	重度富营养

2 结果与分析

2.1 水体水质及等级

北京植物园中湖的水质检测结果见表3，依据地表水环境质量标准（GB 2002—3838），在2019年6月~2020年5月这一年的时间中，中湖湖水的COD_{Mn}、BOD_5和TN均超过Ⅳ类水体限值，该湖属于Ⅳ类水体；水体中的COD超过Ⅴ类水体限值，均值高达31.17mg/L，属Ⅴ类水体。水体中的NH_3-N含量较低，达Ⅰ类水标准；TP含量也较低，达Ⅱ类水标准。

表3 中湖水体水质指标

序号	指标	最大值	最小值	平均值	水质等级
1	水温（℃）	34.7	1.8		—
2	pH值	10.11	8.64	9.31	—
3	DO（mg/L）	15.42	7.15	16.6	Ⅰ类
4	COD_{Mn}（mg/L）	7.67	3.19	5.11	Ⅱ类~Ⅳ类
5	COD（mg/L）	51.45	18.6	31.17	Ⅲ类~Ⅴ类
6	BOD_5（mg/L）	4.87	0.83	2.52	Ⅳ类
7	NH_3-N（mg/L）	0.123	0.059	0.078	Ⅰ类
8	TP（mg/L）	0.063	0.01	0.031	Ⅱ类
9	TN（mg/L）	1.13	0.44	1.02	Ⅱ类~Ⅳ类

2.2 水体水质的动态变化

图1（上图）为北京植物园中湖水体COD_{Mn}的月变化，从图中可以看出，中湖水体COD_{Mn}在2019年8月达到峰值，为7.67mg/L，2020年2月达到最低值，水体的COD_{Mn}夏、秋季偏高，冬季出现最低值，春季有上升趋势。

图1(下图)为中湖水体 TP 的月变化图情况。在2019年8月,TP达到最大值,为0.063mg/L,在2020年1月达到最低值,为0.013mg/L。在2019年6月~2020年5月间,TP在夏季达最高值,秋季逐渐降低,冬季出现最低值,春季又逐渐上升。

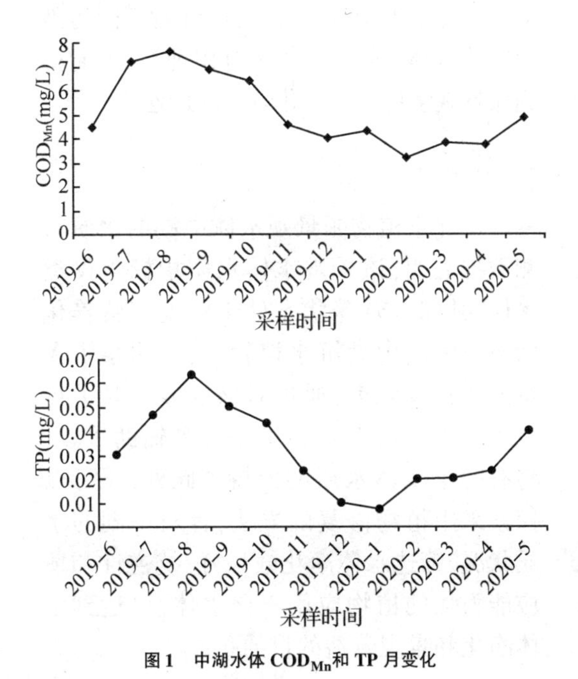

图1 中湖水体 COD_{Mn}和 TP 月变化

图2 中湖水体 NH3–N 和 TN 月变化

图2(上图)为 NH_3-N 的月变化图,NH_3-N 的峰值出现在2019年8月,为0.123mg/L。NH_3-N 在夏季达最高值,秋冬季节波动不大。

图2(下图)为中湖水体的 TN 变化图。TN 在整个夏季均保持较高的水平,冬季保持较低的水平,春季有波动。TN 在2019年6月出现最大值,为1.13mg/L,在2020年1月达到最低值,为0.44mg/L。

2.3 水体营养状态评价

中湖水体的富营养化状态指数见图3,根据湖泊富营养化状态分级标准,2019年7月~2019年10月,中湖的综合营养状态指数在50~60之间,该湖水体处于轻度富营养状态。2019年8月,中湖的综合营养状态指数达最大值,为55。在这一年中的其他月份,中湖水体均处于中营养状态。

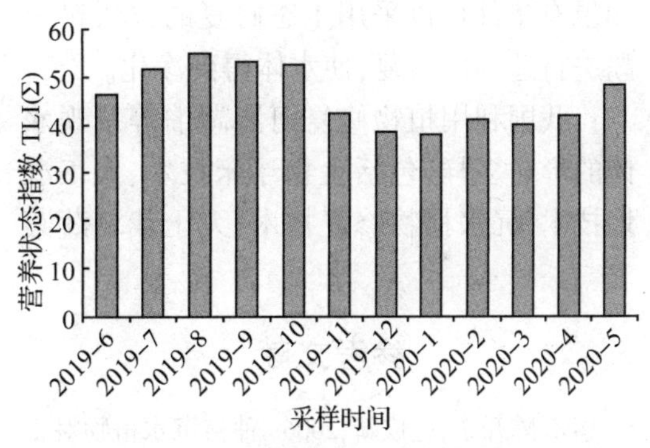

图3 中湖水体综合营养状态指数月变化

3 讨论

3.1 水体水质变化的主要特征

COD_{Mn}、NH_3-N、TN、TP 4项主要指标中,TN是公园水体最严重的污染水质因子,这与大多数公园的情况一致(程婧蕾等,2009),特别是在夏季的6~8月,中湖水体中 TN 浓度保持一年中的最高水平。其原因一方面是夏季浮游植物的生长比较旺盛;另外一方面是夏季降雨导致地表污染物冲刷带入水体。此外,中湖为封闭水体,自净能力差,也使得 TN 浓度增高。中

湖的 COD_{Mn} 在 2019 年 7～9 月维持全年的最高水平。从 2019 年 6 月开始，中湖水体中 TP 浓度呈上升趋势，在 2019 年 8 月达最大值，随后下降，并在冬季保持较低的水平，中湖的 TP 整体水平不高。

3.2 水体污染原因及建议

中湖水体存在污染情况，特别是在夏季，各项水化学指标浓度较高。这一情况与北京之前城市景观水体的水质情况一致（吴秋丽 等，2010）。由于该景观湖水体流动性差，人为活动或者降雨等外源污染对景观水体容易产生较大的影响，并且随着夏季温度的升高，浮游植物在夏季生长繁殖速度加快，容易发生水华和水体发臭等现象。因此，植物园相关部门应加强夏季中湖景观水体的整治和维护，定期收割沉水植物，限制水体周围化肥农药的使用。如果有条件可以采用生态修复的方法对中湖进行适当的修复，使水体得到净化。

我国利用植物修复河流湖泊等景观水体的形式多样，包括生物浮床技术、人工湿地技术、沉水植物修复技术、无土栽培蔬菜修复技术等（林雪兵 等，2010；徐建明 等，2005；包先明 等，2006；黄田 等，2007）。尽管利用植物净化景观水体的形式多样，但在水体修复过程中偏重于净化效果，大多选择生物量增长快的植物，选择种类少（冯承婷 等，2019）。对于植物园而言，植物不只是修复工具还是水生景观营造者，应针对不同污染程度的水体，选择适合的植物种类，才能得到兼具观赏价值与净化效果的最佳配置。

4 结论

对北京植物园景观水体中湖的水质监测数据表明，该景观水体水质指标为Ⅳ类水体，其综合营养状态处于轻度富营养化状态。由于中湖沉水植物丰富，积累了大量的氮营养元素，通过对该区域及时进行沉水植物打捞以及利用曝气等辅助手段，将有助于水体水质的保持。此外，还可以探索采用植物修复的方法，针对中湖的水质状况，筛选水体净化效果好、抗逆性和适应能力强的植物应用于该水体，以达到水体净化和景观营造的目的。

参考文献

包先明，陈开宁，范成新，2006. 种植沉水植物对富营养化水体沉积物中磷形态的影响[J]. 土壤通报，37(4)：710－715.

程婧蕾，王丽卿，季高华，等，2009. 上海市 10 个城市公园景观水体富营养化评价[J]. 上海海洋大学学报，2009(7)：435－442.

冯承婷，赵强民，甘美娜，2019. 关于景观水体生态修复沉水植物生物量配置探讨[J]. 中国园林，35(5)：117－121.

国家环保总局，2002. 地表水环境质量标准 GB 3838—2002[S]. 北京：国家环保总局、国家质量监督检验检疫总局.

国家环保总局，1991. 水和废水监测分析方法[M]. 4 版. 北京：中国环境科学出版社.

黄田，周振兴，张劲，等，2007. 富营养化水体的水芹菜浮床栽培试验[J]. 污染防治技术，20(3)：17－19.

李颖，2013. 城市湖泊景观可持续营造研究[D]. 哈尔滨：东北农业大学.

林雪兵，王培风，2010. 人工浮岛在富营养化水体修复中的应用[J]浙江水利水电专科学校学报，22(4)：27－29.

王明翠，刘雪芹，张建辉，2002. 湖泊富营养化评价方法及分级标准[J]. 中国环境监测，18(5)：47－49.

吴秋丽，全昌明，许晓波，2010. 北京市城市中心区景观水体水质状况调查及改善策略[J]. 安徽农业科学，38(5)：2556－2557.

徐建明，2005. 富营养化水体人工湿地生态修复机理及应用研究[J]. 杭州：浙江大学环境与资源学院.

浅谈园林重点植物养护管理

米世雄[1]

（1. 唐山植物园，唐山 063000）

摘要：随着园林绿化数量的逐年增加，园林养护管理显得更加重要，要求加强对园林重点植物的养护管理。现实中存在着没有对重点植物进行分类管理、管理粗放、未能建立长效管理机制等问题，本文结合实证调查进行分析，并提出了解决问题的建议。

关键词：园林绿化，重点植物，养护管理

Maintenance of Key Plants in Garden

MI Shi－xiong[1]

（1. *Tangshan Botanical Garden*，*Tangshan* 063000）

Abstract：The maintenance of plants in the landscape and gardens is becoming more important year by year，which requires to strengthen the maintenance of key plants. There are some problems，such as no classified management of key plants，extensive management，and failure to establish a long－term maintenance mechanism. Based on the empirical investigation，this paper analyzes and puts forward some suggestions to solve the problems.

Keywords：Landscaping，Key plants，Maintenance

林业上经常对目的树种进行重点管理，按照郁闭度、遭受病虫危害程度、林分分化情况、林分结构情况等确定抚育对象并划定目的管理树种，目的树种各类性状、指标比较优良。园林养护管理单位可以借鉴造林目的树种的管理办法，强化对园林重点植物的养护管理。园林一般植物是指低维护、少投入、粗放管理的植物种类。园林重点植物指在园林生态系统中起关键作用，具有较高的观赏、经济、生态、科研价值，需要精细、专业管理的园林植物。园林重点植物主要包括专类园植物、行道树、彩叶植物、造型植物、花境植物、古树名木、占比例大的植物、新引种植物、迁地保护的珍稀植物、存在安全隐患的植物、受病虫危害的植物、经济类植物、生态类植物等，重点植物的划定具有地域性、动态性等特点，通过加强园林重点植物养护管理以发挥其各类功能作用。

1　必要性

园林重点植物可以反映园林的景观和生态，可以增加园林景观吸引力。园林重点植物养护管理水平基本可以代表园林整体管理水平，重点植物养护管理效果决定了园林整体管理效果，也决定了管理成败。如果植物养护管理没有重点，就会造成极大的经济损失和不能产生应有的生态、社会效益。

2　存在问题

园林植物没有分类管理，投入比较均衡。有的养护管理没有对重点植物进行分类，导致养护预算基价过于一致，需要得到重点养护的植物投入较少，一般植物却得到了较高的投入，钱没有花到刀刃上。

有的重点植物管理粗放，不能体现精细化管理的理念。生态管理技术措施应用

少,存在一定的污染环境问题。管理频次过于机械化,需要调整有关管理标准。管理标准过低,不能体现艺术、造型、景观、生态、经济等。有的单位不能针对重点植物进行必要的考核管理。

园林重点植物不能得到高效、精准的管理。测土配方等技术在农业中已经成熟应用,取得了很好的实效,但在园林绿化中很少应用,致使园林重点植物未得到高效、精准的管理。

有的园林管理单位未能建立长效管理机制、制度,对园林重点植物养护管理投入力度、改革力度有待于进一步加强。

3 调查与分析

3.1 调查

由于北京、河北的园林养护质量标准和养护定额比较有代表性,因此选择其相关文献资料进行整理、调查,并进行对比分析。

表1 河北和北京一级养护质量标准调查

植物种类	河北一级养护管理规范	北京一级养护管理质量标准
花灌木	开花适时,株形丰满,花后修剪及时合理	开花及时、正常,花后修剪及时
花坛、花带	轮廓清晰,整齐美观,色彩艳丽,无残缺,无残花败叶	轮廓清晰,整齐美观,适时开花,无残缺
绿篱、色块	修剪及时,枝叶茂密,整齐一致	枝叶正常,整齐一致
乔木	整形树木造型雅观,行道树无缺株	行道树无缺株,绿地内无死树
水生植物	生长健壮,叶色正常,花开艳丽,整体效果美观,无残花败叶漂浮,无明显杂草,无病虫害	
草坪及地被植物	修剪及时,整齐,高度适宜,覆盖度98%以上;草坪内无杂草	整齐一致,覆盖率95%以上,除缀花草坪外草坪内杂草率不得超过2%

资料来源:根据北京《城市园林绿化养护管理标准》(北京市园林科学研究所,2003)和河北《城市园林绿化养护管理规范》(张家口市林业科学研究所,2009)整理。

表2 河北年度园林绿化养护管理标准

单位:次/年

植物种类	等级	浇水	施肥	打药	修剪	树木涂白
落叶乔木(行道树)	一级	5	2	10	2	3
	二级	4	1	8	1	2
	三级	3	1/2	6	1	1
常绿乔木(行道树)	一级	5	2	5	2	3
	二级	4	1	4	1	2
	三级	3	1/2	3	1	1
灌木	一级	8	2	10	2	n. a.
	二级	6	1	8	1	n. a.
	三级	4	1/2	6	1	n. a.
绿地绿篱	一级	10	2	10	12	n. a.
	二级	8	1	8	8	n. a.
	三级	6	1/2	6	6	n. a.

资料来源:根据河北《城市园林绿化养护管理规范》整理。

注:n. a. 为缺乏资料。

表3 北京绿化养护等级技术措施和要求

单位:次/年

级别	类别	浇水	防病虫	修剪	施肥	除草
特级	乔木	15	7	2	1	3
	灌木	15	5	2	1	3
	绿篱	10	5	3	1	3
	一、二年生草花	15	5	2	2	2
	宿根花卉	20	5	4	4	3
	冷季型草坪	25	10	20	5	5
	暖季型草坪	15	2	8	4	5
一级	乔木	10	5	1/2	1/2	2
	灌木	10	3	1	1/2	2
	绿篱	8	2	2	1/2	2
	一、二年生草花	10	5	1	2	2
	宿根花卉	15	3	2	3	2
	冷季型草坪	20	7	15	3	4
	暖季型草坪	10	2	5	2	3

资料来源:根据北京《城市园林绿化养护管理标准》整理。

表 4　养护定额调查

地区	内容
河北	①行道树养护工作内容包括浇水、施肥、修剪、病虫害防治 ②绿篱类植物养护工作内容包括浇水、施肥、修剪、病虫害防治、保洁 ③草坪养护定额工作内容包括浇水、施肥、修剪、病虫害防治、保洁、除草
北京	①浇水定额涉及行道树乔木、绿地乔木、灌木、竹类、绿篱、色带、球形植物、攀缘、花卉、宿根、月季、草坪等内容,工作内容包含开堰、浇水、封堰、冬季泄水、保温等 ②修剪定额涉及行道树乔木、绿地乔木、灌木、竹类、绿篱、色带、球形植物、攀缘、花卉、宿根、月季、草坪、水生植物等内容,工作内容包含修剪作业、剪锯口处理、现场维护、清理,生产垃圾集中、装车、外运等 ③病虫害防治定额内容包含配药、病虫害防治作业、现场维护、残药及包装物处理等,定额涉及行道树乔木、绿地乔木、灌木、竹类、绿篱、色带、球形植物、攀缘、花卉、宿根、月季、草坪、水生植物等分类内容 ④施肥定额工作内容包括材料搬运、施肥作业、清运作业垃圾,定额涉及行道树乔木、绿地乔木、灌木、竹类、绿篱、色带、球形植物、攀缘、花卉、宿根、月季、草坪、水生植物等分类内容 ⑤中耕除草定额涉及行道树乔木、绿地乔木、灌木、竹类、绿篱、色带、球形植物、攀缘、花卉、宿根、月季、草坪、水生植物等分类内容,工作内容包括中耕除草作业、现场清理、生产垃圾集中、装车、外运等

资料来源:根据北京市城镇园林绿化养护预算定额(北京市园林绿化局,2018)和河北省城市园林绿化养护管理定额(河北省工程建设造价管理总站,2015)整理。

3.2　分析

河北和北京的一级养护管理质量标准相差不是太大,整体来说重点植物养护管理质量标准内容相对较少,已有标准中主要有管理效果指标、时间指标等,虽然在质量标准中明确了修剪、肥水管理、病虫害防治等技术措施,但是存在没有反映重点植物过程质量控制、专项质量指标少等问题。应该在原有质量标准的基础上创新,扩展质量标准内容,真正突出管理重点,不丢项落项,实现质量标准全覆盖。

河北年度园林绿化养护管理标准中的行道树、灌木、绿篱等分一、二、三级管理,规定了浇水、施肥、打药、修剪、树木涂白的管理频率,北京在分级管理中规定了乔木、灌木、绿篱、一二年生草花、宿根花卉、草坪的浇水、防病虫、修剪、施肥、除草等管理频次,均是等级越高管理频次越多(大)。这其中规定的管理频次有的要高于实际频次,必然造成浪费;有的低于实际管理频次,必然满足不了重点植物的实际需求。在生态管理背景下,过多地强调打药、施肥的频率并不能反映生态管理的质量,而会出现环境污染、天敌死亡等问题。高标准才能高质量,现实中急需将生态、经济等指标纳入养护质量标准中,以正确地指导实践工作。

河北主要是按植物种类工作内容制定养护预算基价,北京将管理措施和管理对象相结合再根据具体工作内容制定养护预算基价,北京所涉及养护工作内容更细一些。预算定额的制定是涉及园林管理成败的一件大事,一定要做细做实。目前存在的问题有一些遗漏,要根据生产实际需求完善有关工作内容。再有就是需要提炼管理重点,过于均衡的管理分配势必会造成资金的浪费,应准确确定园林重点植物管理的对象和范围,强化对重点植物的投入和管理。本文之所以强调园林重点植物需要比一般植物多投入,主要基于如下事实:行道树面临着清理垃圾数量多,受汽车尾气等污染后需冲洗树叶,安全隐患多、管理难度大等问题,必然多产生一些费用;很多科研成果对重点植物的管理会起到积极作用,先进的科学技术用到园林重点植物上也是理所当然,也必然多投入人材机;迁地保护野生植物需要模拟自然生境,需要积极投入创造有利生长条件,这必然需要超越常规的预算支出;引种植物需要试验,试验产生人材机等费用支出;园林养护单位在病虫害防治中存在多发区、少发区、未发区的事实,在乔灌木整形修剪中存在着未修剪、少修剪的现状与事实,这必然需要不同的投入;同样是行道树,乡土树种可以低投入,珍贵树种需要多投入;一般的树木随着定植时间的后移,管理投入强度是可以分级的。

4 建议

4.1 精细化管理

养护管理单位对于重点植物的养护管理措施要细化到位,不能丢三落四。要对园林植物进行精细化分类,分类管理才能更好地体现精细化。管理标准要细化,针对水生植物、草坪、花灌木、彩叶植物等要细化质量管理标准,不断完善专项标准指标,这样才能更好地发挥标准化的作用。针对园林重点植物要采取更加高效、超常的管理措施,将精细化管理理念贯穿园林重点植物管理始终。

4.2 精准、高效管理

养护管理单位要制定施肥方案,能够测土配方的要测土配方,对园林重点植物精准施肥,确保营养保障到位。按照生态防治病虫害的要求精准施药,高效作业,将病虫害防治控制在经济和生态允许的范围内。要积极推广应用绿色防控技术,减少农药使用,扩大生物防治的比例和范围,降低环境污染。要根据植物生态习性确定管理频次,实现精准投入,充分满足园林重点植物生理需求。细化管护措施,提升植物福利。在高效、精准化管理过程中收集各种形式的有价值的历史记录,构建植物生态档案,服务于园林规划建设和管理工作。

4.3 加强考核管理

考核发挥着指挥棒的作用,单凭园林管理单位的自主能动性而不实施考核会造成被动、消极管理,考核中就确定了园林重点植物,则园林管护单位随之就会明确管理重点。考核要明确生态、经济等关键指标,考核不仅要重视结果也要重视过程质量,考核不仅要重视现场考核也要重视档案考核。通过考核实现园林精细化管理的目标,调动园林养护管理单位的积极性,真正巩固已有绿化成果。

4.4 加大投入力度

明确了园林植物的分类和重点之后,就要有的放矢地加大投入力度。对于园林重点植物要真投入、实投入,直到取得实实在在的实效。要在生产实践中摸清整形修剪、土肥水管理、整地、中耕除草、病虫害防治等实际投入情况,提炼总结最先进的技术措施,为修缮园林养护定额提供一手数据资料,为养护资金申请奠定坚实基础。需要测土配方的要测土配方,围绕重点植物需要精准投入,确保园林重点植物养护效果。

4.5 加大改革力度

首先要通过和生产一线的实际对接使园林养护管理定额更好地服务于园林养护管理。其次要建立长效园林养护管理机制、制度。有的园林重点植物分级管理、管理频次等管理办法不一定符合现实生产的需求,符合还是不符合需要实验对比,用数据和事实说话。根据是否是重点植物进行分级是新时代的发展趋势,可以想象没有按照经过充分试验验证的标准盲目实施,会造成多么不好的后果。通过实验对比选择更好的园林养护管理模式,选择更好的园林养护管理考核模式,逐步淘汰落后的管理机制和制度,构建起长效园林养护管理机制、制度。三是依法依规改革,提供条件支持改革。各级党委和政府要为园林养护管理改革提供政策条件,让改革单位依法依规改革。改革必然触动利益,需要提供条件给予支持,这样才能实现真正的改革。

参考文献

北京市园林科学研究所,2003. 城市园林绿化养护管理标准 DB11/T213－2003[S]. 北京:北京市园林绿化局.

北京市园林绿化局,2018. 北京市城镇园林绿化养护预算定额[Z].

河北省工程建设造价管理总站,2015. 河北省城市园林绿化养护管理定额[M]. 北京:中国建筑工业出版社.

张家口市林业科学研究所,张家口市标准化协会. 2009 城市园林绿化养护管理规范 DB13T1168－2009[S]. 石家庄:河北省质量技术监督局.

合肥植物园文创产品开发思路

王　慧[1]

（1. 合肥植物园，合肥 230031）

摘要：通过对目前文创事业发展状况、文创产品案例及类型进行分析，讨论合肥植物园发展文创产品的可能形式及特色，以期为未来可能开发文创产品提供一定的思路。

关键词：文创产品，知识产权，植物科学

Cultural and Creative Product Development Ideas for Hefei Botanical Garden

WANG Hui[1]

（1. *Hefei Botanical Garden*，*Anhui* 230031）

Abstract：This paper analyzes the current development status of cultural and creative products，cases and types，and discusses the possible of their forms and characteristics for Hefei Botanical Garden，so as to provide some ideas for the possibility on the development of cultural and creative products in the future.

Keywords：Cultural and creative product，Intellectual property，Botanical science

近年来，文创情景式体验街区（结合特定的文化或者一段历史记忆等能够引起消费者共鸣并且有参与感的整体特色设计的街区）渐渐走进人们的视线，合肥目前正在进行多处老城区改造项目，其中一条设计理念就是“老城复兴应保留城市的文化记忆”，保留展示城市历史风貌和文化魅力的历史古迹、街区记忆，在保留的基础上创新利用，符合时代的发展又不摒弃宝贵的城市记忆（金青梅和张鑫，2016）。文创城市、文创街区的吸睛点除了在街区的设计上，更多在文创小店的商铺中，人们往往能从一件件小物品中找到与自己的契合点，找到想要的文化记忆——这就是文创产品。

目前国内很多植物园区都在从单一的门票经济转型，转型期的一个重点就是文创产品的开发，如北京市公园管理中心 2018 年文创产品达到 4989 种，销售额 4000 余万元。国内知名植物园如北京植物园、深圳仙湖植物园、西双版纳热带植物园等都有风格突出的文创产品销售。合肥植物园正在进行南扩项目硬件设施建设，也需尽快加强文创产品这一软件的竞争力。

1　文创案例

文创产品是集聚“文化”和“创意”的集合体，是设计者对文化艺术理解之上的灵感创造，好的文创产品是有温度的，或者是在说一段故事或者是在表达一段美好的祝福；好的文创产品也是有灵气的，它能牢牢抓住客户心中的需求，仿佛一眼就相见恨晚。

1.1　国宝联萌 IP——线上产品型文创

文创 IP，一般指目前市面上具有品牌效应的成熟文创产品，集聚三个内涵，一是“无形财产”（intangible property），二是“信息财产”（information property），三是“知识

产权”(intellectual Property)(涂俊仪和陆绍阳,2019)。“国宝联萌 IP”是继故宫淘宝后,淘宝为了开辟文化性产品而创造的营销理念,“当国宝遇上淘宝,千年国宝 IP 淘宝开店,用创造力传承中华文化”(张飞燕,2016)。中国天眼、兵马俑、川剧、长城、敦煌、圆明园兽首、熊猫、中国航母、西湖、长征火箭十大具有中国象征意义的文化元素,被定义或再创造在一个个实体作品中,有天眼喵星椅、熊猫健齿公益一元、川剧脸谱面膜、敦煌泳衣等。或是利用文化的象征意义做出趣味解读,或是将文化实体化传扬,文化通过图案、符号等元素,被再造成线上产品,通过电商进入千家万户之中,国宝大 IP 变得也平易近人起来,文创的意义就表达出来了。

从故宫的线上产品型文创产品的销量来看(表1),其主要有以下几个特征:具有“萌系外化”的文创产品更受欢迎,如萌猫系列(陶瓷摆件、手机支架等)销量最高;通过特殊工艺展现文化内涵、精细包装的产品如螺钿口红、月饼礼盒等,通过提前预定的方式定量生产,供不应求;手账类及日用品类产品,如手账笔记本套装、印章、纸胶带、冰箱贴等,常年受年轻一代消费者的青睐,销量上有受众的限制。

表1 故宫淘宝主要产品价格区间及销量调查

名称	价格区间(元)	销量(2019年8月)
萌猫系列(摆件、手机支架)	19~66	35339
首饰	80~120	16336
尺子	25~30	8285
螺钿口红	120	7686
如意钥匙扣	35~51	7331
落纸星云星空手账笔记本套装	99	7321
书签	25~85	7160
千里江山、星辰手表	99~199	6255
冰箱贴	10~12	6157

(续)

名称	价格区间(元)	销量(2019年8月)
记事本	10~20	5804
折扇、团扇子	35~165	5100
二批预售月饼礼盒	218	3780
印章	39	2039
便利贴	5	1908
和纸胶带	30	1115

1.2 熊猫邮局——体验式文创

熊猫邮局来自于成都。近两年成都跻身文创之都的行列,其文创产品带来的经济价值可以与北京、上海共同占据该领域全国三甲,且不谈它的各类文创企业、旅游街区的贡献。熊猫邮局就是一个抓住了文化与消费者内心的好案例。作者对熊猫邮局进行了一个简单的线上调查(淘宝售出量),线上产品售出量很少,与故宫线上产品型文创相比,可以用失败一词形容。但是,反观线下,熊猫邮局已然成为年轻人去成都必打卡之地。在物流如此发达的今天,旅游纪念品及特产大同小异,用淘宝即可购买。熊猫邮局给游客细致地解决了两个问题:送什么代表成都?送什么最有心意?熊猫邮局用琳琅满目的熊猫主题明信片吸引游客的眼球,熊猫与当地美食结合、熊猫与当地旅游胜地结合、熊猫与当地的民俗文化结合……各个主题的明信片都在告诉你,这里是成都,这里是熊猫邮局。相比线上的冷清,熊猫邮局从来不缺坐在店里写明信片的人,在这里,可以盖上邮局特制的纪念章和邮戳,寄往全国各地,这样的文创成了当地的一道风景。

2 植物园与文创

2.1 植物园的文创特色

植物园文创产品应有三个核心。一是“植物文化”。植物史是一段比人类历史更丰富的历史,植物与人类之间经过漫长的岁月，发生了很多故事，产生了很多文化：有《诗经》里的植物、唐诗宋词里的植物、医药典里的植物，还有植物名字的故事。二是“植物与科学”植物与科学有着千丝万缕的联系，环境教育就是将植物与科学结合的一种形式。三是“植物园的美”。都说风景如画，植物园的“画”除了美，还有变化，春去秋来，花开花落，植物构成了这幅画的基本骨架，植物园的美也靠植物来体现。

围绕这三个核心，可以打造基本框架。另外，有由植物延伸的昆虫、鸟类也可以是其他产品的考虑因素。挖掘植物的历史文化渊源，与科学研究的联系，植物形态特征的基本特点，应用提炼梳理关键元素、抽象模拟强化效果、最后蜕变组合最终形态的设计创作策略，将植物元素形象化、符号化，做出贴近生活的周边产品。

以目前的“文创大咖”故宫系列中最经典的畅心睡衣为例，其提炼梳理的关键元素主要有代表皇权及宫廷的颜色（正宫红、帝王绿）、畅音阁穹顶壁画中的蝙蝠仙鹤等形象、乾隆及妃子们听戏的历史故事这三点；将代表吉祥意向的图片模拟出来以现代审美再创造；最后将几个关键元素组合出以帝王绿、正宫红为主色调，融合代表畅音阁的纹样，以乾隆时期男蟒戏服为灵感，最终创作出寓意“福如意，贺佳音”的畅心睡衣。畅心睡衣为植物园系列文创产品的创作策略带来的灵感是丰富的，植物园系列文创产品基于植物优美的形象、丰富的色调和厚重的文化等，未来可打造出更多的产品。

2.2 产品形式

产品型文创：目前市场上占有率较多的跟植物相关的文创产品，有手帐、植物标本装饰品、植物熏香及手工皂等直接原料的产品。如仙湖植物园的植物科学画明信片（图1）、西双版纳热带植物园鸟类勋章（图2）、成都市植物园芙蓉膏（图3）。合肥植物园可以根据这个特点，开发具有本园特色的花卉主题，如梅花、郁金香、荷花、桂花等周边系列产品，也可以将园内重要景点的特色景观应用到各类产品中，展现自身特色，既要有实用性又要有美观性和纪念意义。

图1 仙湖植物园植物画明信片

图2 西双版纳热带植物园鸟类纪念品

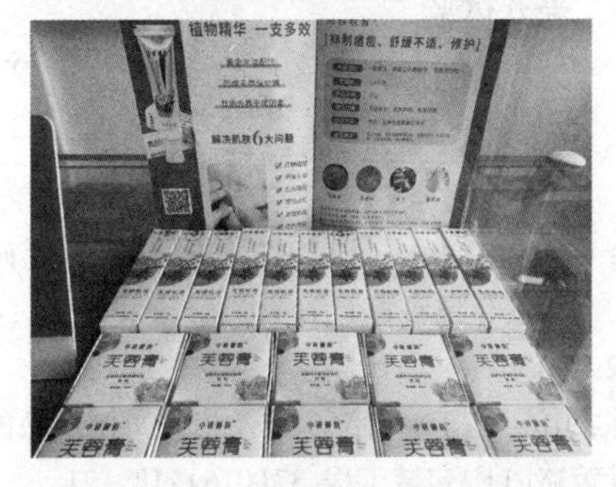

图3 成都市植物园芙蓉膏
（图片来自成都市植物园）

体验型文创：从其他各个园区的科普活动及熊猫邮局的成功经验出发，植物园的体验型文创可以有3个方向。一个是科普纪念品，如科普任务单，为来园的游客尤其是小朋友下发有关植物探秘的科学任务单，完成任务单上的植物认知游戏，可以获得奖励，设计精美的任务单与奖品都可以成为展现植物园特色的产品;二是明信片系列及印章系列,植物园内的风景、美丽的植物画和植物故事等都可以是明信片的主题,具有植物园特色、合肥特色的各类纪念章也能为游客提供只有在合肥植物园内才有的文创体验;三是植物材料手工艺体验,如当下比较流行的草木染,北京植物园的文创店有草木染系列文创产品(图4),而这里笔者认为,相较于这一系列的产品型文创,更具操作性和市场性的可能是将这一主题发展成为体验型文创与产品型相结合的形式,草木染这一植物文化的精髓在染的过程和成品中得到传承和创新。

图4 北京植物园草木染产品
(图片来自北京植物园)

2.3 受众体验

设计文创产品之初,除了要力争打造合肥植物园植物文创IP这个主题之外,还要注意受众的需求,脱离购买者的文创产品会让文创陷入乌托邦式的尴尬,对游客进行充分的观察和前期的市场调查是十分必要的(涂俊仪和陆绍阳,2019)。另外也可以考虑大众化及小众化的产品定位。大众化的产品针对各个年龄层的游客,小众化的产品可以针对有特殊需求的人群,如团队游客等,产品也可以走系列发展的路线,让前期的消费者有后续购买的期待。

3 结语

2018年,合肥植物园被评为国家重点花文化基地之际,评委会给植物园提出一个期望,期望植物园能够发挥自身优势,打造自己的文创品牌,结合自身优势发展新思路。2020年合肥植物园与阿拉善SEE安徽项目中心合作正式成立自然教育基地,也为各类文创产品开发提供契机。笔者希望不久的将来,游客能够通过各类文创产品这个媒介,更了解植物文化,带走植物文化,传播植物文化。

参考文献

金青梅,张鑫,2016. 博物馆文创产品开发研究[J].西安建筑科技大学学报:社会科学版,(6):42-46.

磨炼,2016. 基于旅游纪念品及相关文创产品的设计策略[J]. 包装工程,37(016):18-21.

涂俊仪,陆绍阳,2019. 从泛娱乐到新文创:IP理念进化与文化价值承载[J]. 新闻战线,(10):46-48.

张飞燕,2016."互联网+"背景下的博物馆文创产品发展[J]. 遗产与保护研究,(02):22-26.

辽宁省植物资源保护现状分析与展望

王文元[1,2]　周文强[1,2]　姜　琪[2]　宋明杰[2]

（1. 沈阳市植物园，沈阳　110163；2. 沈阳世界园艺博览经营有限公司，沈阳　110163）

摘要：辽宁省植物资源丰富，汇有华北、内蒙古、东北三大植物区的植物，有160科2200余种野生植物资源。本文通过对辽宁气候特点、地貌特点及3个不同区域的植物调查，总结出具有三大植物区系的植物特点，并提出植物资源的保护与合理利用原则。

关键词：辽宁植物资源，保护，现状分析

Analysis and Prospect of Plant Resources Protection in Liaoning Province

WANG Wen－yuan[1,2]　ZHOU Wen－qiang[1,2]　JIANG Qi[2]　SONG Ming－jie[2]

（1. *Shenyang Botanical Garden*，*Shenyang*　110163；

2. *Shenyang Expo Management Co. Ltd.*，*Shenyang*　110163）

Abstract：There are rich plant resources in Liaoning Provinces，including plants from North China，Inner Mongolia and Northeast China，with more than 2200 species belonging to 160 families. Based on the investigation of climate，geomorphology and plants in three different regions of Liaoning province，the plant characteristics of three major flora were summarized and the principles of protection and rational utilization of resources was put forward.

Keywords：Liaoning plant resources，Protection，Status quo analysis

辽宁省位于中国东北地区南部，是中国重要的老工业基地。南临黄海、渤海，东与朝鲜一江之隔，与日本、韩国隔海相望，是东北地区唯一的既沿海又沿边的省份，也是东北及内蒙古自治区东部地区对外开放的门户。

辽宁植物资源丰富，有160科2200余种，其中具有经济价值的1300种以上。药用类830多种。森林覆盖率为31.84%（李书心，1992）

1　辽宁省气候特点

辽宁地处中纬度的南半部，欧亚大陆东岸，属于温带大陆性季风气候区。由于地形、地貌较为复杂，省内不同地区气候有所不同。总体气候特点是：日照丰富，四季分明。春季干燥，少雨多风；夏季多东南风，炎热多雨，东湿西干；秋季短暂晴朗；冬季以西北风为主，寒冷期长。全省各地年平均气温多在7～12℃，自沿海向内陆逐渐递减。辽宁省是东北地区降水量最多的省份，年降水量在400～1100mm。东部山地丘陵区年降水量在800～1050mm以上；西部山地丘陵区与内蒙古高原相连，年降水量约400～500mm，是全省降水最少的地区；中部平原降水量比较适中，年平均在600mm左右。全年降水量主要集中在夏季，6～8月降水量约占全年降水量的60%～70%。平均无霜期130～200d，一般无霜期均在150d以上。

2 辽宁省地形地貌特征

辽宁省地形概貌大体是“六山一水三分田”。地势大致为自北向南，自东西两侧向中部倾斜，山地丘陵分列东西两厢，向中部平原下降，呈马鞍形向渤海倾斜。辽东、辽西两侧为平均海拔800m和500m的山地丘陵；中部为平均海拔200m的辽河平原；辽西渤海沿岸为狭长的海滨平原，称“辽西走廊”。地貌大致划分为三大区。

2.1 东部山地丘陵区

此为长白山脉向西南之延伸部分。这一地区以沈丹铁路为界划分为东北部低山地区和辽东半岛丘陵区，面积约7.28万km^2，占全省面积的46%。

东北部低山区，此为长白山支脉吉林哈达岭和龙岗山之延续部分，由南北两列平行的山地组成，海拔500～800m，最高山峰岗山位于抚顺市东部与吉林省交界处，海拔1376m，为本省最高点。以抚顺、铁岭两个城市为主。

辽东半岛丘陵区，以千山山脉为骨干，北起本溪连山关，南至旅顺老铁山，长约340km，构成辽东半岛的脊梁，区内地形破碎，山丘直通海滨，海岸曲折，港湾很多，岛屿棋布，平原狭小，河流短促。主要包括大连、营口、鞍山、丹东和本溪5个城市。

2.2 西部山地丘陵区

由东北向西南走向的努鲁儿虎山、松岭、黑山、医巫闾山组成。山间形成河谷地带，大、小凌河发源地并流经于此，山势从北向南由海拔1000m向300m丘陵过渡，北部与内蒙古高原相接，南部形成海拔50m的狭长平原，与渤海相连，其间为辽西走廊。主要包括锦州、阜新、朝阳、葫芦岛四地区和盘山县。

2.3 中部平原区

由辽河及其30余条支流冲积而成，面积为3.7万km^2，占全省面积25%。地势从东北向西南由海拔250m向辽东湾逐渐倾斜。辽北昌图、康平、彰武低丘区与内蒙古接壤处有沙丘分布，辽南平原至辽东湾沿岸地势平坦，土壤肥沃，另有大面积沼泽洼地、漫滩和许多牛轭湖。辽南辽北辽中基本为中部平原。

辽南：大连，营口两地区＋海城市，台安县，大洼县＋岫岩满族自治县；辽北：原铁岭的彰武、康平及阜新地区；辽中：沈阳（除北二县），鞍山市区，辽阳地区。

3 辽宁省植被区系划分及特点

辽宁省植物区系处在长白、华北、内蒙古3个植物区系的交汇地带，植被分布具有明显的过渡性。全省有维管束植物160科2200多种（其中变种、变型和部分园艺栽培品种未计入），具有经济价值的植物达1300种以上（李书心，1992）。除东部山地属于温带针阔叶混交林区和西北部属于温带森林草原区外，大部分地区属于暖温带落叶阔叶林区。中部平原多为耕地，零星分布着一些草甸植被。

根据辽宁省各地的地质历史及相应的气候变化，植物区系的起源、发展及与其他地区的联系，以及不同地域具有不同的植物区系的特点，通过对桓仁老秃顶子国家级自然保护区、朝阳凤凰山市级自然保护区和辽宁彰武县北部沙区的植物考察调研，总结出三大植物区系的植物特点。

3.1 辽宁老秃顶子国家级自然保护区

辽宁老秃顶子国家级自然保护区位于辽宁东部，距桓仁县城70km，总面积1.5万hm^2。有拔1376.3m的辽宁第一峰，素有“辽宁屋脊”之称。地理位置在东经124°49′06″～124°57′08″，北纬41°16′38″41°21′10″，属长白山龙岗支脉。森林植被以长白植物区系为主。保护区内野生动植物种类繁多，尚存有完整的原生植被群落。现有低高等植物232科1788种；其中被列为国家重点保护的珍稀濒危野生植物17种。有古化石孑遗植物紫杉(*Taxus cuspidate*)、天女木兰(*Magnolia sieboldii*),世界独有的孑遗植物双蕊兰(*Dipidandrorchis sinaca*)。该区是一个重要的天然物种基因库,生物学科的研究基地。植物区系特点是以长白植物区系的植物为主,兼有一定的华北植物区系成分。具有长白区系的代表植物有红松(*Pinus koraiensis*)、沙松(*Abies holophylla*)、紫杉(*Taxus cuspidata*)、色木槭(*Acer pictum*)、枫桦(*Betula costata*)、拧筋槭(*Acer triflorum*)、蒙古栎(*Quercus mongolica*)、毛榛(*Corylus mandshurica*)、东北山梅花(*Philadelphus schrenkii*)、暴马丁香(*Syringa amurensis*)、东北刺人参(*Oplopanax elatus*)、东北赤杨(*Alnus mandshurica*)、人参(*Panax ginseng*)、细辛(*Asarum heterotropoides*)等。还见有许多珍贵树种,如漆树(*Rhus verniciflua*)、盐肤木(*Rhus chinensis*)、三椏钓樟(*Lindera obtusiloba*)、玉铃花(*Styrax obassia*)、白檀山矾(*Symplocos paniculata*)、八角枫(*Alangium platanifolium*)、绣线菊(*Spiraea trichocarpa*)、天女木兰(*Magnolia sieboldii*)、朝鲜越桔(*Vaccinium koreanum*)等。藤本植物有软枣猕猴桃(*Actinidia arguta*)、五味子(*Schisandra chinensis*)、南蛇藤(*Celastrus orbiculatus*)等(辽宁老秃顶子国家级自然保护区管理处,1995)。

3.2 朝阳凤凰山市级自然保护区

朝阳凤凰山市级自然保护区,得天独厚的自然地理环境,复杂的地势地貌类型,多样的山地气候,为植物生长创造优越的条件。凤凰山属松岭山脉中端,是辽西低山丘陵地区的重要组成部分。最高峰是凤凰山,海拔648.6m。属北温带半湿润、半干旱大陆性季风气候,全年气候冷、暖、干、湿四季分明;日照充足,雨热同季;气温、降水实际变化大,地域性差异明显。无霜期158d。土壤类型分为棕色森林土、淋溶褐土和碳酸盐草甸土。辽宁朝阳凤凰山自然保护区地处华北植物区,植被保存完整,兼有长白和内蒙古植物区系成分,区内植物种类繁多。该保护区被子植物占绝对优势,占保护维管植物有种类的97.34%,其次是蕨类植物,裸子植物的种类最少。经过调查分析朝阳凤凰山自然保护区维管植物有85科339属601种,其中蕨类植物6科6属12种,裸子植物3科4属4种,被子植物76科329属585种。具有华北植物区系的代表种有油松(*Pinus tabuliformis*)、赤松(*Pinus densiflora*)、麻栎(*Quercus acutissima*)、栓皮栎(*Quercus variabilis*)、小叶朴(*Celtis bungeana*)、荆条(*Vitex chinensis*)、酸枣(*Zizyphus spinosus*)、枸杞(*Lycium chinense*)等。朝阳凤凰山自然保护区有中国特有属3个(虎榛子属、山茴香属和蚂蚱腿子属),中国特有种3种(虎榛子*Ostryopsis davidiana*、山茴香*Carlesia sinensis*、蚂蚱腿子*Myripnois dioca*)(李常猛,2018)。

3.3 彰武县北部沙区

彰武县北部沙区处于科尔沁沙地东南边缘。是由温带半干旱气候向半湿润气候过渡,由草原植被向森林植被过渡,植物区系具有内蒙古、华北、东北3个植物区系的交错和相互渗透特点。生态环境十分脆弱。区域内北部林缘以欧李(*Cerasus humils*)、锦鸡儿(*Caragana sinica*)、羊茅(*Leymus chinensis*)、乌丹蒿(*Artemisia wudanica*)、碱蓬(*Suaeda glauca*)、沙蓬(*Agriophyllum squarrosum*)等组成的沙地灌草丛,代表了科尔沁南部沙地的植被特点(朱桂敏,2017);区域内河流沟谷残存的花曲柳林、蒙古栎林、蒙古黄榆矮林等落叶阔叶林。通过调查统计,彰武县北部沙区共有高等维管束植物91科324属564种,其中野生植物共84科300属499种。在干旱区,蕨类植物比较少见,这次调查仅见到2种,野生裸子植物也仅有草麻黄1种,野生植物组成中占据绝对优势的是被子植物，有82科298属496种。有国家规定的保护植物19种。调查发现有4种属于原国家林业局1999年颁布的《国家重点保护野生植物名录》（第一批），均为Ⅱ级保护植物，即野大豆（*Glycine soja*）、水曲柳（*Fraxinus mandshurica*）、黄檗（*Phellodendron amurense*）和莲（*Nelumbo adans*）；具有内蒙古植物区系的代表种有樟子松（*Pruns sylvestria*）、柽柳（*Tamarix chinensis*）、蒙古黄榆（*Ulmus macrocarpa*）、家榆（*Ulmus pumila*）、山丹（*Lilium pumilum*）、线叶菊（*Filifolium sibircum*）、柳兰（*Epilobium angustifolium*）、地榆（*Sanguisorba officinalis*）、羊草（*Leymus chinensis*）、披碱草（*Elymus dahuricus*）、苜蓿（*Medicago sativa*）等。

4 资源的保护与合理利用原则

辽宁省拥有丰富的野生植物资源，现已查明的植物资源约2200种，其中木本植物约有881种（邹学忠 等，2018），已被利用的仅有600种左右（含草本植物），绝大部分未被开发利用。而发挥地区资源潜力的关键在于深入地开展科研工作。如未被利用的药材资源应做一些历史上的用药考证和民间用药习惯调查，通过药材成分、毒性、临床医疗等实验，以充实科学数据，不断发现新用途。其它类资源植物则需要更多地开展综合利用，深入研究发现新部位的应用、新的用途等，以提高经济效益。此外在开发利用这些野生植物资源的同时，我们也应该对其进行合理地保护，以达到资源常在、永续利用的目的（姜玉乙，2006）。结合我们考察情况和总结前人的经验教训，我们提出了一些比较合理的保护和开发利用对策。

4.1 野生植物资源的保护

4.1.1 采取综合保护对策

随着生命科学的发展，中医药资源和中医药产业越来越受到人们的青睐。但是，由于市场上大量的药用植物提取物的贸易和人类的工业化活动加速，过度地采挖和利用野生动植物资源，造成了大量的植物种类濒临灭绝。药用植物资源是整个自然资源的一部分，不能脱离开整个自然资源而独立存在。要实现对野生植物的有效保护，有关的法律法规体系、行政管理体系、技术措施、经济措施等需要协调和配套，使野生资源的保护者受到奖励，野生资源的破坏者受到制裁，使野生资源的使用者受到约束，在一定时期内，野生资源将会得到恢复（姜玉乙 等，2006）。

4.1.2 建立珍稀濒危物种的群居保护

由于珍稀濒危物种具有特殊的生境，包括自然、地理、环境、群落结构等不同因素。因此，政府要引起注意，在野生资源保护上要加大投资力度，制定有关条例，建立各类自然保护区，使更多的珍稀濒危物种得到有效的保护。

4.1.3 研究珍稀濒危野生物种的保存技术

收集珍稀濒危植物种质资源，系统研究种质特性评价体系、异地保存和离体长期保存技术，建立珍稀濒危植物种质的基因库和数字化信息系统管理。加强科研工作，通过遗传育种、人工繁殖和栖息地条件改善等技术，为有效保护和合理利用植物资源提供有力的科技支持。

4.2 野生植物资源的合理开发利用

4.2.1 建立可持续发展模式

对野生经济植物资源的种类、分布、生态学、习性、产量等进行详细调查和评估，建立植物资源信息数据库、种质库、标本库等，为保护、采挖引种和推广提供基本资料和依据。对于资源已经受到一定破坏的种类，可采取抚育的方法，使其较快地恢复起来。由于对野生植物资源无限制地，甚至掠夺式地采掘，导致植物资源受到严重破坏，某些植物资源蕴藏量迅速减少，有些种类甚至濒于灭绝。例如分布于北票及沈阳地区的浮叶慈姑(*Sagittaria natans*);分布于沈阳、营口、大连等地的水生植物花蔺(*Butomus umbellatus*)和分布于宽甸县的野草莓(*Fragaria vesca*)现已不见踪迹。珊瑚菜(*Glehnia littoralis*)是国家公布的第一批珍稀濒危保护植物,2001 年调查时仅在绥中海滩发现少量,而现在也已采不到标本。片面强调利用,使大面积森林或草地资源遭到破坏,造成水土流失、生态环境恶化、资源枯竭等严重后果。因此必须用生态平衡的自然规律和经济规律全面指导开发利用,形成良好的可持续发展模式(陈柯 等,2019)。

4.2.2 建立珍稀濒危植物园

对本地区珍稀濒危植物进行引种驯化,迁地保存。经过驯化,野生变为栽培种,保证物种的延续,使已经丧失的野生资源不断得到补充和发展,这是最有效的保护措施之一。需要生态所及科研院校加强对珍稀濒危植物驯化实验的栽培繁育,可通过研究它们的生物学和生态学特性,积极进行引种驯化的科学实验并及时推广科研成果,以取得社会效益和经济效益。最终归还自然生长的原则,达到保护和利用的双目标。

4.2.3 深入研究乡土树种的生长习性和观赏特性,为城市绿化丰富园林植物

如裂叶榆(*Ulmus laciniata*),水曲柳(*Fraxinus mandshurica*),蒙古黄榆(*Ulmus macrocarpa*),色木槭(*Acer pictum*)、枫桦(*Betula costata*)、拧筋槭(*Acer triflorum*)、锦鸡儿(*Caragana sinica*)、羊茅(*Leymus chinensis*)、麻栎(*Quercus acutissima*)、栓皮栎(*Quercus variabilis*)、小叶朴(*Celtis bungeana*)、荆条(*Vitex chinensis*)等品种都有良好的观赏性和抗性,值得推广应用。

参考文献

陈柯,等,2019. 沈阳市棋盘山风景区植物区系及其多样性研究[J]. 辽宁林业科技.

戴宝合,2003. 野生植物资源学[M]. 北京:中国农业出版社.

姜玉乙,袁永孝,丁云瑞,等,2006. 丹东地区山野菜资源调查与开发利用的研究[J]. 辽宁林业科技,(4):47-51.

辽宁老秃顶子国家级自然保护区管理处,1995. 辽宁老秃顶子国家级自然保护区植被调查[J]. 辽宁林业科技,(8):37-48.

李常猛,2018. 朝阳凤凰山自然保护区植被分类及群落特征研究[J]. 内蒙古林业调查设计,(2):25-28.

李书心,1992. 辽宁植物志[M]. 沈阳:辽宁科学技术出版社.

栾庆书,金若忠,云丽丽,等,2008. 棋盘山林下大型真菌的生态多样性[J]. 辽宁林业科技,(1):4-9.

朱桂敏,2017. 辽宁彰武县北部沙区植物资源调查初报[J].《林业科技通讯》,(06):43-45.

邹学忠,等,2018. 辽宁树木志[M]. 北京:中国林业出版社.

北京植物园樱桃沟中低海拔人工林地植物多样性研究

王白冰[1]　周达康[1]　陈红岩[1*]

(1. 北京植物园,北京市花卉园艺工程技术研究中心,城乡生态环境北京实验室,北京 100093)

摘要:为了解北京植物园樱桃沟中低海拔人工林地群落结构特征和植物多样性特征,通过在中低海拔人工林内(100～250m)设立调查样地,分析乔木、灌木、草本植物的群落特征和多样性指数。结果表明:(1)乔灌草各层次优势种明显,乔木层以元宝槭(*Acer truncatum*)、侧柏(*Platycladus orientalis*)、栾树(*Koelreuteria paniculata*)、油松(*Pinus tabuliformis*)、刺槐(*Robinia pseudoacacia*)等为主,灌木层以荆条(*Vitex negundo* var. *heterophylla*)、小花扁担杆(*Grewia biloba* var. *parviflora*)及构树(*Broussonetia papyrifera*)的幼树等为主;草本层以求米草(*Oplismenus undulatifolius*)为主要优势种;(2)9 个调查样地中,共记录乔木、灌木和草本植物物种分别为 20 种、17 种和 42 种;乔木、灌木和草本植物的 Shannon - Wiener 指数分别为 1.10、1.76、1.80,乔木、灌木和草本植物的 Simpson 指数分别为 0.55、0.73、0.73,乔木、灌木和草本植物的 Pielou 指数分别为 0.64、0.73、0.78,灌木层和草本层多样性指数相对较高。

关键词:群落特征,物种组成,物种丰富度,多样性指数

Plant Diversity of Middle and Low Altitude Plantation in Cherry Valley, Beijing Botanical Garden

WANG Bai - bing[1]　ZHOU Da - kang[1]　CHEN Hong - yan[1*]

(1. *Beijing Botanical Garden, Beijing Floriculture Engineering Technology Research Centre, Beijing Laboratory of Urban and Rural Ecological Environment, Beijing* 100093)

Abstract: In order to understand the structure characteristics and plant diversity of Cherry Valley on Mid - low mountain plantations in Beijing Botanical Garden, set up sample plots to analyze plantations characteristic and plant diversity of arbors, shrubs and herbs in this paper. The results showed: (1) There are obvious dominant species in each layer of the plantation community, with *Acer truncatum*, *Platycladus orientalis*, *Koelreuteria paniculate*, *Pinus tabuliformis*, *Robinia pseudoacacia* in arbor layer, *Vitex negundo* var. *heterophylla*, *Grewia biloba* var. *parviflora*, *Broussonetia papyrifera* in shrub layer and *Oplismenus undulatifolius* in herb layer, as the dominant species respectively. (2) Summarize all plots, 20 species of arbor layer, 17 species of shrub layer and 42 species of herb layer respectively, the Shannon - Wiener diversity index of arbors, shrubs and herbs are 1.10, 1.76, 1.80, the Simpson diversity index of arbors, shrubs and herbs are 0.55, 0.73, 0.73, the Pielou diversity index of arbors, shrubs and herbs are 0.64, 0.73, 0.78. the diversity index of herb layer and shrub layer is higher than that of arbor layer.

Keyword: Community characteristics, Species composition, Species richness, Diversity index

植物群落是不同植物在长期环境变化中相互作用、相互适应而形成的集合,植物群落的物种多样性既反映环境和植物之间的关系,又体现了物种的丰富度和均匀度(牛翠娟 等,2007)。通过对物种多样性研究,可以更好地认识群落的组成、变化和发

展趋势，同时也可反应植物保护状况。北京植物园樱桃沟中低海拔林区，紧邻北京植物园樱桃沟景区，主要为20世纪五六十年代栽植人工林，20世纪八九十年代曾开展北京樱桃沟自然保护试验工程，通过研究该区域人工林群落结构特征和植物多样性特征，为樱桃沟区域植物多样性保护和后续建设提供数据支持。

1 研究区域概况

研究地位于北京植物园樱桃沟周边中低海拔林地，北纬40°0′27″～40°0′44″，东经116°11′42″～116°11′49″，典型暖温带半湿润大陆性季风气候，四季分明，夏季炎热多雨，冬季寒冷干燥；春、秋短促，夏、冬季漫长。研究区域主要由人工针阔混交林组成，紧邻游客游览区，主要造林树种为油松、侧柏、元宝槭、刺槐、栾树。

2 研究方法

2.1 样地设置

2019年9月，在北京植物园樱桃沟中低海拔（100～250m）人工林地中设置9块样地，每块样地中设置20m×20m乔木样方1个，在每个乔木样方内设置2个10m×10m灌木样方，4个1m×1m草本样方。各样地基本信息详见表1。

表1 样地基本信息

样地	经度	纬度	海拔（m）	坡向	坡度（°）	郁闭度（%）
1	40°0′23.76″	116°11′47.22″	120	东	20～25	70
2	40°0′26.30″	116°12′09.94″	125	东南	10～15	60
3	40°0′27.99″	116°11′44.96″	135	南	20～25	60
4	40°0′25.95″	116°12′16.62″	140	西南	5～10	60
5	40°0′34.25″	116°11′57.71″	190	西北	15～20	80
6	40°0′35.61″	116°11′32.09″	210	东北	20～25	75
7	40°0′36.56″	116°12′05.34″	215	西	15～20	70
8	40°0′44.77″	116°11′20.41″	230	东南	15～20	60
9	40°0′48.79″	116°11′36.32″	235	东南	20～25	60

2.2 群落调查

群落调查方法主要参考《植物群落清查的主要内容、方法和技术规范》（方精云 等，2009）。植被群落内所有植物按乔木层、灌木层和草本层进行划分，乔木层测定胸径大于等于3cm的所有乔木种；灌木层测定所有灌木种，并且包括胸径小于3cm的乔木的幼苗和幼树；草本层测定所有草本种；木质藤本记录在灌木层，草质藤本记录在草本层。

对乔木层胸径大于3cm植株进行检尺，记录植物名称、株数、胸径（1.3m）、高度、冠幅等；灌木层记录植物名称、株数、高度、冠幅；草本层记录植物名称、株数、高度、盖度。植物鉴定主要参考《中国植物志》（中国科学院中国植物志编辑委员会，1981）、《北京植物志（1992修订版）》（贺士元 等，1992）、《中国常见植物野外识别手册（北京册）》（刘冰 等，2018）等，裸子植物分类方法采用汪小全分类系统（Ran *et al.*，2010），被子植物分类系统采用AGP IV系统。

2.3 数据分析

2.3.1 重要值计算方法

计算每种乔木、灌木和草本植物的重要值。计算公式如下（马克平 等，1995）：

乔木层重要值（IV）：IV＝（相对多度＋相对显著度＋相对高度）÷3

灌木层重要值（IV）：IV＝（相对多度＋相对盖度＋相对高度）÷3

草本层重要值（IV）：IV＝（相对多度＋相对盖度＋相对频度）÷3

相对多度＝某个物种的株数之和÷所有物种的株数总和×100%

相对显著度＝某个物种的胸高断面积之和÷所有的胸高断面积之和×100%

相对高度＝某个物种的高度之和÷所有物种的高度总和×100%

相对盖度＝某个物种的盖度之和÷所有物种的盖度之和×100%

相对频度 = 某个物种的出现次数之和/所有物种的出现次数总和 × 100%

2.3.2 多样性指数计算方法

主要参考《植物群落清查的主要内容、方法和技术规范》(方精云 等,2009),选择使用如下指标测度,计算每个样方的物种丰富度、Shannon - Wiener 指数、Pielou 指数(均匀度指数)、Simpson 指数(优势度指数)。计算公式如下(马克平 等,1995;方精云 等,2009):

物种丰富度:S = 出现在样方内的物种数;

Shannon-Wiener 指数: $H' = -\sum_{i=1}^{S} P_i \ln P_i$

Pielou 指数(均匀度指数): $E = H'/\ln S$

Simpson 指数(优势度指数): $P = 1 - \sum_{i=1}^{S} P_i^2$

其中:P_i 为种的重要值(IV)。

Shannon - Wiener 指数包含种类数目(即丰富度)和种类中个体分配上的均匀性 2 个因素,种类数目越多,多样性越大,同样种类之间个体分配的均匀性增加,也会使多样性提高,该指数越大,物种多样性越丰富;Pielou 指数以 Shannon - Wiener 指数为基础,计算得出均匀度,该指数越大,物种均匀度越高;Simpson 指数由从一个群落中连续两次抽样所得到的个体数属于同一种的概率推导而来,该指数越大,物种多样性越丰富、优势度越高(牛翠娟 等,2007)。

2.3.3 数据处理

采用 Excel 进行数据处理、计算。

3 结果与分析

3.1 群落植被特征

表 2 详细列出 9 块样地群落植被特征。在本次调查的植物群落中,各样地平均树高为 6.72 ~ 9.22m,平均胸径在9.72 ~ 15.03cm,乔木植株的密度在 625 ~ 1500 株/hm^2,各样地植株密度差距较大。群落植被类型为针阔混交型,主要由人工造林树种栾树、侧柏、元宝槭、油松、刺槐组成,天然树种占比较少。各样地植被类型主要分为针阔混交型和落叶阔叶型,不同样地针阔比例有明显差异,样地 1、样地 2、样地 4、样地 6、样地 7 主要以阔叶树种为主,样地 3、样地 5、样地 8、样地 9 以针叶树种为主。

表 2 群落植被特征

样地	乔木优势种	平均树高(m)	平均胸径(cm)	乔木密度(棵/hm^2)	主要人工造林树种重要值(%)	针叶树种重要值(%)	阔叶树种重要值(%)	植被类型
1	栾树 + 侧柏	8.46	14.69	700	94.2	31.6	68.4	针阔混交型
2	栾树 + 元宝槭 + 桑	8.52	9.83	625	76.1	0.8	99.2	落叶阔叶型
3	侧柏 + 元宝槭	8.45	13.36	750	92.1	67.3	32.7	针阔混交型
4	刺槐 + 侧柏	9.22	15.03	575	94.1	36.5	63.5	针阔混交型
5	油松	6.72	13.47	675	76.7	71.8	28.2	针阔混交型
6	元宝槭 + 君迁子	8.51	9.72	1500	68.6	0	100	落叶阔叶型
7	元宝槭 + 油松 + 蒙桑	7.10	13.98	775	80.5	13.5	86.5	落叶阔叶型
8	侧柏 + 刺槐 + 栓皮栎	8.24	14.59	925	80.6	73.6	26.4	针阔混交型
9	油松 + 侧柏	7.35	12.27	1200	87.6	74.2	25.8	针阔混交型
平均	—	8.06	13.00	858	83.4	—	—	—

注:重要值 > 10 的树种定义为优势种。

3.2 乔木层群落特征

表3详细列出调查样地所有乔木种的相对多度、相对优势度、相对高度和重要值,并根据重要值的大小进行了排序,表4详细列出在不同样地中主要乔木种的重要值。本次调查共记录乔木树种18个,9块样地均为人工林,主要由油松、侧柏、元宝槭、栾树、刺槐5种乔木人工栽植构成;天然树种占比较少,在各样地中均未形明显优势;不同样地间乔木组成有明显差异。

表3 乔木层群落特征

序号	种名	拉丁学名	相对多度(%)	相对优势度(%)	相对高度(%)	重要值(%)
1	元宝槭	*Acer truncatum*	22.0	27.7	26.0	25.2
2	侧柏	*Platycladus orientalis*	24.6	23.8	25.6	24.6
3	油松	*Pinus tabuliformis*	13.6	20.6	13.2	15.8
4	栾树	*Koelreuteria paniculata*	9.1	10.0	10.2	9.8
5	刺槐	*Robinia pseudoacacia*	4.9	9.9	5.7	6.8
6	君迁子	*Diospyros lotus*	11.0	1.0	7.3	6.4
7	桑	*Morus alba*	3.2	1.2	2.7	2.4
8	蒙桑	*Morus mongolica*	3.9	0.6	2.5	2.3
9	栓皮栎	*Quercus variabilis*	1.3	2.5	1.3	1.7
10	构树	*Broussonetia papyrifera*	1.6	0.5	1.1	1.1
11	槐	*Styphnolobium japonicum*	1.0	0.6	0.8	0.8
12	华山松	*Pinus armandii*	0.6	0.6	0.6	0.6
13	黑弹树	*Celtis bungeana*	0.6	0.4	0.7	0.6
14	臭椿	*Ailanthus altissima*	0.6	0.3	0.7	0.6
15	圆柏	*Juniperus chinensis*	0.6	0.2	0.5	0.4
16	山桃	*Amygdalus davidiana*	0.6	0.1	0.4	0.4
17	榆树	*Ulmus pumila*	0.3	0.2	0.4	0.3
18	白皮松	*Pinus bungeana*	0.3	0.0	0.1	0.1

表4 各样地主要乔木种重要值

样地	元宝槭	侧柏	栾树	油松	刺槐	君迁子	桑	蒙桑	栓皮栎
1	15.6	31.6	47						
2	18.2		57.9				15.0		
3	17.4	67.3	7.4				4.9		
4	2.3	36.5	5.6		49.7				
5	4.9			71.8		8.3	2.3		
6	68.6					25.1		5.5	
7	69.7			10.7		1.9		10.2	
8		69.9			10.7	2.2	2.2		12.6
9	7.1	18.8		55.4	6.3	2.5	2.4	1.6	1.2
频次	8	5	4	3	3	5	5	3	2

注:此表仅统计最大重要值>10的树种。

3.3 灌木层群落特征

表5详细列出调查样地所有灌木种及乔木幼树的相对多度、相对盖度、相对高度和重要值,并根据重要值的大小进行了排序,表6详细列出在不同样地中主要灌木种及乔木幼树的重要值。本次调查9块样地共调查灌木种31个(包括乔木幼树),按照重要值排在前10位的分别是:构树(幼树)、荆条、小花扁担杆、雀儿舌头、黄栌、金银忍冬、元宝槭(幼树)、栾树(幼树)、笐子梢、胡枝子,他们的重要值合计占全部灌木种的83.6%。其中荆条、小花扁担杆在9块样地中均有发现,且重要值较高。构树、元宝槭、栾树幼树在部分样地数量较多,在该样地占优势地位。

表5 灌木层群落特征

序号	种名	拉丁学名	相对多度(%)	相对盖度(%)	相对高度(%)	重要值(%)
1	构树(幼树)	*Broussonetia papyrifera*	14.53	19.6	25.8	20.0
2	荆条	*Vitex negundo* var. *heterophylla*	20.78	19.6	19.4	19.9

（续）

序号	种名	拉丁学名	相对多度(%)	相对盖度(%)	相对高度(%)	重要值(%)
3	小花扁担杆	*Grewia biloba* var. *parviflora*	16.68	16.2	13.2	15.4
4	雀儿舌头	*Leptopus chinensis*	10.54	3.4	7.5	7.1
5	黄栌	*Cotinus coggygria*	1.23	11.4	2.3	5.0
6	金银忍冬	*Lonicera maackii*	1.54	9.0	2.2	4.3
7	元宝槭(幼树)	*Acer truncatum*	3.38	2.1	6.6	4.0
8	栾树(幼树)	*Koelreuteria paniculata*	3.38	2.2	3.8	3.1
9	笐子梢	*Campylotropis macrocarpa*	3.99	2.1	2.2	2.8
10	胡枝子	*Lespedeza bicolor*	3.07	1.5	1.5	2.0
11	小叶鼠李	*Rhamnus parvifolia*	1.74	2.4	1.7	1.9
12	酸枣	*Ziziphus jujuba* var. *spinosa*	2.25	1.3	2.2	1.9
13	葎叶蛇葡萄	*Ampelopsis humulifolia*	2.35	1.8	1.6	1.9
14	多花胡枝子	*Lespedeza floribunda*	3.17	1.0	1.3	1.8
15	鸡矢藤	*Paederia foetida*	3.48	1.1	0.8	1.8
16	蒙桑(幼树)	*Morus mongolica*	1.23	1.0	2.1	1.5
17	刺槐(幼树)	*Robinia pseudoacacia*	1.13	0.7	0.9	0.9
18	短尾铁线莲	*Clematis brevicaudata*	0.82	1.0	0.6	0.8
19	君迁子(幼树)	*Diospyros lotus*	0.61	0.6	1.0	0.7
20	黑弹树(幼树)	*Celtis bungeana*	0.61	0.4	1.0	0.7
21	尖叶铁扫帚	*Lespedeza juncea*	0.92	0.3	0.3	0.5
22	桑(幼树)	*Morus alba*	0.51	0.3	0.4	0.4
23	蝙蝠葛	*Menispermum dauricum*	0.61	0.2	0.1	0.3
24	红花锦鸡儿	*Caragana rosea*	0.41	0.1	0.2	0.2
25	白蜡树(幼树)	*Fraxinus chinensis*	0.10	0.3	0.3	0.2
26	圆柏(幼树)	*Juniperus chinensis*	0.20	0.1	0.2	0.2
27	栓皮栎(幼树)	*Quercus variabilis*	0.20	0.1	0.2	0.2
28	杜仲(幼树)	*Eucommia ulmoides*	0.10	0.1	0.2	0.1
29	鼠李	*Rhamnus davurica*	0.20	0.0	0.1	0.1
30	臭椿(幼树)	*Ailanthus altissima*	0.10	0.1	0.1	0.1
31	华山松(幼树)	*Pinus armandii*	0.10	0.1	0.1	0.1

表6　各样地主要灌木种重要值

样地	构树(幼树)	荆条	小花扁担杆	雀儿舌头	黄栌	金银忍冬	元宝槭(幼树)	栾树(幼树)	笐子梢	胡枝子
1	—	35.5	2.9	—	—	—	—	—	3.7	—
2	15.8	8.4	13.0	—	11.5	18.2	4.3	8.1	—	6.3
3	—	41.7	12.0	2.0	21.3	—	—	—	—	—
4	45.5	13.3	18.9			0.4		9.2	3.4	0.3
5	52.9	26.9	6.6	—	—	—	—	—	1.3	2.1
6	—	20.4	17.6	26.3	0.4	—	—	—	17.1	—
7	—	44.6	5.4	—	6.4	—	—	—	—	7.6
8	—	15.4	39.7	37.3	—	—	—	—	—	0.4
9	—	6.3	11.1	—	1.4	—	49.2	2.6	—	1.4
频次	3	9	9	3	5	2	2	3	4	6

注：此表仅统计重要值前10的灌木种。

3.4　草本层群落特征

表7详细列出调查样地所有草本种的相对频度、相对多度、相对盖度和重要值，并根据重要值的大小进行了排序，表8详细列出在不同样地中主要草本种的重要值。本次调查9块样地共调查草本种42

个,按照重要值排在前10位的分别是:求米草、黄瓜假还阳参、诸葛菜、白英、茜草、北京隐子草、早开堇菜、大披针薹草、大油芒、婆婆针,它们的重要值合计占全部草本种的76.5%。求米草9个样地中均有发现,且优势显著。黄瓜假还阳参、诸葛菜仅在部分样地优势明显。白英、茜草、北京隐子草、早开堇菜、婆婆针分布较为广泛。

表7 草本层群落特征

序号	种名	拉丁学名	相对频度(%)	相对多度(%)	相对盖度(%)	重要值(%)
1	求米草	*Oplismenus undulatifolius*	19.0	66.0	37.7	40.9
2	黄瓜假还阳参	*Crepidiastrum denticulatum*	2.3	3.9	9.1	5.1
3	诸葛菜	*Orychophragmus violaceus*	2.3	7.5	4.4	4.7
4	白英	*Solanum lyratum*	6.9	1.7	4.9	4.5
5	茜草	*Rubia cordifolia*	5.7	2.9	3.8	4.2
6	北京隐子草	*Cleistogenes hancei*	5.7	1.6	5.1	4.1
7	早开堇菜	*Viola prionantha*	6.9	2.3	2.0	3.7
8	大披针薹草	*Carex lanceolata*	4.6	1.8	3.5	3.3
9	大油芒	*Spodiopogon sibiricus*	1.7	0.5	6.9	3.0
10	婆婆针	*Bidens bipinnata*	4.0	1.6	3.4	3.0
11	白首乌	*Cynanchum bungei*	4.0	0.6	1.4	2.0
12	狗尾草	*Setaria viridis*	3.4	0.9	1.6	2.0
13	萝藦	*Metaplexis japonica*	3.4	0.4	0.6	1.5
14	四叶葎	*Galium bungei*	3.4	0.5	0.2	1.4
15	藜	*Chenopodium album*	2.3	0.5	1.0	1.3
16	甘菊	*Chrysanthemum lavandulifolium*	1.1	0.3	2.4	1.3
17	斑种草	*Bothriospermum chinense*	0.6	2.2	1.0	1.3
18	乳浆大戟	*Euphorbia esula*	1.7	0.6	1.3	1.2
19	变色白前	*Cynanchum versicolor*	2.3	0.3	0.8	1.1
20	薯蓣	*Dioscorea polystachya*	1.1	0.2	1.2	0.9
21	臭草	*Melica scabrosa*	1.7	0.4	0.4	0.8
22	东亚唐松草	*Thalictrum minus* var. *hypoleucum*	1.1	0.1	1.0	0.7
23	鸭跖草	*Commelina communis*	0.6	0.3	1.2	0.7
24	尖裂假还阳参	*Crepidiastrum sonchifolium*	1.1	0.4	0.5	0.7
25	白莲蒿	*Artemisia stechmanniana*	0.6	0.1	1.2	0.6
26	圆叶牵牛	*Ipomoea purpurea*	1.1	0.1	0.5	0.6
27	半夏	*Pinellia ternata*	1.1	0.2	0.2	0.5
28	薤白	*Allium macrostemon*	1.1	0.1	0.2	0.5
29	野韭	*Allium ramosum*	1.1	0.2	0.1	0.5
30	西山堇菜	*Viola hancockii*	0.6	0.6	0.2	0.5
31	丛生隐子草	*Cleistogenes caespitosa*	0.6	0.1	0.4	0.3
32	狭叶珍珠菜	*Lysimachia pentapetala*	0.6	0.1	0.4	0.3
33	铁苋菜	*Acalypha australis*	0.6	0.1	0.4	0.3
34	小花鬼针草	*Bidens parviflora*	0.6	0.2	0.2	0.3
35	地黄	*Rehmannia glutinosa*	0.6	0.2	0.1	0.3
36	夏至草	*Lagopsis supina*	0.6	0.2	0.1	0.3
37	北马兜铃	*Aristolochia contorta*	0.6	0.1	0.1	0.2
38	大籽蒿	*Artemisia sieversiana*	0.6	0.1	0.1	0.2
39	烟管头草	*Carpesium cernuum*	0.6	0.1	0.1	0.2
40	桃叶鸦葱	*Scorzonera sinensis*	0.6	0.1	0.1	0.2
41	大花野豌豆	*Vicia bungei*	0.6	0.1	0.1	0.2
42	小红菊	*Chrysanthemum chanetii*	0.6	0.1	0.1	0.2

表 8 各样地主要草本种重要值

样地	求米草	黄瓜假还阳参	诸葛菜	白英	茜草	北京隐子草	早开堇菜	大披针薹草	大油芒	婆婆针
1	73.4			5.7			12.3			
2	47.7			10.6		8.2	5.2	4.6		
3	28.8			15.0	14.1		14.7		7.3	15.2
4	22.9		22.6	5.5	8.7	7.8	2.1			2.9
5	42.6			4.8	4.7	5.9			8.1	5.0
6	66.9							23.8		
7	19.9	10.0			3.4			7.0	15.4	3.1
8	18.6	36.4			5.0	4.3	6.9	2.5		
9	61.2	7.4		4.4		6.0	3.1			6.4
频次	9	3	1	6	5	5	6	4	3	5

注:此表仅统计重要值前 10 的草本种。

3.5 多样性指数

表 9 详细列出 9 块样地多样性指数。物种丰富度、Shannon - Wiener 指数、Simpson 指数、Pielou 指数均值草本层≈灌木层>乔木层,物种丰富度、Simpson 指数草本层与灌木层相近,Shannon - Wiener 指数、Pielou 指数草本层高于灌木层,但差距较小。不同样地多样性指数差异较大。

表 9 各样地多样性指数

样地	物种丰富度(S)			Shannon - Wiener 指数(H')			Simpson 指数(P)			Pielou 指数(E)		
	乔木层	灌木层	草本层	乔木层	灌木层	草本层	乔木层	灌木层	草本层	乔木层	灌木层	草本层
1	4	8	4	1.17	1.70	0.86	0.65	0.77	0.43	0.85	0.82	0.62
2	5	16	9	1.18	2.39	1.74	0.60	0.89	0.73	0.74	0.86	0.79
3	5	10	11	1.01	1.74	2.24	0.51	0.75	0.88	0.63	0.75	0.94
4	6	12	17	1.17	1.64	2.38	0.61	0.73	0.87	0.65	0.66	0.84
5	6	11	15	1.03	1.39	2.14	0.47	0.64	0.79	0.57	0.58	0.79
6	4	11	4	0.80	1.92	0.90	0.46	0.82	0.49	0.58	0.80	0.65
7	6	11	16	1.04	1.87	2.51	0.49	0.76	0.90	0.58	0.78	0.91
8	6	7	11	1.01	1.31	2.00	0.48	0.67	0.81	0.56	0.68	0.83
9	10	13	8	1.48	1.87	1.40	0.65	0.77	0.60	0.64	0.82	0.67
平均	6	11	11	1.10	1.76	1.80	0.55	0.73	0.73	0.64	0.73	0.78

4 结论与讨论

对北京植物园樱桃沟中低海拔人工林地进行植物多样性调查,共记录植物 79 种,隶属 41 科 65 属,其中乔木 20 种,常绿乔木 5 种,落叶乔木 15 种,灌木 17 种(包括木质藤本),草本 42 种(包括草质藤本)。本次调查与 1990 年(杨悦,1992a)、2016 年(涂磊,2016)在相近区域调查比较,发现植物种类较少,可能原因为调查时间和调查范围不同,本次调查区域仅包括中低海拔人工林区,范围较后者小,且调查日期比后者晚,以上两个原因共同造成本次调查记录植物种类较少,观察樱桃沟内沟谷区域及更高海拔区域,植物多样性明显增加。

北京植物园樱桃沟中低海拔人工林主要由针阔混交林组成,乔木层主要由元宝槭、侧柏、栾树、油松、刺槐 5 种人工造林树种为优势种,人工造林树种占所有乔木的 83.4%,天然树种占比较少,不同样地乔木种类、数量、分布不均匀,林分较为混杂,可能与近年来该区域人工林自然化改造有关。灌木层荆条、小花扁担杆有普遍优势,构树、元宝槭、栾树幼树在部分样地中有明显优势,说明该区域人工林已出现自然更新现象。草本层求米草占绝对优势地位,在个别样地中黄瓜假还阳参、诸葛菜有优势。与1990年调查比较(杨悦,1992a),乔木层、灌木层优势种无明显变化,草本层变化较大,草本层优势种求米草相较30年前种群数量有所增加。

本次调查样地中发现有外来物种鸡矢藤、白英等植物种存在。鸡矢藤在1992年(杨悦,1992b)作为新纪录种记载,当时仅存在樱桃沟竹林中,数量少,现在已在林区及樱桃沟中广泛分布,形成恶性杂草,需要人工清除。茄科植物白英重要值已达到草本层第4位,重要值达4.5%,该植物种2014年在北京首次被记录,验证标本于2010年在北京植物园草地、林下被发现采集,可能为引入南方绿植裹携而来(刘全儒和张劲林,2014),经过10年时间该物种已在林下草本层形成一定优势,白英的种群规模的不断扩大对该区域植物多样性的影响需进一步研究。

本次调查显示,乔木层、灌木层、草本层丰富度分别平均为6、11、11;乔木层、灌木层、草本层Shannon - Wiener指数分别为1.10、1.76、1.80;乔木层、灌木层、草本层Simpson指数分别为0.55、0.73、0.73;乔木层、灌木层、草本层Pielou指数分别为0.64、0.73、0.78。综合分析,本次调查不同样地灌木层与草本层生物多样性指数,无法从整体上判断高低,但可以判断灌木层、草本层基本高于乔木层。这与马克平等人调查北京东灵山地区物种多样性指数草本层 > 乔木层 > 灌木层的规律(马克平等,1995)有所差异,造成此种原因,可能与空间异质性(鱼腾飞 等,2011)和不同林型所带来的的植被差异有关(张建宇 等,2018)。北京植物园樱桃沟中低海拔人工林属于典型低效人工林,林下植被处于不稳定状态,还存在游人干扰的影响,在遵循演替规律的基础上,应加强管理,进一步进行自然化改造,提高植被多样性水平,增加生态效益(薛鸥,2016)。

参考文献

方精云,王襄平,沈泽昊,等,2009. 植物群落清查的主要内容、方法和技术规范[J]. 生物多样性,17(06):533 - 548.

贺士元,邢其华,尹祖棠,1992. 北京植物志(1992修订版)[M]. 北京:北京出版社.

刘冰,林秦文,李敏,2018. 中国常见植物野外识别手册(北京册)[M]. 北京:商务印书馆

刘全儒,张劲林,2014. 北京植物区系新资料[J]. 北京师范大学学报(自然科学版),50(02):166 - 168.

马克平,黄建辉,于顺利,等,1995. 北京东灵山地区植物群落多样性的研究Ⅱ丰富度、均匀度和物种多样性指数[J]. 生态学报,03:268 - 277.

牛翠娟,娄安如,孙儒泳,等,2015. 基础生态学[M].3版. 北京:高等教育出版社.

涂磊,2016. 北京西山国家森林公园植物群落研究[D]. 北京:北京林业大学.

薛鸥,2016. 北京低山区典型低效人工林林下植被特征研究[D]. 北京:北京林业大学.

杨悦,1992a. 樱桃沟自然保护试验工程植物本体调查[M]//袁在富,1992. 北京樱桃沟自然保护试验工程论文集. 北京:中国林业出版社.

杨悦,1992b. 樱桃沟自然保护试验工程植被调查[M]//袁在富,1992. 北京樱桃沟自然保护试验工程论文集. 北京:中国林业出版社.

鱼腾飞,冯起,司建华,等,2011. 黑河下游额济纳绿洲植物群落物种多样性的空间异质性[J]. 应用生态学报,22(8):1961 - 1996.

张建宇,王文杰,杜红居,等,2018. 大兴安岭呼中地区3种林分的群落特征、物种多样性差异及其耦合关系[J]. 生态学报,38(13):1 - 10.

中国科学院中国植物志编辑委员会,1981. 中国植物志[M]. 北京:科学出版社.

Ran J H,Gao H,Wang X Q,2010. Fast evolution of the retroprocessed mitochondrial rps3 gene in Conifer II and further evidence for the phylogeny of gymnosperms[J]. Molecular Phylogenetics and Evolution,54(1):136 - 149.

黑龙江省森林植物园药用植物资源及其多样性研究

单　琳[1,2]　费　滕[1]　周玉迁[1]　李滨胜[1]　吴晓蕾[1]

(1. 黑龙江省森林植物园,哈尔滨 150040;2. 东北林业大学,森林培育实验室,哈尔滨 150040)

摘要:为了解黑龙江省森林植物园药用植物资源的生物多样性,采用野外调查、标本采集、分类鉴定等方法,对园区内的药用植物资源进行了系统调查。经鉴定共有各类药用植物 133 种(不含乔木),隶属于 45 科 107 属,含有 10 种以上药用植物的优势科有毛茛科(14 种)、百合科(12 种)、唇形科(12 种)、菊科(11 种),共计 49 种,占全园药用植物种数的 36.8%;单种属有 19 种,占全园药用植物种数的 14.3%。本文还从药用部位、药用功效、药用植物性状等方面,初步分析揭示了园区药用植物的多样性现状,以期为药用植物管理、保护和开发利用提供科学参考。

关键词:黑龙江省森林植物园,药用植物,多样性

Biodiversity of Medicinal Plant in Heilongjiang Forest Botanical Garden

SHAN Lin[1,2]　FEI Teng[1]　ZHOU Yu－qian[1]　LI Bin－sheng[1]　WU Xiao－lei[1]

(1. *Forest botanical garden of Heilongjiang*, *Harbin* 150040;2. *Northeast Forestry University*, *Harbin* 150040)

Abstract: In order to research biodiversity of medicinal plant in Heilongjiang Forest Botanical Garden, the field survey, specimen collection, classification and identification methods were conducted to survey the medicinal plant resources. A total of 133 species of medicinal plants have been identified, belonging to 45 families and 107 genera. The dominant families with more than 10 medicinal plants belonging Ranunculaceae(14 species), Liliaceae (12 species), and Lamiaceae(12 Species), Compositae (11 species), these 49 species account for 36.8% of the total number of medicinal plants in the park; 19 species of single species, accounting for 14.3% of the total number of medicinal plants in the park. The herbal parts, medicinal effects, medicinal plant traits were also analyzed in our paper, the following suggestions are proposed for the biodiversity conservation of medicinal plants in the park, in order to provide scientific references for the management, protection and development of medicinal plants.

Keywords: Heilongjiang Forest Botanical Garden, Medicinal plant, Biodiversity

黑龙江省森林植物园位于哈尔滨市香坊区,中心位置地理坐标为东经 128°18′,北纬 45°43′,占地面积 136hm² 是集植物科研、科普、旅游、休闲为一体的综合性植物园,也是全国唯一坐落在城市市区的国家级森林公园。栽有中国东北、华北、西北地区及部分国外引进植物 1500 余种,其中已迁地保存国家重点保护植物 16 种,省级保护植物 61 种。有国家Ⅰ级重点保护野生植物东北红豆杉 400 余株,还保存有岩高兰、牛皮杜鹃、高山红景天、青海云杉等珍稀濒危植物,是珍稀濒危植物的“避难所”(阙灵 等,2018;阙灵 等,2016)。

2019 年 5 月,黑龙江省中医药发展大会在哈尔滨召开,会议强调要深入落实习近平总书记关于发展中医药事业的重要论述,推动全省中医药大发展快发展。黑龙江省因其特殊的地理位置和气候条件孕育了丰富的药用植物资源,黑龙江省森林植物园药用植物资源丰富,但尚未进行过系

统调查和推广应用,只有2014年对该园药用植物园林应用现状进行了初步调查(李丽丽和宗茹梦,2015)。为给药用植物种类、多样性变化提供基础对比数据,本文对黑龙江省森林植物园药用植物资源的多样性进行了系统调查,为保护和合理利用该园药用植物资源提供科学依据。

1　研究对象

黑龙江省森林植物园是东北寒温带植物园,属于寒温带半湿润季风性气候,夏季受太平洋季风影响炎热多雨,冬季受西伯利亚高气压影响严寒漫长,结冰期达5个月(姜思佳 等,2013)。年平均气温3.6℃,年大于0℃积温为3080℃,年大于等于10℃积温为2757.8℃,极端最高气温36.4℃,极端最低气温-41.4℃。年平均降水量为560mm,相对湿度为68%。土壤为团状和团粒状近中性偏酸性草甸黑土、黑土为主。森林植物园的热辐射强度平均比市区低达2倍,适宜植物生长和繁衍。

2　研究方法

采用野外调查、标本采集、分类鉴定相结合的方法,沿着药用植物园、树木标本园、丁香园、郁金香园、牡丹芍药园、秋景园、月季园、紫杉园、湿地园、五谷认知园、观果园、百花园、玉簪园、珍稀濒危植物园、剪型树木园、春园、蔷薇园等地线路调查,记录药用植物科属、药用部位、药用功效及其性状等信息,查阅《中国高等植物图鉴》(中国科学院植物研究所,1976)、《中国植物物种信息数据库》《黑龙江省植物志》等权威资料,对已鉴定的药用植物进行照片收集、标本采集,再参照《中国药典》(2015年版)、《中药大辞典》和《中国法定药用植物》等权威书籍,将其进行总结归纳分类整理,编写植物名录。野外调查工作于2019年6~7月共历时51天、累计投入780人(次)检尺力量完成。

3　研究内容

3.1　药用植物种类科属的多样性

黑龙江省森林植物园药用植物共133种(不含乔木),隶属于45科107属。其中被子植物占98.5%,蕨类植物仅有2种。含有10种以上药用植物的优势科有毛茛科(14种)、百合科(12种)、唇形科(12种)、菊科(11种),共计49种,占全园药用植物种数的36.8%;单种属有19种,占全园药用植物种数的14.3%。

3.2　药用植物药用部位的多样性

黑龙江省森林植物园药用植物根据其入药部位的差异,可分为以下5类:全株类49种(36.8%)、根及根茎类63种(47.4%)、花类10种(7.5%)、叶类14种(10.5%)、果实及种子类8种(6.0%)。如图1所示。

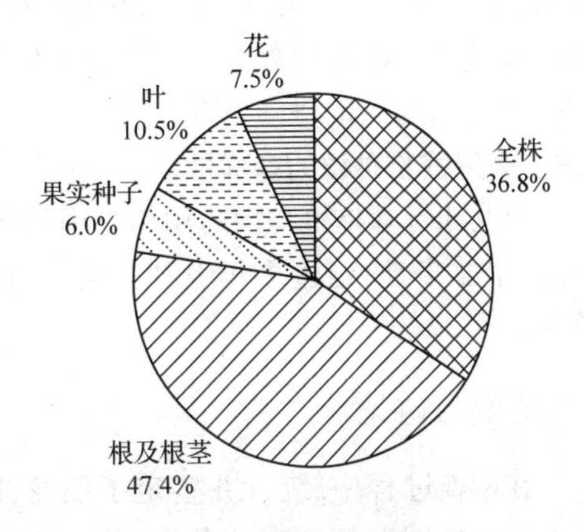

图1　黑龙江省森林植物园药用植物药用部位多样性统计图

3.3　药用植物药用功效的多样性

按照药用功效可将黑龙江省森林植物园药用植物分为17大类:解表药9种(6.8%),清热解毒药59种(44.4%),泻下药3种(2.3%),化湿药1种(0.8%),止血药8种(6.0%),安神药7种(5.3%),收涩药3种(2.3%),涌吐药2种(1.5%),祛风湿药 27 种(20.3%),利水渗湿药 13 种(9.8%),开窍药 2 种(1.5%),止咳化痰药 29 种(21.8%),理气药 3 种(2.3%),活血化瘀药 21 种(15.8%),补益药 5 种(3.8%),收敛药 31 种(23.3%),驱虫药 5 种(3.8%)。如图 2 所示。

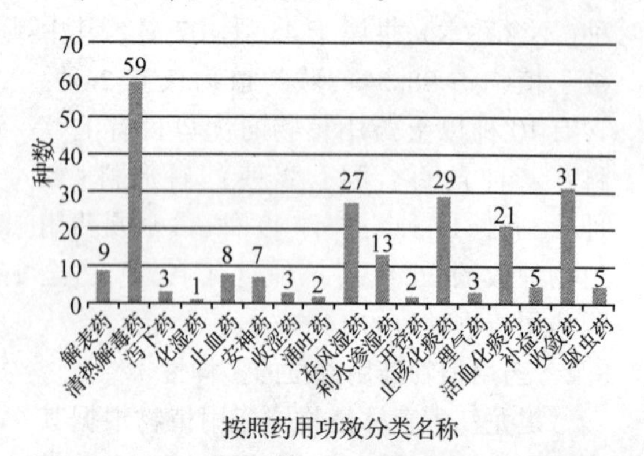

图 2 黑龙江省森林植物园药用植物药用功效多样性统计

3.4 药用植物性状的多样性

黑龙江省森林植物园药用植物可分为灌木、草本等类型。其中,草本类 130 种,占该园药用植物总种数的 97.7%;灌木类 3 种,占该园药用植物总数的 2.3%。

3.5 药用植物种源的多样性

黑龙江省森林植物园药用植物引种自东北、华北多地,经过多年引种驯化,生长较好。

4 结论与讨论

在调查过程中,统计并鉴定了黑龙江省森林植物园药用植物的种属,其中具有代表性的被子植物主要有麻叶荨麻(*Urtica cannabina*)、单穗升麻(*Cimicifuga simplex*)、费菜(*Sedum aizoon*);蕨类植物只有 2 种,为节节草(*Equisetum ramosissimum*)、荚果蕨(*Matteuccia struthiopteris*)。

植物园药用植物在药用部位上具有多样性的特点,由图 1 可知,根及根茎类所占比例最大(47.4%),其次为全株类(36.8%),在采集时应考虑资源再生性,尽量采挖相对高大的成熟植株;果实及种子类最少(6.0%)。根及根茎类入药的主要物种有兴安升麻(*Cimicifuga dahurica*)、荷青花(*Hylomecon Japonicum*)、牛蒡(*Arctium lappa*);全株入药的主要物种有青葙(*Celosia argentea*)、白花碎米荠(*Cardamine leucantha*)、翻白草(*Potentilla discolor*)、车前(*Plantago asiatica*);果实种子入药的主要物种有翟麦(*Dianthus superbus*)、王不留行(*Vaccaria segetalis*)、胡卢巴(*Trigonella foenum-graecum*)、水飞蓟(*Silybum marianum*);叶入药的主要物种有山荷叶(*Dickinsia hydrocotyloides*)、芸香(*Ruta graveolens*)、大叶柴胡(*Bupleurum longiradiatum* f. *australe*)、紫花变豆菜(*Sanicula orthacantha*);花入药的主要物种有耧斗菜(*Aquilegia viridiflora*)、冰里花(*Adonis amurensis*)、藿香(*Agastache rugosa*)、红花(*Carthamus tinctorius*)。

植物园中药用植物药用功效同样具有多样性特征。由表 1 可知,清热解毒类药居多,占全部种数的 44.4%;其次为止咳祛痰和祛风湿药,分别占 21.8% 和 20.3%;化湿类和涌吐类最少,分别只有 1 种和 2 种。解表类代表植物有假升麻(*Aruncus sylvester*)、蓝萼香香茶(*Rabdosia japonica* var. *glaucocalyx*)、蓍(*Achillea millefolium*);清热解毒代表植物有唐松草(*Thalictrum aquilegifolium*)、潮风草(*Cynanchum ascyrifolium*)、八宝景天(*Hylotelephium erythrostictum*);泻下药代表植物有狭叶荨麻(*Urtica angustifolia*)、波叶大黄(*Rheum undulatum*)、大戟(*Euphorbia pekinensis*);化湿药代表植物有毛茛(*anunculus japonicus*);止血药代表植物有耳叶蓼(*Polygonum manshuriense*)、千屈菜(*Lythrum salicaria*)、异叶败酱(*Patrinia heterophylla*);安神药代表植物有草乌(*Aconitum kusnezoffii*)、黄连花(*Lysi-

machia davurica)、毛百合(*Lilium dauricum*);收涩药代表植物有白头翁(*Pulsatilla chinensis*)、光叉叶委陵菜(*Potentilla bifurca* var. *glabrata*)、黄芪(*Astragalus propinquus*);涌吐药代表植物有美国商陆(*Phytolacca Americana*)、兴安藜芦(*Veratrum dahuricum*);祛风湿药代表植物有银线草(*Chloranthus japonicus*)、蚊子草(*Filipendula Palmata*)、东北羊角芹(*Aegopodium alpestre*);利水渗湿药代表植物有狭叶黄芩(*Scutellaria regeliana*)、铃兰(*Convallaria majalis*)、芦竹(*Arundo donax*);开窍药代表植物有辽细辛(*Asarum heterotropoides* var. *mandshuricum*)、野韭(*Allium ramosum*);止咳化痰药代表植物有罗布麻(*Apocynum venetum*)、落新妇(*Astilbe chinensis*)、狼毒(*Stellera chamaejasme*);理气药代表植物有歪头菜(*Vicia unijuga*)、柳叶水甘草(*Amsonia tabernaemontana*);活血化瘀药代表植物有东北土当归(*Aralia continentalis*)、狼尾草(*Pennisetum alopecuroides*)、鹿药(*Smilacina japonica*);补益药代表植物有尾穗苋(*Amaranthus caudatus*)、鹅绒委陵菜(*Potentilla anserina*)、玉竹(*Polygonatum odoratum*);收敛药代表植物有桔梗(*Platycodon grandiflorus*)、薄荷(*Mentha haplocalyx*)、北玄参(*Scrophularia buergeriana*);驱虫药代表植物有白花菜(*Cleome gynandra*)、苦参(*Sophora flavescens*)、二叶舞鹤草(*Maianthemum bifolium*)。

同时我们也考察了植物园药用植物的性状。草本植物占有显著优势,有 130 种;半灌木类药用植物只有 3 种,分别为百里香(*Thymus mongolicus*)、牛至(*Origanum vulgare*)和曼陀罗(*Datura stramonium*)。

5 可持续保护建议

基于研究结果对黑龙江省森林植物园药用植物的多样性保护提出以下建议。

园区内药用植物种类较 2014 年减少了 32 种。可能原因一是长期过度采挖。由于经济利益的驱使和园区管理上的不严,周边百姓时常有过度采挖的行为,使园区内本就资源量很少的药用植物处于濒临消失的境地。二是生态环境的破坏。植物园游人较多,加上不定期的设施设备改造改建活动,有些药用植物需要的稳定生态环境时常遭到人为破坏,生境的丧失、退化与破碎化无法满足部分药用植物的生长所需条件。三是植物自身的生物学特性。有的药用植物从其他地区引种后,由于自身的生物学特性,对本地气候、土壤、光照、降水等环境因素的不适应,导致生长缓慢、结实困难、种子发育不良等,都会造成植物的脆弱性,使物种的自我更新困难。四是园区对药用植物缺乏科学管理和系统保护。受经费匮乏、专业人员紧缺限制,对园内药用植物缺少专人研究培育和管理保护,也是导致园内药用植物减少的重要原因之一。

园区内药用植物种类仅占全省野生药用植物 1120 种的 11.9%,全国迁地栽培药用植物 6949 种的 1.9%(钟菲 等,2016;沈光 等,2013),物种多样性发展潜力巨大,应扩建药用植物园规模并加强引种驯化工作,扩大珍稀濒危药材品种。

园区内药用植物缺乏科学系统管理,应建立药用植物资源数据库、标本库,定期开展系统性调查,为资源持续利用打好基础(刘娟,2006;王良信,2004);

园区内药用植物多以观赏性为主,并未体现出药用植物的独有特点,应改变传统利用方式,加强宣传教育工作,注重开发其生态保健和养生方面的功能。

园区内药用植物科研培育水平亟待提高,可以将一些道地药材、资源量少、珍稀濒危的珍贵药用植物通过现代科学栽培方法进行组织培养,筛选出开发价值高、市场前景好的药用植物进行有效成分研究,开发相关产品,实现生态效益、经济效益和社会效益的统一,促进黑龙江省药用植物乃至中药材产业大发展、快发展。

参考文献

姜思佳,张晶晶,王非,2013. 黑龙江省森林植物园植物景观评价研究[J]. 防护林科技,(08):44-48.

李丽丽,宗茹梦,2015. 黑龙江省森林植物园药用植物园林应用现状调查[J]. 绿色科技,(07):159-162.

刘娟,2006. 黑龙江省药用植物资源现状及利用保护[C]//中药资源生态专业委员会,2006. 全国第二届中药资源生态学学术研讨会论文集. 中药资源生态专业委员会:中华中医药学会糖尿病分会,88-91.

阚灵,池秀莲,臧春鑫,等,2018. 中国迁地栽培药用植物多样性现状[J]. 中国中药杂志,43(05):1071-1076.

阚灵,杨光,缪剑华,等,2016. 中药资源迁地保护的现状及展望[J]. 中国中药杂志,41(20):3703-3708.

沈光,罗春雨,高玉慧,2013. 黑龙江省重要野生药用植物分布及区划[J]. 国土与自然资源研究,(01):77-78.

王良信,2004. 黑龙江省濒危药用植物资源及保护对策[C]//中国植物学会,2004. 第二届中国甘草学术研讨会暨第二届新疆植物资源开发、利用与保护学术研讨会论文摘要集. 中国植物学会,3.

中国科学院植物研究所,1976. 中国高等植物图鉴[M]. 北京:科学出版社.

钟菲,刘森,姚纯,等. 2016. 郴州南岭植物园药用植物资源及其多样性研究[J]. 湘南学院学报(医学版),18(01):54-56.

2种丁香种胚离体培养和克隆繁殖的研究

孟　昕[1*]　刘　佳[1]　王东军[1]

（1. 北京植物园，北京市花卉园艺工程技术研究中心，城乡生态环境北京实验室，北京 100093）

摘要：以丁香属紫丁香和自育杂交品种 *Syringa*'ZF'丁香为试材，采用胚为外植体，在不同植物生长调节剂配比培养条件下，进行胚离体培养和克隆繁殖的研究。结果表明：种胚最佳消毒时间为20min；WPM 培养基有利于紫丁香的增殖，MS 培养有利于 *Syringa*'ZF'的增殖；两种丁香各培养阶段最适培养基：(1)诱导培养基：MS + BA 2.0 mg·L^{-1} + IBA 0.05 mg·L^{-1}；(2)增殖培养基：MS + BA 4.5 mg·L^{-1} + IBA 0.5 mg·L^{-1}；(3)生根培养基：1/2MS + NAA 1.0 mg·L^{-1}。

关键词：丁香，胚培养，WPM，B5，MS，克隆繁殖

Study on Embryo *in vitro* and Clonal Propagation of 2 lilacs

MENG Xin[1*]　LIU Jia[1]　WANG Dong-jun[1]

(1. *Beijing Botanical Garden, Beijing Floriculture Engineering Technology Research Centre, Beijing Laboratory of Urban and Rural Ecological Environment, Beijing* 100093)

Abstract: *In vitro* embryo culture and clonal propagation of *Syringa oblata* and new hybrid variety *Syringa*'ZF' under different plant growth regulators were studied, results showed that suitable disinfection time was 20 minutes; WPM are beneficial to the propagation of *Syringa oblata*, MS is beneficial to the *Syringa*'ZF'. The best media for different cultural stages were: (1) Induction: MS + BA 2.0 mg·L^{-1} + IBA 0.05 mg·L^{-1}; (2) Differentiation: MS + BA 4.5 mg·L^{-1} + IBA 0.5 mg·L^{-1}; (3) Rooting: 1/2MS + NAA 1.0 mg·L^{-1}.

Keywords: *Syringa*, Embryo *in vitro*, WPM, B5, MS, Clonal propagation

木犀科丁香属约20种，不包括自然杂交种，东南欧产2种，日本、阿富汗各产1种，我国产16种，分布东北南部、华北、内蒙古、西北及四川等地，广泛栽植于草地、路缘。丁香春日开花，紫色，花期4月上旬到下旬，有浓香，是北方地区的重要观花植物（臧淑英和崔洪霞，2000）。紫丁香（*Syringa oblata*）在19世纪被植物猎人引种到欧美等国后，其花期早、抗性强的特性深受育种家的喜爱。丁香为异花授粉植物，遗传基础较为复杂，杂交播种后繁殖出来的后代自然变异较大，主要表现在花型和花色上出现了性状分离，是重要的育种亲本，国内外育种家以其为父母本相继培养了许多优良的杂交园艺品种（陈进勇，2006）。

丁香品种的繁殖方式无性繁殖为主，主要有扦插、嫁接和组织培养3种方式。前两种方式受时间、空间等环境因素的影响较大，操作周期较长，后者研究工作开展较少。紫丁香天然杂交或人工杂交后，播种繁殖后代变异大，可进行人工选育，从而培育新品种。无性繁殖作为优良丁香品种的繁殖方式，子代可完全保存亲本优良性状，而利用组织培养技术进行繁殖能够缩短生长年限，有利于育种研究和品种推广工作的开展。目前，人们仅对少数几种丁香属植物离体快繁做了一些研究，如对紫丁香的变种白丁香（*Syringa oblata* var. *affinis*)的顶芽,茎尖和茎段进行了组培繁殖,研究结果显示采集顶芽作为组织培养的外植体是最好的繁殖方式(王兴安,2006);小叶丁香(*Sytinga microphyla*)可用茎段组培(武术杰,2008),程明等对濒危植物羽叶丁香(*Syringa pinnatifolia*)进行了芽和种子的诱导,在增殖培养基中6 – BA的浓度提高到7.0 mg·L^{-1}(程明 等,2018)。

丁香组培成功的因素主要受供体植物的基因型以及培养基中外源激素种类和浓度等的影响,本实验采用以组织培养为基础的器官克隆方法,对紫丁香天然杂交种和以紫丁香为母本,佛手丁香为父本的杂交F1代*Syringa*'ZF'未成熟的胚进行离体培养繁殖实验,研究不同培养基组分和培养条件下,两种丁香的胚培养及克隆繁殖的技术路线,缩短育种周期,为新品种选育工作打下基础。

1 材料与方法

1.1　材料

本实验材料取自采集北京植物园丁香园,采摘2018年花后60d的紫丁香天然杂交结实,以及*Syringa*'ZF'人工杂交结实的种胚作为外植体进行离体培养和克隆繁殖。

1.2　实验方法

1.2.1　消毒处理

本试验选取紫丁香和'ZF'丁香的未成熟种子各30枚作为外植体,先用洗衣粉洗净外种皮,并在流水中冲洗2h,之后在超净台中用无菌蒸馏水冲洗3次,在无菌条件下用75%酒精浸洗30s,再用无菌蒸馏水冲洗3次,然后放置于有效氯离子浓度为1%的NaClO溶液中分别消毒10、15、20、25min4个处理,再用无菌水冲洗5次,用无菌手术刀将种子坚硬外皮剥去,取其完整的胚接种到MS + BA 0.5mg·L^{-1} + IBA 0.05mg·L^{-1}培养基上,每瓶培养基接种5个胚,6个重复,放入培养室中进行观察。培养基中均加入0.5%的琼脂,pH值调至6.2,加入3%蔗糖。

1.2.2　离体胚不定芽诱导

选用MS基本培养基,添加BA浓度为0.5、1.0、1.5、2.0、2.5 mg·L^{-1}共5个浓度进行改良处理,各处理中均加入IBA 0.05 mg·L^{-1}进行萌发诱导,每瓶培养基接种5个胚,每处理设6个重复,每种丁香处理培养基分别为M1 ~ M5培养基。

M1:MS + BA 0.5mg·L^{-1} + IBA 0.05mg·L^{-1}

M2:MS + BA 1.0mg·L^{-1} + IBA 0.05mg·L^{-1}

M3:MS + BA 1.5mg·L^{-1} + IBA 0.05mg·L^{-1}

M4:MS + BA 2.0mg·L^{-1} + IBA 0.05mg·L^{-1}

M5:MS + BA 2.5mg·L^{-1} + IBA 0.05mg·L^{-1}

1.2.3　不定芽克隆增殖培养

在MS、WPM和B5的3种基本培养基中,设置6 – BA浓度为1.0 ~ 6.5mg·L^{-1}共7个梯度,IBA 0.5 mg·L^{-1},蔗糖浓度为30g/L,将两种丁香诱导出芽后分别接种到M6 ~ M26增殖培养基上,每个处理设9个重复。培养基和BA浓度采用双因素和单因素分析比较法(表2)。观察统计增值系数(每瓶内有效芽总数/接种外植体个数)和芽的高度。

表1　各增殖培养基中基本培养基和BA激素组成

培养基	BA激素组成(mg·L^{-1})						
	1	1.5	2.5	3.5	4.5	5.5	6.5
MS	M6	M7	M8	M9	M10	M11	M12
WPM	M13	M14	M15	M16	M17	M18	M19
B5	M20	M21	M22	M23	M24	M25	M26

1.2.4　生根和移栽

两组丁香试管苗经MS 0无激素培养基壮苗一代后,分别转入以1/2MS培养基,添加0.5、1.0、1.5mg·L^{-1}3种不同NAA浓度梯度的培养基(M27 ~ M29)进行生根培养,加入1%活性炭,最后将瓶内已生根幼苗进行出瓶练苗过渡移栽。

1.2.5　培养条件

培养条件均为 24 小时保持(24 ± 2)℃,光照强度 1000 lx,光暗交替培养,光照时间 12h/d。

以上各试验分别在接种 30d 后统计实验结果,并采用 SPSS 软件对数据进行方差分析。

2　结果与分析

2.1　不同消毒时间对紫丁香和'ZF'丁香污染率和成活率的影响

不同消毒时间对两种丁香污染率和成活率造成影响表 2 所见:消毒时间为 10min 时外植体污染率最高,达到 70%,说明消毒时间过短未彻底达到灭菌效果;消毒时间为 15min 时污染率明显下降但不理想,消毒时间为 20min 时,两组丁香外植体污染率相对较低,分别为 10% 和 6.67%,成活率最高,分别为 83.33% 和 93.33%,消毒时间为 25min 时污染率最低,为 6.67% 和 3.33%,但消毒时间过长导致种皮褐化现象,成活率下降;污染率综合考虑消毒污染和成活结果,因此选用消毒时间为 20min 对紫丁香和'ZF'丁香处理最合适。

表 2　不同消毒时间对紫丁香和'ZF'丁香的影响

消毒时间	紫丁香 *Syringa oblata*		'ZF'丁香 *Syringa*'ZF'	
	污染率(%)	成活率(%)	污染率(%)	成活率(%)
10min	70.00 ± 15.28a	20.00 ± 14.97c	70.00 ± 10.00a	30.00 ± 9.80b
15min	53.33 ± 18.86a	40.00 ± 12.65b	60.00 ± 16.33a	40.00 ± 14.97b
20min	6.67 ± 9.43b	83.33 ± 14.97a	10.00 ± 10.00b	93.33 ± 8.00a
25min	6.67 ± 9.43b	46.67 ± 14.97b	3.33 ± 7.45b	36.67 ± 14.97b

2.2　不同激素配比培养基对紫丁香和'ZF'丁香种胚离体萌发的影响

将消毒好的两种丁香未成熟种子中健康的胚接种到以 MS 培养基为基础培养基,BA 浓度不同,IBA 为 0.05mg · L^{-1} 的 M1 ~ M5 培养基上,10 ~ 20d 萌发出不定芽。实验结果表明如表 3:紫丁香成熟种子的胚在 M4(BA = 2.0mg · L^{-1})培养基中 15d 左右可萌发(图 1 – A),在此培养基中不定芽可继续生长且健壮,萌发率最高达到 83.3%;低浓度的 BA 对紫丁香不定芽的萌发效果欠佳,BA = 0.5mg · L^{-1}时,萌发率最低,生长缓慢(见图 1 – B),且叶片容易畸形;随着浓度的升高,当 BA = 2.0mg · L^{-1}时效果最佳,继续升高 BA 浓度到 2.5mg · L^{-1}则出现下降,并且有愈伤组织长出,不定芽萌发后期出现基部叶片卷曲及枯黄现象,影响其正常生长,因此紫丁香最适宜的萌发培养基为 M4 培养基。'ZF'丁香的萌发趋势与紫丁香相似,当 BA = 0.5 时萌发率只有 30%,BA = 2.0mg · L^{-1}时萌发率最高,达到 73.3%,在 BA = 2.5mg · L^{-1} 时萌发率下降到 60%;当 BA 浓度低于 1.5mg · L^{-1}时不易长出芽团,对比紫丁香 BA2.0 时'ZF'丁香不定芽更容易出现叶片卷曲和玻璃化现象(图 1 – C);BA 浓度为 2.0mg · L^{-1} 时不定芽生长最为健康。'ZF'丁香最适宜的萌发培养基为 M4。

表 3　不同浓度 6 – BA 的培养基对紫丁香和'ZF'丁香不定芽萌发的影响

培养基	BA	IBA	萌发率(%)	
	(mg · L^{-1})	(mg · L^{-1})	紫丁香	'ZF'丁香 *Syringa*'ZF'
M1	0.5	0.05	36.67c	30.00c
M2	1	0.05	50.00bc	40.00bc
M3	1.5	0.05	53.33b	66.67a
M4	2	0.05	83.33a	73.33a
M5	2.5	0.05	63.33ab	60.00ab

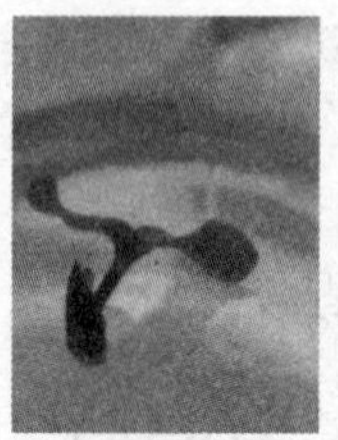

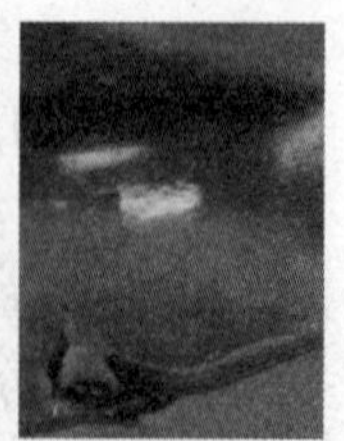

A:紫丁香胚萌发（6-BA=2.5 mg·L⁻¹）The germination of *Syringa oblata* at 6-BA=2.5 mg·L⁻¹ B:紫丁香胚萌发（6-BA=0.5 mg·L⁻¹）The germination of *Syringa oblata* at 6-BA=0.5 mg·L⁻¹ C:'ZF'丁香胚萌发（6-BA=2.0mg·L⁻¹）The germination of *Syringa* 'ZF' at 6-BA=2.0mg·L⁻¹

图1 不同激素配比培养基对紫丁香和'ZF'丁香种胚离体萌发的影响

2.2 继代增殖培养

2.2.1 不同基础培养基对紫丁香和'ZF'丁

将萌发芽切割成只含有一对叶片的茎段后导入到增殖培养基,我们对3种增殖培养基7个激素梯度做了21个处理,外植体转入增殖培养基上继代培养30d后进行观察。从表4可以看出,紫丁香在WPS和MS基本培养基增殖系数较高,达3.4以上,增殖差异不显著但高度有明显差异;'ZF'丁香在MS培养基中表现最好,增殖系数达3.59,高度差异不显著;两者在B5培养基的增殖率和高度均较低。总体上看,紫丁香在WPM培养基变现最好,'ZF'在MS培养基中最佳(图2、图3)。

表4 不同培养基对紫丁香和'ZF'丁香增殖的影响

基本培养基	紫丁香 *Syringa oblata*		'ZF'丁香 *Syringa* 'ZF'	
	增殖系数	高度(cm)	增殖系数	高度(cm)
WPM	3.47a	3.99a	3.16b	3.13a
B5	2.59b	2.39c	2.49c	2.90a
MS	3.40a	3.71b	3.59a	2.92a

图2 'ZF'丁香在不同培养基的增殖情况

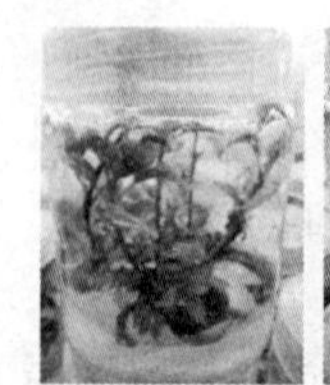

图3 紫丁香在不同培养基的增殖情况图

2.2.1 不同6-BA浓度对紫丁香和'ZF'丁香增殖的影响

从表5可以看出,当BA浓度低于3.5mg·L⁻¹时,紫丁香增殖率较低,茎段基部产生愈伤组织,在浓度为1.0~2.5mg·L⁻¹时,紫丁香部分茎段不分化,黄叶,愈伤组织进一步膨大增长,部分实验品种出现茎段完全退化,形成直径2~4 cm的大愈伤组织;'ZF'丁香在生长状态上与紫丁香近似,但总体高度和生长势均低于紫丁香;两组丁香当BA浓度为4.5时出现峰值为增殖最佳,生理状态良好,叶片深绿色开展,茎叶粗壮;'ZF'丁香在BA浓度4.5mg·L⁻¹时增殖变现最佳,其余差异不显著;在生长高度上两组丁香在BA浓度为4.5和5.5mg·L⁻¹时高度变现最好,低浓度间差异不显著,BA浓度6.5时生长受到了抑制,增殖数量和高度都降低。

WPM培养基的激素浓度在3.5mg·L⁻¹以上时,两种丁香均出现了明显的生根现象,根系粗壮,平均长4~8cm,在培养基中缠绕生长,而B5和MS培养基中无此现象。在B5培养基中,随着激素浓度的提高,苗木生长更加健壮,但是总体从生苗长势矮小,增殖能力较差,随着培养时间的延长基部叶片出现枯黄现象。

表5 不同6-BA浓度对紫丁香和'ZF'丁香增殖的影响

BA (mg·L⁻¹)	紫丁香 *Syringa oblata*		'ZF'丁香 *Syringa* 'ZF'	
	增殖系数	高度(cm)	增殖系数	高度(cm)
1.0	2.69c	3.11b	2.93bc	2.68b
1.5	2.70c	3.47b	2.79c	2.86b
2.5	2.89c	3.35b	3.15bc	2.86b
3.5	3.35b	3.07b	3.31b	2.89b
4.5	4.35a	4.01a	4.00a	3.67a
5.5	3.56b	3.91a	3.20bc	3.36a
6.5	2.52c	2.62c	2.20d	2.56b

2.2.1 不同培养基对紫丁香继代增殖的影响

通过单因素方差分析对 21 种培养基进行比较,在不同培养基和 BA 浓度的共同作用下,表 6 可以看出:对紫丁香来说,M24 培养基增殖表现最好,其次是 M10 和 M11,三者差异不显著,苗木分化长势均良好,增值率和高度不成正比;'ZF'丁香表现最好的为 M24,试管苗生长健康苗,增殖量为 5.11,高达到 4.26cm,与其他培养基有明显差异。

表 6 不同培养基对紫丁香和 ZF 丁香继代增殖的影响

处理	基本培养基	BA (mg·L⁻¹)	紫丁香 *Syringa oblata* 增殖系数	紫丁香 *Syringa oblata* 高度(cm)	ZF 丁香 *Syringa*'ZF' 增殖系数	ZF 丁香 *Syringa*'ZF' 高度(cm) Height(cm)
M6	WPM	1.0	2.89efgh	3.81bc	2.93defg	3.04bcde
M7	WPM	1.5	2.89efgh	4.33ab	2.96defg	3.45bc
M8	WPM	2.5	3.08defg	4.78a	3.48bcd	3.00bcde
M9	WPM	3.5	3.59cde	3.55cde	3.48bcd	3.04bcde
M10	WPM	4.5	4.41ab	4.37ab	4.00bc	3.26bcd
M11	WPM	5.5	4.48ab	4.30ab	3.11def	3.45bc
M12	WPM	6.5	2.93efgh	2.78fg	2.19gh	2.67cde
M13	B5	1.0	2.26gh	2.48fgh	2.89defgh	2.56de
M14	B5	1.5	2.30gh	2.19gh	2.19gh	2.74cde
M15	B5	2.5	2.41fgh	2.33fgh	2.22fgh	2.96cde
M16	B5	3.5	2.44fgh	1.96h	2.26fgh	3.26bcd
M17	B5	4.5	3.85bcd	2.82fg	2.89defgh	3.48bc
M18	B5	5.5	2.67fgh	2.70fg	2.96defg	2.82cde
M19	B5	6.5	2.18h	2.26gh	2.04h	2.63cde
M20	MS	1.0	2.93efgh	3.04def	2.96defg	2.44de
M21	MS	1.5	2.93efgh	3.89bc	3.22cde	2.41de
M22	MS	2.5	3.19def	2.93efg	3.74bcd	2.63cde
M23	MS	3.5	4.00bc	3.70bcd	4.18b	2.37e
M24	MS	4.5	4.78a	4.85a	5.11a	4.26a
M25	MS	5.5	3.52cde	4.74a	3.52bcd	3.81ab
M26	MS	6.5	2.44fgh	2.82fg	2.37efgh	2.37e

2.3 生根培养

两种丁香试管苗经过 MS 无激素培养基壮苗一代培养后,选取健壮的植株进行生根培养。选用 3 种浓度的 NAA 激素进行实验,培养 30d 后出根情况见表 7,这时观察得出:紫丁香在 NAA 浓度为 0.5mg · L⁻¹时根生长缓慢,根部细小,长 2 ~5mm;NAA 浓度为 1.0 mg · L⁻¹时试管苗根生长较快,根粗壮且根系发达(图 4、图 5),生根率达到 95%。NAA 浓度为 1.5mg · L⁻¹时最早 10d 可见生根,但根较细长,长势弱,基部有黄叶现象产生。'ZF'丁香生根实验与紫丁香生根实验结果相近,NAA 浓度为 1.0mg · L⁻¹时生根率最高,达到 90%。因此实验选用 M28:1/2MS + NAA 1.0mg · L⁻¹为紫丁香和'ZF'丁香最适宜生根培养基。

表 7 不同浓度生长素对紫丁香和'ZF'丁香生根的影响

培养基	NAA (mg · L⁻¹)	接种数	紫丁香生根率(%)	'ZF'生根率(%)
M27	0.5	60	66.67	75.00
M28	1.0	60	95.00	90.00
M29	1.5	60	76.67	86.67

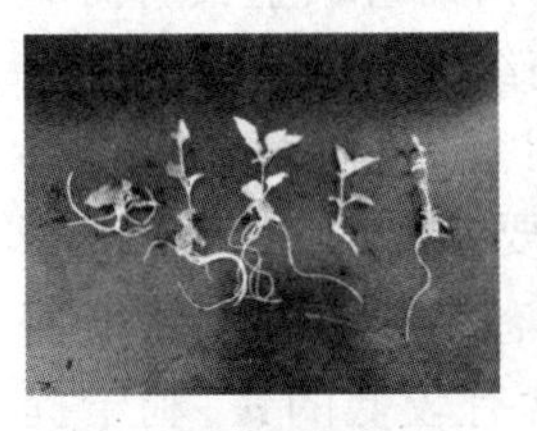

图 4 紫丁香生根情况

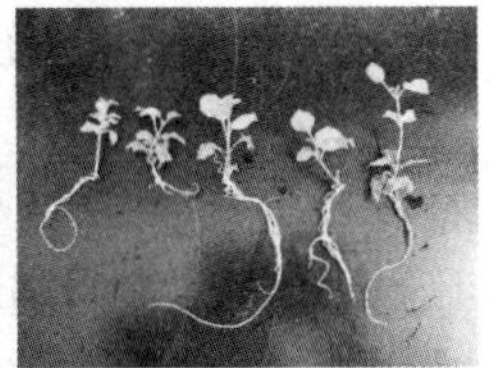

图 5 'ZF'丁香生根情况

2.4 试管苗移栽

生根后的苗在移栽前无须进行炼苗,可直接移栽处理,将生根苗从生根培养基中取出,洗净根部附着的培养基,栽入经过高锰酸钾消毒处理的基质穴盘中,基质比例选用草炭土 : 蛭石 : 珍珠岩比例为 1 : 1 : 1,浇透水,保持温度在 25 ℃左右并为其适当遮阴,越夏后成活率在 70% 左右。

3 结论与讨论

3.1 不同消毒时间对外植体的影响

在丁香的组培繁殖过程中,通常采用茎段和顶芽作为外植体进行组织培养,这个途径消毒十分困难,极易因消毒不彻底而导致外植体的污染或者消毒过度而导致死亡;因此,我们选取丁香未成熟的种子作为外植体,是由于种皮为种胚提供了一个密封的洁净环境,我们只需要对种皮进行彻底消毒,再破坏种皮,取出种胚进行离体胚培养处理,可以更容易获得无菌胚,因此用种胚培养获得无菌苗接种成活率高,1% NaClO 消毒 25min 时消毒成功率率可达到 90%以上。但消毒时间过长,消毒剂容易渗透进入胚体内,导致褐化甚至死亡。降低萌发率,因此消毒 20min 是一个可以以兼顾消毒效果和诱导成活率的最佳消毒时间。

3.2 不同基本培养基对丁香增殖的影响

MS、WPM、B5 为木本植物组织培养过程中的常用基本培养基,MS 培养基是目前普遍使用的培养基。它有较高的无机盐浓度,营养元素均衡,对保证组织生长所需的矿质营养和加速愈伤组织的生长十分有利(王征 等,2015),可以满足植物细胞在营养上和生理上的需要;WPM 为低盐培养基,其培养基中的硝态氮和氨态氮比值相对较高,B5 培养基含有较低的铵,利于提高遗传转化过程中愈伤组织的诱导率和分化率。在本实验中,3 种培养基均能对丁香的增殖有一定作用,WPM 培养基在增殖过程中出现了明显的生根现象,B5 培养基较差,这可能是由于铵态氮对 2 种丁香的增殖生长有抑制作用。

3.3 不同 BA 浓度对丁香增殖的影响

激素对细胞分化起着重要的调节作用,生长素和分裂素协同作用调节着细胞,本实验中 6 – BA 的浓度对试管苗的增殖培养有较大影响,6 – BA 浓度低于 3.5mg. L^{-1}会产生愈伤组织或玻璃化现象而出芽较慢,过高会导致试管苗叶片卷曲黄化落叶等现象影响其正常发育。愈伤组织的形成是次生代谢产物和抗性物质积累的过程,当植物生长受到损伤胁迫时,会通过合成和积累形成木栓化组织,起到保护和隔离的作用(韩雪源和茅林春,2018)。不同的丁香品种,在相同的培养基种类、激素种类、浓度下,愈伤现象表现不同。本实验中,在 BA 浓度低于 1.5mg. L^{-1}的两种丁香出现较大愈伤后,对愈伤组织进行了进一步萌发,但很难萌发芽眼,最终褐化。

3.4 结论

综上所述,通过本实验对紫丁香和‘ZF’丁香的胚培养和克隆繁殖各阶段的研究,建立了其组织培养技术体系,实验筛选出 20min 为最适宜的消毒时间;WPM 培养基有利于紫丁香的增殖,MS 培养有利于 *Syringa*‘ZF’的增殖;最佳萌发培养基为:MS + BA 2.0mg · L^{-1} + IBA 0.05mg · L^{-1};增殖培养基为:MS + BA 4.5mg · L^{-1} + IBA 0.5mg · L^{-1};生根培养基为:1/2MS + NAA1.0 mg · L^{-1}。移栽基质为草炭土∶河沙∶珍珠岩 = 1∶1∶1。移栽时选用排水良好的基质,适当遮荫,避免强光直射,成活率较高。

参考文献

陈进勇,2006. 丁香属(*Syringa* L.)的分类学修订[D]. 北京:中国科学院研究生院.

程明,李厚华,等,2016. 濒危植物羽叶丁香组织培养[J]. 北方园艺.(12)

韩雪源,茅林春,2017. 木栓质组成成分、组织化学特性及其生物合成研究进展[J]. 植物学报,52(3):358 – 374.

王兴安,2006. 白丁香的器官克隆和快速繁殖[J]. 国土与自然资源研究,2006(3):96.

王征,伍江波,刘雪梅,等,2015. 杜仲愈伤组织诱导和植株再生体系的建立[J]. 西北农林科技大学学报(自然科学版):43(7):57 – 65.

武术杰,2008. 小叶丁香离体快速繁殖中初继代培养基的选择[J]. 长春大学学报(自然科学版),18(6):45 – 46.

臧淑英,崔洪霞,2000. 丁香花[M]. 上海:上海科学技术出版社.

八仙花品种观赏性综合评价研究[①]

章　敏[1]　吕　彤[2*]

（1. 北京林业大学园林学院，北京 100083；2. 北京植物园，北京市花卉园艺工程技术研究中心，城乡生态环境北京实验室，北京 100093）

摘要：以收集的 10 个耐寒性较好的八仙花属植物品种为试验材料，运用层次分析法（AHP）从花、叶等 4 个方面筛选出 20 个评价指标，建立八仙花属植物品种的观赏性综合评价体系，并进行了综合评价。结果表明：*Hydrangea quercifolia*'Snowflake'和 *Hydrangea arborescens*'Incrediball'的观赏价值较高，应为适合在北京地区园林中首先推广应用的品种。

关键词：八仙花，层次分析法，综合评价，观赏性状

Evaluation of Ornamental Value of *Hydrangea* Cultivars

ZHANG Min[1]　LÜ Tong[2*]

（1. *College of Landscape Architecture, Beijing Forestry University, Beijing* 100083；
2. *Beijing Botanical Garden, Beijing Floriculture Engineering Technology Research Centre, Beijing Laboratory of Urban and Rural Ecological Environment, Beijing* 100093）

Abstract: Taking 10 cultivars of *Hydrangea* with high cold tolerance as experimental materials, 20 evaluation indexes were selected from four aspects by using analytic hierarchy process (AHP), and the evaluation system of ornamental value of *Hydrangea* was established. The results showed that the ornamental value of *Hydrangea quercifolia* 'Snowflake' and *Hydrangea arborescens* 'Incrediball' were high, which should be suitable for application in Beijing.

Keywords: *Hydrangea*, Analytic Hierarchy Process (AHP), Evaluation, Ornamental characters

八仙花属（*Hydrangea*）植物为落叶或常绿灌木或藤本（卫兆芬，1994），品种繁多，具有较高的观赏性和园林应用价值，越来越受到人们的喜爱，但多数大花绣球（*H. macrophylla*）品种耐寒性差，难以在北方地区越冬，而耐寒性较好的圆锥绣球（*H. paniculata*）、栎叶绣球（*H. quercifolia*）及乔木绣球（*H. arborescens*）的园林应用较少。

层次分析法（Analytic Hierarchy Process，AHP）是美国匹茨堡大学 Thomas L. Saaty 于 1973 年提出的一种实用的多目标决策分析方法，其优点在于将复杂问题分解为较简单的几个层次，通过分配权重综合考察多方面影响因子（Saaty，1980；Joseph & Sundarraj，2003）。近年来该方法也逐渐应用于园林植物的资源评价和品种选择中（刘安成 等，2017；方晓晨 等，2018；廖美兰，2018；吕文君，2018；尹娟 等，2018）。

白露（2015）等人通过层次分析法，推荐了适宜上海地区引种和推广的八仙花优

① 基金项目：北京市公园管理中心资助项目（项目编号：2019 - ZW - 08）。

良品种，主要为大花绣球品种，目前还未有针对圆锥绣球、栎叶绣球和乔木绣球的资源评价。本研究在对八仙花观赏性状观测的基础上，运用层次分析法，对收集的八仙花品种进行观赏性评价，旨在筛选出其中观赏价值较好的品种，为该属植物在北京地区的推广应用提供参考。

1 材料与方法

1.1 试验材料

于 2019 年 3 月从杭州市园林绿化股份有限公司引入一批耐寒性较好的圆锥绣球、栎叶绣球和乔木绣球作为试验材料，种植于北京植物园苗圃内，进行常规养护管理，具体品种如表 1 所示。

1.2 评价体系的建立

1.2.1 评价方法及模型建立

本研究采用层次分析法对八仙花属植物品种进行观赏性综合评价，参考绣球属测试指南标准结合种植的实际情况及表现，以北京地区园林应用为目标，将花性状、叶性状、整株性状和其他性状设为约束层，筛选出 9 个数量性状和 11 个质量性状及假质量性状。将这 20 个指标作为标准层建立多层次结构评价模型(图 1)。

表 1 八仙花品种

	品种名	品种拉丁名
1	‘石灰灯’圆锥绣球	*H. paniculata* ‘Limelight’
2	‘霹雳贝贝’圆锥绣球	*H. paniculata* ‘Bobo’
3	‘夏日美人’圆锥绣球	*H. paniculata* ‘Summer Beauty’
4	‘胭脂钻’圆锥绣球	*H. paniculata* ‘Diamond Rouge’
5	‘粉钻’圆锥绣球	*H. paniculata* ‘Pink Diamond’
6	‘雪花’栎叶绣球	*H. quercifolia* ‘Snowflake’
7	‘紫水晶’栎叶绣球	*H. quercifolia* ‘Amethyst’
8	‘贝拉安娜’乔木绣球	*H. arborescens* ‘Annabelle’
9	‘粉色贝拉安娜’乔木绣球	*arborescens* ‘Invincibelle Spirit’
10	‘无敌贝拉安娜’乔木绣球	*H. arborescens* ‘Incrediball’

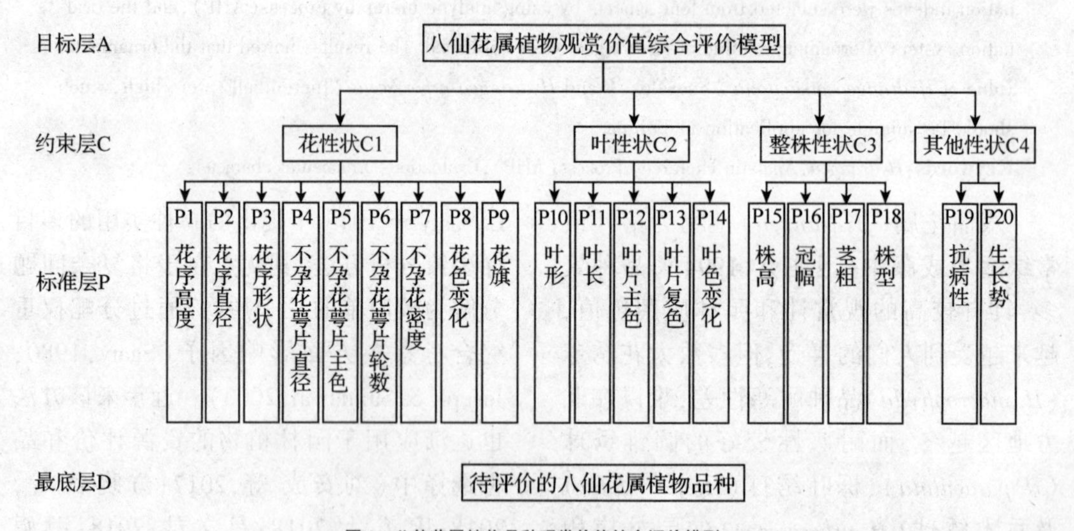

图 1 八仙花属植物品种观赏价值综合评价模型

1.2.2 判断矩阵的构建及一致性检验

根据建立的评价模型，参考园林专业人士意见，采用 1~9 比率标度法使之定量化，构成两两比较判断矩阵。其中，W_i 为各层中指标的权值，λ_{max} 为最大特征值，CI 为判断矩阵偏离一致性的指标，计算公式为 $CI=(\lambda_{max}-n)/(n-1)$，$n$ 为矩阵内因子总数，RI 为判断矩阵随机一致性指标，CR 为度量判断矩阵一致性的指标($CR=CI/RI$，当 $CR<0.1$ 时，可以认为判断矩阵具有满意的一致

性)(吴菲等,2013;林铭锋,2016)。

八仙花属植物品种评价模型的5个判断矩阵及计算结果如下表所示,可以看出各矩阵都通过了一致性检验,说明建立的判断矩阵较为合理。

表2 八仙花属植物品种评价模型判断矩阵及一致性检验

模型层次	判断矩阵											一致性检验
A－C	A	C1	C2	C3	C4	W_i						$\lambda_{max}=4.071$ CI＝0.024 RI＝0.890 CR＝0.027＜0.1
	C1	1	3	2	2	0.4168						
	C2	1/3	1	1/2	1/2	0.1209						
	C3	1/2	2	1	1/2	0.1928						
	C4	1/2	2	2	1	0.2695						
C1－P	C1	P1	P2	P3	P4	P5	P6	P7	P8	P9	W_i	$\lambda_{max}=9.131$ CI＝0.016 RI＝1.460 CR＝0.011＜0.1
	P1	1	1/5	1/5	1/3	1/5	1/3	1/5	1/5	1/5	0.0264	
	P2	5	1	1	2	1	2	2	1	1	0.1471	
	P3	5	1	1	2	1/2	2	1	1	1	0.1282	
	P4	3	1/2	1/2	1	1/2	1	1/2	1/2	1/2	0.0701	
	P5	5	1	2	2	1	2	2	1	1	0.1606	
	P6	3	1/2	1/2	1	1/2	1	1/2	1/2	1/2	0.0701	
	P7	5	1/2	1	2	1/2	2	1	1/2	1/2	0.1033	
	P8	5	1	1	2	1	2	2	1	1	0.1471	
	P9	5	1	1	2	1	2	2	1	1	0.1471	
C2－P	C2	P10	P11	P12	P13	P14	W_i					$\lambda_{max}=5.039$ CI＝0.010 RI＝1.120 CR＝0.009＜0.1
	P10	1	3	1	2	3	0.3145					
	P11	1/3	1	1/3	1/2	1	0.0997					
	P12	1	3	1	2	3	0.3145					
	P13	1/2	2	1/2	1	1	0.1562					
	P14	1/3	1	1/3	1	1	0.1151					
C3－P	C3	P15	P16	P17	P18	W_i						$\lambda_{max}=4.000$ CI＝0.000 RI＝0.890 CR＝0.000＜0.1
	P15	1	1	3	1	0.3000						
	P16	1	1	3	1	0.3000						
	P17	1/3	1/3	1	1/3	0.1000						
	P18	1	1	3	1	0.3000						
C4－P	C4	P19	P20	W_i								$\lambda_{max}=2.000$ CI＝0.000 CR＝0.000＜0.1
	P19	1	1	0.5000								
	P20	1	1	0.5000								

1.2.3 确定指标权重

计算出标准层各个评价指标相对于所属的约束层的加权值后,再与该约束层的权值进行加权综合,得到标准层相对于目标层的总排序权值(表3)。

表 3 八仙花属植物品种评价标准层对于目标层的总排序权值

约束层 C	权重	标准层 P	权重	总排序权值	排名
C1	0.4168	P1	0.0264	0.0110	20
		P2	0.1471	0.0613	4
		P3	0.1282	0.0534	10
		P4	0.0701	0.0292	14
		P5	0.1606	0.0669	3
		P6	0.0701	0.0292	14
		P7	0.1033	0.0431	11
		P8	0.1471	0.0613	4
		P9	0.1471	0.0613	4
C2	0.1209	P10	0.3145	0.0380	12
		P11	0.0997	0.0121	19
		P12	0.3145	0.0380	12
		P13	0.1562	0.0189	17
		P14	0.1151	0.0139	18
C3	0.1928	P15	0.3000	0.0578	7
		P16	0.3000	0.0578	7
		P17	0.1000	0.0193	16
		P18	0.3000	0.0578	7
C4	0.2695	P19	0.5000	0.1348	1
		P20	0.5000	0.1348	1

1.2.4 制定评分标准

根据标准层的评价指标制定 1~5 分制评分标准(表 4),评分标准是在咨询园林专业人士意见、参考《绣球属测试指南标准(征求意见稿)》及相关文献研究(白露 等,2015;吴晓星,2015;韩文衡,2016;夏冰 等,2017;王红梅 等,2020)的基础上制定的,可为八仙花属植物品种观赏价值综合评价提供全面统一的评价依据。

表 4 八仙花品种观赏价值综合评价评分标准

(续)

评价指标	评分标准				
	5 分	4 分	3 分	2 分	1 分
P1 花序高度(cm)	≥15	12~15	9~12	6~9	<6
P2 花序直径(cm)	≥15	12~15	9~12	6~9	<6
P3 花序形状	近球状	扁球状	圆锥状	盘状	
P4 不孕花萼片直径/cm	≥2.5	2~2.5	1.5~2	1~1.5	<1
P5 不孕花萼片主色	蓝紫	浅粉	白	深粉/红	黄绿
P6 不孕花萼片轮数/轮	≥5	4	3	2	1
P7 不孕花密度	密	较密	中等	较疏	疏
P8 花色变化	有		无		
P9 花期(d)	长≥60	50~60	40~50	30~40	<30
P10 叶形	宽卵形,有裂		卵形		窄卵圆
P11 叶长(cm)	≥14	11~14	8~11	5~8	<5
P12 叶片主色	深绿	浅绿	紫色	黄色	
P13 叶片复色	是		否		
P14 叶色变化	有		无		
P15 株高(cm)	≥50	40~50	30~40	20~30	10~20
P16 冠幅(cm)	≥50	40~50	30~40	20~30	10~20
P17 茎粗(mm)	≥8	6~8	4~6	2~4	<2
P18 株型	枝条直立性强,紧凑	较紧凑	一般	较松散	枝条杂乱,松散
P19 抗病性	强	较强	一般	较弱	弱
P20 生长势	很好	好	一般	弱	很弱

2 结果与分析

2.1 各指标权重

从表 3 中可以看出,约束层重要性排序为花性状(C1)>其他性状(C4)>整株性状(C3)>叶性状(C2),八仙花的花部性状为其最重要的观赏特征;从总排序权值中可以看出抗病性和生长势最为重要,若这两者表现不好,则不能完全体现出八仙花的观赏特性,其次是花部性状中的不孕花萼片主色、花序直径、花色变化和花期等;整株性状中的株高冠幅和株型都较为重要,在叶性状中的叶形和叶色是较为重要的指标,可以看出除了花期观花外,株型紧凑、叶形漂亮、叶色突出的品种也具有良好的观赏价值。

2.2 观赏性综合评价值

在对八仙花品种的性状观测的基础

上,对待评价的八仙花属植物品种,就每项指标进行打分,再用各评价指标的权值加权,即得出综合评价值及排名(表5)。

表5　不同八仙花品种各项评分及综合评价值

评价指标	八仙花品种									
	'Limelight'	'Bobo'	'Summer Beauty'	'Diamond Rouge'	'Pink Diamond'	'Snowflake'	'Amethyst'	'Annabelle'	'Invincibelle Spirit'	'Incrediball'
P1 花序高度(cm)	4	4	3	2	5	4	4	2	2	4
P2 花序直径(cm)	3	5	4	3	2	2	2	2	4	5
P3 花序形状	3	3	3	3	3	3	3	5	5	5
P4 不孕花萼片直径(cm)	3	3	4	5	3	5	3	1	1	2
P5 不孕花萼片主色	3	3	3	3	3	3	3	3	4	3
P6 不孕花萼片轮数/轮	1	1	1	1	1	5	1	1	1	1
P7 不孕花密度	5	3	5	1	1	2	1	3	3	5
P8 花色变化	5	5	5	5	5	5	5	3	3	3
P9 花期(d)	2	4	2	2	2	5	4	4	5	5
P10 叶形	1	1	1	1	1	5	5	3	3	3
P11 叶长(cm)	2	2	2	2	2	5	5	4	3	4
P12 叶片主色	5	5	5	5	5	5	5	5	5	5
P13 叶片复色	3	3	3	3	3	3	3	3	3	3
P14 叶色变化	3	3	3	3	3	5	5	3	3	3
P15 株高(cm)	3	3	3	2	3	4	3	3	3	4
P16 冠幅(cm)	2	2	2	2	3	4	3	4	3	3
P17 茎粗(mm)	2	3	2	2	2	4	4	3	2	3
P18 株形	3	5	3	3	3	4	4	3	3	3
P19 抗病性	4	4	4	4	4	4	4	5	4	5
P20 生长势	3	3	5	3	3	5	5	5	4	5
综合评价值	3.1454	3.4393	3.4945	2.9516	2.9805	4.0694	3.6742	3.6638	3.5558	4.0464
排名	8	7	6	10	9	1	3	4	5	2
等级	Ⅲ	Ⅲ	Ⅲ	Ⅲ	Ⅲ	Ⅰ	Ⅱ	Ⅱ	Ⅱ	Ⅰ

根据AHP评价结果,将这10个八仙花品种划分为3个等级:Ⅰ级观赏价值及园林推广应用价值最高,有'Snowflake'和'Incrediball'两个品种,'Snowflake'生长势很好,不孕花萼片轮数多,叶片具有很好的观赏价值,'Incrediball'花序较大、近圆形且花期较长;Ⅱ级观赏性状较好,有'Amethyst'、'Annabelle'和'Invincibelle Spirit'三个品种,'Amethyst'和'Annabelle'的生长势很好但花部性状一般,可用于丰富园林树种,'Invincibelle Spirit'的不孕花萼片颜色为粉色,明显区别于其他品种且花期较长,花的观赏特性较好但生长势较弱,可适当应用于园林中;Ⅲ级园林应用价值一般,5个圆锥绣球品种均为这一等级,虽然圆锥绣球的花色变化是很好的观赏性状但在北京地区的生长势和花部性状的表现不如乔木绣球和栎叶绣球,且花期较短,观赏性较弱,与综合评分结果一致。

3　讨论与结论

3.1　八仙花属植物品种评价体系

本研究通过层次分析法建立了较为完善的八仙花属植物品种观赏性评价体系,其中四个约束层的重要性排序为花性状 > 其他性状 > 整株性状 > 叶性状,花部性状为其最重要的观赏特征,这与白露(2015)等人的研究结果相一致。从总排序权值中可以看出抗病性和生长势最为重要,其次是不孕花萼片主色、花序直径、花色变化和花期等。

影响木本观赏植物观赏特性和园林应用的因素很多，本研究中的评价指标主要选择了八仙花属植物影响较为突出的因素如不孕花萼片，未将可孕花性状列入评价指标，个别不具备本评价体系指标优势的品种可能并不代表其不具备良好的观赏价值，如野生种及部分栽培品种中有可孕花呈蓝紫色的同样具有较好的观赏价值。

3.2 八仙花属植物品种观赏性

本研究经过综合评分排序发现，乔木绣球和栎叶绣球的观赏及园林应用价值高于圆锥绣球。圆锥绣球花色随气温而变化具有良好的观赏价值，但株形不够紧凑，且在北京地区的生长势较弱，可通过选择育种等方法提高其观赏性，其中较好的品种为'Summer Beauty'和'Bobo'；乔木绣球近圆形的花序比较符合人们对于八仙花的期待，且生长势较好、花期较长，观赏效果好，其中'Incrediball'评分较高；栎叶绣球的叶片深裂且秋色叶为紫色，同样具有很好的观赏价值，且生长势最好，其中'Snowflake'的观赏价值略高于'Amethyst'。

总体来说，*Hydrangea quercifolia* 'Snowflake'和 *Hydrangea arborescens* 'Incrediball'的观赏价值较高，是适合在北京地区园林中首先推广应用的品种。本研究仅从观赏的角度对八仙花进行评价，在实际推广前还需结合耐寒性试验及八仙花品种的越冬表现确定其是否适合在北京地区应用。

参考文献

白露，张志国，栾东涛，等，2015．基于层次分析法的八仙花引种适应性综合评价[J]．北方园艺，2015(24)：40-45.

方晓晨，王盼，张雪莹，等，2018．浙江木兰科野生观赏植物资源及评价[J]．热带作物学报，39(08)：1513-1518.

韩文衡，2016．基于观赏价值的重庆梅花品种资源综合评价[J]．西南师范大学学报(自然科学版)，41(07)：133-137.

廖美兰，林茂，周修任，等，2018．AHP法对42种苦苣苔科植物观赏性状综合评价[J]．农业研究与应用，31(01)：9-15.

林铭锋，2016．姜科植物资源调查与园林应用研究[D]．福州：福建农林大学.

刘安成，王庆，李淑娟，等，2017．西安地区忍冬属藤本植物观赏性状综合评价[J]．西北林学院学报，32(04)：274-278.

吕文君，刘宏涛，袁玲，等，2018．荚蒾属植物在武汉地区的引种调查及观赏性状评价[J]．中国园林，34(08)：86-91.

王红梅，杨森，黄海睿，等，2020．圆锥绣球品种的观赏性状及聚类分析[J]．福建农业学报，35(03)：286-294.

卫兆芬，1994．中国绣球属植物的修订[J]．广西植物，1994(02)：101-121.

吴菲，王广勇，赵世伟，等，2013．北京植物园松科植物综合评价及园林应用研究[J]．中国农学通报，29(01)：213-220.

吴晓星，刘凤栾，房义福，等，2015. 36个欧美观赏海棠品种(种)应用价值的综合评价[J]．南京林业大学学报(自然科学版)，39(01)：93-98.

夏冰，司志国，周垂帆，2017．基于层次分析法的木瓜属海棠植物景观价值评价[J]．北方园艺，2017(17)：115-119.

尹娟，蔡秀珍，刘蕴哲，等，2018．基于AHP的凤仙花属石山组植物观赏价值评价[J]．北方园艺，2018(22)：93-97.

Joseph S, Sundarraj R P, 2003. Evaluating Componentized Enterprise Information Technologies: A Multiattribute Modeling Approach[J]. Information Systems Frontiers, 5(3): 303-319.

Saaty T L, 1980. The Analytic Hierarchy Process: Planning, Priority Setting, Resource Allocation[M]. New York: McGraw-Hill.

3种优良观赏竹形态特征及出笋期生长规律的研究

王金革[1]　李　岩[1]　包峥焱[1]

（1. 北京植物园，北京市花卉园艺工程技术研究中心，城乡生态环境北京实验室，北京 100093）

摘要：北京地区竹子多为引种栽培，后期的养护管理尤为重要，为了给竹子引种驯化和栽培养护管理提供科学可行的理论指导，本研究对北京植物园的乌哺鸡竹、淡竹和灰竹的竹笋及竹林的生长情况进行了调查研究。结果表明：3种竹子4月初开始出笋，5月展叶，6月下旬完成换叶。3种竹子中乌哺鸡竹出笋最晚，出笋数量最少，成竹率最高；灰竹出笋最早，淡竹次之，两者出笋数量远远高于乌哺鸡竹，成竹率淡竹稍高，灰竹最低。

关键词：北京，竹笋，成竹

Study on Morphological Characteristics and Growth Law of Shoots of Three Bamboos

WANG Jin－ge[1]　LI Yan[1]　BAO Zheng－yan[1]

（1. *Beijing Botanical Garden*，*Beijing Floriculture Engineering Technology Research Centre*，*Beijing Laboratory of Urban and Rural Ecological Environment*，*Beijing*，100093）

Abstract：Most bamboos in Beijing are cultivated. The maintenance of them is very important. In order to provide scientific and theoretical guidance for the bamboo maintenance，growth law and development of bamboo were investigated and studied in this paper. The results showed：3 kinds of bamboos began to shoot in early April，expanded leaves in May and completed leaf replacement in late June. Among the three bamboos，*Phyllostachys vivax* shooting period is the latest and has the least number of shoots，and adult bamboo preserved rate is the highest. *Phyllostachys nuda* shoots out first，*Phyllostachys glauca* the second. These two bamboos shooting number are far higher than *Phyllostachys vivax*. And *Phyllostachys glauca*'s rate of preserved is slightly higher，*Phyllostachys nuda* is the lowest.

Keywords：Beijing，Shoots，Bamboo's preserved

1　前言

北京地区年降水量少而集中，干旱期长，蒸发量大，冬季寒冷而风大。在这样的气候条件下，能适应生长的竹种不多，主要是些散生型和混生型的竹子。竹类植物种类繁多，我国除引种栽培者外，已知37属500余种，其自然分布限于在长江流域及其以南各地，少数种类还可向北延伸至秦岭、汉水及黄河流域各处（耿伯介和王正平，1996）。北京地区引种栽培的竹子以刚竹属为主，刚竹属是我国经济价值最大、观赏价值极高的一个属，具有广泛的发展前景。

乌哺鸡竹（*Phyllostachys vivax*）（耿伯介和王正平，1996）产江苏、浙江，笋味美，适应性强，在2019年极度低温的情况下表现优异。

淡竹（*Phyllostachys glauca*）（耿伯介和王正平，1996）老竿灰黄绿色，产黄河流域至长江流域各地，适应性较强，在2019年极度低温的情况下表现较好。

灰竹(*Phyllostachys nuda*)(耿伯介和王正平,1996)幼竿深绿色,老竿灰绿色至灰白色,产陕西、江苏、安徽、浙江、江西、台湾及湖南。笋质优良,是加工天目笋干的主要原料,适应性强,在2019年极度低温的情况下表现优异(王金革和陈进勇,2012)。

本研究以这3种竹子为研究对象,旨在揭示其生长规律,为3种竹子以及其他刚竹属竹子的引种培育及科学养护管理提供理论依据及借鉴。

2 试验地及竹子概况

北京植物园竹亚科植物的引种栽培工作开始于20世纪70年代初,竹园地处小西山麓,属山前暖区带范围,其湿热条件是比较优越的(张济和,1990)。乌哺鸡竹2005、2006年引种栽植,淡竹1978年引种栽植,灰竹1978年引种后2003年进行了移栽,这3种竹子现在都定植在竹园内。

3 试验方法

3.1 竹子物候期和形态特征的观测

2018~2020年每年观察3种竹子母株发芽、展叶时间、换叶时间、出笋时间等。从3种竹林中分别选取5株整竹,量取竹子的高度,粗度,节长等相关信息进行观测记录。

3.2 竹林出笋情况的观测

3种竹子各选取50m^{2}的竹林进行观测,用尺子量好面积,记录竹林内出笋情况、退笋以及成竹数量。

3.3 竹笋的生长规律观测

竹林出笋后随机从3种竹子中各选出至少10株竹子,按照1号、2号、3号……进行观测记录,重复编号代表2个竹笋距离很近,可能是同一个母株,在试验地里做好标记,并每隔1~2d量取竹笋的高度,观察竹笋的生长规律。

4 结果与分析

4.1 3种竹子物候期和形态特征

经过测量淡竹竿高5~8m,竿径2~5cm,节数30~37个,下部节最短,通常小于10cm,由下往上节长逐渐增长,中下部最长达30cm以上,然后节长往上逐渐缩短。从10节左右开始分枝,每株有20多盘枝,枝下高1.5~4m,叶片长7~19cm,宽1.2~2.8cm,4月下旬出笋。

乌哺鸡竹竿高6~10m,竿径2.5–7cm,节数40个左右,下部节最短,通常15cm左右,由下往上节长逐渐增长,中下部最长达25~40cm,然后节长往上逐渐缩短。从8节开始分枝,每株有20~30盘枝,枝下高1.2~3.5m。叶片微下垂,长8~20cm,宽1.2~2.4cm,5月初出笋。

灰竹竿高6~9m,竿径2~5cm,节数40个以上,下部节间最短,通常小于10cm,由下往上节长逐渐增长,中下部最长达30cm以上,然后节长往上逐渐缩短。从节开始18节以上开始分枝,每株有25~33盘枝,枝下高3~5m。叶片长8~20cm,宽1.2~2.2cm,4月中下旬出笋。

通过对比分析,3种竹子出笋时间灰竹最早,淡竹其次,乌哺鸡竹最晚,出笋时间与水分关系密切。竿高淡竹最矮,灰竹其次,乌哺鸡竹竹最高。竿径乌哺鸡竹最粗,灰竹和淡竹相当。3种竹子4月初开始发芽展叶,6月下旬母株基本完成换叶(表1)。3种竹子分枝越来越高,尤其是灰竹,下部基本看不到枝叶,这与竹子间竞争是分不开的。

表 1　3 种竹子的物候期观测情况

竹种	萌动期	展叶期	展叶盛期	母株全展叶	出笋期
淡竹	4 月初	5 月初	6 月初	6 月中旬	4 月下旬
乌哺鸡竹	4 月初	5 月中	6 月中	6 月下旬	5 月初
灰竹	4 月初	5 月初	6 月初	6 月中旬	4 月中下旬

4.2　出笋期及幼竹生长规律的研究

3 种竹子出笋时间灰竹最早，乌哺鸡竹最晚，淡竹居中。淡竹和灰竹出笋量大，退笋量也大，灰竹有超过一半的退笋。乌哺鸡竹出笋量少，成竹率较其他两种高（表 2），这可能是因为同样面积的竹林出笋少，消耗也少，土壤中养分能够满足竹笋生长的需要。

表 2　3 种竹子出笋成竹情况

竹种	出笋时间	出笋数量（个）	退笋数量（个）	成竹数量（个）	成竹率（%）
淡竹	4 月 26 日	246	123	123	50
乌哺鸡竹	5 月 7 日	59	9	50	84.7
灰竹	4 月 19 日	254	149	105	41.3

3 种竹子出笋初期高度增长缓慢（见图 1 ~ 图 3），退笋也少，几天后竹笋高度增长逐渐加快，退笋数量开始增多，后期高度增长变慢，退笋也减少。从表中也可以看出，距离相近的竹笋退笋率比单个竹笋退笋率高得多。距离相近的笋大多是同一母株，在后期一个母株很难满足两个竹笋的生长发育需求。

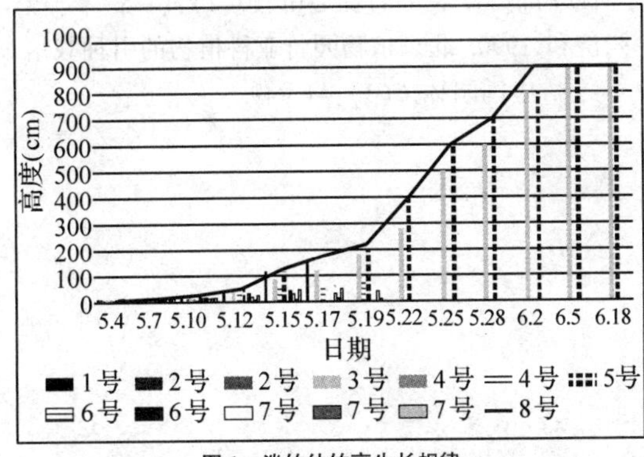

图 1　淡竹幼竹高生长规律

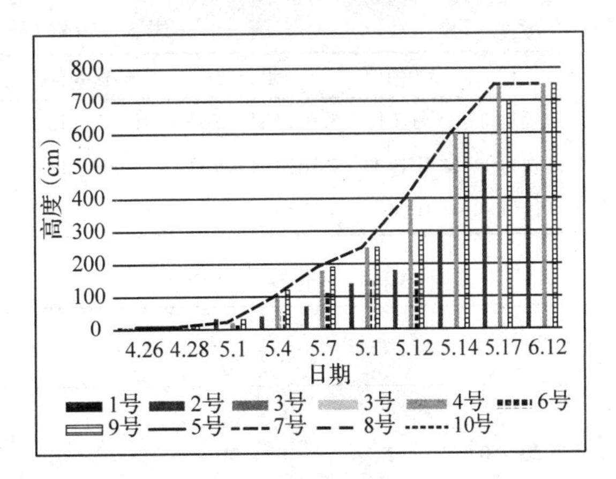

图 2　灰竹幼竹高生长规律

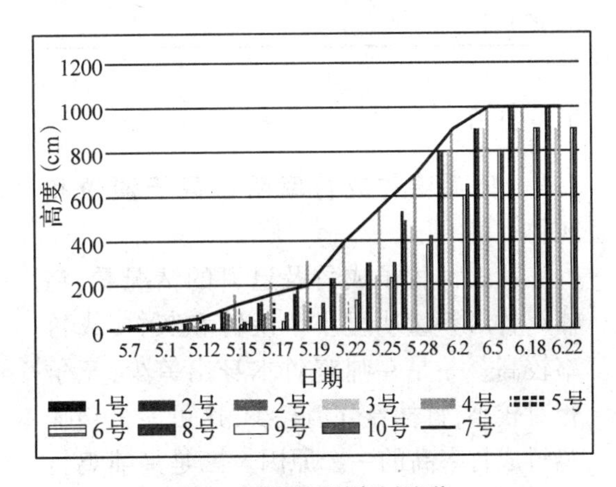

图 3　乌哺鸡竹幼竹高生长规律

从表 3、表 4 可以看出 3 种竹子出笋 10d 后陆续出现退笋，淡竹 0 ~ 20cm 退笋占 85.7%，灰竹 0 ~ 20cm 退笋占 50%，乌哺鸡竹 20 ~ 50cm 退笋占 50%，从 3 种竹子总体上看，超过一半的退笋都小于 50cm。可见竹笋初期较为脆弱，容易受外界环境影响，出现退笋。从成竹上来看，乌哺鸡竹成竹率明显高于灰竹和淡竹。这可能与乌哺鸡竹出笋晚，后期的水分充足以及竹林的年龄有一定关系。淡竹单株观测的成竹率明显低于整林观测的成竹率，这可能与选择的竹笋多是两株距离较近有关。

表3 3种竹子出笋退笋情况

竹种	出笋时间	退笋时间	总数量(个)	成竹数(个)	退笋数(个)	成竹率(%)	退笋率(%)
呜哺鸡竹	5月7日	5月17日~5月25日	11	7	4	63.6	36.4
灰竹	4月19日	4月28日~5月14日	11	4	7	36.4	63.6
淡竹	4月26日	5月10日~5月22日	13	3	10	23	77

表4 3种竹子退笋高度统计表

退笋高度(cm)	乌哺鸡竹	灰竹	淡竹
0-20	0	6	5
20-50	2	0	3
50-100	1	0	1
100以上	1	1	1

5 小结

5.1 乌哺鸡竹成竹率明显高于淡竹和灰竹

从3种竹子成竹及退笋的情况看，乌哺鸡竹出笋量明显小于淡竹和灰竹，成竹率较高。一是乌哺鸡竹本身出笋少，竞争相对较小，竹林养分消耗少，这可能是乌哺鸡竹成竹率高的一个原因。二是乌哺鸡竹引种栽植15年，竹林正处于旺盛生长时期，而淡竹和灰竹在竹园栽植40多年，乌哺鸡竹比淡竹和灰竹地上地下结构各方面更好。三是乌哺鸡竹出笋晚，后期的水分管理相对更充分到位，给竹笋的生长发育提高了有利保障。

5.2 合理控制竹笋数量，提高竹笋的质量

竹林密度大不仅影响竹林通风透光，使竹林更容易遭受病虫害的侵袭，也会加剧竹子间竞争养分。根据竹子出笋、竹笋生长发育及成竹情况，对于出笋量大的竹子，控制竹笋数量，将细、弱、密、距离相近的竹笋尽早去除，减少不必要的营养消耗，可以提高竹笋质量，从而提高成竹及竹林的质量。

5.3 保证竹林生长旺盛，水肥管理是关键

退笋的竹笋高度主要集中在50cm以下，这说明竹笋在早期是比较脆弱的，需要精心养护，出笋初期水分尤其重要，而北京地区此时正是春季干旱少雨的季节，需要及时进行人工灌溉，满足竹笋早期的水分需求。竹笋出笋消耗大量的养分，及时补充养分同样重要。

参考文献

耿伯介，王正平，1996. 中国植物志(第9卷)[M]. 北京：科学出版社.

王金革，陈进勇，2012. 北京地区竹亚科植物耐寒性评价[J]. 世界竹藤通讯，10(2)：1-8.

张济和，1990. 北京植物园竹亚科植物的引种栽培[J]. 中国园林，6(3)：44-49.

“植物研学旅游联盟”的构建及展望

姜　琪[2]　王文元[1,2]

（1. 沈阳市植物园，沈阳　110163；　2. 沈阳世界园艺博览经营有限公司，沈阳　110163）

摘要：近些年来旅游与教育相结合的产物——研学旅行在各大植物园成为了自然教育的热点，本文通过对沈阳市植物园于2020年发起研学联盟、植物园打造“金牌自然教育课程”“金牌研学辅导员”以及开发云课堂等活动进行了探讨，旨在开发长效的研学旅游产品。“植物研学旅游联盟”为促进青少年科普活动的发展奠定了基础。

关键词：研学联盟，植物科普，云课堂

Discussion and Prospect on the Construction of *Plant Study Tourism Alliance*

JIANG Qi[2]　WANG Wen－yuan[1,2]

（1. *Shenyang Botanical Garden*，*Shenyang* 110163；

2. *Shenyang Expo Management Co. Ltd. Shenyang* 110163）

Abstract：In recent years，the research travel activities initiated by the Ministry of Education of China have been corresponding to the major botanical gardens in China. This paper discusses the activities of Shenyang Botanical Garden in launching *Plant Study Tourism Alliance* in 2020，creating *Gold Medal Natural Education Courses*，*Gold Medal of Counselors*，and developing cloud classes，aiming to develop long－term research travel products. *Plant Study Tourism Alliance* has laid a foundation for promoting the development of youth science popularization activities.

Keywords：Plant Study Alliance，Plant science popularization，Cloud classroom

1　前言

研学旅行是由学校根据区域特色、学生年龄特点和各学科教学内容需要，组织学生通过集体旅行、集中食宿的方式走出校园，在与平常不同的生活中拓展视野、丰富知识，加深与自然和文化的亲近感，增加对集体生活方式和社会公共道德的体验。目前具有中国特色的研学旅行已经在各地逐步展开，研学旅游已经成为中小学基础教育课程体系中综合实践活动课程的重要组成部分（滕丽霞和陶友华，2015）。2016年11月30日国家教育部等11个部门发布〔2016〕8号《关于推进中小学生研学旅行的意见》，进一步推进研学旅行的发展，全国研学旅行人数从2014年140万人次，上升到2018年400万人次。其中华南植物园、北京植物园等在中国植物园科普研学旅行中起到表率作用。沈阳植物园作为辽宁省科普教育基地、国家首批5A景区，从2014年接待研学中小学生数达千人，到2019年近两万人，接待量逐年上涨（图1）。因此成立研学联盟大势所趋。

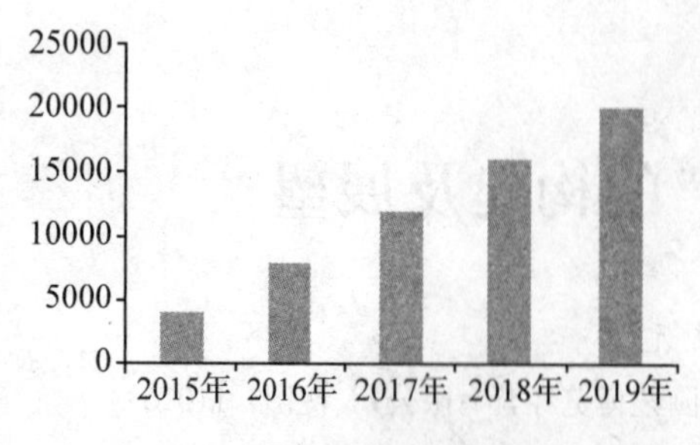

图1 2015—2019 年沈阳植物园接待研学游客人数

2 研学旅游联盟成立

研学旅游满足了青少年陶冶情操、感知新鲜事物、增加知识各方面需求,对青少年成长十分有益。但各种教育机构、旅游企业和中介等均涉足研学旅游市场,在此过程中难免出现组织方的资历、导游的专业程度、交通条件、食品安全、研学产品单一等问题,这些问题不解决研学项目的教育性、体验性和参与性等就得不到充分体现(石洪斌,2018)。

为了稳定市场,获得更多社会效益和市场效益,展现科普基地的责任担当,2020年初沈阳市植物园与辽宁出版集团北方教育研学联盟作为联盟发起单位,提出植物研学旅游联盟体系的构建。联合东北三省科研院所、教育部门、研学机构、实践中心、策划机构、旅行社、OTA(线上旅行社)平台、旅游景区等资源,在自愿、平等、诚信、共赢原则的基础上,属于不同领域内的异业联盟,秉承"品牌共创、资源共享、市场共拓、效益共赢"的理念,共同构建研学平台。植物研学联盟的建立填补了辽沈地区研学旅行专业自然教育的空白,丰富研学产品提升研学品质,实现优势研学资源整合,促进研学旅游资源的合理利用与可持续发展。联盟单位针对自然教育领域开发出多个适宜中小学生的研学旅行课程并以打造全国自然教育标杆的模式进行课程开发,场景研发及 IP 研发,对自然教育研学课程的细化及下沉进行有力的整合。

3 研学旅游联盟包含的内容

植物研学旅游项目是一个系统开发工程,联盟成立后,由沈阳市植物园(沈阳世博园)景区牵头,利用园区独有的自然资源,结合每年兰花、春花、杜鹃、郁金香、牡丹、芍药、月季、睡莲、荷花、百合、千日红、菊花等一系列主题花展与各联盟单位共同努力,开展课程设计开发、导师培训、场地规划、渠道推广、终端客群营销等工作。本着资源共享、项目合作,人才交流的宗旨谋发展。落实教学科研基地的建设,通过打造金牌自然教育课程及金牌研学辅导员的双金牌模式,缔造辽沈地区乃至全国地区自然教育研学旅行行业的领跑者,让学生们在有趣的自然教育中学到知识,并学以致用,真正发挥出研学旅行的作用。

3.1 研学课程的开发

沈阳市植物园通过前期文献查询,实际调研等工作,认真做好研学课程的开发。根据不同年级学生的认知和水平,研发内容难易程度不同的专类园研学探究课(曹承蛾,2019)。在课程开发设计上,结合学校的综合实践课程,带领学生走出校园开展研学,注重引导学生实践能力,充分促进学生知行合一,实现书本知识和社会经验的深度融合(林卫红,2019)。

表1 联盟课堂系列科普活动课程展示

联盟课程开发系列科普活动	高校联盟(专业知识讲座)	植物园里话植物
		花境植物的应用
		植物诊断
	媒体联盟系列节目	非遗传承人授课活动
		"小小讲解员"大赛
		垃圾分类公益活动
	研学机构联盟活动	药草园里的秘密
		夏季驱蚊香包的制作
		植物饰品的制作
	云直播	植物园中的奇花异草系列
		药草的识别

3.2 联盟的组成与内容

联盟聘请沈阳农业大学的教授,进行园区花境鉴赏、观赏温室植物赏析、大型菊花展鉴赏、秋季彩叶树鉴赏等科普讲座,并且建立健全研学导师培训机制,邀请各成员单位开展研学导师学员培训,内容包括专业知识、导师素质、组织技能、安全管理等方面,以保证培训的质量和效果。导师学员经过专业培训后由联盟为学员颁发结业证书,可作为联盟专业研学导师,参与联盟内的研学旅游活动。联盟还为在校大学生提供参加社会实践的机会,同时为其未来就业提供丰富的社会实践经验。

联盟委托策划机构辅助进行课程设计、市场推广,组建专业运营团队,完善运营方案。2019 年 8 月植物园根据所策划机构提供的设计方案,对科普场馆内部进行重新装修,将柜台式陈列方式改造成壁挂式陈列,并将陈列高度调整到小学生的平均参考身高,增设世博园植物、昆虫地图展等项目(图 2),增加多媒体互动体验区,让孩子们有更直观的参观感受。同时将研学实验楼一楼空间打造成影视媒体中心和小小市集。影院里播放关于植物的科普影片,影院外是孩子们利用现成植物昆虫材料,制作出的手工作品并当成商品进行售卖,并设立专门的优秀作品展示区,让孩子们更有成就感。二楼有手工课堂和集中的教学专区(图 3)。

图 2 科普馆一角

图 3 研学楼一角

联盟计划与媒体一起开设少儿科普电视节目系列课程,比如《植物园的春夏秋冬》,通过观察大梨树春夏秋冬的变化,了解植物的形态进而了解自然。还按植物的结构分成根、茎、叶、花 4 期活动做成科普电视节目,并邀请沈阳著名主持人以提高知名度,定期与媒体联合举办赛事"小小讲解员"大赛,让孩子当讲解员讲述植物知识。并举办非遗传承人授课,及非遗传承人、鲁美师生、书画院师生笔会或技艺展示活动。其中第 16 届"阳光下的红蓓蕾——中国少年儿童歌曲卡拉 OK 电视大赛"等活动于 2020 年 7 月在松塔研学舞台举行。

联盟还通过沈阳植物园官方网站,媒体、旅行社热门网页提供线上答题换门票的活动,线上推出"寻花日历"板块,介绍当季花卉相关知识,满意度调查问卷抽奖活动,特色活动信息发布、研学活动线上体验及报名、志愿者招募活动等增加联盟的活跃度。

3.2 联盟场所规划

沈阳市植物园可为联盟所用的场地有科普馆、研学课堂、创客基地、药草园、农艺园、宿根花卉园等地。同时还将联合沈阳各区教育系统实践中心,开展场地资源互换,根据课程安排合理规划教学场地,满足联盟成员之间的研学场地需求。

沈阳市植物园园区现有房车营地约 1000m^2,也可作为联盟露宿场地使用。营地内不仅各种设施齐全,有较为完善的安保系统,独立的饮水和污水处理系统,配备生活用电。突出打造的是休闲、文化及露营为一体的研学场所(图4)。

图4 房车营地

3.4 联盟推广渠道

沈阳市植物园将调研走访东北三省研学市场资源,包括科研院所、教育部门、研学机构、实践中心、策划机构、旅行社、OTA平台及有兴趣进行战略合作的其他机构,邀请有意向的合作联盟单位到景区参观洽谈以及深入讨论,对进一步实施联盟基地建设进行全面探讨,联手打造联盟研学品牌,建立联盟品牌营销推广体系,统一制定“植物研学旅游联盟”标识,统一宣传推广内容,进而提高联盟研学旅游品牌的知名度、美誉度和认可度。将根据联盟成员的具体情况制定相应的合作政策,为联盟成员团队提供更多的优惠,实现合作共赢效益最大化。

3.5 联盟的客户群

目前研学消费行为主要包括义务教育阶段研学旅行(学校组织)、义务教育阶段假期旅行(旅行社、机构)、高中阶段研学旅行(学校组织)、高中阶段假期旅行(旅行社、机构)以及高等教育阶段的社会实践及家庭亲子研学游。因此各区域教育系统中小学及大专院校均为研学旅游的主要目标客群,与联盟成员签约成功的客群团体可专享景区的研学课程,并根据客群体量制定相应研学课程和优惠政策。

沈阳市植物园为科研单位及院校学生提供免费实习基地及科研实验基地,让教育发生在真实的研究中,通过研学旅游使学生在校园内、教室内的学习延伸到社会现实、大自然中,进而达到开拓视野、增长才干、提升教育成绩的效果。在教育活动中,实现植物科普、植物文化、园林艺术及其历史文化与中国传统文学艺术、诗画、音乐的有机结合。

4 联盟云课堂

2020年由于受新冠疫情的影响,联盟充分利用现代科技手段,成员们共同通过抖音、快手等时下比较热门的方式开展云课堂科普直播宣传。

4.1 邀请专家教授开展远程教学活动

邀请沈阳农业大学教授在园区内进行远程植物教学活动。沈阳市植物园科研科普中心王文元主任对花境中的花卉应用、习性、园林搭配等方面进行直播主讲,浏览点击量超过6000次,得到了老师和同学们的好评。联盟后期还将利用园区的抖音和快手平台,陆续推出系列主题直播。

4.2 利用云直播推动联盟影响力

2020年6月,由中国旅游集团旅行服务有限公司推出“跨越山海、云游中国”沈阳站直播活动,亮相沈阳世博园,沈阳旅游集团董事长栾峰走进直播间作为“景区代言人”,与60万粉丝互动,介绍沈旅集团旗下景区的优质资源。

4.3 联盟公益云课堂

联盟还参加社会公益机构“艺启梦想公益服务中心”,为远在云南山区的孩子们录制植物科普视频,与他们建立关系,让他们看到东北的景色,感受到来自东北的温暖。鼓励他们认识世界,走出大山,保护自然。

4.4 志愿者服务云课堂

2019年沈阳植物园开始招募志愿者服务活动,得到了很多粉丝的积极支持。经过面试组成了由社会粉丝和在校大学生两支志愿者团队共计50余人,仅2019年一年里先后组织了10余场志愿活动,分别在各大花展为游客科普花卉知识,传达花展设计理念。志愿者还自己制作PPT,由科普中心专业人员把关,进行了《春季野菜知多少》《郁金香的故事》等专题讲座和云直播活动,为现场游客和远程在线游客科普。可以让大学生们有效的将书本知识变成了实际的应用,既丰富了知识,又增加了阅历。

图5 志愿者讲解活动

5 展望

建立植物研学旅游联盟,是推动辽宁省研学旅游快速发展和提升全民文化素养的务实之举。联盟可以保障稳定的游客来源,同时与高校的合作以提供专业的支持,与媒体合作以扩大影响力。通过联盟对现有资源的整合,实现研学的市场化推广,进而形成良性循环机制。

研学产品的生存和发展,离不开积累与共享。异业联盟可以带来更多效益,让游客得到更多知识,以及更全面更专业化的服务。与专家互动,与企业互动,用互联网的思维连接教育机构、研学基地、研学教育专家及研学教育技术,本着教育性、实践性、安全性、公益性的原则,全面推动全国研学旅游产业的发展。

参考文献

曹承娥,2019. 浅议中国科学院武汉植物园研学实践教育[M]//中国植物学会植物园分会编辑委员会,2019. 中国植物园(第二十二期). 北京:中国林业出版社.

林卫红,2019. 把握四个"关键点"让研学助力学生成长[J]. 教育实践与研究,2019(08).

石洪斌,2018. 研学旅游市场意义与对策[J]. 学术杂志,2018(10).

滕丽霞,陶友华,2015. 研学旅行初探[J]. 价值工程,34(35),251-253.

栽培基质和光强对3种菖蒲生长特性的影响

李 鹏[1] 王苗苗[1] 康晓静[1] 陈 燕[1] 吴继东[1] 于天成[1]

（1. 北京植物园，北京市花卉园艺工程技术研究中心，城乡生态环境北京实验室，北京 10093）

摘要：以3种菖蒲类植物为试验材料，研究了8种基质的理化性质，以及两种混合基质和4个遮光处理对其生长发育的影响。结果表明，'虎须'（*Acorus* 'Hu Xu'）无论在混合基质1还是混合基质2中都有最高的鲜重增长量、平均鲜重增长量、根系增长总量和平均根系增长量，这两种基质都适合'虎须'生长。混合基质1有利于'金钱'（*Acorus* 'Jin Qian'）根系的生长，混合基质2有利于'金钱'叶片的生长。混合基质2有利于'有栖川'（*Acorus* 'You Qi Chuan'）生长。'金钱'的叶片在各个遮光条件下均取得了最大的叶绿素a和叶绿素b含量。除遮光50%外，其余遮光条件下，其叶绿素a/b的比值均最低。同时，'金钱'在遮光90%时最大光化学效率（Fv/Fm）最高，这些表明'金钱'具有较强的耐阴性。'虎须'和'有栖川'在遮光70%时Fv/Fm最高，具有一定的耐阴性。

关键词：菖蒲类植物，栽培基质，耐阴性，生长发育

The Effects of Media and Light on Growth of Three *Acorus* Plants

LI Peng[1] WANG Miao - miao[1] KANG Xiao - jing[1]
CHEN Yan[1] WU Ji - dong[1] YU Tian - cheng[1]

（1. *Beijing Botanical Garden, Beijing Floriculture Engineering Technology Research Centre, Beijing Laboratory of Urban and Rural Ecological Environment, Beijing* 100093）

Abstract: Three *Acorus* were applied as material. The physicochemical properties of eight growing media, the effect of two mixed growing media and four shading treatments on growth and development were studied. The results showed that *Acorus* 'Hu Xu' got the highest increment of total fresh weight, average fresh weight, total root growth and average root growth in both mixed growing media which were suitable for *Acorus* 'Hu Xu'. Mixed media 1 promoted the root growth of *Acorus* 'Jin Qian', while mixed media 2 promoted the leaf growth. Mixed media 2 was beneficial to the growth of *Acorus* 'You Qi Chuan'. *Acorus* 'Jin Qian' got the maximum chlorophyll a and chlorophyll b under all the shading treatments. Except for 50% shading, *Acorus* 'Jin Qian' got the minimum chlorophyll a/b under other shading treatments. Meanwhile, *Acorus* 'Jin Qian' got the maximal photochemical efficiency (Fv/Fm) under 90% shading. All of these proved that *Acorus* 'Jin Qian' had strong shade tolerance. *Acorus* 'Hu Xu' and *Acorus* 'You Qi Chuan' got the maximal photochemical efficiency (Fv/Fm) under 70% shading, and they were shade tolerant.

Keywords: *Acorus*, Growing media, Shade tolerance, Growth and development

《中国植物志》记载，中国分布有4种天南星科石菖蒲属植物：菖蒲（*Acorus calamus*）、金钱蒲（*Acorus gramineus*）、长苞菖蒲（*Acorus rumphianus*）、石菖蒲（*Acorus tatarinowii*）。长苞菖蒲分布于云南等热带地区，其余3种名称混杂不清。从外形上看，菖蒲叶剑形，植株高1m以上，较易区分。石菖蒲和金钱蒲在形态上相似，栽培应用史上常混为一体，统称菖蒲类植物。菖蒲类植物不仅是重要的中草药，也是重要的观赏花卉，在中国已有2100年以上的应用栽培史，清代时与兰、菊、水仙一起被喻为“花

草四雅”(李树华,1998)。近代,关于菖蒲类植物的研究主要集中在药用价值上,如药材的鉴别(肖耀军,2001;闻芳,2013),药用活性成分研究(永奇 等,2001;梁虹,2014;钟佩茹 等,2014;李娟 等,2015;刘江红 等,2020)。关于观赏价值方面的研究比较少(兑宝峰,2016),1998 年李树华通过查阅大量文献,整理发表了《菖蒲类在中国的观赏应用史、种与品种的进化史及其传统盆养技术》,填补了这方面研究的空白。

在我国江浙地区有赏玩菖蒲类植物的传统,2015 年、2016 年无锡连续两年成功举办了菖蒲植物展,使得菖蒲类植物备受追捧。但目前关于菖蒲类植物的栽培养护和展览展示缺乏科学性研究。基质和光照是栽培成功与否的关键,对菖蒲类植物生长发育有着重要影响。本文选取 3 种菖蒲类植物,通过基质和遮光试验,以期更好地了解其栽培习性,为科学合理栽培菖蒲类植物提供理论依据。

1 材料与方法

1.1 材料

‘金钱’(*Acorus*‘Jin Qian’):根茎一层层螺旋生长,冠幅浑圆饱满,规整而文雅,叶挺拔有力,叶片较厚,叶色浓绿有光泽。

‘虎须’(*Acorus*‘Hu Xu’):株形较分散,洒脱自然,叶挺拔有力,极具山野草的生机勃勃。

‘有栖川’(*Acorus*‘You Qi Chuan’):株形潇洒自然,叶片直立笔挺,有带状浅黄色斑,光洁油润。

1.2 不同基质的物理性质测定

用容重、孔隙度测定法测定 6 种单一基质(草炭 422、珍珠岩、火山岩、鹿沼土、赤玉土、轻石),两种混合基质(混合基质 1 为草炭 422 与珍珠岩 1∶1 配比,混合基质 2 为火山岩与鹿沼土与赤玉土 1∶1∶1 配比)的物理性质。具体方法参照连兆煌的常见固体基质物理性质测定方法(连兆煌,1994)。

1.3 不同基质的化学性质测定

采用淋洗置换法(PT 法),将待测基质置于可收集淋洗液的花盆底盘等宽口容器上,缓缓倾注 100mL 蒸馏水,收集淋洗液。静置 60min,待淋洗液与基质中各项因子平衡后再进行测定。将收集到的 PT 淋洗液倒入合适的小烧杯等容器,测定其 EC 值和 pH 值(王振波,2016)。

电导率 EC 值:采用 Nieuwkoop EPH-119 型电导率仪。

酸碱度 pH 值:采用 Sartorius PB-10 型酸度计。

1.4 不同基质对植物生长的影响

将 3 种菖蒲类植物脱盆,清洗干净,测量试验前的鲜重和根系长。然后分别以附石、盆栽于混合基质 1(草 1∶珍 1)、盆栽于混合基质 2(火 1∶鹿 1∶赤 1)3 种形式,栽培于北京植物园盆景基地(N=8~10)。栽培时间为 2017 年 8 月至 2018 年 8 月。经过一年栽培,将其脱盆,清洗干净,测量试验后的鲜重和根系长。最后计算鲜重增长总量、平均鲜重增长量、根系增长总量、平均根系增长量。

1.5 不同遮光处理

将 3 种菖蒲类植物做如下遮光处理:50%,70%,90%,全光照作为对照(N=8~10)。栽培时间为 2017 年 8 月至 2018 年 8 月。

1.6 叶绿素含量测定

取不同遮光处理的叶片,带回实验室快速洗净擦干,称取 0.1g,剪碎后放入大试管中,加入 20mL 已配好的浸提液(浸提液为丙酮:无水乙醇=1∶1),密封后置于低温黑暗处 2d,待瓶中叶肉组织完全变白后,将浸提液于 UV-2802S 型紫外可见分光光度计上测定 646nm(OD646)、663nm(OD663)和 470nm(OD470)波长下的光密度。根据以下公式分别计算出叶绿素 a(Chla)、叶绿素 b(Chlb)、叶绿素 a/叶绿素 b(Chla/b)。

叶绿素 a(Chla)含量(mg/g Fw) = (12.21 × OD663 - 2.81 × OD646) × V/1000W

叶绿素 b(Chlb)含量(mg/g Fw) = (20.13 × OD646 - 5.03 × OD663) × V/1000W

公式中 V:提取液体积(mL),W:叶片鲜重(g),OD646:浸提液在 646nm 波长下的光密度值,OD663:浸提液在 663nm 波长下的光密度值。

1.7 叶绿素荧光数据测定

在晴朗的天气进行,选取栽培一年后的 3 种菖蒲类植物健康成熟叶片,不同遮光处理下的每种植物叶片各取 3 个,重复 3 次。用暗适应夹对叶片进行 15min 暗适应后,用便携式植物效率分析仪(Handy PEA Hansatech,UK)测定叶片的荧光数据。

2 结果与分析

2.1 8 种基质的理化性质比较

从表 1 看出,不同基质的容重各不相同。一般认为,小于 0.25g/cm^3 属于低容重基质,0.25 ~ 0.75g/cm^3 属于中容重基质,大于 0.75g/cm^3 属于高容重基质,容重在 0.1 ~ 0.8g/cm^3 范围内植物栽培效果较好(郭世荣,2011)。草炭、珍珠岩和混合基质 1 属于低容重基质,火山岩、鹿沼土、赤玉土、轻石和混合基质 2 属于中容重基质。基质的分类中,总孔隙度大于 30% 属于高孔隙度。6 种单一基质的总孔隙度由大到小依次为:草炭 > 珍珠岩 > 轻石 > 鹿沼土 > 火山岩 > 赤玉土。除了总孔隙度,通气孔隙和持水孔隙比(即大小孔隙比)也反映出基质中气、水间的状况,是衡量基质好坏的重要指标。在这 6 种单一基质中,轻石具有较强的通透性、持水力较弱;而鹿沼土有较强的持水力、通透性较差。将基质混合,配成混合基质 1 和混合基质 2 后,其总孔隙度、通气孔隙度到改善,混合基质 1 有着较低的容重、较好的通气性和保水力,混合基质 2 有着较高的容重和较好的通气性。

关于基质的 EC 值和 pH 值,通常认为基质电导率小于 0.37 ~ 0.5mS/cm,基质几乎没有肥力;6 种单一基质中,除草炭土和赤玉土 EC 值为 0.24 和 0.11 外,其余都小于 0.1。在实际使用中,要补充肥料。将基质混合后,混合基质 1 和混合基质 2 的 EC 值也不高。无土栽培基质的酸碱性应保持相对稳定,最好呈中性或微酸性。过酸、过碱都会影响营养液的平衡和稳定。在这六种单一基质中,草炭、鹿沼土、赤玉土的 pH 值 <7,珍珠岩、火山岩、轻石的 pH 值大于 7。混合后,混合基质 1 和混合基质 2 的 pH 值接近 0.7,呈中性。

表 1 8 种基质的理化性质比较

编号	名称	大小 (mm)	容重 (g/cm^3)	总孔隙度 (%)	大(气) (%)	小(水) (%)	EC 值 (mS/cm)	pH 值
1	草炭 422	0 ~ 25	0.17	59.91	31.60	28.31	0.24	6.94
2	珍珠岩	3 ~ 5	0.07	51.21	32.72	18.49	0.07	7.40
3	火山岩	2 ~ 4	0.74	45.54	33.97	11.56	0.09	7.67
4	鹿沼土	1 ~ 3	0.35	48.72	18.66	30.06	0.10	6.76
5	赤玉土	1 ~ 3	0.65	41.27	25.91	15.36	0.11	6.34
6	轻石	6 ~ 10	0.33	48.85	37.01	11.85	0.05	7.05
7	混合基质 1	—	0.14	53.28	20.07	33.21	0.08	6.91
8	混合基质 2	—	0.58	46.62	28.20	18.41	0.10	7.01

2.2 栽培基质对生长的影响

表2 不同基质下菖蒲植物的生长情况

栽培方式	名称	样本数	鲜重增长总量(g)	平均鲜重增长量(g)	根系增长总量(cm)	平均根系增长量(cm)
附石栽培	‘金钱’	9	—	—	—	—
	‘虎须’	9	—	—	—	—
	‘有栖川’	9	—	—	—	—
混合基质1(草1∶珍1)	‘金钱’	9	87.85	9.76	70.04	7.78
	‘虎须’	8	201.39	25.18	151.09	18.84
	‘有栖’川	8	23.73	2.97	48.25	6.03
混合基质2(火1∶鹿1∶赤1)	‘金钱’	10	108.80	10.88	60.43	6.04
	‘虎须’	9	203.12	22.57	130.70	14.52、
	‘有栖川’	7	68.23	9.75	59.27	8.47

注：附石栽培，由于后期菖蒲的根扎进石头，无法取得数据。

对比3种菖蒲类植物，‘虎须’无论在混合基质1还是混合基质2中都有最高的鲜重增长量、平均鲜重增长量、根系增长总量和平均根系增长量。相较另外两种菖蒲，‘虎须’的地下根生长旺盛，这和‘虎须’发根性好有关，所以混合基质1和混合基质2都适合‘虎须’生长(图1、图2)。‘金钱’在混合基质1中根系增长总量和平均根系增长量高于混合基质2，而在混合基质2中鲜重增长总量和平均鲜重增长量则高于混合基质1中，所以混合基质1有利于根系生长，混合基质2有利于植株长叶(图3、图4)。从各项指标来看，‘有栖川’在混合基质2中表现优于混合基质1，混合基质2有利于生长(图5、图6)。

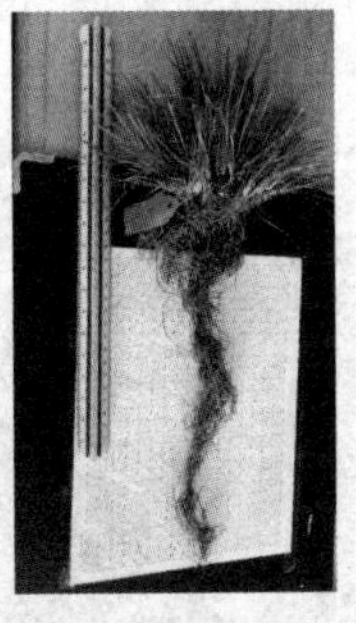

图1 ‘虎须’N2～11栽植前(左)和栽植在混合基质1里(右)植株生长的情况

图2 ‘虎须’N3～11栽植前植株状态(左)和栽植在混合基质2里(右)植株生长的情况

图3 ‘金钱’N2～9栽植前植株状态(左)和栽植在混合基质1里(右)植株生长的情况

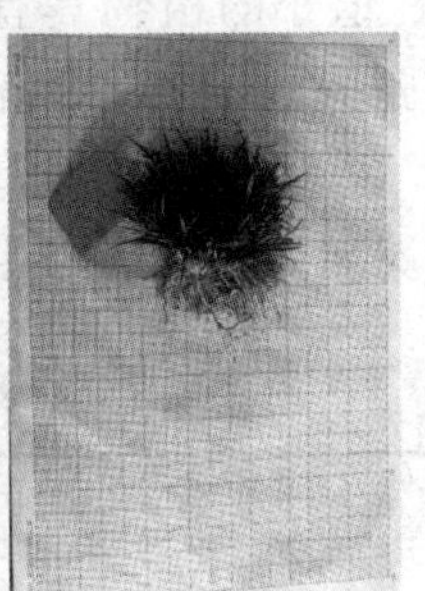

图4 ‘金钱’N3～6栽植前植株状态(左)和栽植在混合基质2里(右)植株生长的情况

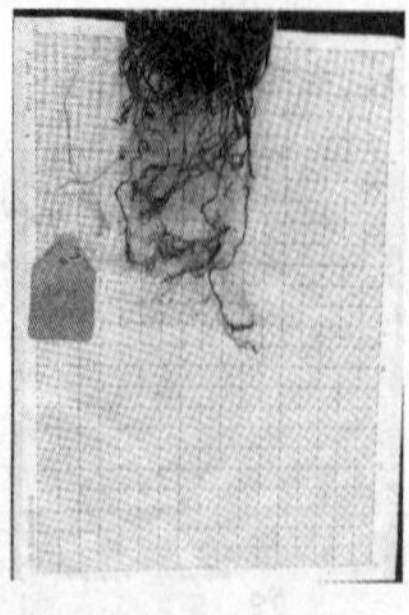

图5 ‘有栖川’N2～29 栽植前植株状态(左)和栽植在混合基质1里(右)植株生长的情况

‘有栖川’N3～23 栽植前植株状态(左)和栽植在混合基质2里(右)和植株生长的情况

2.3 遮光对叶绿素含量的影响

通过图7可以看出,3种菖蒲类植物在不同遮光条件下所含的叶绿素a和叶绿素b,以及它们的比值存在差异。‘金钱’的叶片在各个遮光条件下均取得了最大的叶绿素a和叶绿素b含量。除了在遮光50%的情况下,叶绿素a/b稍高于‘有栖川’外,其余的遮光条件下,其叶绿素a/b的比值最低。一般情况下,叶绿素含量高,叶绿素a/b比值小的植物具有较强的耐阴性(赵平和张志权,1999)。相比‘虎须’和‘有栖川’,‘金钱’具有较高的耐阴性。实际栽培情况与试验分析与相一致,‘金钱’表现最好。随着遮光率的增大,‘金钱’‘虎须’‘有栖川’三者叶片所含的叶绿素a和叶绿素b均出现先增大后降低,并且在遮光70%时,取得最大值。全光照下,3种菖蒲类植物的叶片所含叶绿素a和叶绿素b最低,比值也最大。全光照不利于菖蒲生长,出现死亡现象(图8),而遮光处理的三种菖蒲类均生长正常,无死亡。

2.4 光照强度对叶绿素荧光的影响

Fv/Fm值反映了植株叶片光合系统PSll原初光化学效率,它是反应植物光抑制程度的可靠指标(张斌斌 等,2009)。3种菖蒲类植物在全光下的Fv/Fm值均低于0.8,

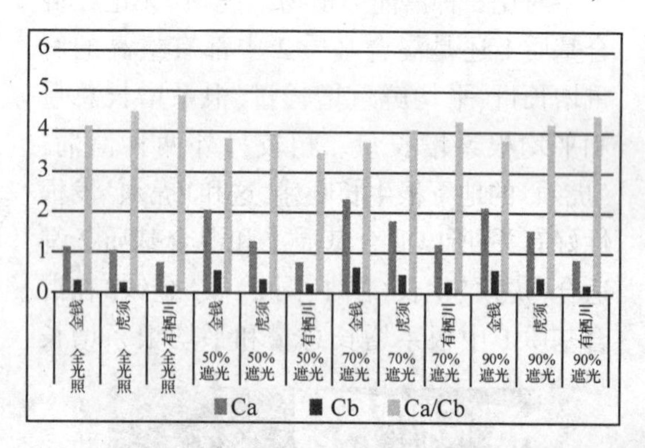

7 不同遮光条件下3种菖蒲类植物的叶绿素含量和叶绿素a/b

图8 全光照不利于菖蒲生长,出现死亡现象

表3 光照强度对3种菖蒲类植物光系统II最大光化学效率(Fv/Fm)的影响

植物种类	遮光50%	遮光70%	遮光90%	全光照
金钱	0.807±0.011	0.812±0.036	0.831±0.031	0.750±0.057
虎须	0.804±0.14	0.846±0.041	0.815±0.024	0.782±0.046
有栖川	0.809±0.009	0.83±0.013	0.764±0.011	0.721±0.139

说明其不耐强光照。这于实际栽培相一致,强光照不利于植株生长。在不同光照条件下,3种菖蒲类植物的最大光化学效率Fv/Fm变化趋势不一。'金钱'在遮光90%时最高,具有较强的耐阴性,'虎须'和'有栖川'在遮光70%时最高,具有一定的耐阴性,且'虎须'耐阴性要强于'有栖川'。根据方差分析结果可知,四种光照处理间存在极显著差异($P<0.01$),这说明,光照和植物类型对植物的生长有显著影响。进一步进行Duncan检验,结果显示,遮光50%和90%间差异不显著,而与70%和全光照间差异极显著(图9)。总体而言,3种菖蒲类植物在70%遮光条件下获得最大的叶绿素荧光动力学参数(Fv/Fm),说明70%遮光适合3种菖蒲类植物的生长。植物类型上,'金钱'和'虎须'间不存在显著差异,而与'有栖川'间存在显著差异(图10)。

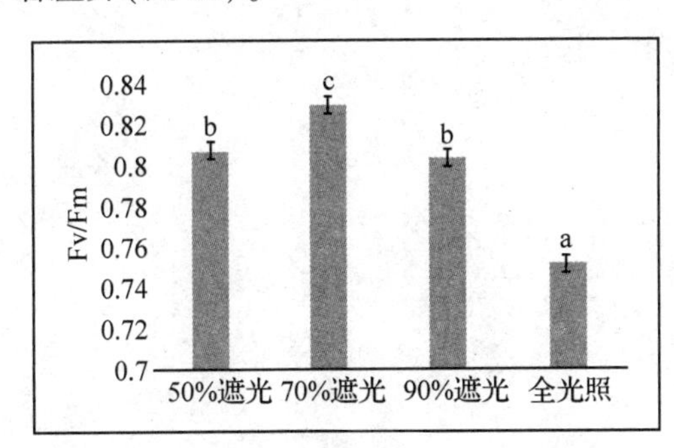

图9 不同遮光处理下的叶绿素荧光动力学参数比较

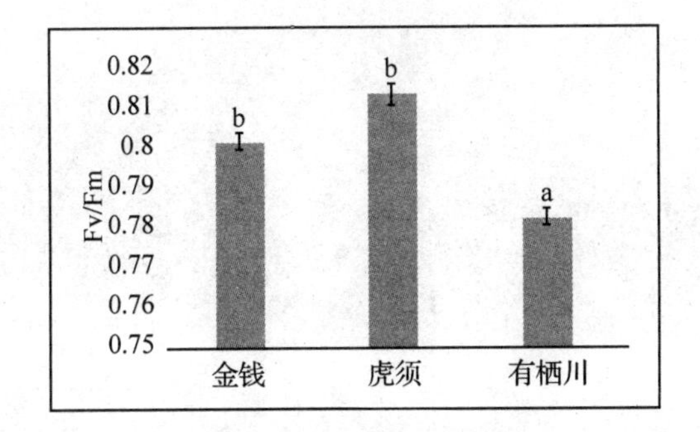

图10 不同植物类型的叶绿素荧光动力学参数比较

3 结论与讨论

相比单一基质,混合基质1和混合基质2在总孔隙度、通气孔隙度方面都得到改善,并且pH值都接近中性。'虎须'在两种混合基质中都表现出最高的生长指标(鲜重增长量和根系增长),这两种混合基质都适合'虎须'生长。对于'金钱'而言,混合基质1有利于根系的生长,混合基质2有利叶片的生长。'有栖川'在混合基质2中表现较好。

对于菖蒲类植物具有耐阴性人们有着共识,但对其耐阴程度不甚清晰,由于菖蒲类植物叶片的特殊性(叶片细窄),试验方法选择上具有局限性,因此本文对菖蒲类植物进行了初步的耐阴性研究,通过叶绿素含量和叶绿素荧光数据测定,得到'金钱'具有较强的耐阴性,'虎须'和'有栖川'具有一定的耐阴性,70%遮光更适合3种菖蒲类植物的生长。

据《三辅黄图·扶荔宫》记载,汉武帝扶荔宫植奇草异树,有菖蒲百本。北宋时期,菖蒲类植物成为重要的庭园植物和文人清赏雅玩的盆栽植物。到明代,菖蒲类植物在民众中盛行,出现了许多种与品种,如'金钱''虎须''牛顶''剑脊''香苗''台蒲'等。但遗憾的是,由于年代久远,又没有专门的学者对种与品种的进化史进行深入系统地研究,如今许多品种已经流失或处于混乱不明状态,亟需加大这方面的研究,理清脉络,复兴这一拥有两千多年历史、蕴含丰富文化的传统植物。

参考文献

兑宝峰,2016. 文玩植物——石菖蒲[J]. 园林,(6):56-58.

郭世荣,2011. 无土栽培学[M]. 北京:中国农业出版社,106-111.

李娟,刘清茹,肖兰,等,2015. 湖南产石菖蒲和水菖蒲挥发油成分分析和抑菌活性检测[J]. 中成药,37(12):2778-2782.
李树华,1998. 菖蒲类在中国的观赏应用史,种与品种的进化史及其传统盆养技术[J]. 北京林业大学学报,(2):56-61.
连兆煌,1994 无土栽培技术与原理[M]. 北京:中国农业出版社,1994:60-73.
梁虹,2014. 石菖蒲化学成分及神经保护、抑菌活性部位的筛选研究[D]. 银川:宁夏医科大学.
刘江红,王世祥,黄开远,等,2020. 白芷和石菖蒲配伍对大鼠脑缺血损伤的保护作用[J]. 西北药学杂,35(3):368-372.
王振波,钟淮钦,林兵,2016. 国兰栽培基质理化性质快速检测方法[J]. 福建农业科技,10:18-20.
闻芳,2013. 中药材石菖蒲蒲与其易混淆品的鉴别[J]. 中国中医基础医学杂志,(8):19-8.
肖耀军,2011. 石菖蒲与九节菖蒲蒲的鉴别使用[J]. 北京中医药大学,30(1):56-67.
永奇,吴启端,王丽新,等,2001. 石菖蒲对中枢神经系统兴奋一镇静作用研究[J]. 广西中医药,25(1):49-50.
张斌斌,姜卫兵,翁忙玲,等,2009. 遮荫对园林园艺树种光合特性的影响[J]. 经济林研究,27(3):115-119.
赵平,张志权,1999. 欧洲3种常见乔木和幼苗在两种光环境下叶片的气体交换、叶绿素含量和氮素含量[J]. 热带亚热带植物学报,7(2):133-139.
钟佩茹,张方亮,何丽娜,等,2014. 白芷总香豆素、川芎嗪及配伍应用对大鼠脑缺血/再灌注损伤的影响[J]. 天津中医药,(9):560-563.

赤霉素和层积处理对2种苹果属植物种子萌发的影响①

权　键[1]　吴超然[1]

（1. 北京植物园，北京市花卉园艺工程技术研究中心，城乡生态环境北京实验室，北京 100093）

摘要：本文研究了不同浓度赤霉素、不同层积处理对山荆子和湖北海棠2种海棠种子萌发的影响。结果显示：（1）层积处理是促进山荆子和湖北海棠种子的萌发的主导因素；（2）使用冰箱恒温层积替代室外变温层积，可避免季节制约、加快育苗进程。

关键词：赤霉素，层积，山荆子，湖北海棠，种子萌发

Effect of Gibberellin and Stratification Treatments on Seeds Germination of 2 *Malus* Species

QUAN Jian[1]　WU Chao－ran[1]

（1. *Beijing Botanical Garden, Beijing Floriculture Engineering Technology Research Centre, Beijing Laboratory of Urban and Rural Ecological Environment, Beijing* 100093）

Abstract: The effects of gibberellin and stratification treatments on seed germination of *Malus baccata* and *Malus hupehensis* were studied. The result shows: (1) Stratification treatment is the dominant factor to promote germination of *Malus baccata* and *Malus hupehensis*; (2) Stratification of constant temperature in refrigerator can be used to instead of the stratification of variable temperature outdoor, also avoid restrictions of season, and will shorten the time of cultivation stage.

Keywords: Gibberellin, Stratification, *Malus baccata*, *Malus hupehensis*, Seeds Germination

蔷薇科苹果属中通常将果实直径小于5cm的种统称海棠（郭翎，2009）。本试验所用材料湖北海棠（*Malus hupehensis*）和山荆子（*M. baccata*）都属于小果类型。

中国是苹果属起源中心，湖北海棠是代表种（李育农，1989），其在湖北，山东、陕西、甘肃、河南、江苏、安徽、浙江、四川、西藏、云南等地均有分布；该种具抗根腐病、抗病毒病和耐涝性，非常适应上述病菌（毒）高发和多雨的江淮地域作苹果砧木（陈琳琳 等，2013）。湖北海棠花蕾粉红，花粉白，果红色，是优良绿化观赏树种。

山荆子又称山丁子、山定子，广泛分布于西伯利亚地区、朝鲜及中国黑龙江、吉林、辽宁、内蒙古和山西等地。研究表明，山荆子具抗寒基因、可耐－40 ℃以下低温，是苹果抗寒育种材料（冯章丽 等，2016）。也是我国北方果树主产区的主要砧木，树姿优雅，花期早、花朵繁、果色艳，具有较高观赏价值。

湖北海棠和山荆子的资源研究及应用前景备受关注。种子萌发是苗木繁育起点。0.1%与0.05% GA_3浸种3h，4～5℃低温层积30～60d等对湖北海棠种子萌发有影响（张成霞 等，2014），但未见不同浓度的GA_3和不同层积方式处理的比较研究。对于山荆子的萌发条件，也未见试验性研究。

① 资助项目：北京市植物园科技项目“苹果属野生资源及中国传统海棠品种的收集与繁殖技术研究”（BZ201801）。

本研究借鉴前人的试验方案，采用4种不同浓度赤霉素和3种不同的层积方法对种子进行处理，并在此基础上设计了交叉试验处理，在种子萌发的影响因素上进行了更进一步的探索，试验结果对实际的生产操作有更有力的技术支持。

1 材料与方法

1.1 试验材料

山荆子：2018年9月甘肃省天水市秦州区皂郊镇采种，千粒重6.64g。

湖北海棠：2018年9月甘肃省天水市麦积区吴河村采种，千粒重7.58g。

1.2 处理方法

1.2.1 赤霉素

用浓度分别为0、100、200、300mg/L GA_3溶液浸泡24h备用。

1.2.2 层积处理(ST)

对照(NST)：无层积，直接萌发；

变温层积(VT)：冬季室外荫蔽处自然变温层积40d；

恒温层积(CT)：冰箱4℃层积40d。

赤霉素处理后的种子用湿沙混匀，填入纱袋，再与湿沙混合层积于塑料箱中，每10d观测、适量补水。

1.2.3 交叉试验处理(见表1)

表1 交叉试验处理

层积	赤霉素浓度 GA_3			
	0 mg/L	100 mg/L	200 mg/L	300 mg/L
无层积(NST)	CK	N/100	N/200	N/300
变温层积(VT)	VT	VT/100	VT/200	VT/300
恒温层积(CT)	CT	CT/100	CT/200	CT/300

1.3 萌发试验

使用直径9cm的培养皿，放置于LHS-150SC恒温恒湿培养箱20℃进行萌发，胚根突破种皮为萌发，记录萌发种子数，计算萌发率：

$$萌发率/\% = \frac{萌发种子数}{实验种子数} \times 100\%$$

1.4 实验设计与数据统计

每处理15粒，3个重复；使用Excel 2007软件进行数据统计和图表绘制，用IBM SPSS Statistics V22软件进行方差分析。

2 结果与分析

2.1 赤霉素处理

不同浓度赤霉素处理结果如图1。各浓度赤霉素处理山荆子种子萌发率均低于对照。100mg/L赤霉素处理湖北海棠萌发率最高8.89%，对照未萌发。说明单纯使用赤霉素处理对山荆子和湖北海棠效果不佳。

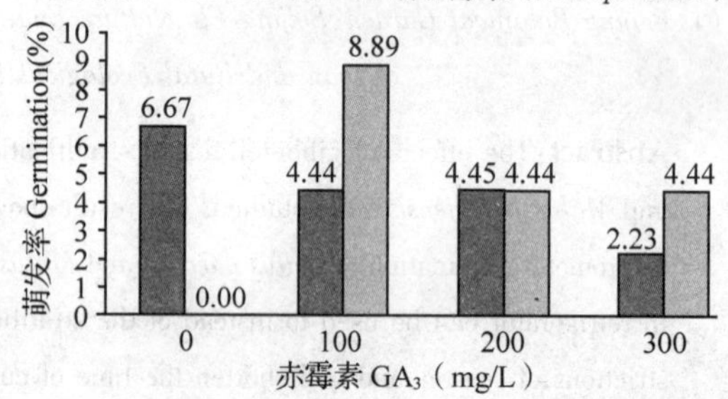

图1 不同浓度赤霉素浸种对2种海棠种子萌发率的影响

2.2 层积方法

不同层积方法处理结果如图2。变温层积和恒温层积的2种海棠萌发率明显高于无层积，恒温层积最高。且层积处理对提高湖北海棠种子萌发率的作用更明显。

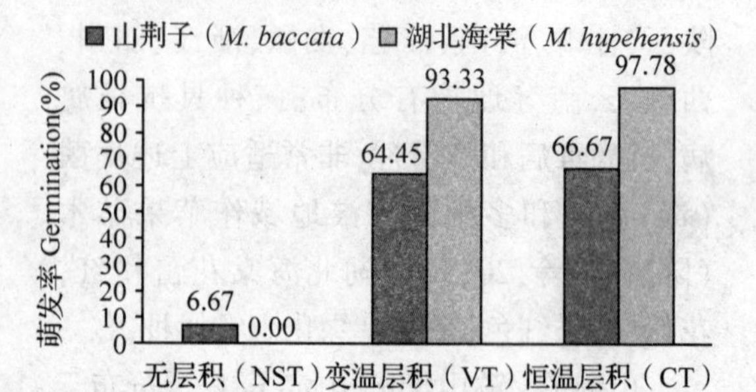

图2 不同层积方式对2种海棠种子萌发率的影响

2.3 赤霉素与层积交叉处理

2.3.1 交叉试验结果

山荆子(图3左)、湖北海棠(图3右)实验结果表明,用300mg/L赤霉素和变(恒)温层积交叉处理山荆子种子萌发率最佳,分别为71.11%和68.89%;湖北海棠用100mg/L或200mg/L赤霉素浸种后再变温层积40 d萌发率最高,均为97.78%。同时还可看出,各浓度赤霉素处理下,变温层积萌发率略高于恒温层积,不层积最差;相同层积方法、不同赤霉素浓度萌发率变化曲线相对比较平缓,说明双因素交叉处理中赤霉素浓度影响不明显。

2.3.2 方差分析结果

采用SPSS软件对不同浓度赤霉素和不同层积方法进行双因素方差分析,主体间效应检验如表2、表3所示。

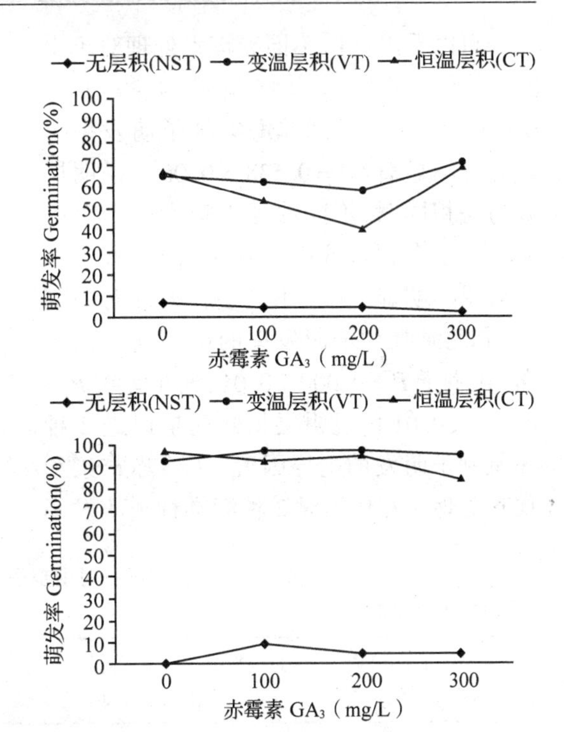

图3 赤霉素与层积交叉处理对山荆子(上)和湖北海棠(下)萌发率的影响

表2 赤霉素和层积对山荆子种子萌发率的影响主体间效应的检验

因变量:山荆子萌发率

来源	第Ⅲ类平方和	df	平均值平方	F	显著性	局部Eta方形
修正的模型	27371.487[a]	11	2488.317	24.283	0.000	0.918
截距	63057.906	1	63057.906	615.370	0.000	0.962
赤霉素	1002.598	3	334.199	3.261	0.039	0.290
层积处理	25452.883	2	12726.441	124.195	0.000	0.912
赤霉素×层积处理	916.006	6	152.668	1.490	0.224	0.271
错误	2459.319	24	102.472			
总计	92888.711	36				
校正后总数	29830.805	35				

注:R平方=0.918(调整的R平方=0.880)。

表3 赤霉素和层积对湖北海棠种子萌发率的影响主体间效应的检验

因变量:湖北海棠萌发率

来源	第Ⅲ类平方和	df	平均值平方	F	显著性	局部Eta方形
修正的模型	65333.156[a]	11	5939.378	89.103	0.000	0.976
截距	149509.822	1	149509.822	2242.959	0.000	0.989
赤霉素	148.163	3	49.388	0.741	0.538	0.085
层积处理	64866.600	2	32433.300	486.567	0.000	0.976
赤霉素×层积处理	318.393	6	53.065	0.796	0.582	0.166
错误	1599.778	24	66.657			
总计	216442.756	36				
校正后总数	66932.933	35				

注:R平方 = 0.976(调整的R平方 = 0.965)。

可以看出：(1)不同赤霉素处理对于山荆子种子萌发率影响差异显著(P = 0.039 < 0.05)，对湖北海棠种子萌发率影响差异不显著(P = 0.538 > 0.05)，说明层积方法相同时、不同浓度赤霉素处理对山荆子种子有促进或抑制效果，而对湖北海棠效果不明显。(2)不同层积处理对山荆子、湖北海棠种子萌发率的影响均为极显著(山荆子 P = 0.000 < 0.01，湖北海棠 P = 0.000 < 0.01)，说明层积处理是促进 2 种海棠种子萌发的主导因素。(3)赤霉素和层积处理交互作用对 2 种海棠种子萌发率影响均不显著(山荆子 P = 0.224 > 0.05，湖北海棠 P = 0.582 > 0.05)，说明赤霉素与层积处理之间没有明显的相互促进作用。

进一步对层积方法进行了多重比较，如图 4、图 5 所示。无层积与变温层积或恒温层积分别比较，差异均为极显著(山荆子 P = 0.000 < 0.01，湖北海棠 P = 0.000 < 0.01)，说明层积对海棠种子萌发至关重要；变温层积与恒温层积虽然图上略有差异，但统计学结果显示差异不显著(山荆子 P = 0.120 > 0.05，湖北海棠 P = 0.327 > 0.05)。

表 4 赤霉素和层积对山荆子种子萌发率的影响多重比较

因变量：山荆子萌发率

	(I)层积处理	(J)层积处理	平均差异(I-J)	标准错误	显著性	95%信赖区间	
						下限	上限
LSD	无层积	变温层积	-59.4425*	4.13263	0.000	-67.9718	-50.9132
		恒温层积	-52.7767*	4.13263	0.000	-61.3060	-44.2473
	变温层积	无层积	59.4425*	4.13263	0.000	50.9132	67.9718
		恒温层积	6.6658	4.13263	0.120	-1.8635	15.1952
	恒温层积	无层积	52.7767*	4.13263	0.000	44.2473	61.3060
		变温层积	-6.6658	4.13263	0.120	-15.1952	1.8635

注：* 平均值差异在 0.05 水平上显著。

表 5 赤霉素和层积对湖北海棠种子萌发率的影响多重比较

因变量：湖北海棠萌发率

	(I)层积处理	(J)层积处理	平均差异(I-J)	标准错误	显著性	95%信赖区间	
						下限	上限
LSD	无层积	变温层积	-91.6658*	3.33310	0.000	-98.5450	-84.7866
		恒温层积	-88.3342*	3.33310	0.000	-95.2134	-81.4550
	变温层积	无层积	91.6658*	3.33310	0.000	84.7866	98.5450
		恒温层积	3.3317	3.33310	0.327	-3.5475	10.2109
	恒温层积	无层积	88.3342*	3.33310	0.000	81.4550	95.2134
		变温层积	-3.3317	3.33310	0.327	-10.2109	3.5475

注：* 平均值差异在 0.05 水平上显著。

3 讨论与结论

根据一般经验，山荆子种子需经过 50d 以上低温层积才能获得较高萌发率。有研究表明，湖北海棠在 3℃ 低温条件下层积 45d，萌发率仅 43.61%，层积 50d，萌发率才能达到80.56%(龙秀琴,2003)。本试验中,用300mg/L的赤霉素浸种处理,再经过变温层积40d,山荆子种子萌发率最高可达71.11%;而使用无菌水和其他浓度的赤霉素浸种,再经过变温或恒温层积40d处理,山荆子种子萌发率也可显著提高。对于湖北海棠,萌发率的提升与赤霉素无关,而最关键的是经过40d层积处理,种子萌发率均达到84.45%以上,最高为97.78%。而且,对2种海棠种子而言,变温层积和恒温层积产生的效果相近,说明实际生产中可使用冰箱恒温层积替代室外变温层积,避免季节的制约、加快育苗进程。

参考文献

陈琳琳,吴瑞姣,刘连芬,等,2013. 湖北海棠的研究进展及应用前景[J]. 北方园艺,(16):217-221.

冯章丽,于文全,顾广军,等,2016. 山荆子野生资源的研究及利用进展[J]. 中国林副特产,(3):98-101.

郭翎,2009. 观赏苹果引种与苹果属植物DNA指纹分析[D]. 泰安:山东农业大学.

李育农,1989. 世界苹果和苹果属植物基因中心的研究初报[J]. 园艺学报,16(2):101-107.

龙秀琴,2003. 贵州主要野生苹果砧木种子解除休眠对低温的需求[J]. 种子,(03):8-9.

张成霞,张衡峰,吴红,等,2014. 不同处理对湖北海棠种子萌发的影响[J]. 黑龙江农业科学,(12):102-106.

观鸟活动对青少年鸟类保护行为的影响
——以厦门市园林植物园观鸟课程为例

陈盈莉[1]　庄晓琳[1]　谷　悦[1]　向　可[2]　王　慧[3]
（1. 厦门市园林植物园，厦门 361000；2. 成都市植物园，成都 610000；
3. 合肥植物园，合肥 230000）

摘要：为评估观鸟活动给青少年带来的教育影响，本文以厦门市园林植物园的观鸟活动作为研究案例，探究不同参与程度与参与者的鸟类保护意愿及鸟类保护行为的关系，根据得出的相关结论为相关的环境教育活动提供参考。

关键词：观鸟活动，青少年，鸟类保护行为

Effects of Bird Watching Activities on Bird Protection Behavior of Adolescents：
Take the Bird Watching Course in Xiamen Botanical Garden

CHEN Ying - li[1]　ZHUANG Xiao - lin[1]　GU Yue[1]　XIANG Ke[2]　WANG Hui[3]
（1. *Xiamen Botanical Garden*, *Xiamen* 361000; 2. *Chengdu Botanical Garden*, *Chengdu* 610000;
3. *Hefei Botanical Garden*, *Hefei* 23000）

Abstract: In order to assess the educational impact of bird watching activities on young people, this article takes the bird watching course of Xiamen Garden Botanical Garden as a case, to explore the relationship between different participation levels and participants' bird protection wishes and bird protection behaviors. The conclusions we get provide references for related environmental education activities.

Keywords: Bird watching activities, Adolescent, Bird protection behavior

观鸟，是指利用望远镜等观测设备在不干扰鸟群活动且不破坏其栖息地的前提下，科学地观察鸟类特征的户外活动（Sekercigluc，2002）。观鸟活动自 20 世纪八九十年代传入我国后，由一开始的专业观鸟，慢慢转变为民间普及的观鸟活动（程翊欣 等，2013；欧亚，2007）。绿化条件较好的校园、公园以及各类自然风景区等都可以作为开展观鸟活动的自然资源（廖晓东，2005）。在西方发达国家，观鸟被认为是一种很好的青少年人格、环境以及生态教育的体验式科普活动（张磊，2015）。它体现的是一种亲近自然的现代理念，陶冶身心的同时普及了鸟类和栖息地保护的相关知识。在我国，观鸟活动发展的历史不长，相关研究也较少见。

本研究基于计划行为理论（Theory of Planned Behavior，TPB）（Ajzen，1991），以厦门市园林植物园（以下简称厦门植物园）开展的观鸟活动作为研究案例，使用问卷调查与半结构化访谈相结合的方式，探究不同参与程度与参与者的鸟类保护意愿及其鸟类保护行为的关系，分析观鸟活动对青少年保护行为的影响，特别是对青少年环境敏感度的影响，本研究的结果可用于指导相关环境教育活动开展的方式与方法。

1 材料与方法

1.1 案例概述

厦门植物园位于厦门岛东南隅的万石山中,占地4.93km^2,是厦门市鸟种最为丰富的地区之一,鸟类可遇见度除夏季以外均保持较高的水平,紧邻市中心,交通便捷,区位环境优越,非常适合开展观鸟的普及工作。

厦门植物园自2013年起面向公众推广亲子观鸟课程——“寻找林间飞羽”,旨在帮助公众更好地走入自然,获取自然观察的直接体验,同时增加亲子互动交流。该系列课程由理论介绍、课堂训练、户外实践和交流赏析四大部分构成,在厦门市观鸟协会专业人员的带领下,参与者分4个课时学习了观鸟的基本方法与设备等基本技能、鸟喙与鸟足等基础知识以及户外辨识鸟类与搭建鸟巢等实践活动,通过活动引导参与者思考环境与人类的关系以及传递对野生鸟类及环境的保护等理念。

1.2 问卷设计与数据来源

1.2.1 题项设计

环境教育的目标是培养亲环境的公民,其中以行为改变为主要目的,计划行为理论是被社会学家广泛运用的一个经典理论模型,结合亲环境行为相关文献(刘贤伟和吴建平,2010;吕筱萍和段丽君,2015;张璐和金童林,2019),我们在模型中引入了环境敏感度,环境关心以及自然联结等变量。问卷由三部分组成:第一部分是社会人口变量如性别、年龄等,一期课程(4节课)之后观鸟次数和现在能认出的鸟类数量(见表2);第二部分是关于知识、价值、身份认同等内在动机和反馈、奖励、目标、社会规范等外在动机选项,也可自由填写其他动机(见图3);第三部分则是针对态度、环境关心、知觉行为控制、环境敏感、自然联结、行为意愿和行为7个变量所设计的28个题项(见附录)。其中测量研究对象普遍的环境关心程度,借鉴新生态范式量表(New Ecological Paradigm,NEP)(吴灵琼和朱艳,2017)。问卷采用的是Likert五点量表进行评级测试,从1到5分别表示“1非常不同意,2不同意,3一般,4同意,5非常同意”,反向题则分值相反。另外,考虑到青少年可能有多种渠道(如学校课程)获取鸟类的相关知识,因此很难将其与此次观鸟活动传授的知识相分离开,就没有考虑知识这个维度。

1.2.2 数据收集

问卷预调研在未参与过观鸟活动的7~12岁青少年人群中进行,实际回收了46份有效问卷,在信效度都达标的基础上进行修改并删减题量后开始正式投放问卷。正式调查于2019年8月4日采用网络问卷(问卷星),由厦门植物园官方发送链接给参加过观鸟活动的青少年人群,实际回收136份有效问卷(男生56人,女生80人)。

1.3 分析方法

(1)利用SPSS 22.0软件对问卷中的各变量所收集到的数据进行信效度检验。

(2)利用R软件中lm函数建立识鸟数量、观鸟频次与鸟类保护行为、环境敏感度、自然联结的回归分析,探究观鸟活动对于参与者行为和环境敏感度及自然联结的影响。

(3)运用Mplus软件建立结构方程模型进一步探究具体的观鸟活动与鸟类保护行为之间的关系。

(4)根据不同参与频次,分层抽样选择家长进行访谈,主要了解青少年在参加观鸟活动后对于鸟类产生的态度及行为的变化进行交叉验证。

2 结果

2.1 信效度检验

利用 SPSS 22.0 软件进行信效度检验，结果如表 1 所示。可以看出，探索性因素分析和验证性因素分析结果比较理想，所有数据都达到了后续分析的要求。

表 1 信效度检验

测量内容	题目量	测量方式	α值	KMO 值	均值	标准差
态度	4	五点量表	0.770	0.672	1.086	0.002
环境关心	4	五点量表	0.540	0.526	1.604	0.337
知觉行为控制	3	五点量表	0.700	0.676	1.848	0.079
环境敏感度	3	五点量表	0.670	0.684	2.69	0.516
自然联结	4	五点量表	0.603	0.641	1.366	0.022
行为意愿	4	五点量表	0.878	0.816	1.823	0.049
行为	6	五点量表	0.854	0.788	2.693	0.312

2.2 人口学变量

受访对象在参加活动时大多由他人陪同，占 91.2%；从参加活动时的年龄结构来看，主要分布在 7～12 岁，占 85.3%；其中，男性 56 人，占 41.2%，女性 80 人，占 58.8%。在参加完植物园开展的一期(4 节课)活动后，继续自发外出观鸟的人数占 84.6%。可以看出，经过植物园的观鸟活动后，较大部分参与者会持续自发外出观鸟。目前识鸟数量在 5 种以上的人数达到 79.4%(见表 2)。

表 2 调查样本描述性统计表

样本统计变量	样本分布特征	样本数	数量占比
性别	男	56	41.2%
	女	80	58.8%
参加活动时的年龄	0～6 岁	3	2.2%
	7～12 岁	116	85.3%
	13～18 岁	17	12.5%
参加活动时是否有他人陪同	是	124	91.2%
	否	12	8.9%
参加完一期(4 节课记为 1 期)课程之后继续观鸟次数	0 次	21	15.4%
	1～2 次	38	27.9%
	3～5 次	31	22.8%
	6～10 次	18	13.2%
	10 次以上	28	20.6%
现在能认出的鸟类数量	0～5 种	28	20.6%
	6～10 种	44	32.4%
	11～30 种	39	28.7%
	30 种以上	25	18.4%

2.3 参与观鸟活动的动机

由图 1 可知，参与观鸟活动的动机呈现多元化，同时存在多种参与动机，因此动机累计百分比超过 100%。在这些参与动机中，有 4 个动机选择人数相对较高，其中 M1“我想要学习鸟类的相关知识”占 80.7%、M5“可以在大自然中玩耍”占 78.5%、M2“我认为鸟类是我们人类的朋友”占 68.9%以及 M4“我认为参加此次活动对我的学习生活很有用”占 60%。可以看出，青少年参与观鸟活动的主要动机有学习鸟类知识、兴趣与亲近自然三个方面。

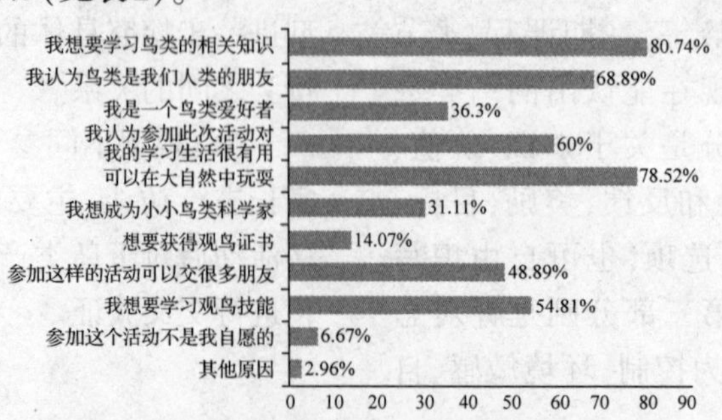

图 1 青少年参与观鸟活动的动机调查结果(n＝136)

这些参与动机并没有引发受访者持续自发参与相关观鸟活动，笔者认为影响青少年后续观鸟频次不高主要是时间因素，学生平时课业压力大，参加观鸟活动一般需要外出花费较长的时间，青少年独自出行既不安全也不方便，这时候往往还需要配合家长的时间选择观鸟的时间。除此之外，6.7%的受访对象选择了“参加这个活动不是我自愿的”这一动机，说明家长对于观鸟的态度也会影响青少年是否能持续参与观鸟。

2.4 观鸟活动对于青少年自然敏感度与自然联结的影响

在探究识鸟数量、观鸟频次分别与自然敏感度和自然联结之间的关系时，针对这4个变量做了回归分析。图2展示了青少年识鸟数量、观鸟频次分别与其自然敏感度之间的关系，图3展示了青少年识鸟数量、观鸟频次分别与自然联结之间的关系，可以看出青少年识鸟数量、观鸟频次与环境敏感度及自然联结两个变量之间都存在线性关系，即青少年识鸟数量越多，其环境敏感度越高；青少年参与观鸟活动越多，其环境敏感度越高。青少年识鸟数量越多，与自然产生更多的联结；学生参与观鸟活动越多，与自然产生更多的联结。可见，青少年参与观鸟活动对环境敏感度、自然联结都有显著的正向影响。

2.5 观鸟活动对于青少年鸟类保护行为的影响

为了探究厦门植物园的观鸟活动对于青少年鸟类保护行为的影响，考虑到识鸟数量是参与者最直接收获，笔者对参与者识鸟数量与鸟类保护行为之间的关系进行了回归分析，结果发现识鸟数量和行为之间有显著的线性关系（图4），即随着识鸟数量增多，参与者会产生更多的鸟类保护行动。

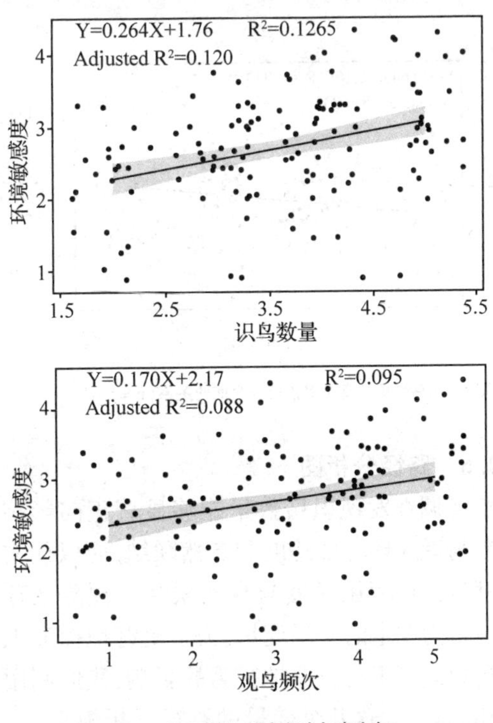

图2 识鸟数量、观鸟频次与青少年环境敏感度之间的关系（n=136）

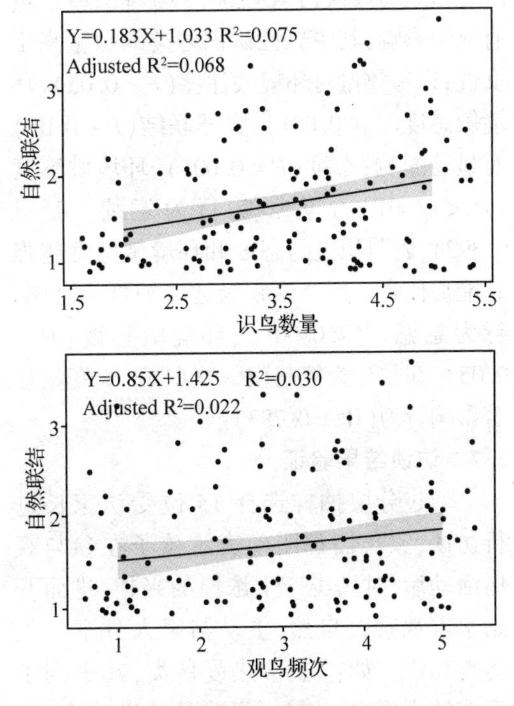

图3 识鸟数量、观鸟频次与青少年自然联结之间的关系（n=136）

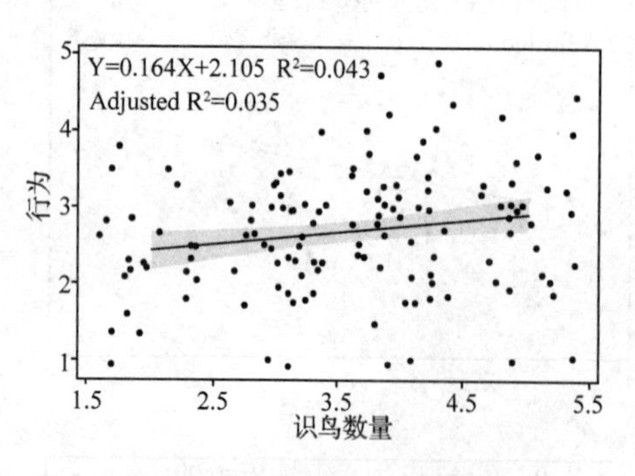

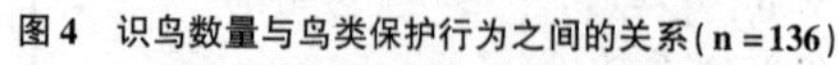
图4 识鸟数量与鸟类保护行为之间的关系(n=136)

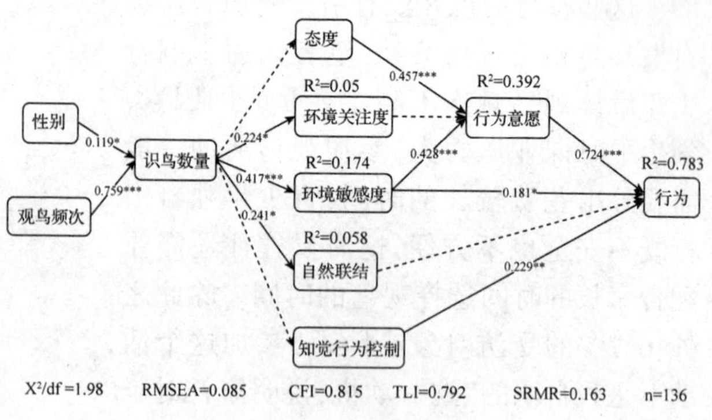

图5 路径分析模型图

2.6 路径分析图

调查发现识鸟数量能够显著正向影响参与者的环境敏感度和自然联结,而以往文献认为环境敏感度与自然联结是预测亲环境行为发生的重要变量,为了更好地探究识鸟数量对于鸟类保护行为的影响,我们利用Mplus建立这几个变量的路径分析模型(见图5),从该模型我们可以看出,性别($P<0.05$)、观鸟频次($P<0.001$)均对识鸟数量有显著影响,其中男性认识鸟类的数量高于女性;识鸟数量对环境关注度($P<0.05$)、环境敏感度($P<0.001$)、自然联结($P<0.05$)有显著影响;态度($P<0.001$)、环境敏感度($P<0.001$)显著影响行为意愿($R^2=0.392$),表明积极的态度和环境敏感度越强越能促使青少年产生积极地保护行为意愿;行为意愿($P<0.001$)、环境敏感度($P<0.05$)、知觉行为控制($P<0.01$)3个变量显著影响行为($R^2=0.783$)。

2.7 访谈结果验证

通过分层抽样选择15位受访家长进行访谈,家长们都明确表示孩子在参与观鸟活动后,对鸟类产生浓厚的兴趣,进而开始学着观察大自然,主动与家人分享一些鸟类知识。如:"非常热爱鸟类,几乎到了痴迷的程度""以前不喜欢的小动物会怕,现在不会""仔细研究地图和气候,计划每个周末观鸟的时间和地点""阅读很多关于鸟类的书籍""会担心栗喉蜂虎以后不知道要去哪里找栖息地""他说再也不吃鸽子了""会特别注意路上鸟儿行为,对鸟鸣更敏感,碰到一些比较有特色的花花草草更愿意驻足欣赏并用相机记录""乐于分享交流沿途所见的草木,不侵扰或破坏鸟类及其栖息环境"等。这些访谈结果验证了青少年参加观鸟活动后在对鸟类的态度、环境敏感度以及行为等维度都会表现出较高的变化。

3 结论与讨论

研究结果表明,青少年参加观鸟活动会显著影响其保护鸟类行为的发生,通过提升识鸟数量来提升青少年的环境敏感度进而提升相关的保护行为意愿及其行为是一种有效途径。由质性访谈交叉验证可知,青少年的行为也因鸟类保护延伸到了对动植物、环境保护的更多层面。在以后的环境教育类活动设计过程中,我们可以更多地考虑提高环境敏感度方面,以促进青少年更多地参与到活动中,并提高其亲环境行为。

目前中小学一般是以开设自然课或开展环保讲座的形式进行生态环保相关教育,采取的教育手段也较为枯燥生硬(胡震宇,2018)。而厦门植物园开展的观鸟活动教育方式灵活,将室内教学与户外活动相结合,注重参与者的感受、认知与反思,是一种很好的环境教育活动。未来植物园开展的观鸟活动,可以根据当地候鸟和留鸟的最佳观察时间增加开设观鸟课程的频次,增强趣味性与知识性的同时让更多青少年可以参与其中。考虑到家长的时间安排会影响到青少年参与观鸟活动的频次,建议观鸟活动应尽量开设在周末或者节假日期间,同时时间不宜过长,一次活动最好控制在半日内完成。此外,从本研究中可以发现参与过植物园的观鸟活动后,较大部分参与者会持续自发外出观鸟。目前厦门植物园开展的观鸟活动为初级入门课程,后续可以增设更高阶深入的长期观鸟课程,为青少年提供更多的观鸟选择。

参考文献

程翊欣,王军燕,何鑫,等,2013. 中国内地观鸟现状与发展[J]. 华东师范大学学报:自然科学版,(2):63-74.

胡震宇,2018. 观鸟活动课在厦门校本课程中实施的可行性研究[J]. 当代教研论丛,(03):30-31.

廖晓东,2005. 把观鸟活动引入中小学环境教育[J]. 广东教育,(3):43-44.

刘贤伟,吴建平,2010. 环境关心与亲环境行为及其关系的研究进展[C]// 2010 中国环境科学学会学术年会(二). 1274-1278.

吕筱萍,段丽君,2015. 消费者环境敏感度对绿色消费意向的影响研究:基于计划行为理论[J]. 浙商研究,(00):165-177.

欧亚,2007. 中国观鸟的十年[J]. 世界博览,(6):36-37.

吴灵琼,朱艳,2017. 新生态范式(NEP)量表在我国城市学生群体中的修订及信度、效度检验[J]. 南京工业大学学报(社会科学版),16(02):53-61.

张磊,2015. 体验式科普活动的组织及其意义——以观鸟活动为例[D]. 湖北:华中科技大学.

张璐,金童林,2019. 自然联结与地方依恋对初中生亲环境行为的影响:环境关心的中介作用[C]//中国心理学会,2019. 第二十二届全国心理学学术会议摘要集. 中国心理学会,1277-1278.

Ajzen I,1991. The theory of planned behavior[J]. Organizational behavior and human decision processes,50(2):179-211.

Sekercigluc. 2002. Impacts of Bird watching on Human and Avian Communities[J]. Environmental Conservation,29(3):282-289.

附录

关于《参加厦门市园林植物园观鸟活动》的调查问卷

各位家长朋友你们好,

非常感谢您能点开此份问卷,我们在做一份关于《青少年参加观鸟活动对亲环境行为的影响》的研究,我们希望邀请参加了观鸟活动的小朋友能够给我们一定的反馈,认真的回答我们的问题,以便我们不断提升和改进观鸟活动。本问卷希望由小朋友填写,如小朋友不能单独完成,请家长协助完成,感谢各位家长和小朋友的配合。

本问卷不会泄露各位的隐私,所有的回答及个人信息仅供学术研究使用,对外严格保密,我们希望得到各位的支持,谢谢!

基础信息		
性别		男、女
参加活动时的年龄		0～6岁、7～12岁、13～18岁
参加活动时是否有他人陪同		是、否
参加完一期(4节课记为1期)课程之后继续观鸟次数		0次、1～5次、6～10次、10次以上
现在能认出的鸟类数量		0、1～5种、6～10种、11～30种、30种以上
参加动机		
1 我想要学习鸟类的相关知识 2 我认为鸟类是我们人类的朋友 3 我是一个鸟类爱好者 4 我认为参加此次活动对我的学习生活很有用	5 可以在大自然中玩耍 6 我想成为小小鸟类科学家 7 想要获得观鸟证书	8 参加这样的活动可以交很多朋友 9 我想要学习观鸟技能 10 参加这个活动不是我自愿的 11 其他原因

项目	序号	项目陈述	非常同意	比较同意	一般	不同意	非常不同意
态度	1	鸟类是我们人类的朋友。					
	2	我们不应该追赶小鸟。					
	3	我们应该要保护鸟类。					
环境关心	4	我担心那些被人类破坏了家园的鸟。					
	5	在改善和保护环境方面我们花的钱太少了。					
	6	为了看候鸟,我更关注气候的变化。					
	7	通过搭建鸟窝的经历,我意识到动植物拥有和人类同等的在地球生存的权利。					
	8	通过观鸟活动,我意识到人类应该尊重和善待自然。					
知觉行为控制	9	我知道正确保护鸟类的方法。					
	10	保护鸟类对我来说不是一件很难的事。					
	11	我有足够的时间去做保护鸟类的事情。					
环境敏感	12	走在路上,我能迅速发现路边树上的鸟巢。					
	13	在林中听到鸟的声音能分辨出是什么鸟。					
	14	在候鸟迁徙期间,我能感受到鸟类数量的变化。					
自然联结	15	我是自然的一部分,在自然中,所有的生物都联系在一起。					
	16	我感到与自然融为一体。					
	17	你觉得你与自然的关系是怎样的?下面哪张图最能反映你与自然之间的关系? 我 自然　我 自然 oB　我 自然 oC　我 自然 oD 我 自然 oE　我 自然 oF　我自然 oG					
	18	我从不觉得自己与周围的自然环境有什么联系,比如树木、河流、野生动物或地平线上的景色。					
行为意向	19	参加活动后,我愿意当传播爱鸟护鸟的宣传员。					
	20	参加活动后,我会去学习更多保护鸟类的知识。					
	21	参加活动后,我会去和其他人讨论保护环境的重要性。					
	22	参加活动后,我愿意去当野生动植物救助站的志愿者。					
亲环境行为	23	我劝说别人不要购买鸟类羽毛制作的工艺品。					
	24	我选择阅读关于保护鸟类的书籍更多了。					
	25	我会经常与其他人谈保护鸟类的话题。					
	26	我写了很多关于保护鸟类的作文。					
	27	我参加了动物救助宣传活动。					
	28	我成为校园小记者,为保护动植物发声。					

爵床科植物收集及应用

吴 菲[1*] 崔玉莲[1] 李 鹏[1] 崔晶晶[1] 赵 萌[1] 刘智玮[1] 陈 旭[1] 郝 岩[1]

（1. 北京植物园，北京市花卉园艺工程技术研究中心，城乡生态环境北京实验室，北京 100093）

摘要：爵床科观赏植物种类繁多、形态各异、花色绚丽，应用方式多样。北京植物园温室于1999年、2003年、2017年3次共收集爵床科植物33属69 taxa，现存18属22 taxa。本文对引种成活的爵床科植物进行了物候观察、形态特征记录、显微观测；对部分稀缺的品种进行了扦插繁殖实验；并对爵床科植物在北京植物园的应用和展示方式进行了总结。

关键词：爵床科植物，显微观测，园林展示，应用前景

Collection and Exhibition of Plants in Acanthacea in Beijing Botanical Garden

WU Fei[1*] CUI Yu-lian[1] LI Peng[1] CUI Jing-jing[1] ZHAO Meng[1] LIU Zhi-wei[1] CHEN Xu[1] HAO Yan[1]

（1. *Beijing Botanical Garden, Beijing Floriculture Engineering Technology Research Centre, Beijing Laboratory of Urban and Rural Ecological Environment, Beijing* 100093）

Abstracts: There are various ornamental plants in Acanthaceae, with various forms, colors and application forms. 69 taxa in 33 genera of Acanthaceae has been introduced into conservatory of Beijing Botanical Garden. Phenological observation, morphological character recording and microscopic observation were carried out of the survived Acanthus plants, and the method of propagation by cutting was carried out for some rare cultivars. Their application and exhibition were summed up.

Keywords: Acanthaceae, Microscopic observation, Propagation by cutting, Application and exhibition

1 前言

爵床科（Acanthaceae）植物种类繁多，大约包括250属4000多种。分布广，有4个主要分布区：印度—马来西亚、非洲、南美洲巴西和中美洲，此外，还分布至地中海、北美洲、大洋洲等。

我国的爵床科植物多分布于长江以南阴湿的山谷或石灰岩地区，以云南省最多，四川、贵州、广西、广东、台湾和香港等省（区）也很丰富，多数种类具有重要的观赏价值。

爵床科植物因其多变的形态，绚烂的花色，奇特的花型吸引了众多研究者和观赏者。国内外学者对爵床科的研究多集中在以下一些方面：（1）爵床科的分类（谭运洪 等，2016；田旭琴，2017；林哲丽，2017）；（2）花、叶等微观结构的研究（夏纯，2013；李学云 等，2020；桑洪伟，2014）；（3）化学成分、药用价值及机理的研究（施桂秀 等，2019；刁鸿章 等，2017；黄凤杰 等，2013）；（4）染色体核型的分析（蔡文燕，2012）；（5）系统发育的研究（高春明，2010）；（6）爵床科资源及应用的研究（李建友，2015）。

2 植物引种

2.1 爵床科植物收集

经查阅相关文献,北方地区收集并栽培的爵床科观赏植物相对较少,北京植物园温室于1999年、2003年、2017年分别从我国南方、美国和我国云南西双版纳各引种了一批爵床科植物,共计33属69 taxa,引种成活后栽植于展览温室,现存18属22 taxa(表1)。

表1 爵床科植物引种表

编号	属名	中文名	拉丁名
1	老鼠簕属	匈牙利老鼠簕	*Acanthus hungaricas*
2	老鼠簕属	刺苞老鼠簕	*Acanthus leucostachyus*
3	单药花属	单药花/绛苞花	*Aphelandra scheideana*
4	十万错属	宽叶十万错	*Asystasia gangetica*
5	板蓝属	板蓝	*Baphicacanthus cusia*
6	假杜鹃属	假杜鹃	*Barleria cristata*
7	假杜鹃属	白花假杜鹃	*Barleria cristata* 'Alba'
8	假杜鹃属	花叶假杜鹃	*Barleria cristata* 'Variegata'
9	逐马蓝属		*Brilliantaisia nitens*
10	麒麟吐珠属(虾衣花属)	虾衣花	*Calliaspidia guttata*
11	十字爵床属	珊瑚火焰十字爵床	*Crossandra* 'Flame Coral'
12	珊瑚花属	珊瑚花	*Cyrtanthera carnea*
13	珊瑚花属	阿尔巴珊瑚花	*Cyrtanthera carnea* 'Alba'
14	珊瑚花属	粉色羽毛珊瑚花	*Cyrtanthera* 'Pink Plume Flower'
15	珊瑚花属	容光珊瑚花	*Cyrtanthera carnea* 'Radiant'
16	狗肝菜属	狗肝菜	*Dicliptera chinensis*
17	喜花草属	喜花草	*Eranthemum pulchellum*
18	喜花草属	可爱花	*Eranthemum wattii*
19	费通花属	费通花	*Fittonia verschaffeltii*
20	费通花属	比安可网纹草	*Fittonia* 'Bianco Verde'
21	费通花属	杰尼塔网纹草	*Fittonia* 'Janita'

(续)

编号	属名	中文名	拉丁名
22	驳骨草属	小驳骨	*Gendarussa vulgaris*
23	裸柱草属	广西裸柱草	*Gymnostachyum kuangxiense*
24	枪刀药属	枪刀药	*Hypoestes purpurea*
25	枪刀药属	三花枪刀药	*Hypoestes triflora*
26	枪刀药属	玫红嫣红蔓	*Hypoestes phyllostachya* 'Rose'
27	枪刀药属	深红嫣红蔓	*Hypoestes phyllostachya* 'Red'
28	枪刀药属	粉红嫣红蔓	*Hypoestes phyllostachya* 'Pink'
29	枪刀药属	白色嫣红蔓	*Hypoestes phyllostachya* 'White'
30	叉序草属	叉序草	*Isoglossa collina*
31	黑爵床属	鸭嘴花	*Justicia adhatoda*
32	黑爵床属	黄花鸭嘴花	*Justicia aurea*
33	黑爵床属	绿苞爵床	*Justicia betonica*
34	黑爵床属	红花虾衣花	*Justicia brandegeeana* 'Mutant'
35	黑爵床属	花叶虾衣花	*Justicia brandegeeana* 'Variegata'
36	黑爵床属	黄皇后虾衣花	*Justicia brandegeeana* 'Yellow Queen'
37	黑爵床属	红唇花	*Justicia brasiliana*
38	黑爵床属	水果沙拉爵床	*Justicia* 'Fruit Salad'
39	黑爵床属		*Justicia nodosa*
40	黑爵床属	垂笛花	*Justicia rizzinii*
41	黑爵床属		*Justicia* 'Pink Darfait'
42	银脉爵床属	银脉爵床	*Kudoacanthus albonervosa*
43	号角花属(太平爵床属)	号角花	*Mackaya bella*
44	野靛棵属	野靛棵	*Mananthes patentiflora*
45	赤苞花属	赤苞花	*Megaskepasma erythrochlamys*
46	红楼花属(鸡冠爵床属)	美序红楼花	*Odontonema callistachyum*
47	红楼花属(鸡冠爵床属)	鸡冠爵床	*Odontonema strictum*
48	厚穗爵床属	金苞花	*Pachystachys lutea*

（续）

编号	属名	中文名	拉丁名
49	山壳骨属（钩粉草属）	长梗多花山壳骨	*Pseuderanthemum polyanthum*
50	山壳骨属（钩粉草属）	云南山壳骨	*Pseuderanthemum malaccense*
51	爵床属	爵床	*Rostellularia procumbens*
52	芦莉草属	翠芦莉	*Ruellia brittoniana*
53	芦莉草属	双色芦莉	*Ruellia colorata*
54	芦莉草属	锦芦莉草/紫心草	*Ruellia devosiana*
55	芦莉草属	大花芦莉/红花芦莉	*Ruellia elegans*
56	芦莉草属	白烛芦莉	*Ruellia longifolia*
57	芦莉草属	绯鹃花	*Ruellia macrantha*
58	芦莉草属	银脉芦莉草	*Ruellia makoyana*
59	南山壳骨属		*Ruspolia hypocrateriformis*
60	兔耳爵床属	橙龙蜂鸟花	*Ruttya fruticosa* ‘Orange Drangon’
61	黄脉爵床属	金脉爵床	*Sanchezia nobinis*
62	马蓝属（紫云菜属）	软叶马蓝	*Strobilanthes flaccidifolius*
63	马蓝属（紫云菜属）	糯米香草	*Strobilanthes* sp.
64	山牵牛属	翼叶山牵牛	*Thunbergia alata*
65	山牵牛属	苏丝黑眼苏珊	*Thunbergia alata* ‘Susie’
66	山牵牛属	硬枝老鸦嘴	*Thunbergiaerecta*
67	山牵牛属	大花老鸦嘴	*Thunbergia grandiflora*
68	肖笼鸡属	贵州肖笼鸡	*Tarphochlamys darrisii*
69	茸烛木属	长叶白烛	*Whitfieldia longifolia*

2.2 部分爵床科植物形态特征

目前观测了20种爵床科植物，其叶片形态各异（图1），多为卵形、长椭圆形或阔披针形，叶脉明显。金脉爵床叶脉金黄、银脉爵床叶脉银亮、枪刀药叶面洒落粉色斑纹，刺苞老鼠簕叶边羽状浅裂且带刺，均具有特别的观赏价值。

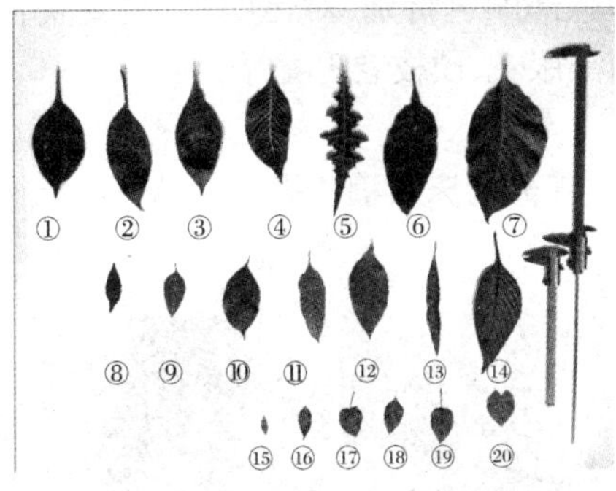

图1 部分爵床科植物叶——背面
①美序红楼花 ②叉序草 ③银脉爵床 ④金脉爵床 ⑤刺苞老鼠簕 ⑥珊瑚花 ⑦赤苞花 ⑧金苞花 ⑨虾衣花 ⑩白烛芦莉 ⑪绛苞花 ⑫鸡冠爵床 ⑬翠芦莉 ⑭野靛棵 ⑮假杜鹃 ⑯红唇花 ⑰宽叶十万错 ⑱贵州肖笼鸡 ⑲枪刀药 ⑳黑眼花

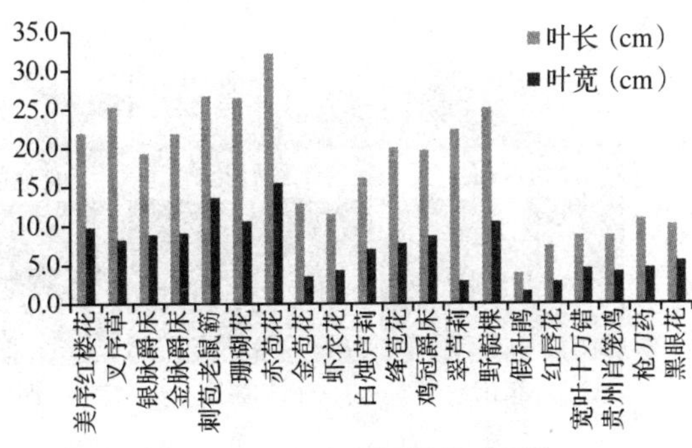

图2 部分爵床科植物叶片长、宽统计

对20种爵床科植物的叶长、叶宽进行了测量，每种植物随机挑选10株，每株选择1片成熟、完整的叶片进行测量，对测量的10个数据取平均值。得到的结果如图2所示：赤苞花的叶长、叶宽最大，贵州肖笼鸡叶长、叶宽最小。

爵床科植物的花形态各异、颜色丰富，颇具观赏价值。花的颜色以白色为主的有：白烛芦莉、宽叶十万错、野靛棵、云南山壳骨等；花黄色的有银脉爵床、金脉爵床、黑眼花等；花红色的有鸡冠爵床、绛苞花等；花粉色的有叉序草、红唇花、珊瑚花等；花紫色的有美序红楼花等；花蓝紫色的有翠芦莉、枪刀药、硬枝老鸦嘴、假杜鹃等。苞片观赏价值较高的有赤苞花、金苞花、虾衣花、金脉爵床等。喉部颜色特别,对比明显,具观赏价值的有黑眼花、硬枝老鸦嘴等。

在近3年的物候观测中,只观察到翠芦莉、赤苞花、虾衣花的果。

2.3 部分爵床科植物微观结构

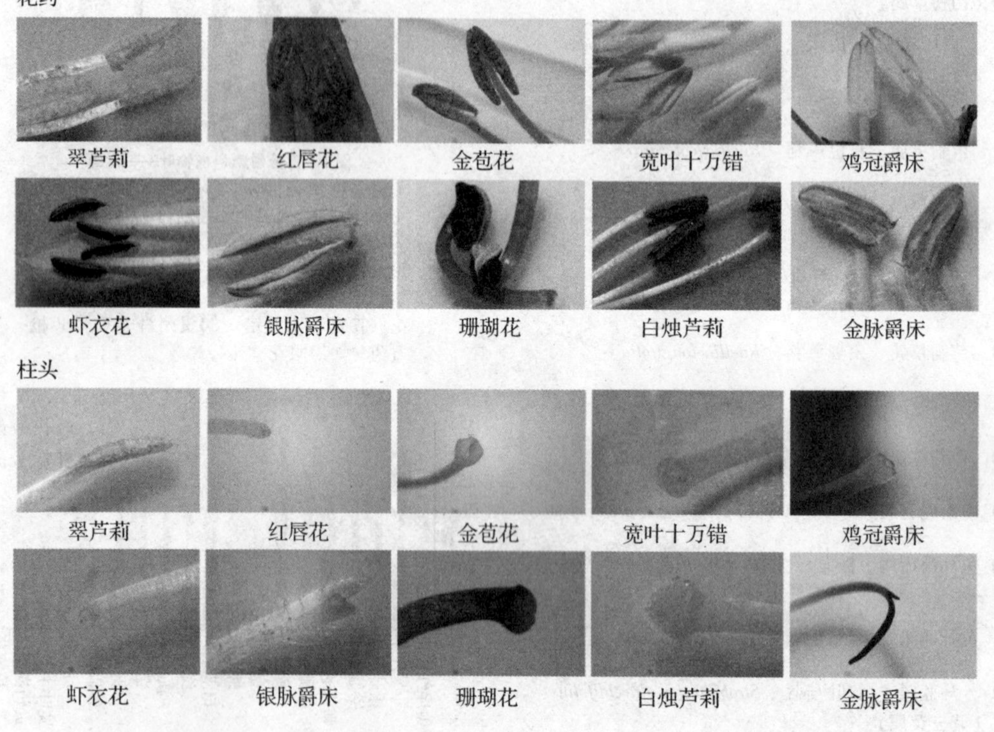

图3 部分爵床科植物的花药及柱头

爵床科植物的微观结构也颇具观赏价值,在上述10种植物中,翠芦莉、虾衣花、宽叶十万错、白烛芦莉、金脉爵床雄蕊为4,红唇花、银脉爵床、金苞花、珊瑚花、鸡冠爵床雄蕊为2。

2.4 部分爵床科植物物候特性

温室种植的20余种爵床科植物四季常绿,花期各不相同(表2),可以达到月月有花的景观。一年12个月,一直常开的有美序红楼花、金脉爵床、金苞花、虾衣花、白烛芦莉、红唇花;开花时长达半年及以上的有叉序草、银脉爵床、珊瑚花、赤苞花、鸡冠爵床、翠芦莉、宽叶十万错。单月开花数最多的为12月,有14种植物开花;其次为7月,有13种植物开花;4月、8~11月,均有12种植物开花;1月有10种植物开花;3月有9种植物开花;2月开花种类最少,只有7种。

表2 花期分布

中文名	1月	2月	3月	4月	5月	6月	7月	8月	9月	10月	11月	12月
美序红楼花	√	√	√	√	√	√	√	√	√	√	√	√
叉序草	√							√	√	√	√	√
银脉爵床	√	√	√	√		√	√	√				√
金脉爵床	√	√	√	√	√	√	√	√	√	√	√	√
刺苞老鼠簕			√	√								
珊瑚花				√	√	√	√	√	√	√	√	√
赤苞花	√			√	√	√	√			√	√	√
金苞花	√	√	√	√	√	√	√	√	√	√	√	√

（续）

中文名	1月	2月	3月	4月	5月	6月	7月	8月	9月	10月	11月	12月
虾衣花	√	√	√	√	√	√	√	√	√	√	√	√
白烛卢莉	√	√	√	√	√	√	√	√	√	√	√	√
绛苞花	√		√	√								√
鸡冠爵床					√	√	√	√	√	√	√	
翠芦莉					√	√	√	√				
野靛棵												√
假杜鹃												
红唇花	√	√	√	√	√	√	√	√	√	√	√	√
宽叶十万错					√	√	√			√	√	√
贵州肖笼鸡				√								
枪刀药									√	√	√	√
黑眼花						√	√	√				

刺苞老鼠簕的花期最长，单个花序花期可达43d；翠芦莉单花只有一天的时间；白烛芦莉、贵州肖笼鸡、野靛棵整个花序的花期可达4周左右；鸡冠爵床整个花序单花数为230个，花期可达3周左右；珊瑚花整个花序单花数为117个，花期可达2周左右（表3）。

表3　爵床科花期统计

中文名	单花/花序开花期时长（d）	花序单花数（朵）
银脉爵床	/	35
金脉爵床	/	34
刺苞老鼠簕	43	13
珊瑚花	14	117
白烛芦莉	28	16
鸡冠爵床	20	230
翠芦莉	1	/
野靛棵	27	70
红唇花	4	/
宽叶十万错	4	29
贵州肖笼鸡	30	50

3　应用现状

北京植物园应用的爵床科植物中，藤本有黑眼花、大花老鸦嘴等，灌木有刺苞老鼠簕、金脉爵床、赤苞花、鸡冠爵床、红唇花、金苞花等，半灌木有美序红楼花、珊瑚花、虾衣花等；草本有翠芦莉、叉序草、宽叶十万错、枪刀药等。

爵床科植物在北京植物园花境、盆栽、绿篱、边坡绿化及垂直绿化中都有较好的应用。

3.1　盆栽

一些花型奇特、叶型特异、体型娇小或适中的的爵床科植物，可用于盆栽观赏。目前市场上较多的盆栽是各类品种的网纹草。可置于办公室或案头，颜色丰富。银脉爵床叶色特别，也适合盆栽观赏。此外，金苞花、金脉爵床、鸡冠爵床、虾衣花等可盆栽于卧室、书房、宾馆、会议厅等处。黑眼花、翠芦莉、硬枝老鸦嘴适合盆栽装饰阳台、窗台或天台等光线充足的地方。

3.2　花境

爵床科植物高低错落、叶型丰富、花叶艳丽，多数种类都适合用于花境中。在植物园展览温室用于沿途花境且表现较好的种类有鸡冠爵床、美序红楼花、白烛芦莉、红唇花、叉序草、珊瑚花、金脉爵床、银脉爵床、虾衣花、野靛棵等。近几年在室外花境中应用的有莨芳花、九头狮子草、翠芦莉、金苞花、黑眼花等。

3.3　专类园

在北京植物园展览温室四季花厅的蝴蝶厅、中心岛周围花境、兰花室、雨林室有几处爵床科植物集中分布的区域，若条件允许，可建立爵床科植物的专类园，进行集中展示。

在北京植物园宿根园种植有九头狮子草和莨芳花。

3.4 其他

许多藤本类的爵床科植物非常适合垂直绿化,如大花老鸦嘴适合公园、小区、庭院等的大型棚架的攀缘材料。2016 年 5 月植物园布置了"走近世园花卉"展区,在花车上用到了黑眼花,园林中常用于小型棚架、篱垣、花架栽培观赏。

硬枝老鸦嘴适合风景区栽培,片植于路边、墙垣边。翠芦莉多用于路边、水岸边或浅水处栽培观赏。云南山壳骨可用于做绿篱或植于路边、林下观赏。金苞花常片植或用于花坛、花境。红唇花可丛植于园路边、山石边或庭院中观赏。

4 应用前景

爵床科植物在花境、盆栽、绿篱、边坡绿化及垂直绿化中都有较好的应用,是开发新型栽培花卉品种的重要资源。

北京植物园年游客量为 200 多万人次,笔者拟对国内外爵床科植物资源进行系统的文献查阅和整理,重点对我国野生的爵床科植物资源进行实地调研,并进行引种、收集观赏效果极佳的爵床科植物 30 种左右。应用 AHP 综合评价模型对引种的爵床科植物进行科学评价,并对其进行扦插、播种、组培等科学实验,在此基础上,筛选出5 ~ 10 种观赏性状和适应性最好的爵床科植物,进行人工扩繁,使之应用到北京地区室内外绿化中去。

在北京植物园花境、宿根园、展览温室增加对爵床科植物展示,既能形成较好的景观效果、又能让广大游客了解相关的植物学知识、达到景观、科研、科普的多重效果。

参考文献

蔡文燕,周桃凤,2012. 翠芦莉与大花芦莉染色体核型分析[J]. 江苏农业科学,40(5):134 - 137.

刁鸿章,陈文豪,宋小平,等,2017. 鳄嘴花全草的化学成分研究[J]. 中药材,40(5):1101 - 1104.

高春明,2010. 国产爵床科(Acanthaceae)系统发育关系的研究[D]. 北京:中国科学院研究生院.

黄凤杰,宋建晓,刘佳健,等,2013. 老鸭嘴化学成分研究[J]. 中国中药杂志,38(8):1183 - 1187.

李建友,2015. 爵床科观赏植物资源及其园林应用[J]. 亚热带植物科学,44(2):158 - 162.

李学云,陈婕,符喆,等,2020. 温室内 3 种爵床科植物叶片结构及光合特性研究[J]. 江苏农业科学,48(3):152 - 156.

林哲丽,2017. 中国孩儿草属(爵床科)的分类学研究[D]. 北京:中国科学院大学.

邱茉莉,崔铁成,张寿洲,2011. 深圳仙湖植物园爵床科植物种类与园林应用特征[J]. 广东园林,33(5):47 - 53.

桑洪伟,2014. 国产爵床科植物的叶表皮特征及其分类学意义[D]. 北京:中国科学院大学.

施桂秀,陈伟强,丁志英,2019. 穿心莲内酯抗人体呼吸系统感染及机制研究进展[J]. 广东医学,40(11):1660 - 1664.

谭运洪,林哲丽,邓云飞,2016. 中国爵床科一新记录种——翅柄裸柱草[J]. 热带亚热带植物学报,24(2):167 - 172.

田旭琴,2017. 贵州爵床科的分类学研究[D]. 北京:中国科学院大学.

夏纯,2013. 爵床科花器官的发生发育及其系统学意义[D]. 北京:中国科学院大学.

基于小学科学课程标准的植物园团体活动设计

师丽花[1]　明冠华[1]　辛　蓓[1]　赵　芳[1]　李广旺[1]

（1. 北京教学植物园，北京 100061）

摘要：2017 年 2 月，教育部颁布了新版的《义务教育小学科学课程标准》（简称《新课标》）。《新课标》强调以学生为中心，倡导探究式学习，保护学生的好奇心和求知欲，建议在实施中开发和利用校外资源。植物园作为真实的情境，是开展小学科学实践教学的良好场所。本文以北京教学植物园的植物大课堂为例，从活动设计理念、活动目标和内容、活动过程及活动评价四个方面，介绍面向学校团体设计活动的思路和方法。

关键词：新课标，植物园，团体活动

Design the Group Education Activities Based on Primary School Science Curriculum Standards

SHI Li－hua[1]　MING Guan－hua[1]　XIN Bei[1]　ZHAO Fang[1]　LI Guang－wang[1]

（1. *Beijing Teaching Botanical Garden*, *Beijing* 100061）

Abstract: The Ministry of Education issued a new version of *Primary School Science Curriculum Standards*（*New Curriculum Standards* for short） in February 2017. *New Curriculum Standard* emphasizes on student－centered learning, protects students' curiosity and thirsty for knowledge, suggests the development and utilization the resources out of school. As a real situation, Botanical Garden is a good place to carry out science practice teaching. This paper takes Botany Class in Beijing Teaching Botanical Garden as an example to introduce the ideas and methods of designing activities for school groups from four aspects: activity design concept, activity objective and content, activity process and activity evaluation.

Keywords: New Curriculum Standards, Botanical Garden, Group activity

"十三五"以来，我国基础教育改革进入了纵深发展阶段。教育部陆续印发了一系列重要文件，比如 2017 年 2 月印发的新版《义务教育小学科学课程标准》（简称《新课标》）就是其中之一。《新课标》在课程性质上更加强调基础性、实践性、综合性；理念上强调面向全体学生，倡导探究式学习，保护学生的好奇心和求知欲，突出学生的主体地位；实施建议上，特别提到要将探究活动作为学生学习科学的重要方式，注重开发和利用校外资源。与此同时，地方教育部门也在加强对实践课程的建设，以北京为例，要求各学科平均应有不低于 10% 的学时用于开设学科实践活动课程。因此，学生走进社会场所开展实践学习成为了一种必要的学习方式，学校也需要越来越多的优质校外课程资源。

据中国植物园联盟调查统计，我国现在共有各种类型植物园（树木园）162 个（焦阳，2019），这些植物园覆盖了我国主要气候区，不仅有丰富的自然资源，还蕴含着许多人文资源，比如北京植物园的一二·九运动纪念亭，西双版纳热带植物园的民族博物馆等，植物园拥有开展实践教学得天独厚的资源条件。近年来，植物园也愈来愈重视如何有效利用植物园资源，开发设计既具有植物园特色，又与学校课程标准紧密联系的课程。比如 2019 年 10 月植物园联盟在重庆南山植物园举办的植物园与科学教育研讨会。

北京教学植物园作为全国唯一一家面向中小学生开展教育教学的专类植物园，早在20世纪80年代就注重与校内结合，开展全市性的教师培训、野外生物夏令营、植物科学画竞赛、植物大课堂活动等。近年来依托北京市课外、校外教科研规划课题，开发了植物园气候变化系列课程、小学生校外探究实验活动、植物文化系列课程等。植物大课堂是教学植物园一项传统教学活动，周一至周五免费向中小学生团体开放，活动时长为半日或一日。《新课标》颁布以来，我们对标《新课标》对植物大课堂活动进行了重新设计，本文以此为例，从活动设计理念、活动目标和内容、活动实施、活动评价四个方面，介绍面向学校团体设计活动的思路和方法。

1 活动设计理念

1.1 以学生为中心，从学生认知出发

前边提到《新课标》更突出学生的主体地位，所以我们在设计时把"以学生为中心，从学生认知出发作为活动设计的出发点。根据建构主义的观点，学生在进入我们的课堂之前已经形成了有关的知识经验，新的学习过程是在原有经验之上主动建构的。因此，在设计的过程中，我们充分考虑学生原有的生活经验和已有知识，选择适合学生学习和建构习惯的素材，从学生的"最近发展区"设计教学，真正实现我们在教学理念上从关注怎么教转到关注怎么学。

1.2 注重思维培养，倡导探究式学习

我们知道核心素养的六大素养之一就是科学精神，其中重点强调了思维方式。而思维的训练是发展学生智力与能力的突破口，是各项核心素养落地的关键。目前，国内很多植物园在接待大规模学生团体时，依然只是灌输式的讲解，缺少对学生的引导，这也是我们曾经的误区。新形势下，我们更注重学生思维的培养，在实践中引导孩子们主动观察、思考、提出问题，希望孩子们在植物园不只是简单的认识几种植物，而是通过这种探究式的学习之后，孩子们能经历一个问题形成、获取证据、科学解释、分享交流的过程，形成一种科学的思维方式。

1.3 基于科学课标，亦注重学科融合

综合性是《新课标》的课程性质之一，植物园作为一个真实的情境，自然有很多能激发学生探究兴趣、与其生活经验相关的问题，而这些问题也不只局限于科学这个学科范畴。因此，在进行活动设计时，我们提出了"基于科学课标，亦注重学科融合"的理念，既对标2017版《小学科学课程标准》，同时也兼顾《中国学生发展核心素养》所提到的3大方面6大素养18个基本点，从全面育人的角度出发，设计多学科融合的活动课程。

2 活动的目标和内容

《新课标》生命科学领域包括6个大概念，我们结合其中的4个大概念(地球上生活着不同种类的生物；植物能适应环境，可制造和获取养分来维持自身的生存；植物和动物都能繁殖后代，使它们得以世代相传；动植物之间、动植物与环境之间存在着相互依存的关系)设计了6个主题，即春的萌芽(3月)、春花赏识(4月)、叶叶各不同(5~6)月、果果总动员(9~10月)、百变根茎(11月)、植物与生活(12月)。每个主题下分3个学段，结合课标学段内容、学生经验筛选素材，安排具体学段活动，采用室外自然探索与室内动手体验或探究活动的形式开展活动。详细内容见图1~2。这种基于真实问题情境，建立在学生生活经验之上的实践学习，架起一座学生生活经验与课本内容的桥梁，学生在主动学习的过程中实现对新知识的意义建构。

图1　植物大课堂活动3~6月活动内容及其目标

学段＼主题	春的萌芽（3月）		春花赏识（4月）		叶叶各不同（5~6月）	
一二年级	户外自然探索	目标：认识3种早春开花植物，了解芽的观察方法，初步认识芽的多样性，感受生命的力量。	户外自然探索	目标：说出至少3种常见春花的名字，了解花的基本观察方法，初步认识花的多样性，感受花儿的美丽，产生呵护植物的感情。	户外自然探索	目标：能说出“叶片”“叶柄”等基本结构的名称，初步了解叶片的观察方法，初步认识叶片的多样性。
	动手体验——学种芽苗菜	目标：了解种子发芽的过程和种子萌发的条件，体验芽苗菜的种植方法，增进与植物的感情。	动手体验——植物粘贴画	目标：了解简易标本的制作方法，能用干制花材完成一幅作品，从艺术角度发现自然之美。	动手体验——制作叶脉化石	目标：能用石膏法制作一块叶脉化石，并从艺术角度发现自然之美，了解印迹化石的形成原理，初步掌握叶脉的观察方法。
三四年级	户外自然探索	目标：认识5种早春开花植物，了解芽的观察方法，芽的多样性，体会植物对环境的适应性。	户外自然探索	目标：说出至少5种常见春花的名字，能初步分辨雄蕊、雌蕊等重要花器官，掌握花的基本观察方法，感受花儿的美丽，产生呵护植物的感情。	户外自然探索	目标：能辨别植物叶的基本组成结构，了解叶片的基本观察方法，尝试判断简单的“单叶”和“复叶”类型，体会叶片在形状、质地等方面的多样性。
	探究活动——探究种子生活力	目标：认识种子的结构，了解胚芽等结构的功能，尝试探究测定种子活力的方法，并能进行实验操作。	探究活动——花儿为什么这样红	目标：能完成花色素在不同酸碱条件下的变色实验，并对实验结果进行科学分析归纳，从而理解花色变化的秘密及其对传粉的意义。	动手体验——植物敲拓染	目标：能用敲击植物材料的方法在白色的手绢上完成一幅染色作品，感受草木染的乐趣，深入对植物叶片的组成的认知。
五六年级	户外自然探索	目标：能认识5种早春开花植物的名称，说出它们重要的识别特征，掌握芽的观察和解剖方法，体会植物对环境的适应性。	探究活动——花的团队	目标：能说出3种有花序的春花名称并分辨其花序类型，初步掌握花序的观察方法，体验解剖花序的过程，能从花序角度理解生物的多样性，体会生物之间奇妙的互利互惠、协同进化的现象，对自然万物的复杂和精巧产生由衷的欣赏之情。	户外自然探索	目标：掌握植物叶的基本观察方法，会判断简单的“单叶”和“复叶”类型，了解植物叶的变态类型及其对环境的适应。
	探究活动——种子称量大比拼	目标：认识种子的多样性，学习托盘天平的使用和微小物体的测量方法，发现称量法在农业生产中对于判断种子质量的重要价值。			探究活动——叶片吸尘器	目标：能用显微镜观察到叶片表面的各种附属结构，进行科学的生物绘图，体会植物在净化空气、吸附尘埃方面的重要生态价值。

图 2　植物大课堂活动 9 ~ 12 月活动内容及其目标

学段＼主题	果果总动员（9~10月）		百变根茎（11月）		植物与人类（12月）	
一二年级	户外自然探索	目标：观察3种果实，尝试通过文字或绘画的形式描述其特征，初步感受果实的形态多样性，感受植物之美。	户外自然探索	目标：观察三种不同生活习性的茎，尝试通过文字或绘画的形式描述其特征，初步感受茎的形态多样性，感受自然之美。	户外自然探索	目标：至少认识3种与人类生活密切相关的植物，知道其在人类生活中的重要作用。通过重要历史事件的呈现，加深理解植物与人类的关系。
	动手体验——硕果累累	目标：通过捏制果实的进程，加深对果实结构的了解，同时体验手工创作的乐趣。	动手体验——巧手捏根茎	目标：在体验造型的过程中加深理解根和茎的区别，感受自然之美。	动手体验——创意植物书签	目标：通过亲手制作书签的过程，锻炼创意设计、动手能力，感受植物在生活中的装饰作用。
三四年级	户外自然探索	目标：观察5种果实，知道果实的基本构成，了解果实的常见类型，理解果实是被子植物特有的繁殖器官。	户外自然探索	目标：观察4种变态茎，学会从外形上进行茎的观察，了解茎在维持植物生命中的重要生理功能；感受到不同环境中的植物外部形态具有不同的特点。	户外自然探索	目标：至少认识4种与人类生活密切相关的植物，能够正确概述其用途或用法，体会植物在人类生活中发挥的重要作用。通过重大科技实践的呈现，进一步理解植物在人类的基本生存与改善生活品质方面的重要作用。
	探究活动——比比谁更甜	目标：能通过实验法测试几种果实的含糖量，通过对实验结果的分析理解不同水果含糖量的区别，从中体验科学探究的乐趣。	探究活动——探秘马铃薯	目标：认识马铃薯的块茎结构，了解淀粉的提取方法；认识植物是人类生活资源的重要来源。	动手体验——植物项链DIY	目标：通过亲手制作植物干花项链，感受艺术创作之趣，欣赏植物自然之美。
五六年级	户外自然探索	目标：观察5种果实，能说出3种果实类型，知道果实是被子植物特有的繁殖器官，理解果实的形成过程。	户外自然探索	目标：观察5种不同植物的茎，能说出茎的外形征，知道植物可以通过茎进行繁殖后代；体会到植物对环境的适应性。	户外自然探索	目标：至少认识5种与人类生活密切相关的植物，能了解其应用价值及其相关的文化。能联系重要习俗、社会热点实践，从更广的视角理解人类对植物的依赖，植物对于人类社会健康发展的重要性。
	探究活动——种子称量大比拼	目标：了解种子的多样性，学习托盘天平的使用和微小物体的测量方法，发现称量法在农业生产中判断种子质量方面的应用价值。	动手体验——水培吊兰	目标：知道水培吊兰常用的材料工具，学会水培吊兰的方法；体验水培的乐趣，培养技术意识，增强审美情趣。	探究活动——草木染	目标：通过动手体验草木染过程，感受古人的智慧，理解植物在传统文化中的重要地位，感受其艺术之美。

3 活动实施

3.1 教研先行作保障

教研是促进课程建设和教师专业发展的有效途径之一。为提高课程质量，我们采取“小教研与大教研相结合，一般性教研与深度教研相结合”的教研模式。每周分小组开展一般性的小教研活动，隔周全体教师开展深度教研活动。就植物大课堂活动而言，通过小教研小组确定选题与课程内容框架；大教研活动分主题、分学段、分类型开展深度教研，全体教师集体备课、听评课。这种系列化、深层次、持续性的教研活动，不仅为教学活动质量提供了保障，同时也促进了教师间的交流、促进了教师的个人成长。

3.2 理念实践的一致

怎样确保我们的理念和实践不脱节呢？在实践中，教师时刻要有“学生中心”意识，将学生放在主体地位，从学生的角度入手进行“学什么”“如何学”“为什么学”的考量，据此，选择适合学生学习经验的学习素材，选用适合学生的学习策略，引导学生自己会学习、会探索。如在“果果总动员”低年级学段户外自然探索环节中，选择互动性强的凤仙花、龙芽草、气球花等植物，引导学生在与这些植物的互动中提出问题，学生再通过观察、思考等行为进行求证，为其做出科学解释。在这样的学习行为中学生的认知和思维都能得到提升，这样的科学实践过程就是一种以学生为中心的探究性活动。再以 11 月主题“百变根茎”为例，每个学段除户外自然探索之外，有对应学段的动手项目。1～2 年级动手项目为“巧手捏根茎”，3～4 年级动手项目为“探秘马铃薯”，5～6 年级为“水培吊兰”，每个学段内容的选择既出于对《新课标》的考虑，又考虑到与其他学科的融合，如将《采莲曲》等诗词吟诵、诗歌即兴创作、美术创作、英语表达、劳动教育等内容的有机融合。这体现了我们“基于科学课标，亦注重学科融合”理念在实践中的落实。

4 活动评价

本活动主要依托于《新课标》《中国学生发展核心素养》来进行评价，结合活动的实践性、综合性、体验性的特点，采用多元评价的策略，注重过程性评价。团队教师、校内教师、学生及家长都是评价的主体，课堂观察、师生访谈、活动作品、活动单、教师感想等都是评价的具体手段。

对学生学的评价，主要体现在学生的参与度。如户外自然探索过程，学生的好奇心是否被激发、是否能提出相关问题并激起进一步探究的欲望；室内动手活动，学生是否能独立完成、作品是否具有创新性；探究实验活动，学生是否能与自然探索环节建立联系、提出问题与假设、开展简单的探究等。对教师教的评价，主要体现在课前是否准备充分，是否根据学生实际情况有生成性教学内容，是否能关注到学生在学习过程中的实际获得等。

评价的目的是为教师提供教学诊断信息，为学生提供学习效果反馈，有效促进教与学质量的改进，确保教学评的一致性。

科学教育是提高全民科学素质的主渠道，科学教育不仅需要校内的课堂教育，也离不开植物园这样的实践教育基地。“办好教育事业，家庭、学校、政府、社会都有责任”，习近平总书记在全国教育大会上的这个重要论述，为深化教育改革、释放教育事业发展生机活力指明了方向，也为我们植物园科普事业的发展提供了动力支持。凝心聚力设计优质课程资源，是我们植物园科普人的初心和使命，让我们携手努力为提高植物园科普教育质量而奋力前行。

参考文献

北京市教育委员会，2015.《北京市实施教育部〈义务教育课程设置实验方案〉的课程计划》[Z].

焦阳，邵云云，廖景平，等，2019. 中国植物园现状及未来发展策略[J]. 中国科学院院刊，34(12)：1351－1358.

千岁兰传粉滴的观测及花粉活性研究①

成雅京[1]　孙皓明[1]　邓　莲[1]　高晓宇[1]　刘东燕[1]　杨　芷[1]

（1. 北京植物园，北京市花卉园艺工程技术研究中心，城乡生态环境北京实验室，北京 100093）

摘要：本文观测记载了一株温室栽培条件下的25年株龄的千岁兰雌株花球出现传粉滴的全过程，传粉滴出现时间持续82d；观测记载了一个雌花球传粉滴出现的单日过程，传粉滴出现高峰期在14:00～15:00；对千岁兰的花粉进行了萌发力的测定，为未来千岁兰在栽培条件下授粉奠定了基础。

关键词：千岁兰，传粉滴，花粉活性

Observation of Pollination Droplets and Pollen Germination of *Welwitschia mirabilis* in Conservatory

CHENG Ya－jing[1]　SUN Hao－ming[1]　DENG Lian[1]　GAO Xiao－yu[1]　LIU Dong－yan[1]　YANG Zhi[1]

（1. *Beijing Botanical Garden, Beijing Floriculture Engineering Technology Research Centre, Beijing Laboratory of Urban and Rural Ecological Environment, Beijing* 100093）

Abstract: The pollination drops of 18 female cones from 25 years old *Welwitschia mirabilis* were observed. The pollination droplet of *Welwitschia mirabilis* in conservatory lasted 82d; The process of pollination drop of a female cone was observed, the maximum peak time was from 14:00 to 15:00; The germinating ability of *Welwitschia mirabilis*' pollen was measured. Laid the foundation for the pollination of *Welwitschia mirabilis* under cultivation conditions for future.

Keywords: Greenhouse, *Welwitschia mirabilis*, Pollination drop, Pollen germination

千岁兰，学名 *Welwitschia mirabilis*，又称为百岁叶、百岁兰、千岁叶，千岁兰是裸子植物门买麻藤纲[盖子植物纲（Wofgang & Barbara, 1999）]千岁兰目千岁兰科的单科单属单种植物。仅分布于西南非洲的纳米布沙漠里。千岁兰属于孑遗植物，它是远古时代留下来的一种植物“活化石”。千岁兰的叶子寿命为植物界中最长的，目前已知的最古老的千岁兰已经活了2000多年。

千岁兰是雌雄异株植物，在栽培条件下经常出现雌、雄花期不遇，为千岁兰的繁殖制造了困难。本研究对于千岁兰雌株传粉滴（William, 2015）出现过程的观察及花粉萌发力的测定旨在探索利用远程邮寄解决缺少花粉无法授粉的问题。

1　材料与方法

1.1　实验材料

千岁兰一株，2000年从日本引种，在北京植物园温室栽培18年，株龄25岁，雌株，生长健壮。

①　项目资助：北京市公园管理中心课题，zx2018021。

千岁兰的花粉来自德国波鸿植物园，为2017年8月4日采，8月7日从波鸿植物园以航空信件寄出，8月28日收到，收到后花粉保存于4℃冰箱里。

1.2 实验方法

1.2.1 传粉滴的观测

千岁兰花序传粉滴的观测是2018年4~7月在北京植物园温室进行，对植株开出的2个花序共计18个雌花球展开观测，每日12:00和14:00分别进行观测，以花朵上肉眼可见传粉滴为标准，计为有；以花粉滴逐渐消失，肉眼不可见记为无。

2018年4月25日10:30~16:30每半小时观测球果的传粉滴数量，以单个球果为观测单位，以花朵上肉眼可见传粉滴为标准，计数；肉眼不可见记为无。记录18个花球传粉滴出现的数量，当天室内温度为14.7~39 ℃。

1.2.2 花粉活性观察

利用悬浮液培养法进行花粉活性测定。室温25℃条件下，分别在花粉萌发4h、20h、44h（Carina & Else，2005）后进行显微镜观测。

悬浮液是用蔗糖、硼酸和氯化钙配制而成（Carafa *et al.*，1992；程芳梅，2015；周小利等，2018）。实验对10%蔗糖和15%蔗糖两种浓度进行对比。

培养液1：10%蔗糖+0.1g/L硼酸+0.1g/L氯化钙

培养液2：15%蔗糖+0.1g/L硼酸+0.1g/L氯化钙

2 结果与分析

2.1 传粉滴的观测

通过传粉滴的观测结果表明：整个花序的传粉滴出现时间为2018年4月13日至7月4日，共计82d。选取18个花球，观测单日传粉滴出现的时间，为授粉提供参考依据。结果见图1。

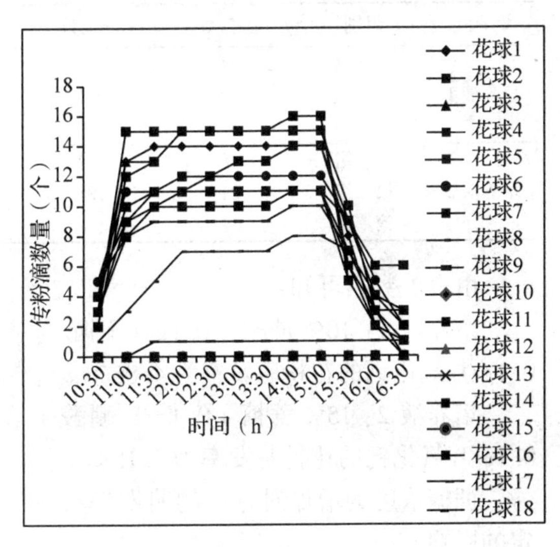

图1 4月25日18个雌球果传粉滴在10:30－16:30出现的数量

图1表明，18个花球中有5个花球观测当天没有传粉滴出现，在图中没有显示趋势。其余13个花球10:30~16:30传粉滴出现。千岁兰雌球果传粉滴数量从10:30开始逐渐增加，在14:00传粉滴数值达到最高，15:00后传粉滴数量逐渐减少。

2.2 花粉活性的测定

图2说明了花粉萌发的情况。在20h之后花粉萌发，且随着时间的延长没有增加萌发量，花粉管随着时间的增长开始增长。

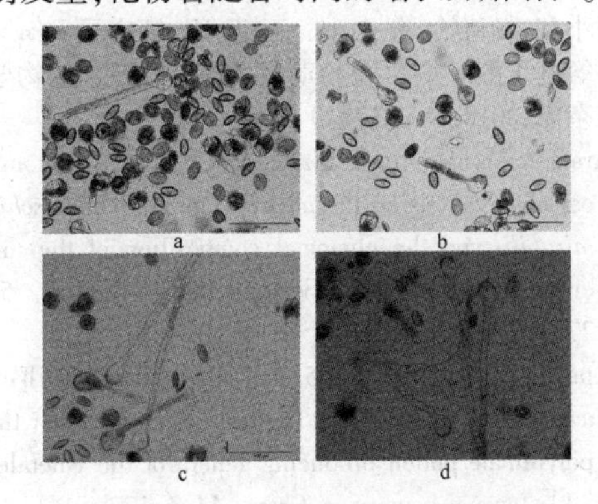

图2 千岁兰花粉管的萌发情况

（a）培养液1，培养20h花粉萌发，（b）培养液2，培养20h花粉萌发，（c）培养液1，培养44h，花粉管伸长，（d）培养液2，培养44h，花粉管伸长。比例尺200μm

表 1　花粉萌发力测定结果

培养液	组别	萌发数	饱满数	干瘪数	总数	组别萌发率	平均萌发率
培养液 1	第一组	21	230	286	537	3.91%	4.85%
	第二组	24	227	220	471	5.10%	
	第三组	32	429	114	575	5.57%	
培养液 2	第一组	18	114	75	207	8.70%	7.14%
	第二组	21	185	227	433	4.85%	
	第三组	33	166	219	418	7.89%	

由表 1 数据可知：

培养液 1：10% 蔗糖 +0.1g/L 硼酸 +0.1g/L 氯化钙的花粉萌发率为 4.86%。

培养液 2：15% 蔗糖 +0.1g/L 硼酸 +0.1g/L 氯化钙的花粉萌发率为 7.15%。

蔗糖浓度的增加对花粉的萌发率有一定的影响。

在实验过程中发现干瘪的花粉数量多，这可能是由于长途邮寄使花粉质量有所变化，也可能是花粉没有成熟的原因，造成花粉萌发率低。

3　结论与讨论

温室栽培的千岁兰传粉滴出现的时间较 Wofgang（1999）预期的 8 个星期略长，为 82d，这可能是温室的种植条件比野外稳定，进而延长了植物适合授粉的时间；传粉滴出现的最大峰值较野外预测的早 11:30 就进入高峰，根据结果推断温室条件下 11:30 ~ 15:00 为授粉最佳时段。

在实际工作中为了保证授粉的效果我们通常见到传粉滴出现就可以开始授粉，在 11:30 ~ 15:00 传粉滴数量增加更多，需要增加授粉次数。

通过航空邮寄的千岁兰花粉仍有活性；10% 蔗糖、15% 蔗糖两种不同浓度条件下花粉的萌发率分别为 4.86%、7.15%，有一定的差异，较高的蔗糖浓度对花粉的萌发有促进作用，在今后需要作进一步的研究。

致谢：感谢波鸿卢尔大学植物园 Dr. Wolfgang Stuppy 赠送试验材料。

参考文献

周小利，杨诗怡，等，2018. 蔗糖、硼、钙离子和 γ－氨基丁酸对烟草花粉萌发的影响［J］. 生物学杂志，2018，35（03）：10－14.

Carafa A M，Carratu G，Pizzolongo，P. 1992. Anatomical observations on the nucellar apex of*Wellwitschia mirabilis* and the chemical composition of the micropylar drop［J］，Sexual Plant Reprod，5：275－279.

Catarina R，Else M F，2005. Pollen germination in*Welwitschia mirabilis* Hook. f.：differences between the polyplicate pollen producing genera of the Gnetales［J］. Journal homepage：Grana，44：3，137－141.

Cheng F M，2015. The detection and analysis of the composition of pollinationdrops and the de－exined pollen in *Ginkgo biloba* L. A DissertationSubmitted as Partial Fulfillment of the Requirement for Master Degree of Science.

William E F，2015. Development and evolution of the femaile gametophyte and fertilization process in *Welwitschia mirabilis*（Welwitschia）［J］. American Journal of Botany 102（2）：312－324.

Wofgang W，Barbara，1999. Depisch with 12 Figures Pollination Biology of *Welwitschia mirabilis* Hook. f.（Welwitschiaceae，Gnotopside）［J］. Phyton（Horn，Austria）Vol. 39 Fasc. 1 167－183.

Zhou X L，Yang S，Y，2018. The influence of sucrose，boron，calciumion and gamma－aminobutyric acid on tobacco pollen germination［J］. Journal of Biology，35（3），10－14.

美国阿巴拉契亚山脉中部植物采集报告

王　康[1*]　邓　涛[2]　高信芬[3]　Andrew GAPINSKI[4]

(1. 北京市植物园,北京市花卉园艺工程技术研究中心,城乡生态环境北京实验室,北京 100093;
2. 中园科学院昆明植物研究所,昆明　650204;3. 中国科学院成都生物研究所,成都　610041;
4. The Arnold Arboretum of Harvard University,Boston,MA 02130,USA)

摘要:经过近一年的准备,2019 年 9 月,中美联合考察队在美国东部的阿巴拉契亚山脉中部进行了植物考察与采集活动,共采集了 100 个号 90 多个物种的种子、接穗和根茎,最终,有 60 多个物种的种子经过进出口重重关卡进入中国,11 家国内植物园和相关研究机构分享了这一成果。

关键词:阿巴拉契亚山脉,植物采集,种子,标本,分享

A Sino-American expedition to the Appalachian Mountains

WANG Kang[1*]　DENG Tao[2]　GAO Xin-fen[3]　Andrew GAPINSKI[4]

(1. *Beijing Botanical Garden,Beijing Floriculture Engineering Technology Research Centre,
Beijing Laboratory of Urban and Rural Ecological Environment,Beijing* 100093;2. *Kunming Institute of Botany,CAS,Kunming* 650204;3. *Chengdu Institute of Biology,CAS,ChENGDU* 610041;
4. *The Arnold Arboretum of Harvard University,Boston,MA* 02130,*USA*)

Abstract: with 1 - year preparation, a Sino - American plant expedition occurred in September, 2019 around the middle part of the Appalachian Mountains. 100 accessions with more than 90 species, including seeds, cuttings, roots, was collected. Eventually, the seeds, involving more than 60 species, were imported from USA with proper certifications legally and were shared with more than 10 institutes and plant propagators.

Keywords: The Appalachian Mountains, Plant expedition, Seeds, Specimens, Sharing

1　概述

阿巴拉契亚山脉是美国东部南北走向的山脉,从缅因州一直绵延至佛罗里达州,是北美地区动植物多样性最丰富的区域。本次考察活动主要集中在山脉的中部,主要足迹遍及俄亥俄,肯塔基、田纳西、佐治亚、南卡罗来纳与北卡罗来纳等几个大州,主要在联邦、州、县隶属的自然保护区和林场中进行。那里的植被类型和植物物种与我国的秦岭、神农架、天目山等地比较相似。其中有很多观赏植物,如松属(*Pinus*)、铁杉属(*Tsuga*)、北美木兰属(*Magnolia*)、山核桃属(*Carya*)、蔷薇属(*Rosa*)、米面蓊属(*Buckleya*)、槭属(*Acer*)、山茱萸属(*Cornus*)、栎属(*Quercus*)、山楂属(*Crataegus*)、荚蒾属(*Viburnum*)、黄锦带属(*Diervilla*)等,其中有些属是东亚—北美洲间断分布的,还有的一些是北美洲特有的,而这些正是我国一些植物园趋之若鹜的收集种类,也是展开观赏植物育种的重要种质资源。

2　准备情况

2.1　引种目录(Target list)的确定

自 2018 年 10 月开始,在美国哈佛大学阿诺德树木园的帮助下,通过互联网在线阅读了美国东部几个州的植物志和树木

志，并以2019年9月为采集时间来确定目标植物种类的大致范围，主要涉及科属、哪些植物在阿巴拉契亚山脉中段可以见到、是否在9月份结实等，这个过程大约持续了6周，确定的物种大约有200到250种，并对这些植物进行兴趣程度上的分级，级别高低对后面采集地的取舍有决定性作用。最后把所有参与单位感兴趣的植物汇总形成引种目录A表。其中，关注度高的物种级别会被提高。

接着，要翻阅前人采集的标本和相关采集记录，这个工作通过互联网也可以完成。同时通过北美—中国植物收集联盟(NACPEC)成员单位的活植物收集数据库，还可以了解到：哪些植物曾经被采集过？在哪里采集的？在什么时间采集的？通过以上信息，可以粗略确定采集地点的范围，同时，目标采集物种的数量也缩小到200种以下，形成引种目录B表，这个过程也需要在6周内完成，之后就是圣诞节、元旦、春节等假期的到来。

到了次年的3月，就要基本上确定采集地点处于哪个州、哪个林场、哪个保护地或者哪个私有土地，如果把这些点放在电子地图上，就可以计算出合理的路线以及点到点的路途时间，这些数据对后面食宿地点和采集天数的确定都有指导作用。

与此同时，采集许可对引种目录表还有反向作用。如果得不到某个采集地产权所有人的认可，那个采集地点就会被取消；还有的采集地所有人还会根据自己的实际情况拒绝某一或某些物种的采集，这些因素也会缩小采集目录中物种的数量。如此几次反复以后，最终在2019年5月上旬才形成最后的引种目录C表，数量大概在120种左右。

最后，需要说明的是，目录中的物种不能涉及美国联邦政府或者州政府规定的珍稀濒危保护物种，也不会涉及国际公约限制采集的任何物种。这是植物园同行在国际合作中必须遵守的操守。

当然，对于负责任的引种行为，采集人还要充分考虑引种回国的植物材料是否会有成为入侵物种的可能性。如果存在明显的倾向或者具有较多的不确定性，就要果断放弃采集。

2.2 签证材料与医疗保险

由于这次的采集活动需要进入美国国有林场和保护区，根据相关法律，进入这些区域的外国人必须持有雇佣关系的签证，经过权衡，短期访问学者签证(J－1)办理起来最快捷，于是邀请方阿诺德树木园通过哈佛大学提供了相关材料。

野外工作是有风险的，尤其阿巴拉契亚山脉中部地区蜱虫肆虐，为了得到良好的各种意外医疗保障，也为了给邀请方避免不必要的麻烦，医疗保险是必须购买的。

2.3 采集许可

因为美国土地私有化，土地产权非常明晰，而采集许可只需要获得土地产权人的同意即可，许可权的释放没有行政层次的套叠与牵制。整个申请过程简单易行，没有任何申请费用，全程通过电子邮件就可以完成，拒绝采集会说明理由，同意采集也会表达出热情欢迎，这让整个采集活动的守法成本很低，所以，在美国进行植物材料的采集，没有必要铤而走险，做出任何违法行为。

这次采集活动不仅进入了联邦政府的国有林地，如：位于肯塔基州北部的丹尼尔布恩国有林场(Daniel Boone National Forest)；也踏入了一些州政府或县政府自然资源部门管理的地方性保护区，如：位于肯塔基中部的绝壁生花自然保护区(Floracliff Nature Sanctuary)；也拜访了一些由非营利组织拥有并运营管理的保护区，如位于俄亥俄州最南端的阿巴拉契亚山脉边缘自然保护区(Edge of Appalachia Nature Preserve)。

采集许可的申办流程一般是这样的,首先,写一封电子邮件给拟定的目的地产权所有人或代表,说明计划采集的时间、采集人的基本情况、打算采集的物种(经过删减整理的引种目录B表)等相关信息;对方收到后,会在几个工作日内给予回复,邮件中会明确表示同意还是拒绝,如果同意,还会进一步说明哪些物种可以采集,哪些不可以采集,或者哪些可以有限采集,同时,还会告知各种安全注意事项,指定具体的联系人,有时还会派出技术骨干陪同采集,这有利于同行互相交流,也让采集活动的目的性更强,效率更高。

对于联邦政府的国有林场或者保护区来说,一般都会欣然同意,但是对于国家公园来说,很少会同意采集活动的发生,这可能与保护地的保护目的不同有关,也可能与隶属不同的行政部门有关。林场与保护区属于美国农业部,而国家公园隶属于内政部。

州政府和县政府管辖的范围在发放采集许可上要相对宽松得多。最宽松的,但也是最不容易获得的是个人私有林地的采集许可,因为随意性较大。

由于美国土地私有化程度很高,不同产权的地块犬牙交错,有时互相嵌套在一起,这样地块在采集许可申请上会相对复杂得多,而且在采集活动发生时,也会误入误采,因此,在采集路线上要尽量避开这样复杂的地块。

2.4 主要采集设备与野外防护措施

采集设备:标本夹、吸水纸、报纸、瓦楞纸;种子袋(纸质、布质和蜡质)、不同规格的塑料自封袋、各种防护手套;修枝剪、长修枝剪、绳索、沙包投掷器、手锯、链条锯;各种标签、防水记录本、防水铅笔;定焦人像相机、微距镜头相机、视频采集器。

个人防护主要有:防水靴、防水衣裤、遮阳帽、防虫网、防蛇护腿、防虫剂。

后勤供给物品:车载冰箱、饮用水桶等。

3 采集成果与分享

2019年9月4日~25日,北京植物园、中国科学院昆明植物研究所、中国科学院成都生物所3家单位受美国哈佛大学阿诺德树木园和北美—中国植物考察与收集联盟(NACPEC)的共同邀请,对美国东部阿巴拉契亚山脉的中部进行了考察与采集,在3周的时间里共获得100个采集号和90余种植物材料,包括根茎、种子和标本,所有植物材料均来自野生环境,是科研与植物展示的首选材料。

根据中美几方共同制定的考察合作协议,所有参与单位和出资方均享有平等分享权益,并永久享有本次采集所得之后的植物繁殖材料的分享权益。

经过清理除杂、风险筛选、病虫害检疫等数个流程,标本以邮寄方式直接进入成都生物所标本馆和昆明植物所标本馆,种子材料统一通过邮寄报关进入国内,共有36科50属67种。在北京植物园均等分拣后快递到至成都与昆明。

北京植物园根据自己的需要,除留下少量首选材料用于科研科普以外,在签订《种子交换备忘录》以后,与国内多家植物园与研究机构进行了分享,并提供了相应的采集信息。这些机构主要有:中国科学院植物研究所北京植物园、厦门市园林植物园、辰山植物园、庐山植物园、桂林植物园、湖南省森林植物园、东北林业大学、北京林业大学、山东省林科院等。主要分享的植物见表1。

表1 主要分享植物名录

Acer pensylvanicum	*Actaea pachypoda*	*Aesculus flava*
Aesculus glabra	*Aplectrum hyemale*	*Asimina triloba*
Betula lenta	*Buckleya distichophylla*	*Callicarpa americana*
Calycanthus floridus	*Carpinus caroliniana*	*Carya tomentosa*
Castanea dentata	*Castanea pumila*	*Ceanothus americanus*
Celtis tenuifolia	*Cephalanthus occidentalis*	*Cercis canadensis*
Chimaphila maculata	*Clematis virginiana*	*Clethra acuminata*
Cornus alternifolia	*Cornus drummondii*	*Cornus florida*
Cornus foemina	*Decumaria barbara*	*Diervilla rivularis*
Diospyros virginiana	*Euonymus americanus*	*Goodyera pubescens*
Halesia carolina	*Hamamelis virginiana*	*Hydrangea cinerea*
Ilex ambigua var. montana	*Ilex decidua var. longipes*	*Itea virginica*
Kalmia latifolia	*Lindera benzoin*	*Magnolia acuminata*
Magnolia fraseri	*Magnolia macrophylla*	*Magnolia tripetala*
Medeola virginiana	*Mitchella repens*	*Nyssa sylvatica*
Oxydendron arboreum	*Physocarpus opulifolius*	*Pinus rigida*
Platanus occidentalis	*Pyrularia pubera*	*Quercus montana*
Quercus nigra	*Smilax lasioneura*	*Sorbus americana*
Spiraea latifolia	*Staphylea trifolia*	*Stewartia ovata*
Tsuga canadensis	*Tsuga caroliniana*	*Vaccinium arboreum*
Viburnum acerifolia	*Viburnum cassinoides*	*Viburnum dentatum var. deamii*
Viburnum rufidulum		

4 植物材料的出入境

植物材料的出入境一直是植物引种和种子交换的重要环节，其中的误解也很多。这里根据自己多年经验，略表一二。

4.1 检疫证明

中美法律规定，通过任何交通工具进入对方国境的、具有活性的动植物材料都需要出具检疫证明，但灭活的植物腊叶标本除外。具体到这次采集活动来说，根据中美两国的邮政协定，如果没有检疫证明，是没有承运人（邮局和快递公司）可以将采集到的植物种子交运到北京的，因此，阿诺德树木园的同行帮助预约了美国农业部的检疫官完成检疫手续。

如果个人携带或者通过随身行李出入境，也是需要准备检疫证明，否则在出境和入境两个关口查验缺失时，将面临销毁、罚款甚至拘留的窘境，劝君莫试。

反之，从中国出口种子到美国，也是需要出具中国有关部门出具的检疫证明，但对于批次少、数量少或者重量轻的种子，可以出具相关文件，豁免检疫证明。这个细节对于植物园引种很重要，也很人性化，值得国内主管部门效仿。

4.2 进出口许可

对于这个许可，国内的误解很大，可能与从事苗木种子买卖的商业机构必须取得国家认可的进出口权限才能从事国际贸易混为一谈了。作为植物园或者科研所这样的研究机构,甚至是个人,如果从国外进口种子或者其他植物材料,只要报关价值在免征税额以内的,是不需要出具进出口许可证的,如果是通过邮局寄入国内,是可以顺利通行的。

反之,美国的植物园如果想从中国或者其他国家进口种子,是必须在美国农业部获得进出口许可证的,而且每隔几年还要更新。如果没有按照许可证要求进口了违禁的植物材料,可能要面临上百万美元的罚款。个人认为,这个管理方法也值得国内主管部门效仿。

5 国际间植物采集的点滴经验

这次采集活动虽然时间仅有 3 周,实际野外工作只有两周,但是对于国内植物园和研究机构来说,机会是难能可贵的。采集活动不仅让我们身临其境地了解了美国东部阿巴拉契亚山脉中段的植被情况,还积累了在一些国外进行采集的可靠的经验,这里记录点滴如下。

5.1 从法律上来说,规范采集活动,合理合法

根据《生物多样性公约》(The Convention on Biological Diversity, CBD),对自然生物资源的获取必须要获得所在国家和产权所有人的知晓与同意,这一点是职业操守的底线。出国采集要获得合法的采集许可,即使是在国内采集,也要按照采集的植物种类,按照管理权限获得采集许可;即使采集目录里没有珍稀濒危的物种,也要合法地获得产权所有人的同意,国有林地要获得相应管理部门的同意,私有林地要有林权人的同意。并且自觉做到不在自然保护区、国家公园等重点保护区域内开展采集活动。

5.2 从合作上来说,分享采集所得,共享共赢

随着国内植物园的发展,野外采集工作越来越频繁,采集范围也越来越广,采集回来的植物材料也越来越多。每个植物园的发展都需要兄弟植物园的帮助与扶持,建立一种共享机制,会让更多的植物园受益,植物材料也可以在更多的植物园发挥科研科普的作用。我国的植物园在中国植物园联盟的大旗下,还需要形成一些区域性的或者有共同兴趣点的小联盟,分享思维,让国内植物园共同发展。

野生植物采集工作是植物园引种驯化的重要部分,也是锻炼人才的最好途径之一,而国际性的植物考察与采集活动更是推动植物园走向世界的重要途径。

参考文献

Braun E L, 1989. Woody Plants of Ohio: trees, shrubs and woody climbers[M]. Columbus: Ohio State University Press.

Chester E W, 2015. Guide to the Vascular Plants of Tennessee. Knoxville: University Tennessee Press.

Jones R L, 2005. Plant Life of Kentucky: An Illustrated Guide to the Vascular Flora. Lexington: University Press of Kentucky.

Secretariat of the CBD, 2001. Handbook of the Convention on Biological Diversity. London: Earthscan Publications Ltd.

海棠文化及其在北京的体现①

权　键[1]　卢鸿燕[1]　田小凤[1]

（1. 北京植物园，北京市花卉园艺工程技术研究中心，城乡生态环境北京实验室，北京 100093）

摘要：本文研究蔷薇科苹果属的海棠文化。阐述了中国园林、艺术、文学中的海棠文化，梳理了海棠文化在北京的体现。提出进一步挖掘海棠的文化意义和经济价值，使北京的海棠文化得以传承的建议。

关键词：海棠，文化，北京，传承

The Culture of Crabapple and its Embodiment in Beijing

QUAN Jian[1]　LU Hong－yan[1]　TIAN Xiao－feng[1]

（1. *Beijing Botanical Garden，Beijing Floriculture Engineering Technology Research Centre，Beijing Laboratory of Urban and Rural Ecological Environment，Beijing* 100093）

Abstract：This paper studied the culture of crabapple in the genus *Malus*. It elaborated the culture of crabapple in Chinese gardens，arts and literature，and combed its embodiment in Beijing. Suggestions are made to further explore the cultural significance and economic value of crabapple，so that the culture of crabapple in Beijing can be inherited.

Keywords：Crabapple，Culture，Beijing，Inherit

海棠在我国栽培历史悠久，有"花中神仙""花贵妃"等美称，深受人们的喜爱。明代王象晋在《群芳谱》中把西府海棠（*Malus spectabilis*'Riversii'）、垂丝海棠（*M. halliana*）、贴梗海棠（*Chaenomeles speciosa*）、木瓜海棠（*C. cathayensis*）统称为海棠，习称"海棠四品"。在现代植物学中，此 4 种植物是不同属的，西府海棠（实际是指园艺中应用的重瓣粉海棠），垂丝海棠归于蔷薇科苹果属，贴梗海棠、木瓜海棠（又名毛叶木瓜）归于蔷薇科木瓜属。但是，古人并没有区分那么清楚，王象晋的这种观点则被后世广为采用，对中国传统文化影响深远。

中国历史上，海棠的称谓有过多次演变。因为古时苹果与梨不分，将梨属（*Pyrus*）和苹果属（*Malus*）的植物都称为"棠"。西汉时期才开始初步区分梨与苹果，出现了"柰"一词，"柰"是一类可食用的苹果属植物。据现有文献考证，"海棠"一词最早出现于唐代中晚期（姜楠楠，2008），贾耽所著《百花谱》中把海棠誉为"花中神仙"，但此书现已亡轶；后在宋代陈思的《海棠谱》中有辑录为证："贾元靖耽著百花谱，以海棠为花中神仙，诚不虚美耳"。

研究中国花文化，还会发现"海棠"一名在中国不仅指代苹果属的海棠、木瓜属的海棠，而且还会有其他科属的多种"海棠"混淆在一起。本文只研究蔷薇科苹果属的海棠文化。

1　中国海棠文化的体现

1.1　园林中的海棠

自汉代开始，海棠就是常见的园林观赏树木。据《西京杂记》记载，汉武帝为了

①　资助项目：北京市公园管理中心科技项目"海棠与京味文化的联系探究"（ZX2019011）。

修建一座林苑，群臣敬献了许多名贵花卉，其中汉武帝最喜爱的就是4株海棠，种植在林苑之内。唐代海棠广泛地种植在宫廷园林中，海棠文化也得到了一定程度上的发展。唐代的华清宫种有许多海棠，《杨太真外传》中记载了唐玄宗李隆基就将杨贵妃比作海棠花，说明宫中海棠颇多，已用海棠喻美人（刘凤彪，2017）。

中国园林中的植物配植常取植物名称的音义，以达到托物言志的目的。海棠的“棠”字与厅堂的“堂”字音同，故多与其他植物配植形成美好的寓意，海棠盆景与插花也与此有关。例如玉兰、海棠、牡丹、桂花等植物相配植，寓意“玉堂富贵”。

1.2 艺术作品中的海棠

海棠花色妍丽、花姿曼妙，花文化历史悠久，且意蕴丰富、形式多样。自唐代以来，人们就将海棠入画，通过这种艺术形式表达对海棠的咏赞之情和对人生的美好愿景。据《宣和画谱》记载，晚唐梁广绘有《夹竹来禽图》《海棠花图》，他是文献记载中最早的将海棠独立入画的知名画家，可惜其作品不传久矣。五代时期是海棠绘画的高潮时期，当时的花鸟画名家几乎都曾绘有海棠，或整幅画面为海棠或与其他花卉、禽鸟、湖石、游鱼联合构图。《宣和画谱》所载“黄家富贵，徐熙野逸”的黄筌和徐熙均绘有多幅海棠作品，大多不存，《玉堂富贵图》传为徐熙的作品，现藏台北故宫博物院。图中玉兰初吐芳华，海棠飞艳溢彩，秀石之后，几丛牡丹姹紫嫣红，表达出“玉堂富贵”的绘画主题和美好寓意。北宋《海棠蛱蝶图》（图1）作者已无从考证，图中西府海棠花朵清润柔美、花叶舞动，以叶花翻卷之状，将无形春风绘出，蛱蝶上下飞舞，展现出“蝶恋花”的诗情画意，是现存最早的专咏海棠的绘画作品。

海棠不仅是中国传统绘画的重要题材，其形象还是瓷器、漆器、金石玉器、竹器、纺织品等各类工艺品的重要装饰图案，承载着深厚的文化寓意，喻托着幸福美好与富贵吉祥。例如，清雍正粉彩玉堂富贵图盘（图2），盘内外壁绘象征“玉堂富贵”的玉兰、海棠和牡丹，花木图案从盘外壁延伸至内壁，这种构图方式为“过枝”，图案与造型十分流畅精美。又如，清代绛色缎绣绢米珠玉兰海棠纹袍料，该袍面料织折枝玉兰和海棠图案，喻意“玉堂富贵”，是晚清后妃服饰常见的图案之一。从古至今，人们喜爱、珍视海棠花，将其视为富贵吉祥的象征并融入生活艺术之中，以表达美好期许和祝愿。

图1 海棠蛱蝶图

图2 清雍正粉彩玉堂富贵图盘

1.3 文学作品中的海棠

古人喜爱海棠，花开时节，他们观花、赏花，为花开而悦，为花败而悲；他们相邀海棠花下宴饮，寄花于情，吟咏唱和，创作了大量礼颂海棠的经典文学。

海棠文学史最早可追溯到南北朝时

期，到唐中期出现第一批咏海棠的诗人。李绅的《海棠》是较早专咏海棠的诗歌："海边佳树生奇彩，知是仙山取得栽。琼蕊籍中闻阆苑，紫芝图上见蓬莱。浅深芳萼通宵换，委积红英报晓开。寄语春园百花道，莫争颜色泛金杯。"诗句先用海上仙山的神话来形容海棠为神仙之品，使全诗充满了神奇色彩；之后赞誉了海棠的物色之美，表达了对其无比喜爱之情。宋代苏轼《海棠》："东风袅袅泛崇光，香雾霏霏月转廊。只恐夜深花睡去，故烧高烛照红妆。"表达了诗人对海棠百般怜爱，由此开创了后世文人月下秉烛赏海棠的浪漫先河。宋代女词人李清照的著名海棠词作《如梦令》："昨夜雨疏风骤，浓睡不消残酒。试问卷帘人，却道海棠依旧。知否？知否？应是绿肥红瘦。"花的凋零，象征着美好事物的逝去，作者用"绿肥红瘦"形象生动的描绘了风雨侵蚀下海棠花的形象，表达了春光易逝和惜春怜花的感伤之情。在《全宋词》的咏花词中，海棠仅次于梅花、桂花、荷花，位列第四（许伯卿，2007），超过了牡丹、桃花、菊花等名花，可见海棠在宋代地位极为尊崇，也正因如此，咏海棠的著名诗词也大多出自这个时期。元明清之际，海棠在诗词、戏剧、小说、散文等文学作品中出现较为普遍，海棠独有的神韵芬芳令历代文人如痴如狂。如清代文学巨著《红楼梦》，曹雪芹的海棠情结使其在作品中赋予了海棠丰富的艺术内涵，海棠可谓作者最寄情之花。

2 海棠文化在北京的体现

2.1 京城闻名的海棠花事

海棠作为一种观赏植物，在北京园林中应用广泛。早在明代，北京栽植海棠就极为兴盛，主要以北京城内的报国寺、韦公祠最著称。据史书记载，过去的京城有三大花事，一是法源寺的丁香，二是崇效寺的牡丹，三是极乐寺的海棠。还有另一种说法：法源寺的丁香与崇效寺的牡丹、恭王府的海棠并称为京畿三大花事。尽管说法不一，但不论是极乐寺的海棠，还是恭王府的海棠，都是京城人喜爱观赏的。清代《清稗类钞》称："京师西直门外极乐寺海棠，奇品也……开时雪肤丹颊，异色幽香，观者莫不欣赏。"现在极乐寺海棠已不在，恭王府的海棠每年还吸引着大量的游客慕名而来。

清代乾隆时金匮县（今江苏无锡）人秦大樽《消寒诗话》云："京师法源寺海棠最盛，余与缊桥退食数往，值休沐，晨餐后即往游焉。恐主僧诧频来，乃不见主僧，径赴外园坐海棠树下。"据《北京市宣武区地名志》记载："法源寺的花木，从清初到清末，曾经有过几个不同的以观赏著称的时代。最早是海棠时代，中期为牡丹时代，末期为丁香时代。"（宣武区地名志编辑委员会，1993）由此可见，法源寺的海棠也曾经远近闻名。法源寺藏经楼前现存两株西府海棠，相传为乾隆年间种植。

2.2 皇城苑囿中的"玉堂富贵"

北京园林中"玉堂富贵"最具代表性的实景就在颐和园的乐寿堂。据《宫女谈往录》记载：清代晚期同治、光绪年间，慈禧太后垂帘听政之暇，在颐和园乐寿堂欣赏名贵花木时和宫女们谈花论道。以她的理解，"玉堂春富贵"应用在名贵花木上，应是：玉（玉兰）、堂（西府海棠）、春（迎春）、富贵（牡丹）。（金易 等，2010）"

故宫御花园绛雪轩前曾植有5株海棠，花朵繁密浓艳，宛若挂满枝头的粉红色云霞，每当艳丽的花瓣飘落飞舞时，又似从天而降的粉红色雪花，为欣赏这美丽景色而建的绛雪轩因此而得名（许埜屏，1984）。"绛"释为深红色，当海棠花蓓蕾初开时，花苞红如胭脂，待盛开时，色渐粉白如霁雪。清嘉庆帝《御制绛雪轩海棠诗》云："丹砂炼就笑颜微，门处春巡恰似归。暇日高轩成小立，东风绛雪未酣霏。"形容当年海棠盛开时节的美丽景观。

2.3 北京百姓记忆中的味道

在北京四合院中，花草是必不可少的，与古板的灰色建筑形成反差，带来无限的生机和活力（甫玉龙，2018）。四合院中多数会选择“春华秋实”，海棠就是常见种植的树木之一。海棠寓意富贵吉祥，旧时大户人家都要种牡丹、玉兰、海棠和桂花，以示“富贵满堂”之意；而北京百姓的院子里种植海棠，还蕴含着“满堂（兄弟）和睦”的意思；老北京还经常将院内鱼缸内的金鱼与海棠相联系，谐音“金玉满堂”。如今，随着城市飞速发展，北京城里住宅越来越拥挤，民居中能保留下来的海棠已不多见。

不过，能留在北京百姓记忆中的，还有另一种更实在的印象，就是海棠的味道。

冰糖葫芦是一种京味儿十足的小吃，标准版的冰糖葫芦是用山里红（*Crataegus pinnatifida* var. *major*，山楂的变种）做的。而在老北京，海棠也是做糖葫芦的果品之一。据《燕京岁时记》记载：“冰糖葫芦，乃用竹签，贯以山里红、海棠果、葡萄、麻山药、核桃仁、豆沙等，蘸以冰糖，甜脆而凉。”著名京味儿作家老舍的小说《正红旗下》中也写道：“二姐出去，买了些糖豆大酸枣儿，和两串冰糖葫芦。回来，先问姑母：‘姑姑，您不吃一串葫芦吗？白海棠的！’”（老舍，1980）直到20世纪80年代，北京城近郊区走街串巷的小贩，还有出售用海棠果实做的冰糖葫芦的。

秋季刚摘下来的海棠比较酸涩，不适合食用。人们把海棠储存在箩筐里，经过寒冬腊月，果实就变得酸甜可口了。在过去那些交通不便、物资匮乏的年代，北方人很难吃到新鲜的水果，尤其是在气温寒冷的冬季，水果储存都不是那么容易。冻海棠可就算是当时美味的零食了。在我们走访调查时，一位姓郝的老先生（现居北京门头沟区）回忆：“小时叔家地里有两棵海棠果树，一棵为热海棠，一棵为冷海棠。热海棠即为常见之海棠，扁平、紫红，熟即能吃。冷海棠，刚采摘的不能吃，涩得拉不开舌头，最好放一冬，开春吃才酸甜可口。”

海棠果实还可以制作果脯、加工成果汁果酒。现今，北京门头沟、昌平、延庆等区还可见到直接将海棠果切片晾干后泡茶饮用的方法。

2.4 满屋生香的槟子

北京郊区种植一种香槟果，俗称“槟子”，是不少老北京中秋节的必备果品。按照国际标准，苹果属果实直径在5cm以下的种类称为海棠，可以说槟子也归类为海棠（槟子成熟时一般单果重量在50g左右，果实的直径约为5cm）。但人们并不把它叫海棠，因为它的外观看起来更像是袖珍小苹果。

根据《颐和园志》记载：“慈禧太后不止吃鲜果、干果，而且在室内摆鲜果只闻香不食用……慈禧寝宫乐寿堂中宝座前御案两端有两个直径达一米的青花大果盘，就是专门用来堆放各色水果供闻香味的，一盘就需水果四五百只。”（颐和园管理处，2006）其中包括苹果、沙果、槟子等苹果属植物，这些水果并不是都是被吃掉的，而是用来“闻”消耗的。

北京延庆帮水峪村村民讲述：“帮水峪的槟子在一百多年前就闻名京、津、包各地。清代光绪年间，朝中宫人闻知帮水峪槟子名贵，专到德胜门果市购买了几筐运回皇宫。槟果芳香沁人心脾。宫女们都将其果藏在箱柜中，舍不得吃掉。待更衣时，衣裙芬芳非常。”

3 小结

北京是世界闻名的古都，已有3000多年建城史和1000余年的建都史（王岩，2018）。由于历史变迁、城市建设等特殊需要，许多古老的海棠植株都已不在。周边远郊区，以食用为主的海棠产业，也在逐渐萎缩。古老的海棠花事、海棠花所代表的美好愿望和一些传统海棠品种曾给人们生活带来的乐趣，都深深地留在老北京人的记忆中。现存的海棠植株应引起重视，对树龄较大的海棠开展调查、收集详细的数据资料，进一步挖掘海棠的文化意义和经济价值，使北京的海棠文化得以传承。

参考文献

甫玉龙，2018. 院落北京［M］. 北京：经济科学出版社.

姜楠楠，2008. 中国海棠花文化研究［D］. 南京：南京林业大学.

金易，沈义羚，2010. 宫女谈往录［M］. 北京：故宫出版社.

老舍，1980. 正红旗下［M］. 北京：人民文学出版社.

刘凤彪，2017. 植物文化赏析［M］. 保定：河北大学出版社.

王岩，2018. 北京的城市规划［M］. 北京：北京出版社.

许伯卿，2007. 宋词题材研究［M］. 北京：中华书局.

许埜屏，1984. 御花园的树和花［J］. 紫禁城，2：14－18.

宣武区地名志编辑委员会，1993. 北京市宣武区地名志［M］. 北京：北京出版社.

颐和园管理处，2006. 颐和园志［M］. 北京：中国林业出版社.

建始槭种子萌发特性研究①

吴超然[1] 刘恒星[1] 权 键[1]

（1. 北京植物园，北京市花卉园艺工程技术研究中心，城乡生态环境北京实验室，北京 100093）

摘要：本次试验研究了不同层积时间、不同赤霉素浓度处理及不同温度条件对建始槭种子萌发的影响。结果表明：低温层积 15d 最利于建始槭种子萌发，赤霉素浓度 100mg/L 是建始槭种子的最佳处理浓度，恒温 20℃、变温 20～30℃为种子的最佳萌发温度。

关键词：建始槭，种子萌发，层积，赤霉素，温度

Study on Germination Characteristics of *Acer henryi* Seeds

WU Chao－ran[1] LIU Heng－xing[1] QUAN Jian[1]

（1. *Beijing Botanical Garden*，*Beijing Floriculture Engineering Technology Research Centre*，*Beijing Laboratory of Urban and Rural Ecological Environment*，*Beijing* 100093）

Abstract：This paper is to study the different treatment of stratification，gibberellin concentration and temperature on the germination characteristics of the *Acer henryi* seeds. The results showed that low temperature stratification for 15d is the most suitable to seed germination of *Acer henryi*. The optimum gibberellin concentration was 100mg/L and the suitable seed germination temperature was 20℃ and 20 to 30℃.

Keywords：*Acer henryi*，Seed germination，Stratification，Gibberellin，Temperature

槭树科植物在全世界约有 202 种，我国已知分布有 151 种，占全世界槭树种类的 75%，是世界槭树科植物的现代分布中心（徐廷志，1996）。槭树属植物冠幅大，树姿优美，叶形秀丽，秋季树叶变色，是理想的行道树、城市绿化及庭园树种。我国有着悠久的槭树植物栽培历史，目前我国很多野生槭树属资源还处于野生待开发状态，而日本和欧美国家已经达到了很高的应用和研究水平。我国槭树属很多栽培品种的亲本均采用国外的原种，这与我国槭树属资源大国的地位严重不符（徐廷志，1989；孟庆法 等，2014；方文培，1981；北京林学院，1981；孟庆法 等，2009）。近年来，很多学者的研究领域主要集中在槭树属的分类学研究上（孙娟 等，2020）。

建始槭（*Acer henryi*）为槭树科槭树属落叶乔木，原产于山西、河南、山西、甘肃等省份，主要生长于海拔 500～1500m 的中低山疏林中。建始槭是我国特有的槭树科彩叶树种之一，目前国内已经对其引种及栽培技术方面有研究工作，对其种子萌发特性方面的研究较少（徐廷志，1989；孟庆法 等，2014；方文培，1981；北京林学院，1981；孟庆法 等，2009）。本研究旨在了解建始槭种子休眠类型并寻找破除种子休眠的方法，从而缩短发芽时间，提高建始槭发芽率，以期为建始槭树种资源保护和可持续利用提供参考。

① 资助项目：北京市公园管理中心科技项目“槭树属种子萌发特性研究及迁地保育”（zx2018024）。

1 材料与方法

1.1 材料

供试的建始槭种子在2019年采集于陕西省西安市南五台。采集后,去除杂质后阴干。将种子收集于密封袋中,置于4℃冰箱中密封保存备用。

1.2 方法

1.2.1 种子千粒重、吸水率的测定

种子千粒重的测定:随机选取100粒成熟种子,万分之一分析天平称重,重复5次,计算千粒重,取其平均值。后用千粒法进行验证。

种子吸水率的测定:种子的吸水率(%)=(100粒种子吸水后重量-100粒种子原重)/100粒种子原重×100%。

1.2.2 种子萌发特性的测定

将不同处理组的建始槭种子置于直径9cm、铺有2层滤纸的培养皿内,皿内滴入少许蒸馏水保湿。以上全部种子均经过水选法选择,为饱满种子。每组种子20粒,5组重复。种子置于恒温20℃恒温箱内,光照条件为黑暗。统计其发芽率及发芽势,计算公式如下:

发芽率(%)= G1/T ×100%(式中:G1为发芽数;T为试验种子总数);

发芽势(%)= G2/T×100%(G2为播种20d之内的发芽数;T为试验种子总数)

1.2.3 不同处理方法对建始槭种子发芽率、发芽势的影响

处理方法分别是对照组、浸种处理组、低温层积处理组。对照组即种子从冰箱内取出后,不进行任何处理,直接进行种子萌发试验。浸种处理组为,种子在室温条件下用纯净水浸种24h后沥干进行种子萌发试验。低温层积处理为,种子在4℃低温条件下层积15d后进行试验。

1.2.4 不同层积时间对建始槭种子发芽率、发芽势的影响

本组试验将4 ℃低温层积组分为15d、30d、45d处理组。

1.2.5 不同赤霉素浓度对建始槭种子发芽率、发芽势的影响

首先将种子在室温条件下冷水浸种24h沥干后。分别用100、200、300、400、500mg/L赤霉素浸泡24h后,分别进行种子萌发试验。

1.2.6 不同温度对建始槭种子发芽率、发芽势的影响

首先将种子进行4 ℃低温层积处理15d,在低温层积结束后。分别在变温10~20℃、恒温20℃、变温15~25℃、变温20~30℃处、恒温30℃处进行种子萌发试验。

1.2.7 数据统计

利用SPSS 19进行数据统计分析,采用Excel 2003软件进行绘图。

2 结果与分析

2.1 种子的千粒重与吸水率

本次试验建始槭种子的千粒重是27.3g,在槭树属中属于小粒种子(石柏林,2006)。建始槭种子的吸水率为46.56%,在槭树属种子中属于吸水能力较强的种子(侯冬花和海利力·库尔班,2007)。水分是种子萌发的重要条件,种子的吸水能力与植物种类、种子的形态结构和化学成分等有很大关系。吸水率是衡量种子吸水能力的重要指标,24h内种子的吸水率能在一定程度上说明种子的吸水能力及速率、萌发能力及速度。

2.2 不同处理方法对建始槭种子发芽率、发芽势的影响

建始槭种子T2处理组(低温层积)种子发芽率、发芽势最高分别为73%、72%。其次是T3处理组(浸种处理)种子发芽率、发芽势分别为22%、20%。T1处理组(对照组),种子的发芽率、发芽势均为5%。具体如图1所示。发芽率最高处理组与最低处理之间的差距为68%,发芽势最高处理

组与最低处理组之间的差距为67%。方差分析结果显示,T1(对照组)与T2(低温层积)、T3(浸种处理)存在极显著差异性($P<0.001$);T2(低温层积)与T3(浸种处理)之间不存在显著差异性。

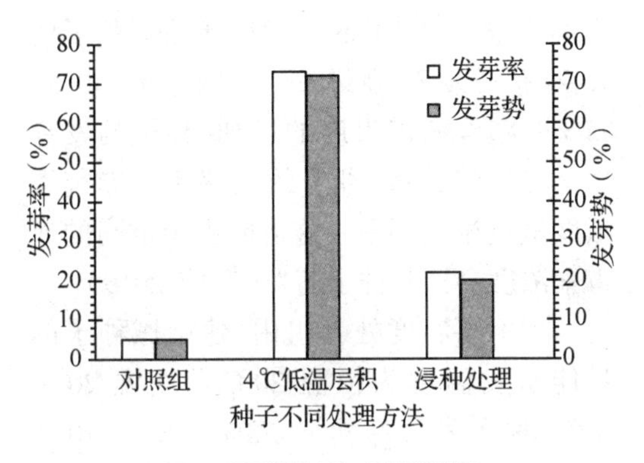

图1　不同处理方法对建始槭种子发芽率、发芽势的影响

2.3　不同层积时间对建始槭种子发芽率发

建始槭种子T1处理组(层积15d)种子发芽率、发芽势最高分别为73%、72%。其次是T2处理组(层积30d)种子发芽率、发芽势分别为50%、48%。T3处理组(层积45d)种子的发芽率、发芽势均为45%。具体如图2所示。发芽率最高处理组与最低处理之间的差距为28%,发芽势最高处理组与最低处理组之间的差距为27%。方差分析结果显示,T1(层积15d)与T2(层积30d)、T3(层积45d),3个处理组之间不存在显著差异性。

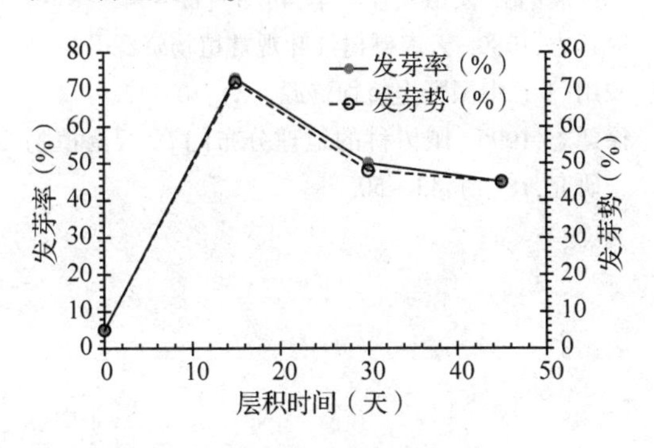

图2　不同层积时间对建始槭种子发芽率、发芽势的影响

2.4　不同赤霉素浓度对建始槭种子发芽率、发芽势的影响

建始槭种子T1处理组(100mg/L)种子发芽率、发芽势最高分别为40%、35%。其次是T2处理组(200mg/L)、T3处理组(300mg/L)种子发芽率、发芽势分别为1%、1%。种子发芽率最低的处理组为T4处理组(400mg/L)、T4处理组(500mg/L)种子的发芽率、发芽势均为0%。具体如表1所示。发芽率最高处理组与最低处理之间的差距为40%,发芽势最高处理组与最低处理组之间的差距为35%。方差分析结果显示,T1处理组与其余4个处理之间存在极显著差异性即($P<0.001$);其余四个处理组之间均不存在显著差异性。

表1　不同赤霉素浓度对建始槭种子发芽率、发芽势的影响

赤霉素浓度	发芽率(%)	发芽势(%)
T1(100mg/L)	40±1.12a	35±1.0a
T2(200mg/L)	11±0.2b	1±0.2b
T3(300mg/L)	1±0.2b	1±0.2b
T4(400mg/L)	0±0.0b	0±0.0b
T5(500mg/L)	0±0.0b	0±0.0b

2.5　不同温度条件对建始槭种子发芽率、发芽势的影响

建始槭种子T4处理组(20~30℃)种子发芽率、发芽势最高分别为74%、69%。其次是T2处理组(20℃)种子发芽率、发芽势分别为73%、71%。再次的是T3处理组(15~25℃)种子发芽率、发芽势分别为70%、58%。次之的是T1处理组(10~20℃)种子发芽率、发芽势分别为67%、59%。最低的处理组为T处理组(30℃)种子的发芽率、发芽势分别为31%、20%。具体如图4所示。发芽率最高处理组与最低处理之间的差距为37%,发芽势最高处理组与最低处理组之间的差距为29%。方差

分析结果显示,所有处理组之间均不存在显著差异性。

表 2 不同温度条件对建始槭种子萌发的影响

不同温度条件	发芽率(%)	发芽势(%)
T1(10~20℃变温)	67 ±4.22a	59 ±1.77a
T2(20℃定温)	73 ±1.77a	71 ±2.47a
T3(15~25℃变温)	70 ±2.23a	58 ±2.22a
T4(20~30℃变温)	73 ±1.46a	69 ±1.93a
T5(30℃定温)	31 ±2.59a	30 ±1.22a

3 讨论

低温层积处理能有效的打破建始槭种子的休眠。在本次试验中发现建始槭种子是浅休眠种子,4℃低温层积处理 15d 是建始槭种子的最佳处理方法,种子的发芽率及发芽势可分别达到 73%、71%。有研究表明低温层积 120 天后建始槭种子的发芽最高(孟庆法 等,2014),这与本研究的结果不一致。这可能与种子是不同种源,以及种子的低温层积温度不同有关。

赤霉素浸种能够促进建始槭种子萌发。通过不同浓度赤霉素浸种处理发现,赤霉素浓度是 100mg/L 时,建始槭种子的发芽率及发芽势最高,分别达到 40%、35%。随着赤霉素度的增加,种子的发芽率呈降低的趋势,种子的发芽率与赤霉素浓度呈负相关关系。这可能由于过高的赤霉素浓度会抑制种子萌发(李佳,2019)。

在不同温度处理组中,建始槭种子的最佳萌发温度为恒温 20℃ 及变温 20~30℃,种子发芽率可达 73%。变温 10~20℃、变温 15~25℃ 种子的发芽率也可达到 67%、70%,只有温度达到 30℃ 时,种子的发芽率有所下降为 31%。表明 15~30℃ 之间为建始槭种子的适宜萌发温度。

参考文献

北京林学院,1981. 造林学[M]. 北京:中国林业出版社:33-42

方文培,1981. 中国植物志(46)[M]. 北京:中国林业出版社:66-273

侯冬花,海利力·库尔班,2007. 种子休眠与休眠解除的研究进展[J]. 新疆农业科学,44(003):349-354.

李佳,周素华,贾娜,等,2019. 不同浓度赤霉素处理对杜仲种子萌发的影响[J]. 安徽农业科学,47(03):144-146.

孟庆法,何瑞珍,王平格,2014. 建始槭引种与栽培技术研究[J]. 河南农业科学,43(9):133-136.

孟庆法,田朝阳,高红莉,等,2009. 河南省槭树科植物资源及开发利用研究[J]. 河南农业大学学报,(01):65-69.

石柏林,吴家森,钟泰林,2006. 6 种槭树属植物种子特性及其发芽试验[J]. 浙江林业科技,26(03):38-40.

孙娟,孙艳,杨志恒,2020. 我国槭树繁育技术研究进展[J]. 安徽农业科学,48(3):11-14.

徐廷志,1989. 云南槭树红叶观赏植物资源开发利用[J]. 中国野生植物资源,(3):10-12.

徐廷志,1996. 槭树科的地理分布[J]. 云南植物研究,18(1):43-50.

8 种河南乡土槭属植物的物候特征观测

孙　艳[1]　张　娟[1]　林　博[1]　李翰书[1]　杨志恒[1*]

（1. 郑州植物园，郑州 450042）

摘要：本研究以 8 种河南乡土槭属植物为对象，对其进行物候、色彩变化和适应性观测。发现不同槭树在郑州地区的物候期各有不同，茶条槭和青楷槭萌芽、展叶最早，色木槭、血皮槭和三角槭开花较晚，茶条槭果实成熟和落叶最早，鸡爪槭色叶景观持续天数最长；不同种槭树果实颜色、秋季叶色及叶色变化存在明显差异，飞蛾槭和鸡爪槭生长势弱于其他槭树。

关键词：乡土植物，槭属，物候期，色彩变化，适应性

Observation of Phenophase for Eight Species of Native Maples in Henan

SUN Yan[1]　ZHANG Juan[1]　LIN Bo[1]　LI Han－shu[1]　YANG Zhi－heng[1*]

（1. *Zhengzhou Botanical Garden*，*Zhengzhou*　450042）

Abstract：This study is aimed at 8 species of Henan native *Acer* plants，and observed their phenophase and color changes. It was found that different *Acer* plants in Zhengzhou area had different phenological period，*A. ginnala* and *A. tegmentosum* sprouted earlier，*A. mono*，*A. griseum* and *A. buergerianum* bloomed late，*A. ginnala* fruit ripening and defoliation were the earliest，*A. palmatum* leaf color lasted the longest duration. There were obvious differences in the fruit color，autumn leaf color and the change of leaf color，*A. oblongum* and *A. palmatum* have weaker growth than others.

Keyword：Native plant，*Acer*，Phenophase，Color variation，Adaptation

槭属（*Acer*）植物属于槭树科（Aceraceae），主要分布在北半球温带地区，我国槭属植物资源丰富，共约 151 种，其中河南省自然分布有 2 属 23 种 2 亚种和 9 变种，约占全国槭树科植物种类的 15%（杨昌煦和刘兴玉，1998；孟庆法 等，2009）。乡土植物是生态园林城市建设中丰富自然景观、体现地域个性和维护城市生态系统稳定性的重要内容（梁彦兰 等，2013）。植物物候是植物长期适应环境的季节性变化而形成的生长发育节律（郑亚琼 等，2015），对物候期研究可以提供植物群体多样性和繁育方面的信息，有利于物种遗传资源的保护和栽培管理（刘志民 等，2007）。

郑州地区具有南北交融、东西过渡的气候特点及生态环境优势，在开展系统的河南乡土槭属植物引种、观赏特性及生态适应性研究有重要意义（翟桂红 等，2018）。本研究对 8 种河南乡土槭属植物为对象，对其物候、色彩变化和适应性进行观测。初步了解其整体物候特征，为河南乡土槭属植物的引种、种质资源保存、良种选育和迁地保护提供参考。

1　材料与方法

1.1　试验材料和试验地概况

郑州植物园于 2008 年从河南省栾川县、鄢陵县、南召县等地引进多种槭属（*A-*

cer)植物,经过10年栽培管理和养护,筛选出生长状况较好的飞蛾槭(*A. oblongum*)、鸡爪槭(*A. palmatum*)、色木槭(*A. mono*)、茶条槭(*A. ginnala*)、血皮槭(*A. griseum*)、元宝槭(*A. truncatum*)、三角槭(*A. buergerianum*)和青楷槭(*A. tegmentosum*)8种槭属植物。

河南省郑州市地处东经112°42′~114°14′,北纬34°16′~34°58′,属于暖温带大陆性气候,四季分明,雨量适中,气候温和,光照条件良好。年降水量约639.2mm,年平均气温约14.2℃,无霜期210d。试验地土壤为黄泥土,土层厚度在80cm以上,pH值7.5,中性偏碱。

1.2 研究方法

1.2.1 物候期观测

参照《中国物候观测方法》(宛敏渭和刘秀珍,1979)和木本植物观测标准(夏林喜 等,2006),采取定株定枝方法进行观测。于2019年1月在郑州植物园选择长势相对一致、树体健壮槭属植物每种样株10株,以树冠外围南侧中层枝条为观测部位,单株选取并挂牌标记10个枝条,分别记录物候期,每隔3~5d观测一次。将8种河南乡土槭属植物物候期划为13个阶段:芽膨大期(冬芽开始膨大)、萌芽期(鳞片沿叶芽纵断面稍展开,彼此尚未分离)、展叶期(每个新梢上端的第1个或第2个叶序的叶片展开)、现蕾期(芽开放露出花蕾)、初花期(约5%的花开放)、盛花期(约50%的花开放)、末花期(大部分花的柱头枯萎,开始落花)、初果期(果实出现)、盛果期(果实体积迅速增大)、果实着色期(果实颜色发生改变)、果熟期(有一半的果实成熟)、落叶期(叶片开始自然脱落)、色叶景观持续天数(叶子开始季节性变色,且新变色叶子增多),总生长期为萌芽期到果熟期,总花期是初花期到末花期。

1.2.2 形态和色彩变化特征观测

参考物候期观测的枝条部位,测量记录8种槭树的叶、花和果实的形态特征和色彩变化等指标。

1.2.3 适应性观测

每次调查均选择植物上、中、下叶片各30片以上,以受害叶片占整株树全部叶片的比例,以叶片病虫害危害程度最严重的一次作为本次试验调查结果,统计其抗寒性、耐热性、抗病性、抗虫性和生长状况。

2 结果与分析

2.1 物候期

此次观测的郑州地区8种槭属植物中,茶条槭和和青楷槭在3月中旬开始萌芽、展叶,其次是飞蛾槭、鸡爪槭、元宝槭、色木槭和三角槭在3月下旬至4月上旬萌芽、展叶,而血皮槭萌芽展叶时间最晚,在4月中旬。4月上旬开花的有飞蛾槭、鸡爪槭、茶条槭、元宝槭和青楷槭,其次是色木槭、血皮槭和三角槭,4月中旬开花。8种槭属植物均在开花后即可结果,茶条槭和鸡爪槭的幼果在4月中下旬呈现红色,青楷槭果实在6月中旬着色,飞蛾槭、色木槭、血皮槭、元宝槭和三角槭果实着色期都在8月中旬至9月上旬。

茶条槭果熟期最早,在7月中下旬,其次是元宝槭、血皮槭、飞蛾槭和青楷槭在9月果实成熟,三角槭果熟期在10月中旬,色木槭果熟期最晚,在11月中旬。落叶期较早的是茶条槭和三角槭,11月中旬叶片全部脱落,飞蛾槭、鸡爪槭、色木槭、元宝槭和青楷槭落叶期是11月下旬,落叶期最晚的是血皮槭在12月上旬。具体见表1。

表 1　8 种槭属植物物候期观测结果(月·日)

物候期	飞蛾槭	鸡爪槭	色木槭	茶条槭	血皮槭	元宝槭	三角槭	青楷槭
芽膨大期	3·12	3·12	3·4	3·4	3·14	3·15	3·4	3·2
萌芽期	3·20	3·27	3·29	3·15	4·5	3·27	3·29	3·16
展叶初期	3·25	4·1	4·5	3·23	4·8	4·1	4·5	4·1
展叶盛期	4·8	4·10	4·10	4·6	4·12	4·8	4·10	4·8
展叶末期	4·12	4·10	4·15	4·12	4·15	4·15	4·15	4·15
现蕾期	3·25	4·1	4·10	3·25	4·5	4·1	4·10	4·3
初花期	4·1	4·8	4·12	4·5	4·12	4·8	4·12	4·8
盛花期	4·4	4·10	4·16	4·10	4·13	4·12	4·16	4·15
末花期	4·7	4·15	4·23	4·18	4·14	4·15	4·18	4·19
初果期	4·10	4·15	4·29	4·23	4·14	4·20	4·16	4·23
盛果期	4·20	4·21	5·9	5·2	4·15	4·29	4·22	5·7
末果期	4·29	4·25	5·15	5·7	4·27	5·7	5·7	5·10
果实着色期	9·10	4·15	11·6	4·23	9·6	8·20	8·15	6·20
果熟期	9·18	9·15	11·15	7·20	9·18	9·2	9·15	9·20
落叶期	11·28	11·28	11·28	11·15	12·6	11·28	11·15	11·28

2.2　色彩变化特征

不同种槭树果实颜色、秋季叶色及叶色变化存在明显差异,同一种槭树不同的时间段呈现出不同的叶色。鸡爪槭和茶条槭翅果幼时红色或淡红色,飞蛾槭、色木槭等6种的翅果为绿色,成熟后变为褐色;幼叶色为红色的是鸡爪槭,夏季变为绿色,秋季变为红色;色木槭、血皮槭和三角槭的秋叶色为红色或橘红色,飞蛾槭、茶条槭、元宝槭和青楷槭秋叶色为黄色或者黄褐色。鸡爪槭的色叶景观期在春、秋两季,色叶景观持续天数最长,为57d;茶条槭、三角槭元宝槭色叶景观期在秋季上旬,色叶景观持续天数分别为36d、39d和25d;飞蛾槭、色木槭、血皮槭和青楷槭色叶景观期在秋季下旬,色叶景观持续天数较短,约20d。具体见表2。

表 2　8 种槭属植物形态特征

形态特征	飞蛾槭	鸡爪槭	色木槭	茶条槭	血皮槭	元宝槭	三角槭	青楷槭
幼叶色	黄绿色	红色	黄绿色	翠绿色	黄色	红褐色	绿色边缘红色	绿色
夏叶色	绿色	绿色	翠绿色	绿色	翠绿	绿色	翠绿	绿色
秋叶色	黄色	红色	黄、红色	黄褐色	红色	橘黄色	黄、红色	黄色
花色	淡黄色	红色	黄色	绿色	黄色	黄绿色	绿色	黄色
翅果颜色变化	绿－淡红－褐	红－淡黄	淡绿－橙红	淡红－褐	绿－褐	淡绿－淡红－黄褐	淡绿－黄褐	绿－红－褐
色叶景观持续天数(d)	21	57	20	36	20	39	25	21

2.3 生态适应性

对8种槭属植物的适应性分析可知，抗寒性较好无冻害的有鸡爪槭、色木槭、茶条槭、元宝槭和青楷槭，抗寒性一般的有血皮槭和三角槭，抗寒性较差的是飞蛾槭；耐热性较好的是飞蛾槭、色木槭、茶条槭、血皮槭、元宝槭，在夏季高温环境下叶片无焦黄、卷曲，其次是三角槭和青楷槭，耐热性最差的是鸡爪槭，整株叶尖焦枯；生长期无虫害的槭属植物是鸡爪槭和青楷槭，其他均有鳞翅目幼虫或蚜虫危害；飞蛾槭最易感染白粉病，叶片和翅果均有病斑。综合来看，色木槭、茶条槭、血皮槭、元宝槭、三角槭和青楷槭生长势好于飞蛾槭和鸡爪槭。具体见表3。

表3 8种槭属植物生态适应性观测结果

生态适应性	抗寒性	耐热性	抗虫性	抗病性	生长状况
飞蛾槭	20%枝梢冻枯，30%叶片冻脱	叶片无焦黄，卷曲	鳞翅目幼虫	白粉病	生长势一般
鸡爪槭	无冻害	整株100%叶尖出现焦枯现象	无虫害	无病害	生长势一般
色木槭	无冻害	叶片无焦黄，卷曲	黄刺蛾	无病害	生长势好
茶条槭	无冻害	叶片无焦黄，卷曲	鳞翅目幼虫	无病害	生长势好
血皮槭	10%嫩芽受冻，5%枝梢冻枯	叶片无焦黄，卷曲	叶螨	无病害	生长势好
元宝槭	无冻害	叶片无焦黄，卷曲	蚜虫	无病害	生长势好
三角槭	10%嫩芽受冻，3%枝梢冻枯	30%叶片尖端出现干枯	蚜虫	无病害	生长势好
青楷槭	无冻害	整株90%叶片尖端出现干枯	无虫害	无病害	生长势好

3 结论与讨论

通过对8种河南乡土槭属植物的引种驯化和栽培可知，其在郑州地区具有不同的物候期、色彩季相变化和适应性。8种槭属植物在室外安全越冬，并在翌年春天萌芽生长，下一步应根据槭属植物树姿优雅美观、花果别致、叶色艳丽的特点，综合评价并筛选出具有较高的观赏性和园林应用价值的槭树。槭属植物物种资源十分珍贵，在清查野生资源基础上，积极开展引种驯化工作，筛选优良类型并加以推广；同时进行迁地保护，建立种质资源圃和专类园等，针对槭属植物的观赏性进行深入研究，选育优良园林植物新品种，为景观和生态环境建设提供丰富的基础材料和技术支撑。

参考文献

梁彦兰，张云华，2013. 乡土植物在生态园林城市建设中的应用[J]. 湖北农业科学，13:99-101.

刘志民，蒋德明，2007. 植物生殖物候研究进展[J]. 生态学报，27(3):1233-1241.

孟庆法，田朝阳，高红莉，2009. 河南省槭树科植物资源及开发利用研究[J]. 河南农业大学学报，43(01):65-69.

宛敏渭，刘秀珍，1979. 中国物候观测方法[M]. 北京：科学出版社，42-47.

夏林喜，牛永波，李爱萍，等，2006. 浅谈木本植物物候观测要求及各物候期观测标准[J]. 山西气象，2:47-48.

杨昌煦，刘兴玉，1998. 中国槭树资源与观赏利用[J]. 西南农业大学学报，01:69-73.

翟桂红，李小康，2018. 郑州地区槭树科植物资源调查及景观应用研究[J]. 安徽农业科学，46(34):92-93.

郑亚琼，冯梅，李志军，2015. 胡杨枝芽生长特征及其展叶物候特征[J]. 生态学报，35(4):1198-1207.

河南省槭树科植物资源研究进展

张　娟[1]　杨志恒[1]　孙　艳[1]　林　博[1]　李翰书[1]
(1. 郑州植物园,郑州 450042)

摘要:河南省槭树科植物种质资源丰富,具有广阔的开发利用前景。本文从种质资源调查、繁殖技术、遗传基础、引种驯化、分类研究等方面分析河南省槭树科植物的研究进展,以及其开发利用现状,并提出了开发利用建议。

关键词:槭树,种质资源,引种驯化,开发利用

Research Progress of the Aceraceae Resource in Henan Province

ZHANG Juan[1]　YANG Zhi-heng[1]　SUN Yan[1]　LIN Bo[1]　LI Han-shu[1]
(1. *Zhengzhou Botanical Garden*, *zhengzhou* 450042)

Abstract: The Aceraceae resources are so abundant in Henan province that has broad prospects for development and utilization. The research advances Aceraceae resource in Henan province was summarized, including the aspects of resource investigation, propagation technology, genetic basis, introduction and domestication, taxonomic study. Its development and utilization status, and proposed development and utilization recommendations were summarized in this paper.

Keywords: Aceraceae, Resource, Introduction and domestication, Development and utiization

河南地处暖温带与亚热带交汇区,气候适宜,温度适中,适合南北树种生长,是国内进行引种的最佳地理区域(杨淑红 等,2002)。河南省三大山系大别山、伏牛山、桐柏山槭树科资源丰富,分布有鸡爪槭、元宝枫、三角枫、茶条槭等野生资源。《河南植物志》和《河南树木志》共记载河南自然分布的槭树科植物有2属20种1亚种9变种。后经过相关科研人员的后续调查、增补和订正。目前,确认河南自然分布的槭树科植物共有2属23种2亚种和9变种(段增强 等,1999;方文培,1981)。

槭树是世界著名的观赏树种,树干挺拔,姿态潇洒,叶片经秋或红或黄,翅果也呈黄、红等色彩,深受人们喜爱,是秋色叶树种的重要成员(胡颖,2009)。河南分布的槭属植物中,有很多是世界闻名的观赏树种,为槭树的开发利用提供了极其宝贵的物质基础。但是,有关槭树科植物种质资源调查、繁育技术、引种驯化、遗传多样性研究等工作开展的还不够多,槭树在园林应用中常出现树姿单薄、叶丛稀疏、病虫害严重等问题,其价值尚未得到充分发挥。本文对河南省槭树科的研究进展进行综述,并对其园林应用提出合理化建议,以期对城市生态环境的改变起到一定的推动作用。

1　河南省槭树科研究现状

1.1　种质资源调查

孟庆发等的研究表明目前确认河南自然分布的槭树科植物共有2属23种2亚种和9变种。其中,金钱槭属为中国特有属,仅2种,河南分布1种;槭属分布有22种2亚种9变种。河南的槭树科植物主要分布于豫北的太行山区、豫西的伏牛山区和豫南的桐柏山区及大别山区。其中,太行山区分布有9种1变种,占河南全省种数的

39%;伏牛山区分布有22种2亚种7变种,占全省种数的96%;桐柏山区分布有14种1亚种1变种,占全省种数的61%;大别山区分布有18种1亚种1变种,占全省种数的78%(孟庆发 等,2009)。王海亮等人对河南小秦岭自然保护区槭属植物的分布进行调查,并进行区系分析,表明位于河南西部的小秦岭自然分布有槭属植物12种3变种1亚种。小秦岭自然分布的槭属植物种类约占河南全省分布种类的一半以上,约占整个秦岭槭属植物种类的45.7%,约占全国槭属植物种类的10.5%(杨淑红 等,2002)。

李红喜等对河南伏牛山血皮槭资源进行调查与分析,发现伏牛山区血皮槭呈零星或小群落分布,位于北坡的栾川、灵宝、嵩县是伏牛山血皮槭的主要分布带,栾川是伏牛山血皮槭中心分布区(李红喜 等,2017)。李红喜对栾川县的槭树科资源也进行了调查,发现栾川县槭树科自然分布21种1亚种6变种,占河南省种数的87.5%。庙台槭在河南首次发现,血皮槭、五角枫、青榨槭、房县槭、杈叶槭、建始槭等在县域内广泛分布(李红喜 等,2013)。

1.2 繁育技术研究

槭属植物种子具有休眠的习性,这种特性是进行槭属植物实生繁殖的最大障碍(刘静波 等,2012)。

孟庆发等人对河南省野生的13种槭树进行了种子形态与特性测定、种子贮藏方法的试验研究,表明槭树种子大多具休眠特性,采用室外低温沙藏是打破休眠、提高发芽率的有效方式,这与杜娟等的研究结果类似(杜鹃 等,2011)。槭树苗木对光照的要求也有较大的差异,除房县槭、元宝枫、三角槭、茶条槭、飞蛾槭在全光下生长表现良好外,其他8种槭树在苗期均需要不同程度的遮阴(孟庆发 等,2009)。国内学者在槭树科植物无性繁殖、组培快繁研究方面也取得了很大的进展(贾娟 等,2010;顾德峰 等,2010)。

1.3 遗传基础

胡颖将SRAP这种新的DNA分子标记运用到槭属植物的遗传多样性研究上,从DNA水平上明确槭属植物种间亲缘关系和分类地位。以槭属植物基因组DNA为模板,通过Mg^{2+}、dNTPs、Primer、DNA与Taq polymerase进行梯度试验,对槭属植物SRAP反应体系进行优化,建立了适合于槭属植物的SRAP-PCR反应体系,该体系总体积为25μL:Mg^{2+} 2.5mmol/L,dNTPs 0.25mmol/L,Primer 80ng,*Taq* polymerase 1.5U,DNA 40ng(胡颖,2009)。这与张冬梅等确定的槭属植物的最适反应体系扩增程序,即在10μL的反应体系内,含模板为4ng/μL(40ng),0.25 UTaq 聚合酶,0.3mmol/L dNTP,0.5μmol/L引物有所差异(张冬梅 等,2008)。

1.4 引种驯化

野生槭树在引种驯化过程中,从自然森林环境过渡到人工栽培环境,光照条件的变化是比较剧烈的,因此,其苗木对光照的适应能力成为引种成败的关键因素之一。孟庆发等对河南野生槭树一年生苗木的生长规律及其对光照条件的要求等进行了研究,表明槭树一年生苗木的年生长规律表现为双高峰、单高峰和匀速生长3种类型,以匀速生长型表现最好;槭树苗木对光照的要求也有较大的差异,除房县槭(*A. franchetii*)、元宝枫(*A. truncatum*)、三角槭(*A. buergerianum*)、茶条槭(*A. ginnala*)、飞蛾槭(*A. oblongum*)在全光下生长表现良好外,其他8种槭树在苗期均需要不同程度的遮阴(孟庆发 等,2009)。

1.5 分类研究

李家美等订正了《河南植物志》和《河南种子植物检索表》中一些分类学问题。依据叶下面被毛情况和果翅开张角度,把血皮槭

A. griseum 作为陕西槭 *A. hsensetsne* 的新异名。此外，将变种三裂飞蛾 *A. oblongum* var. *trilobum* 作为飞蛾槭 *A. oblongum*。还对河南槭属植物作出系统排列，编制出分类检索表，对各类群分别作了特征描述，记载了产地和分布，并对部分种作了简单的讨论（李家美，2003）。

2 河南省槭树科植物的开发利用现状

杨淑红在2002年的研究发现，有关槭树科园林植物选育、引种、驯化的专门研究工作很少，在城市园林应用中仅以鸡爪槭的变种红枫最为常见，其他槭树植物也因适生性差、病虫害严重，不能被广泛应用和推广，因此不能实现槭树科植物在城市园林中所应具有的观赏价值和生态、经济效益（杨淑红 等，2002）。

到2009年，河南省对槭树科植物的开发利用取得了极大的进展。国内种类：如元宝枫、地锦槭、三角槭、鸡爪槭及其系列变种等，是河南传统的园林绿化树种，已得到普遍应用；金钱槭、杈叶槭、血皮槭、建始槭、房县槭、青榨槭、青楷槭、陕西槭等20余种省内外分布槭树，已在河南省科学院珍稀植物工程技术研究中心试验基地进行了多年引种观察，许多种类都表现出了良好的生态适应性，具有很好的开发利用前景。国外种类：如复叶槭 *A. negundo*，挪威槭 *A. platanoides* 及其系列品种 ‘Crimson King’ ‘Drummondii’，红花槭 *A. rubrum* 及品种，日本槭 *Acer japonicum* 及品种，欧亚槭 *A. pseudoplatanum*，鞑靼槭 *A. tataricum*，栓皮槭 *A. campestre* 等20余种（品种）槭树已于20世纪末引入，在科研单位及苗木生产企业试种、观察、扩繁，大多生长发育良好，有望在园林生态建设中大量推广应用（孟庆发 等，2009）。

但是，槭树科植物的开发利用中还存在很多问题，比如种类单一，缺乏多样性；应用形式固定，景观效果不佳；引种驯化的力度不够等（李振山和王珂，2016）。还需相关科研部门进一步加大研发力度，解决槭树科植物在推广应用过程中存在的问题，提高槭树科植物的品质，更好地应用到河南省园林建设中去。

3 开发利用建议

3.1 加强现有槭树科植物的管理与养护

对现有槭树科植物进行调查、观测，记录每种槭树科植物的耐寒性、耐旱性、耐热性、抗病虫害能力等指标，根据其生长习性进行不同的管护措施，保证已引进槭树科植物的健康生长，达到最佳的园林景观效果。

3.2 加强引种驯化工作

河南槭树科资源丰富，槭树科植物不仅具有景观价值，还具有药用价值、材用价值等，需要不断开发利用。相关科研院所须进一步加大槭树科植物的引种驯化工作。一方面对目前引进的槭树科植物进行推广应用。在试验观测的基础上，筛选出优良品种形成种植开发一体化的可持续利用生产基地。另一方面积极开展野生资源驯化工作。深入研究大别山、伏牛山、桐柏山、栾川等地槭树科植物，有计划有步骤地开展好野生种变家种的工作。

3.3 推进槭树科植物专类园建设

充分发挥气候优势和地域优势，多途径、多手段收集槭树科植物种质资源，建立槭树科名优品种示范园，苗木培育基地，建立槭树科种质资源圃，收集国内外种质资源，打造中原地区槭树科植物专类园，为景观和生态环境建设提供丰富的基础材料和技术支撑。

参考文献

杜娟,兰永平,王鹂,等,2011. 贵州槭种子形态特征和萌发特性的研究[J]. 种子,30(8):9－12.

段增强,王太霞,李贺敏,等,1999. 河南槭属(*Acer* Linn.)增补与订正[J]. 河南师范大学学报(自然科学版),27(2):69－71.

方文培,1981. 中国植物志:第46卷[M]. 北京:科学出版社.

顾德峰,赵和祥,王刚,2010. 白牛槭休眠芽苞的离体培养[J]. 北方园艺,20:154－155.

胡颖,2009. 槭属植物SRAP技术体系的建立及其遗传多样性研究[D]. 郑州:河南农业大学.

贾娟,史敏华,邢金香,等,2010. 不同生根剂对葛萝槭扦插繁殖的影响[J]. 山西农业大学学报,30(3):235－238.

李红喜,陈新会,康战芳,等,2013. 栾川县槭树科资源调查及应用评价[J]. 中国农业信息,251－252.

李红喜,孟庆法,张保卫,等,2017,河南伏牛山血皮槭资源调查与分析[J]. 河南林业科技,37(02):23－25.

李家美,2003. 河南槭树植物分类研究[D]. 郑州:河南农业大学.

李振山,王珂,2016. 槭树科植物在郑州园林中的应用[J]. 黄冈师范学院学报,36(03):58－60.

刘静波,林士杰,张忠辉,等,2012. 槭属植物种质资源研究进展. 中国农学通报,28(25):1－5.

孟庆法,高红莉,赵凤兰,等,2009. 河南省野生槭树种子育苗试验研究[J]. 安徽农业科学,37(27):13309－13311,13373.

孟庆法,田朝阳,高红莉,等,2009,河南省槭树科植物资源及开发利用研究[J]. 河南农业大学学报,43(01):65－69.

杨淑红,熊治国,杨春华,等,2002. 我省引进和培育槭树科园林植物的必要性[J]. 河南林业科技,22(02):33－34.

张冬梅,魏华丽,苏金乐,等,2008. 槭属树种ISSR－PCR反应体系的确立[J]. 上海农业学报,24(1):51－54.

绿化废弃物处理中心的组建与应用
——以郑州植物园为例

王　珂[1]　李小康[1]　王志毅[1]
（1. 郑州植物园，郑州 450052）

摘要：绿化废弃物处理中心将绿化废弃物进行收集、分类、资源化转化成有机肥、覆盖物、基质等可利用资源，从根源上解决了郑州植物园内绿化废弃物的运输和消纳问题。转化后的产品可施于园内绿地，还可产生一定的经济效益，在园林绿地养护作业层面实现植物园内部绿色循环发展模式，达到了绿化废弃物资源化再利用的目的。

关键词：绿化废弃物，资源化利用，绿色经济，循环发展

Construction and Application of Green Waste Treatment Center:
Take Zhengzhou Botanical Garden as an Example

WANG Ke[1]　LI Xiao-kang[1]　WANG Zhi-yi[1]
（1. *Zhengzhou Botanical Garden, Zhengzhou* 450052）

Abstract: Greening waste disposal center collects, sorts and recycles green waste into usable resources such as organic fertilizers, Mulch and substrates, the problem of transportation and consumption of greening waste in Zhengzhou Botanical Garden is solved from the root. The products can be applied to the green space of the botanical garden, and can also produce certain economic benefits. At the level of garden green space maintenance, the green recycling development mode inside the botanical garden was realized, and the purpose of recycling green waste was achieved.

Keywords: Greening waste, Resource utilization, Green economy, Circular development

1　前言

绿化废弃物主要是指园林绿地养护过程中所产生的落叶、草屑、花败、枯树枯枝、剪枝等固体废弃物（梁晶 等，2009），含大量的有机成分并具备一定养分，可以通过科学方式将其转化成有机肥料、栽培基质、生物颗粒燃料、覆盖物等（张庆费和辛雅芬，2005；胡小燕 等，2018），在现代化国家已经是很成熟的技术，并且应用非常广泛（Johnny Bolden. 2013）。目前，北京、上海等城市已经率先建立了绿化废弃集中消纳地，转化后的产品也已经投入使用（孙克君 等，2009；赵修全和陈祥，2016；王莹 等，2017），绿化废弃物集中消纳与转化既能有效处理城市绿地养护产生的大量绿化废弃物，促进资源循环利用，还能减少环境污染，对生态城市发展和循环经济发展有重要意义（田赟 等 2011；王欣国 等，2015）。

2　绿化废弃物处理中心概况

绿化废弃物处理中心位于郑州植物园内，郑州植物园现有绿化面积约 57.3 万 m^2，每年养护修剪工作有序开展，园内绿化废弃物产量大，每年可产生园林废弃物（包括树枝、树叶、杂草、盆栽草花等）达 600 余吨。绿化废弃物处理中心建设前，绿化垃圾经垃圾车运送至周边大型垃圾处理厂进行填埋

和焚烧,全年处理600吨垃圾费用约7.8万元,不仅增加了城市垃圾处理压力,造成资金的浪费,还会引起环境污染。

3 绿化废弃物处理中心的组建与应用

3.1 前期调研与选址

绿化废弃物处理中心建设前期,对郑州市绿化废弃物资源化利用现状进行观摩考察及市场调研,了解郑州市周边地区的绿化废弃物处理中心的组建条件、投资成本、运行流程以及运行原理等信息。经过综合考量后选择郑州云茂实业有限公司YM-ZF(A6)型绿化废弃物处理系统,该套系统日处理量3~5吨,产出有机肥料2~3吨。郑州植物园内绿化废弃物产量具有明显季节性周期,在秋冬季绿化废弃物产量较大,约400吨,若该套设备满负荷运转可在秋冬两季内可完全消纳当季的绿化废弃物;而春夏季绿化废弃物产量相对较小,约为200吨,该套设备只需维持60%~70%负荷运转即可消纳春夏季绿化废弃物。

经现场勘查后选择郑州植物园内东南方位建设厂房,占地面积约680m²。该场地地面平整且周边无障碍物,水源、电源便捷,满足设备运行的基本需求,适合建设园林绿化废弃物处理中心。

3.2 设备组成

绿化废弃物处理中心的设备共有9个设备组成,包括粗粉机、揉丝机、进料机、出料机、绿化废弃物处理机、生物质热风炉、储藏间、生物质燃料制粒机、动物饲料制粒机(表1)。

表1 园林绿化废弃物处理中心设备组成

序号	名称	规格	单位	数量
1	粗粉机	20kW	套	1
2	专用揉丝机	38.5kW	套	1
3	进料机	3kW	套	1
4	出料机	3kW	套	1
5	生物质热风炉	2.2kW	套	1
6	绿化废弃物处理机	11kW	套	1
7	储藏间	3m×3m×3m	间	1
8	生物质燃料制粒机	55kW	套	1
9	动物饲料制粒机	38.5kW	套	1

3.3 绿化废弃物处理中心应用

绿化废弃物处理中心自建成后,郑州植物园内所产生的园林废弃物收集并运送至处理中心,将收集的园林废弃物进行分拣,共分为落叶类、枝条类、草屑与残花类3种,并根据不同种类的特性,经粗粉、细粉、发酵、颗粒压缩等不同处理形成有机肥、栽培基质、有机覆盖物、生物颗粒燃料和动物饲料,详细流程见图1。

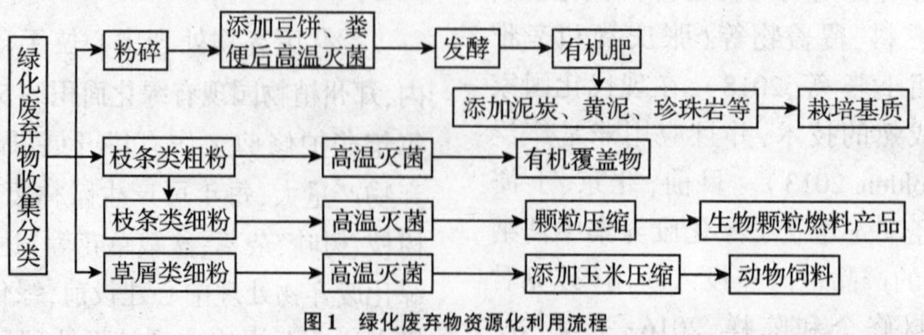

图1 绿化废弃物资源化利用流程

4 绿化废弃物处理中心应用分析

4.1 产品效果分析

园林绿化废弃物处理中心以产生有机肥为主，在制肥过程中，绿化废弃物的粒径大小对堆肥腐熟时间影响较大，所以前期粉碎过程中要严格按照规定粒径进行粉碎。混合型园林废弃物堆肥产品经检测各项指标均符合园林绿化废弃物处置和应用技术规(GB/31755—2015)的各项指标(表2)。从表中可以看出，堆肥产品中总养分、有机质等含量丰富，能够满足植物生长所需的养分，其中，pH值呈中性符合北方植物生长需求，堆肥产品中大小孔隙适宜，具有一定的保水保肥的作用。从发芽指数来看，堆肥产品对植物生长无毒害作用，有利于植物正常生长。

表2 园林绿化废弃物堆肥产品指标

检测项目	园林绿化废弃物堆肥产品	指标范围
总养分($N+P_2O_5+K_2O$)含量(以干基计)(%)	6.56	≥2.0
有机质(以干基计)(%)	56.78	≥35
水分(%)	25.71	≤38
pH值	7.12	6.0~8.2
EC(mS/cm)	6.13	0.5~10.0
粒径(mm)	11	≤30
孔隙度(%)	69	60~80
发芽指数(%)	89	≥85

表3 园林绿化废弃物覆盖物产品指标

检测项目	园林绿化废弃物覆盖物产品	指标范围
发芽指数(%)	85	≥80
水分(%)	32.58	≤40
粒径(cm)	2~3	≤10

表4 草炭土与园林绿化废弃物栽培基质理化性质

栽培基质	pH值	有机质(%)	TN(%)	TP(%)	TK(%)	总养分(%)	GI(%)
草炭土	7.15	31.24	0.94	0.55	1.18	2.67	76
绿化废弃物栽培基质	7.81	48.80	2.07	1.08	3.25	6.4	92

园林绿化废弃物经过粉碎、高温灭菌等程序制成的有机覆盖物，具有无病虫害、粒径可控等优点。该有机覆盖物发芽指数在85%左右(表3)，表明该有机覆盖物对植物生长没有毒害作用，还能改善土壤结构、增强土壤通气性，减少病原菌的传播。

园林绿化废弃物制成的栽培基质，有机质、全氮、全磷、全钾的含量均高于草炭土，总养分也是草炭土的2倍以上(表4)，能够在植物生长过程中提供充足的养分。有研究证明，将园林绿化废弃物栽培基质替代草炭土种植竹芋、火鹤等的效果均优于草炭土种植花卉的效果(张强 等,2012;田赞 等,2012)。

4.2 处理中心优势分析

针对郑州植物园内园林绿化废弃物的具体情况，园林绿化废弃物处理中心合理选择实用性强、集约化程度高的小型园林绿化废弃物生产设备，在初期堆肥发酵过程全部机械化操作，生产效率高，节省人力，充分体现了统筹合理性和系统的经济性。该处理

中心在一定程度上增加资源回收的综合效益,遵循了绿色可持续发展原则,达到了绿化垃圾减量化、无害化和资源化的目的

4.3 经济效益分析

园林绿化废弃物处理中心通过对郑州植物园内园林绿化废弃物的资源化利用,能够获得突出经济效益。植物园内每年产生600吨的园林废弃物若全部资源化利用,可节省垃圾运输费用约8万元,其节约的费用与转化机肥料的人工、原料、设备折损、水电等年综合成本几乎持平。若园区每年产生的600吨废弃物全部用于转化有机肥,可得有机肥料约400吨,按照市场价位800元/吨,创造经济效益约32万元,在满足园内肥料用量之余,仍能创造近20万元经济效益。

5 讨论与展望

郑州植物园绿化废弃物处理中心通过科学有效方式将园林废弃物收集、分类转化成有机肥、覆盖物、基质等可利用资源,从根源上解决了郑州植物园内绿化废弃物的运输和消纳问题。转化后的各类产品可施于郑州植物园内绿地,同时还可产生一定的经济效益,在一定程度上实现郑州植物园内部绿色循环发展模式。目前绿化废弃物处理中心尚处于初步应用实践阶段,不论从处理中心运行流程还是园林绿化废弃物资源化利用产品质量,均有很大的提升空间。今后处理中心将对绿化废弃物转化的产品种类、产品质量以及转化方式与效果进行深入研究,使利用效能最大化,从而更好的发挥城市内绿化废弃物处理中心的作生态效益和经济效益。

参考文献

胡小燕,2018. 北京地区园林废弃物资源化利用现状及探讨[J]. 中国园艺文摘,34,(3):107-108,172.

梁晶,吕子文,方海兰,2009. 园林绿色废弃物堆肥处理的国外现状与我国的出路[J]. 中国园林,(4):01-05.

孙克君,阮琳,林鸿辉,2009. 园林有机废弃物堆肥处理技术及堆肥产品的应用[J]. 中国园林,(4):12-14.

田赟,2012. 园林废弃物堆肥化处理及其产品的应用研究[D]. 北京:北京林业大学.

田赟,王海燕,孙向阳,等,2011. 农林废弃物环保型基质再利用研究进展与展望[J]. 土壤通报,42(2):497-502.

王欣国,2015. 有机覆盖物及其在美国城市园林中的应用概况[J]. 广东园林,2,(2):77-79.

王莹,2017. 园林绿化废弃物处理的现状及政策[J]. 农业与技术,37(02):219.

张强,2012. 园林绿化废弃物堆腐及用作草花栽培基质的试验研究[D]. :北京:北京林业大学.

张庆费,辛雅芬,2005. 城市枯枝落叶的生态功能与利用[J]. 上海建设科技,(2):40-41,55.

赵修全,陈祥,2016. 绿化废弃物处理处置问题与对策探析[J]. 中国园艺文摘,32(07):85-86.

Johnny Bolden, 2013. Utilization of Recycled and Waste Materials in Various Construction Applications[J]. American Journal of Environmental Science,9(1):14-24.

郑州植物园景观规划提升研究

郭欢欢[1]　付夏楠[1]

（1. 郑州植物园，郑州　450042）

摘要：作为城建系统植物园，郑州植物园近几年对园内景观进行规划提升，在城市公共绿地系统中发挥了重要的作用。本文从专类园改建、乡土特色体现、公共服务设施、科普服务设施等方面对郑州植物园开展的二期改造项目和园内景观提升工作进行分析，为城建植物园营造科学和谐的城市绿色环境提供参考。

关键词：城建植物园，专类园，景观提升

Study on Landscape Planning and Improvement of Zhengzhou Botanical Garden

GUO Huan - huan[1]　FU Xia - nan[1]

（1. *Zhengzhou Botanical Garden*，*Zhengzhou*，*Henan* 450042）

Abstract：As a urban garden，Zhengzhou Botanical Garden has improved its landscape planning in recent years and played an important role in the urban space. This paper analyzes the renovation project and landscape improvement of Zhengzhou Botanical Garden from the aspects of specialized garden reconstruction，local characteristics embodiment，public service facilities and popular science service facilities，so as to provide reference for urban botanical garden to build a scientific and harmonious urban green environment.

Keywords：Urban botanical garden，Special plants garden，Landscape ascension

植物园在城市生态建设中起着维护生物多样性及物种保护的重要作用。作为城建系统植物园，郑州植物园承担着科学研究、科普服务、物种保育、休闲游憩等诸多功能。随着郑州的不断发展，郑州植物园目前处于郑州西部经济文化核心区，地理位置优越，交通便利。为了与城市发展相匹配，郑州植物园不仅要满足城市居民的精神文化需要，更要满足自然生态建设需要，在景观建设与科普服务上不断改进提升。

1　景观提升背景

植物园是生态园林城市的标志之一，是集物种保育、科学研究、园林景观、科普教育、生态和文化建设于一体的重要城市空间，既是当地人民重要的休闲环境和娱乐场所，还是环境教育和科学研究的基地（胡文芳，2005）。郑州植物园总体规划是依据适于园林布局的克郎奎斯特分类系统，将植物的系统进化与观赏性有机结合。近年来，郑州植物园为配合郑州市中央文化区重点工程项目建设，园区土地面积及规划范围有所调整，导致现在园区专类园少、缺、内容单调等诸多问题，因此，郑州植物园根据政府规划，整合土地资源，开展了二期建设工程，重新规划建设部分专类园及专题园，并对园区景观进行提升改造，打造一个多元化、特色化的城建系统植物园。

2 专类园改建

郑州植物园东部,以植物品种的收集和展示为主,原先共有木兰园、竹园、木犀丁香园、牡丹芍药园等 12 个专类园,由于土地面积的调整,位于植物园北部的松柏园、岩石园、温带植物展示区等专类园区不得不进行调整。此外,出于对凸显本地地域特色及物种迁地保护功能的考虑,植物园还缺少乡土植物园、引种实验区等不同于城市公园的专类园。结合植物园二期工程项目建设,重点改建了木兰园、牡丹芍药园等专类园区,并增设了河南乡土植物园、引种实验区。

2.1 专类园改建

专类园强调的是同类植物的展示,在专类园改建中,我们以丰富植物资源为出发点,扩建了部分专类园,加强植物造景效果。在升级改造木兰园中,在原有基础上向东扩延,借助地势改造,扩大面积,同时增加了前期优选的 36 个玉兰品种,栽种疏密有致,给玉兰提供更加优良的生境。此外还升级改造了牡丹芍药专类园。牡丹芍药生长需排水良好的沙质土质,经过近十年的生长,牡丹芍药专类园土质退化严重,已不能满足牡丹的生长需求,此次改造将专类园堆土整形为利于排水的坡型地带,同时改良土质为沙质土,对牡丹的老化腐烂根系进行修整,使其更适宜于植物生长,如今牡丹芍药园里收集有 400 余个牡丹品种。经过改造后,地形更加丰富,植物景观更加赏心悦目,且内设许多小游路,便于游客赏花留影。

2.2 河南乡土植物专类园建设

我国植物园建设越来越注重乡土文化的体现,利用基地特性来布置景观序列,采用当地乡土植物和园艺植物设计专类园,使之具有地域特色的专类园景观(范玥秋,2015)。此次改造中,郑州植物园在园区南部新增设了乡土植物专类园。在乡土植物展示区,栽种着从河南省伏牛山、太行山等引进搜集的青钱柳、胡桃楸、华榛、青檀、领春木、连香树等乡土植物 100 余种,与部分园艺品种搭配种植,形成草本、灌木、乔木组成的多层生态系统。园内 50% 以上的物种,代表了河南地区的地域特色。郑州植物园还将持续收集乡土树种,争取打造中原地区乡土植物基因库。

2.3 引种实验区建设

植物物种资源的保护是植物园重要功能之一,为了更好实施植物迁地保护策略,同时满足科研团队对引种植物资源的植物学和园艺学的相关研究需要,郑州植物园在园区东南角,游客少、靠近南出入口的位置设立引种实验区,划分出苗圃区、繁育温室等,并增加硬化道路、管线、喷灌设备、工具间等,为实验研究创造条件,区域四周与主要游览道路相隔离,既独立于植物园的展示区,又与周围环境相融合。

通过对以上专类园的改建,郑州植物园现拥有玫瑰月季园、蔷薇园、牡丹芍药园、珍稀濒危植物收集园、河南乡土植物园等 17 个专类园,植物园的专类园分区更加全面、精细化、特色化。

3 园区景观提升改造

植物园景观的规划设计需要兼顾植物与园路、水体、山体等要素的相互关系,做到因地制宜、因物制宜。郑州植物园拥有象湖、镜湖等大片水域,但是邻水一带的水生植物较为单一,滨水景观效果不佳。园区植物群落层次还不够丰富,植物景观形式单调,另外,通过调查发现,园区内服务设施较少,不能满足植物园日益增多的客流量。郑州植物园在原有的规划基础上,围绕园区内景观营建方面存在的问题,从植物园的功能及定位出发,进行了整体性、系统性的景观提升改造,以期为市民提供更高质量的服务和更舒适的游园体验。

3.1 丰富水生植物 提升滨水景观

为提升湖岸景观，梳理调整湖岸原有植物的种植区域和植物配置，打破湖岸大面积种植芦苇、千屈菜的单一植物景观，引进再力花、灯芯草、金叶石菖蒲、花叶菖蒲、慈姑、鸢尾等10余种湿生、水生植物，根据其不同的生活习性，科学合理种植。在湖岸边按照三五成丛，以点到线自然式栽植原则，进行植物配置，丰富滨水景观造景效果。在泽泻园小岛岸边栽种慈姑、菖蒲、花叶芦竹等湿生植物，完善植物配置；在观景平台水岸补充荷花、睡莲、芡实等水生植物，提升水面景观。同时，植物与水体相互映衬，与湖面水生植物相映成趣，营造引人入胜的景观。

同时，园区还增设了雾森系统。园内水体为植物园整体景观增加了灵性，而雾森系统则为水景添加了朦胧的美感。植物园在园内象湖的湖心岛、湖边栈道，镜池的湖岸等位置，增加雾森系统，不仅增加了空气湿度，缓解旱季气候的干燥，而且能够清除空气中的漂浮的尘土，提升景观层次，降低空气温度，增加游览的体验感。

3.2 地形改造

地形对植物园景观的展示有着直接影响。地形能影响某一地区所代表的独特的美学特征，影响自然环境的空间构成和人们对这个地区的空间感受（曾毅晶，2009）。郑州植物园地形北高南低，但由于北区土地范围调整，导致园区地势平坦。对于地形的改造，重点是在园区北部进行。通过石头和土堆进行地形再塑造，巧妙形成高低起伏、变化多样的微地形。如牡丹芍药园，将土堆形成多个缓坡，用草坪铺路，将不同品种进行分隔。巧妙之处是将主游路及二级游路围合在微地形之间，游路两侧都是牡丹或芍药，在观赏期形成人在花中游的游览享受。如北部重新建造的大予山，采用景石堆砌的方式建设而成，抬高了北部的地势，形成一个山石屏障，使游客在园内不受外部道路上车辆噪音的影响，享受安静的游园环境和自然景观。

3.3 完善公共服务设施及植物科普设施

植物园是满足人的游览需要的，需要建设各种服务设施，种植树木花卉，开展各种游憩休闲活动，广泛吸引游客参与（孟瑾，2006）。随着植物园游客增多，园内公共设施满足不了游客的需求。在园区北侧增加游客综合服务体；在道路交叉口相应增加导引牌；在园内多处改造林下游憩广场，便于游客亲近自然，享受自然的安静和谐。各种服务设施风格统一，与主景观友好搭配，融入周边环境。园区健全的服务设施，让游客感受到更便捷的服务，从而构建一个可达性高、互动性强、参与度强的景观游览系统。

植物园的科普教育设施是发挥科普功能的载体（郭雪落，2007）。为了做好科普服务工作，我园先后建设了科普教室、科普体验馆，改造提升了儿童探索园。植物园科普体验馆以热带植物为核心主题，以植物历史演变、植物与生活为主线，通过展品展示、场景复原以及视频影像等现代多媒体技术，展示植物的进化、生态的变迁等。科普教室配备电视机、投影仪、笔记本电脑、音箱音响、画壁等基础宣教设备，科普教室是开展科普教育、自然沙龙等活动的有力阵地。儿童探索园设置了6个内容的科普展示橱窗，包括“植物进化树”“二十四节气”和“昆虫旅馆”等。

4 总结

植物园是城市文明的象征，随着郑州植物园的发展，园内客流量逐年增加。为了更好地服务大众，发挥中原地区植物园的作用，郑州植物园实施了二期工程建设项目，对原有植物景观进行改造提升，营造出科学和谐的独特景观。目前,二期工程景观初现,假山、景石、景观桥、凉亭相映成趣,丰富的植被与多彩的花带错落有致,蜿蜒的游路穿梭其间,与原有园区景观有机融合相得益彰,成为市民休闲度假的好去处。

参考文献

范玥秋,2015. 城市植物园景观规划设计研究 – 以淮南子植物园为例[D]. 合肥:安徽农业大学.

郭雪蓉,2007. 现代植物园景观的营造法则研究[D]. 昆明:昆明理工大学.

胡文芳,2005. 中国植物园建设与发展[D]. 北京:北京林业大学.

孟瑾,2006. 城市公园植物景观设计[D]. 北京:北京林业大学.

曾毅晶,2009. 城原型森林公园中乡土意境营造[D]. 长沙:中南林业科技大学.

3 种冬青属植物播种繁殖技术研究[①]

黄增艳[1]

(1. 上海植物园,上海 200231)

摘要:用不同浓度赤霉素溶液 GA_3(0、100、200 和 400mg/kg)结合沙藏层积,对大别山冬青、华中枸骨和代茶冬青的种子进行发芽试验。结果表明:3 种冬青种子均具有隔年萌发的特性;GA_3 和层积处理可明显提高种子的发芽率。大别山冬青和华中枸骨种子的最佳处理均为层积 + GA_3 100mg/kg,种子发芽率分别为 72.5% 和 37.5%,代茶冬青种子最佳处理为湿沙层积,发芽率为 90%。

关键词:冬青属植物,赤霉素,层积,发芽率

Studies on Seed Propagation of 3 Species of *Ilex* L.

HUANG Zeng - yan[1]

(1. *Shanghai Botanical Garden*, *Shanghai* 200231)

Abstract: In this experiment, 3 species of *Ilex* seeds were soaked with different concentrations of GA_3 (0, 100, 200 and 400mg/kg), which was combined with stratification. The results showed that the seeds of 3 *Ilex* species have germinated after two years. The germination rate can be remarkably improved by gibberellins and stratification. The optimized combination is stratification and 100mg/kg of gibberellins for *I. dabieshanensis* and *I. centrochinensis*, their germination rate were 72.5% and 37.5% respectively. The treatment of stratification had better effect on germination for *I. vomitoria*, its germination rate was 90%.

Keywords: *Ilex*, Gibberellic, Stratification, Germination rate

冬青属(*Ilex*)隶属冬青科(Aquifoliaceae),落叶或常绿乔木或灌木。冬青科共有 4 属,全世界约 400 ~ 500 种,绝大部分种类为冬青属,分布中心为热带美洲和热带至暖温带亚洲(陈书坤和俸宇星,1999)。冬青属植物资源非常丰富,形态多变,生态型多样,其中大多为常绿植物,冠形优美,秋、冬季红果累累,果实宿存期可达 5 个月,为单调的冬季带来了绚丽的色彩。随着祖国绿化事业蓬勃发展,绿化、彩化、四季有景成为高品质景观需求,冬青属植物春观花、秋冬观果、四季观叶,园林应用前景可观。大别山冬青(*I. dabieshanensis*)、华中枸骨(*I. centrochinensis*)和代茶冬青(*I. vomitoria*)是上海植物园近年引入的种类,多年试种和生物学特性研究表明,上述 3 种冬青在上海地区能安全地越冬和越夏,观赏价值高和适应性强,城市绿化应用潜力巨大。

苗木繁殖是新优植物推广的前提,播种繁殖是获得批量后代种苗的有性繁殖手段,而且后代遗传性稳定、多样性丰富、适应性强。冬青属植物种子通常具有休眠特性,其休眠期长短因种而异(国家林

① 基金项目:上海市绿化和市容管理局科学技术项目“上海适生冬青属植物资源引种及选育”(F130303)。

业局国有林场和林木种苗工作总站，2001）。大别山冬青和华中枸骨的繁殖研究主要集中在无性繁殖方面。有学者对大别山冬青组培培养和扦插繁殖技术进行过研究（李乃伟 等，2012；汪洋 等，2017；方宇鹏 等，2019），李云龙（2014）曾对大别山冬青栽培繁殖技术做过简单总结。范淑芳（2004；2014）认为华中枸骨组培外植体最好选取春季中上部萌条的新梢顶芽。代茶冬青栽培繁殖方面的文献未查到。本试验通过赤霉素和层积相结合对种子进行处理，对其出苗时间和发芽率进行初步探究，旨在为今后市场推广和商业化生产提出技术支持，满足日益增长的苗木市场需求。

1 形态特征和生物学特性

大别山冬青，又名小苦丁茶，为常绿小乔木。原产安徽霍山、金寨和湖北黄冈等大别山地区，生于海拔 150 ~ 470m 的山坡路边和沟边。1987 年由江苏省中国科学院植物研究所植物分类学家姚淦和邓懋彬发现并定名（张凡 等，2018）。叶片革质、叶表深绿色，缘具有刺齿。球形果鲜红色，宿存柱头厚盘状。该种生长势强，耐干旱和瘠薄，耐修剪，为观叶、观果树种。

华中枸骨为常绿灌木，原产湖北、四川、安徽黄山等地，生于海拔（500 ~ ）700 ~ 1000m 的路旁、溪边灌丛或林缘。叶片革质，叶缘疏生刺齿，果球形，顶端宿存柱头薄盘状，果实红色。该种适应性强，叶形秀丽、果实红艳，为观叶、观果树种。

代茶冬青为常绿灌木，原产美国东南部，作为北美本土树种，在弗吉尼亚州、佛罗里达州等沿海地区常常能看见它们的踪影。其叶片椭圆形，叶缘细齿、叶顶微凹，果实较小、红色，宿存柱状柱头。该种适应性非常广，不择土壤，耐水湿、耐干旱，用作观叶植物（Christopher，2006）。

2 播种试验

2.1 材料和方法

2.1.1 材料

2013 年 12 月从南京中山植物园采集新鲜的大别山冬青、华中枸骨和代茶冬青果实。

果实采集后置于清水浸泡，果肉变软漂洗去除果肉、果皮和不成熟种子，筛出沉于水底种子阴干处备用。

2.1.2 处理方法

对照 CK：室温条件干燥贮藏至翌年春播种，每种冬青处理 100 粒种子；

层积 + 赤霉素溶液（GA_3）处理：2013 年 12 月 30 日于上海植物园，采用自然层积法，基质为湿沙，种子和湿沙分层交替铺于花盆中（种沙子比为 1 : 3）。后将花盆放置于室外荫蔽处。播种前取出并清洗层积种子，用不同浓度的 GA_3（0、100、200、400mg/kg）溶液浸泡 24h，3 种冬青每种处理 100 粒种子，记为处理 1、处理 2、处理 3、处理 4。

2.1.3 播种

时间：2014 年 4 月 15 日。

容器为 50 孔育苗穴盘，每穴口径为 50mm × 50mm、深 45mm。穴盘中填入德国维特公司 20 ~ 40mm 白泥炭，每穴孔 10 粒种子。

管理：平时保持播种基质湿润，冬季或夜间低温时穴盘表面覆盖具透气孔塑料盖，白天高温时打开通风。

2.1.4 出苗时间、发芽率的计算

调查：每月 10 号观察种子出苗数，记录出苗时间并计算发芽率。

发芽率（%）= 发芽种子数/供试种子数 × 100%。

2.2 结果与分析

2.2.1 3 种冬青种子萌发的特点

从表 1 中可以看出，3 种冬青种子均在隔年 3 ~ 5 月萌发出苗，说明种子均为深度休眠类型。3 种冬青种子对照 CK 的发芽率

随温度的升高均呈上升趋势，在 2015 年 3 月 10 日、4 月 10 日、5 月 10 日进行的实验中，大别山冬青种子发芽率分别为 8%、40%、42%，华中枸骨种子发芽率分别为 0%、27.5%、27.5%、代茶冬青种子发芽率分别为 0%、62%、62%，说明发芽的温度对 3 种冬青种子的萌发影响明显。3 种冬青种子出苗的时间不同，说明不同物种间的种子萌发出苗对积温需求有差异，其中华中枸骨出苗时间最晚，对温度的要求最高。

表 1 3 种冬青种子不同处理的发芽情况

学名	处理	发芽率(%)(2015.3.10)	发芽率(%)(2015.4.10)	发芽率(%)(2015.5.10)
大别山冬青	CK	8	40	42
	处理 1	18.3	62	68
	处理 2	65	72.5	72.5
	处理 3	42	70	70
	处理 4	36	54	58
华中枸骨	CK	0	27.5	27.5
	处理 1	0	25	27.5
	处理 2	0	37.5	37.5
	处理 3	0	30	30
	处理 4	0	23.3	26.7
代茶冬青	CK	0	62	62
	处理 1	16.7	90	90
	处理 2	10	73.7	76.7
	处理 3	10	83.3	83.3
	处理 4	0	72	72

2.2.2 层积对 3 种冬青种子萌发的影响

从表 1 和图 1～3 中可以看出，3 次调查中大别山冬青和代茶冬青处理 1 的发芽率均明显高于 CK，大别山冬青分别高 10.3%、22%、26%，代茶冬青分别高 16.7%和 28%，并于 2015 年 4 月 10 日后发芽率不再提高。华中枸骨处理 1 和 CK 的发芽率相差不大。处理 1 为湿沙层积，对种子萌发的促进作用最为显著。CK 因播种时间与其他处理相同，等同于层积，只是播种前干燥贮藏，说明种子采收清洗后，干燥贮藏不利于萌发。

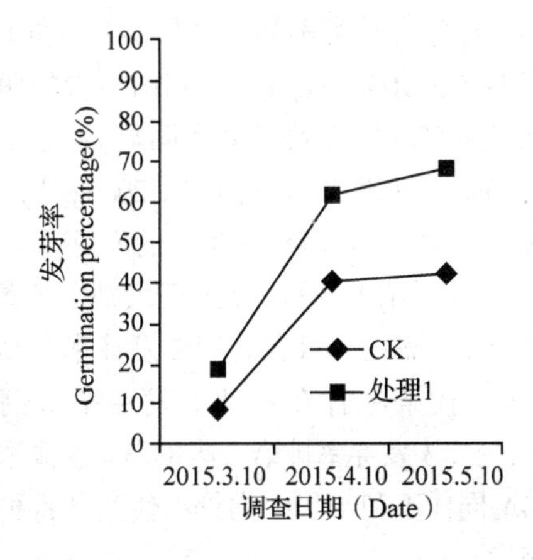

图 1 层积对大别山冬青种子萌发的影响

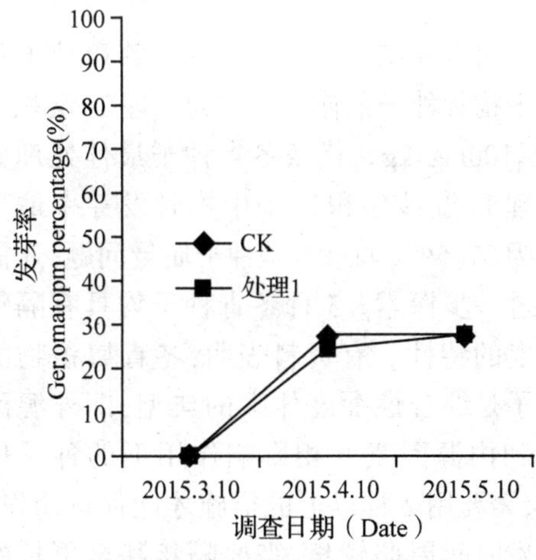

图 2 层积对华中枸骨种子萌发的影响

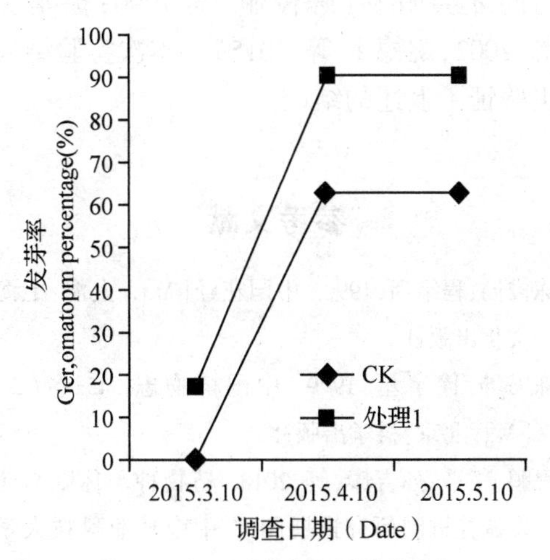

图 3 层积对代茶冬青种子萌发的影响

2.2.3 GA_3对3种冬青种子萌发的影响

由表1可以看出,GA_3处理结果因浓度不同和三种冬青种类不同而结果不同。处理2(层积+$GA_3$100mg/kg)对大别山冬青的萌发势和发芽率的促进效果最为明显,发芽率达到72.5%。处理3(层积+$GA_3$200mg/kg)和处理4(层积+$GA_3$400mg/kg)的发芽率不升反降,说明低浓度的GA_3更利于大别山冬青种子的萌发。华中枸骨在处理2发芽率最高达37.5%。代茶冬青在处理1发芽率最高达90%,处理3发芽率排第二达83.3%。高浓度的GA_3同样不利于华中枸骨和代茶冬青种子的萌发。

3 结论与讨论

由实验结果可知:大别山冬青种子和华中枸骨种子最佳处理均为处理2(层积+$GA_3$100mg/kg),代茶冬青种子最佳处理为处理1(湿沙层积),华中枸骨发芽率最高仅为37.5%,如果不是种子质量问题,还需要进一步探索。3种冬青种子均具有隔年萌发的特性。有资料表明,冬青属植物的种子是综合性深度休眠的典型,即外源因素和内源因素互相影响作用下的种子休眠,需要用2种以上的措施才能促进萌发,萌发时间周期较长,需要隔年甚至更长的时间才会萌发(陈俊愉 等,1990;徐本美 等,2002;姚德生 等,2015)。本次实验结果也验证了上述的结论。

采用湿沙层积不仅促进种子提前萌发,同时明显提高种子的发芽率(大别山冬青和代茶冬青)。说明在种子处理过程中水份起着非常重要的作用,而干燥贮藏不利于种子的萌发。

GA_3是一种重要的植物生长调节激素,生理活性大,它能解除种子休眠,并能刺激已结束休眠种胚的生长,具有启动和促进种子萌发的作用(薛应龙,1985;王荣青,2001;江玲 等,2007;程鹏 等,2013;郭欢欢 等,2017)。周晓峰(2010)认为外源GA_3浸种可以促进美国冬青、双核冬青和无刺枸骨种子胚的后熟,加快种子萌发,且促进种子萌发的最适浓度因树种而异。本次试验中,采用GA_3溶液浸泡处理种子,发芽率得到明显提高(大别山冬青和华中枸骨),但随着浓度的增加,发芽率呈下降趋势,可见并非浓度越高越好。

种子的休眠是个十分复杂的问题,冬青属植物种子属于综合休眠的类型,实验只是对如何破除内源休眠进行了探讨,也仅运用了一种外源激素不同浓度结合层积的方法,而对如何解除种壳休眠未做研究。冬青种子的萌发除了受自身休眠等内部影响外,还受外部因素的影响,不同播种基质、外源激素种类、处理时间的长短、遮阳措施等对冬青属植物种子发芽的影响有待下一步研究。

参考文献

陈俊愉,程绪珂,1990. 中国花经[M]. 上海:上海文化出版社.

陈书坤,倖宇星,1999. 中国植物志.45卷(2)[M].北京:科学出版社.

程鹏,王平,孙吉康,等,2013. 植物种子休眠与萌发调控机制研究进展[J]. 中南林业科技大学学报,33(05):52-58.

范淑芳,2004. 华中枸骨与守宫木快速繁殖的研究[D]. 武汉:华中农业大学.

范淑芳,2014. 不同外植体及冷藏处理对华中枸骨组织培养的影响[J]. 安徽农业科学,42(07):2000-2001.

方宇鹏,戴启培,2019. 大别山冬青离体快繁技术[J]. 安徽师范大学学报(自然科学版),42(02):141-145.

郭欢欢,刘勇,吴成亮,等,2017. 国外林木种子休眠与贮藏的研究进展[J]. 西北林学院学报,32

(04):133 - 138.

国家林业局国有林场和林木种苗工作总站,2001. 中国木本植物种子[M]. 北京:中国林业出版社.

江玲,万建民,2007. 植物激素 ABA 和 GA 调控种子休眠和萌发的研究进展[J]. 江苏农业学报,04:360 - 365.

李乃伟,李云龙,王传永,等,2012. 大别山冬青扦插繁殖技术研究[J]. 北方园艺,01:110 - 112.

李云龙,2014. 大别山冬青栽培技术[J]. 中国花卉园艺,16:48 - 49.

汪洋,朱艾红,蔡绍平,等,2017. 不同生根剂对大别山冬青扦插效果的影响[J]. 林业调查规划,42(01):88 - 91.

王荣青,2001. 赤霉素浸种处理对茄种子萌发的影响[J]. 上海农业学报,17(3):61 - 63.

徐本美,史晓华,孙运涛,等,2002. 大果冬青种子的休眠与萌发初探[J]. 种子,(03):1 - 2 + 5 + 97.

薛应龙,1985. 植物生理学实验手册[M]. 上海:上海科学技术出版社.

姚德生,何彦峰,2015. 狭叶冬青不同基质配比容器育苗试验研究[J]. 西北林学院学报,30(06):156 - 160.

张凡,陆小清,储冬生,等,2018. 冬青新品种'大别山冬青 1 号'[J]. 园艺学报,45(S2):2827 - 2828.

周晓峰,2010. 几种冬青属树种种子休眠原因及萌发特性研究[D]. 南京:南京林业大学.

Christopher B,2006. Hollies for Gardens[M]. USA:Timber Press.

八月瓜属种质资源及其研究利用概况①

付艳茹[1,2]　肖月娥[1,2]　张　婷[1,2]　莫健彬[1,2]　奉树成[1,2*]

(1. 上海植物园科研中心,上海 200231;2. 上海城市植物资源开发应用工程技术研究中心,上海 200231)

摘要:从八月瓜属种质资源概况、系统分类、应用研究等3个方面的国内外研究进展进行综述,并针对该属相关研究存在的问题提出了相应的建议,以期促进对该属种质资源的保护、开发和利用。

关键词:八月瓜属,木通科,种质资源

Research Progress on Germplasm Resources and Utilization of *Holboellia*

FU Yan-ru[1,2]　XIAO Yue-e[1,2]　ZHANG Ting[1,2]　MO Jian-bin[1,2]　FENG Shu-cheng[1,2*]

(1. *Research Center of Shanghai Botanical Garden*, *Shanghai* 200231;

2. *Shanghai Engineering Research Center of Sustainable Plant Innovation*, *Shanghai* 200231)

Abstract: In order to promote the germplasm resources of *Holboellia* germplasm resources for protection, development and utilization, the domestic and foreign research progress on the systematic classification, applied research of *Holboellia* germplasm resources were overviewed, and corresponding suggestions were proposed for the problems existing in the related research of this genus.

Keywords: *Holboellia*; Lardizabalaceae; germplasm resources

八月瓜属(*Holboellia*)隶属于木通科(Lardizabalaceae),均为常绿木质藤本。《中国植物志》记载该属有些种类的根可药用,可治肾炎、肾虚腰痛、胃痛、跌打、风湿骨痛和劳伤咳嗽;果和种子可治疝气;种子可榨油(中国科学院中国植物志编辑委员会,2001)。此外,该属植物均为茎缠绕型攀缘植物,植株清秀,花形奇特、花香迷人,果实果味香甜可食,且含有丰富的蛋白质、氨基酸、可溶性糖等营养成分,具有极高的潜在开发利用价值。

1　八月瓜属种质资源概况

世界上八月瓜属植物究竟有多少种,一直没有定论。在IPNI(The International Plant Names Index)网站(http://www.ipni.org)列出了34条相关种名,但包括错定种名和同物异名,如:*Holboellia chinensis* 实为 *Sinofranchetia chinensis*, *Holboellia cuneata* 实为 *Sargentodoxa cuneata*, *Holboellia ornithocephala* 实为 *Perotis ornithocephala*, *Holboellia apetala* 实为 *Akebia apetala*, *Holboellia obovata* 实为 *Stauntonia obovata*, *Holboellia acuminata*、*Holboellia angustifolia*、*Holboellia fargesii*、*Holboellia marmorata*、*Holboellia angustifolia* subsp. *obtusa*、*Holboellia angustifolia* subsp. *trifoliata* 的异名同为 *Stauntonia angustifolia*, *Holboellia chapaensis*

① 基金项目:上海市绿化与市容管理局科学技术项目(G190304);国家林木种质资源共享服务平台(2005DKA21003)。

和 *Holboellia reticulata* 的异名同为 *Stauntonia chapaensis*, *Holboellia brevipes* 和 *Holboellia coriacea* 异名同为 *Stauntonia coriacea*, *Holboellia filamentosa* 和 *Holboellia khasiana* 的异名同为 *Stauntonia filamentosa* 等,混乱而不清晰,尤其是与野木瓜属混为一谈,实际种数终不能确定,需要进一步查证和鉴定。

《中国植物志》记载约有 14 种,其中中国有 12 种 2 变种,主产秦岭以南各省区,包括短蕊八月瓜(*Holboellia brachyandra*)、沙坝八月瓜(*Holboellia chapaensis*)、鹰爪枫(*Holboellia coriacea*)、五月瓜藤(*Holboellia fargesii*)、牛姆瓜(*Holboellia grandiflora*)、八月瓜(*Holboellia latifolia*)、八月瓜(原变种)(*Holboellia latifolia* var. *latifolia*)、狭叶八月瓜(*Holboellia latifolia* var. *angustifolia*)、扁丝八月瓜(*Holboellia latistaminea*)、线叶八月瓜(*Holboellia linearifolia*)、墨脱八月瓜(*Holboellia medogensis*)、昆明鹰爪枫(*Holboellia ovatifoliolata*)、小花鹰爪枫(*Holboellia parviflora*)、棱茎八月瓜(*Holboellia pterocaulis*)。其中鹰爪枫、五月瓜藤、牛姆瓜、八月瓜分布范围较广,从山地低海拔到高海拔地带均有分布,种质资源相对较多,已有少量栽培应用。其他种分布范围狭窄,且均在高海拔地带分布,如短蕊八月瓜仅在云南西畴县海拔 1550m 左右的沟谷林源间有分布,狭叶八月瓜产于云南西部海拔 2500m 左右的山地林中,扁丝八月瓜仅产四川峨眉山一带,数量少,几乎不为人知,均未被开发利用,潜在基因价值亦不清楚。

2 八月瓜属研究概况

2.1 系统分类

"*Holboellia*"最早是由丹麦的 Nathaniel Wallich 在 1824 年记录尼泊尔的一种植物时以当时哥本哈根皇家植物园(Copenhagen Royal Botanical Garden)负责人 Frederik Ludvig Holbøll (1765—1829)的名字创造的。该植物与 *Stauntonia* 相似但又不同,被命名为"*Holboellia latifolia*"(Wallich,1824)。它的果实一般于农历八月成熟,在中国被称为"八月瓜",故"*Holboellia*"中文名通常被称为"八月瓜属",亦有"鹰爪枫属"和"牛姆瓜属"之称。

八月瓜属与其近缘属野木瓜属(*Stauntonia*)和牛藤果属(*Parvatia*)的关系一直有争议。Qin(1989;1997)对木通科植物系统发育进行梳理,认为木通科包括 9 属,即八月瓜属、牛藤果属、野木瓜属、木通属(*Akebia*)、长萼木通属(*Archakebia*)、勃奎拉藤属(*Boquila*)、拉氏藤属(*Lardizabala*)、大血藤属(*Sinofranchetia*)、猫儿屎属(*Decaisnea*)。《中国植物志》则认为牛藤果属应合并到野木瓜属,并支持八月瓜属与野木瓜属分开。王峰等(2002a;2002b)在基于叶绿体 trnL-F 序列单独分析以及 trnL-F 和 rbcL 序列联合分析后重建了木通科的分子系统发育,发现其系统发育拓扑结构与覃海宁和塔赫他间的族划分系统非常一致。不同的是八月瓜属的小花鹰爪枫却嵌套在野木瓜属内,又与西南野木瓜(*Stauntonia cavalerieana*)形成姐妹群。同时,牛藤果属与八月瓜属虽然形成姐妹群,但支持率低。张小卉(2011)在运用扫描电子显微镜对植物茎的次生木质部导管分子进行观察时发现,八月瓜属的导管端壁具有梯状、单穿孔及梯—单混合穿孔板,而野木瓜属只具有单穿孔板,两属导管结构明显不同。Christenhusz(2012)对木通科植物进行概述时,将长萼木通属包含在木通属中,同时将八月瓜属和牛藤果属归并到野木瓜属中。Zhang 等(2015)对八月瓜属牛姆瓜、八月瓜胚珠发育特征进行详细观察,表明八月瓜属植物花药壁具 5~6 层,为分泌型绒毡层,与野木瓜属的变形绒毡层,绒毡层细胞 2~3 核不同。刘冰等(2015)依据 APGIII 系统对中国被子植物科属进行概述,认为牛藤果属不宜并入野木瓜属，并指出这 3 属系统发育关系复杂，仍有待进一步研究。结合形态学性状和 DNA 序列分析，可以更大程度上提高系统发育关系的分辨率和可靠性，本文支持八月瓜属与野木瓜属独立（Angiosperm Phylogeny Group，2016）。

2.2 应用研究

2.2.1 药用研究

植物化学研究表明，木通科药用化学成分主要为齐墩果烷型三萜皂苷，还有黄酮类、酚类、油脂、有机酸、酚类化合物和多糖类等多种成分。三萜皂苷类成分的生物活性日益引起人们的兴趣，已发现齐墩果烷型三萜皂苷类化合物具有保肝、抗炎、抗艾滋病毒、降血糖等作用。研究较多的植物主要集中在木通属木通（*Akebia quinata*）、三叶木通（*Akebia trifoliata*）及其亚种白木通（*Akebia trifoliata* subsp. *australis*）（郑庆安和杨崇仁，2001）。八月瓜属植物研究起步较晚，Mitra & Karrer（1953）首次从八月瓜（*Holboellia latifolia*）中分离出齐墩果烷型五环三萜类化合物常春藤皂苷元等成分。顾健等（2013）从八月瓜的地上部分 95% 乙醇提取物中分离得到 12 个化合物，包括羽扇豆醇、β－谷甾醇、齐墩果酸、乌苏酸、β－胡萝卜苷、五加苷 K、hederagenin3－O－α－L－rhamnopyranosyl－（1→2）－α－L－arabinopyranoside 等。体外细胞毒活性筛选结果表明五加苷 K 和 hederagenin3－O－α－L－rhamnopyranosyl－（1→2）－α－L－arabinopyranoside 具有较强的细胞毒活性。在西藏，八月瓜的根和藤被用作一种消炎药治疗淤伤，在喜马拉雅山一带 *Stauntonia angustifolia*（＝*Holboellia fargesii*，五月瓜藤）和 *Stauntonia latifolia*（＝*Holboellia latifolia*，八月瓜）常被用于制作缰绳的同时也用作兽药，如纳西族人经常将其叶子捣碎用于涂抹牛马的伤口（Hart *et al.*，2018）。五月瓜藤的根、茎和果实被用作治疗咳嗽、腰痛、肾炎和疝气的民族药，这些功能也被猜测与三萜皂苷有关（Fu *et al.*，2001）。鹰爪枫在民间广泛应用于治疗风湿性关节炎，缓解各种疼痛，是一种有名的民族药。其提取物中分离得到 54 个单体化合物，其中三萜类成分有 28 个，有 10 个为首次从该科植物中分离得到，可作为八月瓜属化学分类标记。其中“Coriacea saponin A”为新化合物，其余均为首次从该属植物中分离得到（朱志，2013；Ding，2016）。采用小鼠耳肿胀急性炎症模型，对其中 3 个三萜皂苷抗炎活性的构效关系研究发现，在等质量给药条件下三萜苷元抗炎活性强于三萜皂苷，且皂苷随着糖基的增多活性随之下降，总体呈现浓度依赖型。在等摩尔条件下三者的活性相似，猜测三萜皂苷可能通过体内代谢转化成苷元后发挥药理作用（Zhu，2015）。

2.2.2 食用研究

木通科是一类重要而独特的果树资源，目前研究较多的主要集中在木通、三叶木通、白木通，关于八月瓜属的食用研究报道极少。李昉等（2004）对五月瓜藤的营养成分进行了测定，指出五月瓜藤有较好的营养价值，至少含有 17 种氨基酸，其中 7 种为人体必需氨基酸，其中甘氨酸含量最高。还含有丰富的 V_C，V_{PP}，V_{B1}，V_{B2} 和 U－胡萝卜素及较高的矿质元素。徐德法等（1998）在对武义县野生果树资源调查时指出鹰爪枫的果味甘甜可食，味道比木通更佳，还可生食或酿酒用。李杰等（2016）在对野生鹰爪枫的果实性状进行调查和分析时发现，鹰爪枫的果皮呈紫红色、黄褐色、紫红与黄褐色相间的颜色，以紫红色居多。单个果实质量平均约 30g，均比三叶木通质量小。果皮薄仅 0.2cm 左右，约为三叶木通果皮厚度的 1/3～1/4。除去种子后平均可食率约为 38%，最高达 55%，高于三叶木通的可食率。此外还指出，木通属果实成熟后果皮自然开裂，而鹰爪枫的果实不会开裂，更有利于果实保存、运输和销售等。关于八月瓜属的其他种类果实营养元素含量测定、鲜果保存、加工工艺等研究还未见报道。

2.2.3 观赏研究

八月瓜属均为常绿攀缘藤本植物，如鹰爪枫和牛姆瓜四季常青，枝叶秀美，有较高的观赏价值，且适应性和抗性较强，是垂直绿化、花架和花廊应用的优良资源（包启伟，2000；闫双喜，2004；凌飞，2007；钟泰林等，2009a；2009b；王盼，2018）。鹰爪枫可用于附壁式、棚架式、岩石式，牛姆瓜可用于篱垣式（陈辉 等，2012）。目前，木通科植物中八月瓜、木通，猫儿屎（*Decaisnea fargesii*）、鹰爪枫、日本野木瓜（*Stauntonia. hexaphylla*）在世界范围内栽培最为广泛。国内关于八月瓜属的引种栽培研究极少，喜马拉雅山脉的纳西族有着悠久的庭院园艺传统，崇尚将中国优秀的园艺文化与该地区独特的乡土植物相结合，将大量具有文化和实用价值的植物包装进家庭空间，如引种五月瓜藤用于庭院观赏，并取名“zaiyizhi”（Hart & Bussmann，2018）。国外栽培较多，但品种稀少，主要为鹰爪枫和八月瓜的栽培品种（表1）。目前报道的园艺品种仅见 *H. coriacea* ‘Purple－flowered’、*H. coriacea* ‘Cathedral Gem’、*H. latifolia* ‘Ritak’、*H. latifolia* ‘Cathedral Gem’、*H. chapaensis* ‘BSWJ7250’（Shaw，2009；Christenhusz，2012）。

表1 国外栽培八月瓜属种质资源及特性

栽培类群及编号	植物特征
Stauntonia latifolia（＝ *Holboellia latifolia*）	3～5片小叶，花药相等或长于花丝。原产于喜马拉雅山一带，1840年被引入英国，耐寒性强，但－17℃会被冻伤，栽培广泛。
S. latifolia subsp. *latifolia*（＝ *Holboellia. latifolia* subsp. *latifolia*）	叶片革质，花有奶油芳香。
S. *latifolia* subsp. *chartacea*（＝ *Holboellia. latifolia* subsp. *chartacea*）	叶片较薄，花绿色。
Stauntonia coriacea（＝ *Holboellia coriacea*）	叶片厚革质，3小叶，雌花常绿色，*Holboellia coriacea* ‘Cathedral Gem’，紫色花品种。原产中国中部，栽培普遍。
Statunonia latifolia（HWJK 2213）＝ *Holboellia latifolia*	高可达6m，叶革质，小叶5或更多，深绿色，光亮；雄花粉紫色，雌花淡绿色；果实紫色，香肠形，可食。适应性强。
Statunonia latifolia（HWJCM 008）＝ *Holboellia latifolia*	雌花淡粉红色，果皮被白粉。
Stauntonia latifolia（HWJK 2014）＝ *Holboellia latifolia*	与HWJK 2213相似，深紫色品种，以 *Stauntonia latifolia* ‘Ritak’售卖。
S. latifolia ‘Cathedral Gem’（＝ *Holboellia latifolia* ‘Cathedral Gem’）	纯白色品种。
Holboellia angustifolia subsp. *angustifolia*（＝ *Holboellia fargesii*）	小叶3～7片。
Holboellia angustifolia subsp. *obtusa*	小叶3～7片，原产西藏东部，云南北部，四川西部。
Holboellia angustifolia subsp. *trifoliata*	小叶3片，叶片狭长可达25cm，原产四川东部到湖北西部。
Holboellia brachyandra HWJ1023	高可达5m，小叶3片，浅绿色；萼片6瓣，下垂，长达5cm，与铁线莲相似，花有芳香，雄花淡紫色，雌花纯白色；雄蕊短，容易区别和辨识。花期4～5月。靠甲虫授粉。对霜冻敏感，栽培时需遮蔽。
Holboellia chapaensis BSWJ7250	雌花大，深粉红色，雄花，小，淡绿色；原产泰国北部，是八月瓜与沙坝八月瓜的杂交花叶实生苗，在Crug Farm Plants培育。
Holboellia grandiflra	5～7片小叶，花不大。

3 问题与展望

综上所述，我国虽然拥有资源丰富的八月瓜属植物，但研究起步晚，基础薄弱，相关研究少，且研究不深入。八月瓜经常与三叶木通、五月瓜藤混用。国外研究虽相对较多，但分类系统未统一，存在命名混乱，同物异名，同名异物的现象，给科研交流带来诸多麻烦。野生资源是进行持续研究和开发的基础，而中国是木通科资源分布与多样化中心，应充分发挥本土的资源优势，系统对木通科植物进行收集整理，加大引种驯化力度，积极保护，建立种质资源圃和引种驯化基地，加强科研力度，深入开展各项研究。

系统发育方面，针对目前国内外关于八月瓜属、野木瓜属、牛藤果属、木通属之间分类的混乱状况，应结合形态学性状和DNA序列分析各物种之间的亲缘关系，加强国内外的交流合作，统一命名，规范名称，减少和杜绝同名异物和同物异名现象。

种质资源方面，应做好野生种质资源的调研、引种、收集和保存工作。对本底资源进行全面系统调查，掌握详尽的资源分布和数量数据。整合现有种质资源及科研资源，对储量大、分布广、应用价值高的资源直接利用，对于具有重要开发潜力但储量较小的种类建立种质资源保护圃，加强种源培育和种质资源保存。针对木通科植物普遍存在种子不耐脱水、不易储藏、发芽率低的问题，深入开展种子脱水耐性、种子储藏和萌发生物学研究，探讨其种子生物学特性，掌握种子脱水失活临界含水量，探寻种子长期保存的储藏方法。

研究利用方面，应在种质资源保存的基础上，开展引种栽培研究。观察其生长发育规律，掌握生物学、生态学特性及适应性，深入开展生理生态学研究，筛选适应性广、抗逆性强、应用价值高的种质资源。针对不同应用目标建立药用、观赏、果用、油用等相关筛选体系，筛选目标种质。针对八月瓜属植物自然结实率低、从播种到开花耗时久的特点，开展无性繁殖，如扦插繁殖、压条繁殖、组培快繁研究。

种质创新方面，应充分利用我国拥有丰富的木通科种质资源的多样性特点，加大引种驯化力度，开展新品种选育工作。结合植物组织培养、多倍体诱导、远缘杂交等技术，针对性地开展无籽或少籽、果大皮薄、口感鲜美、大花、花色艳丽、重瓣等的种质资源创新工作。

参考文献

包启伟，2000. 福建西北部木本攀援植物观赏与应用. 浙江林学院学报，17(2)：225－228.

陈辉，陈昊，祁桦，等，2012. 秦巴山区野生垂直绿化植物资源及其园林应用[J]. 北方园艺，(09)：92－95.

顾健，李国友，杨涛，等，2013. 五风藤的化学成分研究（英文）[J]. 天然产物研究与开发，25(10)：1362－1366.

李昉，王德智，袁瑾，等，2004. 野生植物五月瓜藤的营养成分[J]. 光谱实验室，21(05)：979－980.

李杰，冯跃华，罗睿，等，2016. 野生水果鹰爪枫果实性状调查[J]. 北方园艺，(19)：31－34.

栗真真，苏天琪，洪彪，等，2020. 齐墩果烷型三萜皂苷类化学成分的研究进展[EB/OL]. 中国现代中药，https://doi.org/10.13313/j.issn.1673－4890.20190612004.

凌飞，2007. 浙中地区野生观赏攀援植物资源调查与分析[J]. 浙江林学院学报，24(03)：308－312.

刘冰，叶建飞，刘夙，等，2015. 中国被子植物科属概览：依据APG Ⅲ系统[J]. 生物多样性，23(02)：225－231.

王峰，李德铢，2002b. 基于广义形态学性状对木通科的分支系统学分析[J]. 云南植物研究,24(04):445-454.

王峰,李德铢,杨俊波,2002a. 基于叶绿体TrnL-F序列和联合数据分析木通科的分子系统发育[J]. 植物学报,44(8):971-977.

王盼,刘亚,周钰鸿,等,2018. 浙江大盘山野果资源调查与开发利用研究[J]. 中国野生植物资源,37(04):46-50+59.

徐德法,李可追,郑国良,等,1998. 武义县野生果树资源[J]. 浙江林学院学报,15(4):424-428.

闫双喜,杨秋生,史淑兰,等,2004. 河南省木本植物的多样性及其在园林中应用的前景[J]. 植物学通报,21(02):247-253.

张小卉,2011. 木通科4属植物导管穿孔板的比较研究[J]. 植物研究,31(03):277-283.

郑庆安,杨崇仁,2001. 木通科植物的化学分类[J]. 植物学通报,18(3):332-339.

中国植物志编辑委员会,2001. 中国植物志(29卷)[M]. 北京:科学出版社,29:1-23+305.

钟泰林,李根有,石柏林,2009a. 5种野生常绿藤本植物园林应用探讨[J]. 中国园林,25(09):56-59.

钟泰林,李根有,石柏林,2009b. 低温胁迫对四种野生常绿藤本植物抗寒生理指标的影响[J]. 北方园艺,(9):161-164.

朱志,2013. 鹰爪枫的化学成分和生物活性研究[D]. 武汉:华中科技大学.

Angiosperm Phylogeny Group. 2016. An update of the Angiosperm Phylogeny Group classification for the orders and families of flowering plants: APG IV[J]. Botanical Journal of the Linnean Society, 181(1):1-20.

Christenhusz M J M, 2012. Stauntonia Latifolia[M]. Blackwell Publishing Ltd, 29(3):297-302.

Ding W B, Li Y, Li G H, et al., 2016. New 30-Noroleanane Triterpenoid Saponins from *Holboellia coriacea* Diels[J]. Molecules, 21(6):734.

Fu H Z, Koike K, Zhang Q, et al., 2001. Fargosides A-E, Triterpenoid saponins from *Holboellia fargesii*[J]. Chemical & Pharmaceutical Bulletin, 49(8):999-1002.

Hart R, Bussmann R, 2018. Trans-Himalayan transmission, or convergence? *Stauntonia* (Lardizabalaceae) as an ethnoveterinary medicine[J]. Medicina Nei Secoliarte E Scienza, 30(3):929-948.

Li Z, Su T Q, Hong B, et al., 2020. Advances in the Chemical Constituents of Oleanane-type Triterpenoid Saponins[EB/OL]. Modern Chinese Medicine, https://doi.org/10.13313/j.issn.1673-4890.20190612004.

Maarten J M, 2012. Christenhusz. An Overview of Lardizabalaceae[J]. Curtis's Botanical Magazine, 29(3):235-276.

Mitra A K, Karrer P, 1953. *Holboellia latifolia*, a new source of hederagenin[J]. Helv Chim Acta, 36:1401.

Qin H N, 1989. An investigation on carpels of Lardizabalaceae in relation to taxonomy and phylogeny[J]. Cathaya, 1:61-82.

Qin H N, 1997. A taxonomic revision of the Lardizabalaceae[J]. Cathaya, (8-9):1-214.

Shaw J, 2009. *Holboellia* in cultivation[J]. The Plantsman, N.S, 8(1):28-34.

Wallich N, 1824. Tentamen florae Nepalensis illustratae, consisting of botanical descriptions and lithographic figures of select Nipal plants[M]. Mission Press, Calcutta & Serampore, 1.

Zhang X H, Ren Y, Huang Y L, et al., 2015. Comparative studies on ovule development in Lardizabalaceae (Ranunculales). Elsevier GmbH, 217:41-56.

Zhu Z, Chen T, Pi H F, et al., 2015. New triterpenoid saponin and other saponins from the roots of *Holboellia coriacea*[J]. Chem. Nat. Compd, 51:890-893.

植物园夜间自然观察活动的策划与实施

——以“暗访夜精灵”活动为例①

郭江莉[1]

（1. 上海植物园，上海 200231）

摘要：“暗访夜精灵”夜间自然观察活动是上海植物园科普品牌之一，本活动通过自然观察，探索有夜行性行为的生物及其生物学特性，达到生物多样性保护教育的目的，自2009年首次推出，带动了全国夜间自然活动的发展。本文总结了上海植物园“暗访夜精灵”夜间自然观察活动的策划、实施，概括了其特色、创新。并针对夜间自然观察活动领域存在的问题，提出了相应的建议，旨在为其他植物园或科普场馆开展夜间自然观察活动提供参考。

关键词：夜间自然观察，暗访夜精灵，五感体验，生物多样性，保护教育

Planning and Implementation of Nature Observation Activities in Botanical Garden at Night:

Using‘Fairy Night’Case as an Example

GUO Jiang－li[1]

（1. *Shanghai Botanical Garden*, *Shanghai* 200231）

Abstract:‘Fairy Night’natural observation activity at night has been one of the popularizations of science brands of Shanghai Botanical Garden. This activity is to explore the nocturnal creatures and their biological characteristics to achieve the purpose of biodiversity conservation education. It has led to the development of natural nocturnal activities across the country since 2009. This paper summarized the planning and implementation of this activity in Shanghai Botanical Garden, and summarized its characteristics, innovation and development. In response to the problems in night nature observation activities, corresponding suggestions were put forward, aiming to provide references for other botanical gardens or popular science venues to carry out night nature observation activities.

Keywords: Night nature observation, Senses experience, Biological diversity, Conservation education

进入21世纪以来，中国植物园迎来了新的大发展阶段。要保持植物园的性质，关键就是要保持植物园的科学性和教育性，重视植物收集保存及研究推广的同时，开展有特色的科学旅游和科普教育（贺善安和张佐双，2010）。目前基于植物园资源的科普教育得到蓬勃发展，园林建设为科普教育提供了一个自然的舞台（何瑞华，2005）。植物园通过各种方式进行动、植物等生物科学知识的启蒙、普及和教育是目前科学普及和传播的一项重要内容。各植物园通过场馆改造、设施增建、自然教育课程的研发，不断增加大量的教育资源满足社会公众的需求。

目前，园内植物园大多数展览展示、活动体验都集中在白天。由于场馆间教育资源重复性较高，易使场馆失去吸引力，导致难以从根本上缓解公众需求的压力，这就

① 项目基金：上海市绿化和市容管理局2018年科学技术项目（G180303）。

需要我们加快创新性课程的研发。夜间自然观察活动正是一项在夜间对大自然的观察体验活动，是一种创新的探索方式，人们对黑夜里的自然世界几乎是零认知，将活动时间设定在夜晚，不仅让公众感到新奇，更能增添神秘性，激发人们的好奇心对未知世界探索。

英国皇家植物园邱园、美国密苏里植物园等国外综合性植物园都有夏季夜游活动。上海植物园自2009开始了以“暗访夜精灵”为主题的夜间自然观察活动，历经11年取得了良好的社会反响，已被多家科研科普单位仿效。但是，有关夜间自然观察活动可供参考的成功经验仍然偏少。本文总结了上海植物园“暗访夜精灵”夜间自然观察活动的策划、实施与发展。最后，针对目前夜间自然观察活动领域存在的问题，提出了相应的建议，旨在为其他植物园或科普场馆开展夜间自然观察活动提供参考。

1 “暗访夜精灵”活动定位

上海植物园品牌科普活动“暗访夜精灵”依托植物园内丰富的植物和野生动物资源，向亲子家庭推出夜间生物多样性认知、自然观察和科学探索等项目。通过这种新奇的夜间游玩（简称夜游）的活动方式，让少年儿童用一双发现的眼睛去关注我们生活的大自然，去观察和探索自然世界的神奇，了解生物的多样性，并达到生物多样性保护教育的目的。

2 “暗访夜精灵”活动策划与实施

2.1 确定目标受众，精准科普资源

夜间自然观察活动重在观察和探索，不仅要有启示性，更要对参与者产生一定的自然教育影响，所以受众人群需具备一定自理行为能力，且以处于自然教育启蒙阶段者为佳。少年儿童是科普教育的主体，求知欲强，有强烈的好奇心，喜欢探索新鲜事物，且易于树立科学的价值观，所以“暗访夜精灵”夜间自然观察活动将受众设为6～12岁的儿童。活动设一名家长陪同，以“小手牵大手”的亲子活动形式，凸显孩子在活动中的重要性，同时注重家长对科学理论知识和探索方法的掌握，以便日后加强对孩子的教育引导。

2.2 本底资源调查，掌握生物多样性

活动开展前需完成植物园本底资源的调查统计。在掌握白天常见野生动物和特色植物基础上，进一步完成夜间物种的调查研究。如夜间开花的植物，有“睡眠”现象的植物，夜行性行为明显的动物，物种在夜间发生的行为模式以及与环境的关系等。

2.3 营造多样生境，确定夜游路线

不同生境下的栖息物种往往存在差异，根据植物园夜间特色物种资源，选取物种丰富、代表性强的多种生境，进行生境营造和生态保护。如针对“暗访夜精灵”活动中受公众欢迎的萤火虫，可增设喷淋增加环境湿度，减少树木的修剪增加林区郁闭度；针对竹节虫，保证植被不被大量啃食的同时，取消化学药物的喷洒，必要时增加所取食植物的种植；针对大型甲虫，减少栖息林地的人为干预，虫害严重时采用手捕灭杀的方法。从而保证物种呈现一定的种群密度供活动观察。同时，夜游路线的设定要综合考虑各种因素，生物多样性的展示，参与者体力承受程度，公众好奇心的时长等。所以需要多次实地考察后方可确定线路，保证参与者观察到代表性强且包罗万象的物种生态，有一个绝佳的体验。

2.4 归类特色物种，编撰科普资料

根据植物园资源特色，“暗访夜精灵”夜游线路共设定5个不同生境作为特色自然观察点，包含广阔的草坪、郁闭度高的高大乔木林、植物多样性丰富的灌木草丛、水

生生物多样的池塘湿地和人工增设的灯光诱虫观察点,在生境多样性基础上凸显出生物多样性。基于上海植物园的物种资源,将常见物种根据生境、生物学特性整理成名录(表1)。根据物种统计信息编写科普资料,内容包含物种名,生物学特征,行为模式,与周围环境的关系,在食物链(网)中的重要性,物种及环境保护的启发等。科普资料可制作成各类宣传信息发布于网络平台,推广给广大受众,或编撰成科普手册供游客、科普志愿者学习参考,起到科普宣传和科学推广的作用。

表1 上海植物园夜游趣味科普主题及对应科普讲解物种

生境设置	趣味科普主题
草坪	暗夜幽灵蝙蝠出没、多脚怪、昆虫飞毛腿、虫虫大力士、小小跳远健将、自带餐具的夹子虫、昆虫挖土机
高大乔木林	发光小精灵萤火虫、金蝉脱壳、甲虫王国大战、锯树郎、甲虫夜聚会、喝树汁的天蛾
灌木草丛	哺乳动物出没、隐身高手竹节虫、刀斧精灵螳螂、鸣虫音乐国、八卦阵先生蜘蛛、臭大姐、长鼻子的怪物象甲、植物收割机叶甲、磕头虫、媚眼仙子草蛉、小小吸血鬼、不吸血的大蚊、日行性的蝴蝶
池塘	上植五大呱、水精灵、昆虫世界的好爸爸、轻功水上漂水黾、夜晚开花的植物、夜晚睡觉的植物
灯光诱虫	趋光性昆虫、飞蛾扑火、飞檐走壁捕食者

2.5 保证人员配备,增强专业培训

夜间自然观察活动需要专业的团队运作开展,要求人员职责明确。设园区工作人员、科普讲师,导赏志愿者和安保人员,其中,园区工作人员做好全局把控,时间控制,必要时参与科普讲解导赏;科普讲师聘请生物学或生态学领域有较强知识储备的专业人员;导赏志愿者必须接受科普培训,通过实地考核后方可上岗服务;安保人员需持有专业资质,对突发、应急状况有较强的反应处理能力,掌握园区安全情况。

3 “暗访夜精灵”活动特色

3.1 精准时间把控,吸引更多受众

“暗访夜精灵”活动在现有“经典版”(物种知识讲座+自然观察探索)的基础上,增开“赏玩版”,参与者在1.5~2h的时间里,探索不同生境下的生物多样性和生境营造的效果。活动版式分级后不仅易于区分参与难度,给公众更多选择的机会,还能缓解参与者报名难的压力,提高接待能级。在经典夜游线路的基础上,每年设计一条新的自然观察线路,并增设新的观察点,保证参与者每次都有不一样的体验。针对参与儿童年龄层次的不同,按每两年的年龄梯度设置不同的探索小组,增强活动效果。

“暗访夜精灵”活动设在暑假期间为期两个月,此时生物多样性最丰富,少年儿童课业压力较小,时间方便把控,同时考虑家长工作日上班因素,将时间设在每周五、六、日晚18:00~21:00。每次活动时长控制在3小时左右,时间过长,容易造成参与者视觉疲劳、体力不支;若时间过短,受众会反应体验不够,影响参与感受度。

3.2 注重五感体验,增强活动效果

在自然观察活动中,探索体验的过程不仅仅是眼睛的观察,更要注重运用五感。视觉是体验的首选,观察动物的形态和取食、通讯、争斗、求偶等行为;触觉能给我们留下更深刻的印象,用手触摸粗糙的树皮、甲虫坚硬的外骨骼、鼻涕虫爬过的黏液等;嗅觉能闻出大自然的各种味道,紫茉莉的幽香、麻皮蝽的恶臭及发酵的树洞;我们用听觉感受虫鸣蛙叫,不同动物的发音频率各异,需要用听觉仔细辨识;味觉在品尝中

得到锻炼，不过大自然处处潜藏着危机，没有把握不可乱尝。

3.3 配置活动资源，提升互动体验

“暗访夜精灵”活动采取网络报名缴费的方式，便捷且易于操作。每周一开始本周名额的销售，每晚40组亲子家庭，活动开始48小时前可无条件网上取消退款。

活动项目由室内的知识科普和园区的观察体验两部分组成，其中室内为容纳上百人的报告厅，观察环节按照儿童安全服的颜色分成4组，分别对应4条观察体验线路。每10组家庭（20人）为一队，每队设专业的科普讲师、科普志愿者、安保人员和园内工作人员各1名。为保证活动顺利有效开展，时间流程及设备物料如下表2所示。

表2 “暗访夜精灵”活动流程及材料

时间	项目	设备物料
18:00～18:30	活动签到	签到表、安全协议、四色儿童安全服、物料袋（活动科普折页、科普手册、充电式环保风扇、荧光手环、“暗访夜精灵”徽章）
18:30～19:10	“暗访夜精灵”科普知识讲座	报告厅、投影设备、课程课件、辅助道具（生物标本、模型）、小礼品
19:10～20:50	自然观察探索	头灯、手电、驱蚊液、小礼品、讲解器、激光笔、灯诱设备、雨披
20:50～21:00	活动总结	证书、奖品

3.4 建立科学的授课模式，规范流程

本活动不仅从生物多样性基础知识出发，启发少年儿童的自然观察和探索精神，更通过专业的课程研发，成为基于植物园资源的青少年科学创新实践的主要课程之一。课程以科学探索、实验搜集、科学报告等多种形式呈现，契合当下研学课程的要求。项目建设以问题为导向，在探索中求真知，激发参与者的兴趣和科学探究精神。

3.5 专业人才储备，拓宽科普渠道

“暗访夜精灵”活动注重团队建设，以科学性为前提，聘请高校院所专家给予科学指导，专业人才授课、培训。加强志愿者团队建设，提高专业人才知识储备。上海植物园每年通过“暗访夜精灵”活动培训专业的志愿者队伍50人，目前多达500余人通过考核，具备过硬的知识，并服务于各大公园、场馆，将科学知识传播给更多的社会群体。

4 “暗访夜精灵”活动创新方法

“暗访夜精灵”夜间自然观察活动一经推广，深受社会公众的追捧，一开始这种新颖的玩法深受少年儿童的喜爱。活动开展实施以来取得了良好的成效，公众反应满意度高。“暗访夜精灵”夜间自然观察活动在行业内有引领和指导作用，获得了上海市科技创新项目资助，被列入上海市“一馆一品”建设项目的品牌活动，2018年度被评为全国优秀科普活动，获得2018年梁希科普奖。但是随着“暗访夜精灵”活动的推广，开展次数的增多，该活动对大众逐渐失去了新奇感和吸引力，因此及时思考、创新新的活动内容与形式极为重要，以达到更好的科学普及与科学传播的效果。

4.1 实现教育资源生活化

“暗访夜精灵”活动已推广到上海的各类场馆、公园，以及全国众多的植物园，实现教育资源平常化，并于2016年首创夜游活动进社区，实现了活动的生活化。目前，“社区版暗访夜精灵”已全覆盖上海16区，让更多的孩子在家门口就能探索都市里的夜精灵，可以更方便、更快捷的走进自然、

亲近自然、领略自然之美,推动了自然教育生活化的发展。“暗访夜精灵”活动已经实现进社区、近生活,赢得社会认可;进学校、近课程,培养学生自然兴趣与科学素养,紧跟教育主题。同时,为了让多种群体有机会参与到活动中,针对贫困家庭、残障人士、自闭症儿童、弱视群体等举办公益专场,体现和扩大上海植物园科普教育的公益性。

4.2 线下线上推动科普传播

活动在线下科学传播基础上,不断探索线上线下多种方式的互动推广,并开设网络直播运作模式。公众在上海植物园的官网、微信、微博、视频号等各官方平台都可以获取资讯。项目建设中增加与电视、广播、报纸等媒体的合作,扩大活动影响力,加大生物多样性及保护知识的科学传播,力求提高公民科普素养,达到生态保护的目的。

5 结语

植物园的科普教育发展,不仅在于扩大知识的传播,更要注重自然教育的发展,关注公众在活动参与中自身能力和科学思维的提升,知识体系的重新建构(汪明丽,2015),同时培养参与者关注生物多样性,关注自然生态,提高环保意识。

自然观察和探索是自然教育的重要方式,是科学普及过程中的重要环节,值得我们进一步的研究并融入课程的开发,让更多的人重新建立与自然的亲密关系,与大自然和谐相处。关注生物多样性及其保护,只有对自然的真正关怀,才能更好地去解决关于自然的问题。

参考文献

贺善安,张佐双,2010. 21 世纪的中国植物园[M]//中国植物学会植物园分会编辑委员会,2010. 中国植物园(第十三期). 北京:中国林业出版社.

何瑞华,2005. 园林建设——中国植物园可持续发展的方向探讨[J]. 技术与市场. 园林工程. 2005(09)

汪明丽,2015. 我国植物园科普教育公共科学活动的研究[D]. 武汉:华中科技大学

植物园科普志愿者团队建设及管理

沈　菁[1]

(1. 上海植物园,上海 200231)

摘要:科普志愿者是工作在科普场馆主题活动一线的、最活跃的团体。本文基于国内外植物园科普志愿者的定位与需求,总结了上海植物园科普志愿者管理模式,并介绍了科普志愿者相关的特色活动。最后,本文提出了目前在科普志愿者领域存在的问题,并就此提出对策,以期为其他植物园科普志愿者管理提供依据与参考。

关键词:志愿者,科普,团队建设,团队管理

Construction and Management of Public Education Volunteer Team in Botanical Gardens

SHEN Jing[1]

(1. *Shanghai Botanical Garden*, *Shanghai* 200231)

Abstract: Public Education Volunteers are the most active group, who attributed to the front line of theme activities in the botanical gardens, parks, museums and other public education places. Based on the targets and requirements of botanical garden at domestic and abroad, this paper introduced the management model and the special activities of the volunteer team of Shanghai Botanical Garden. In the last, the problems and the related methods were proposed with the purposed of providing references to management of volunteers in other botanical gardens.

Keywords: Volunteers, Public education, Team building, Team management

上海植物园地处上海市徐汇区西南侧,占地 81.86hm², 是一个以植物引种、驯化为载体,园艺展示、科研、科普为主导功能的综合性植物园,国家 AAAA 级景区,全国科普教育基地。园内包括松柏园、木兰园、牡丹园等 15 个专类园,盆景园、展览温室和兰室在国内外享有盛誉。作为科普教育基地,上海植物园是上海市区最适宜市民尤其是青少年接受自然教育的场所。多年来,科普工作取得较大进展,科普活动逐渐形成品牌,影响力扩大;科普展示内容更加充实、丰富,形式更加多样。

习近平总书记指出:"科技创新、科学普及是实现科技创新的两翼,要把科学普及放在与科技创新同等重要的位置。"科普是综合性植物园必须具备的一项重要功能之一,而植物园是国家科学普及的重要阵地。如何最大限度的利用好植物园科普平台,为大众开展科学普及工作,是每一个植物园不断思考的问题。作为全国优秀科普教育基地,上海植物园肩负着科学传播的重要使命。科普志愿者们是工作在园区主题活动一线的、最活跃的团体。随着社会的进步,对科普工作的要求也不断提高。为此,上海植物园向社会招募了一批有责任心、热爱学习、向往自然的志愿者,为其提供尽可能完善的培训、工作及回馈机制,建立一支优秀的科普志愿者团队。

国外植物园科普志愿者已经发展较为成熟。相比之下,国内科普志愿者的管理

模式仍然处于探索阶段,可供参考的经验仍然严重偏少。本文基于国内外综合性植物园科普志愿者的定位与需求,总结了上海植物园科普志愿者管理模式,并介绍了科普志愿者相关的特色活动。最后,本文提出目前在科普志愿者领域存在的问题,并就此提出对策,旨在为其他综合性植物园科普志愿者管理提供依据与参考。

1 国内外综合性植物园科普志愿者发展现状

1.1 国外志愿服务的现状

当前,国外志愿服务开展得十分活跃。许多国家的志愿服务起步早,规模大,社会效益好。它们在国内已逐渐步入组织化、规范化和系统化的轨道,形成了一套比较完整的运作机制。志愿服务活动已经成为这些国家维护社会稳定的有效形式,参加志愿服务已成为广大公民的自觉行动(李哲,2010)。

1.2 国内植物园科普志愿者需求

随着科普教育的开展,越来越多的家庭开始注重自然教育,体验自然生活,感受自然的滋养。游客在游园的时候不再满足于赏玩休憩,同时渴望学习植物的相关知识和文化。

上海植物园于2020上海(国际)花展期间针对"上海植物园志愿者科普讲解需求"进行了问卷调查,该问卷设置了10道题目,旨在了解游客在游园的过程中是否需要专业的科普讲解。

本次问卷共发放1063份,回收831份。其中第六题"游园期间,您是否需要专业的科普讲解员为您导览介绍"中有62.7%的游客选择了需要,其理由大多是能够获取专业的知识、有互动、可以随时提问、趣味性强等。而植物园往往人力有限,因此培养一批具备专业素养的科普志愿者十分必要。

1.3 上海植物园科普志愿者定位与意义

科普志愿者团队为科普场馆带来经验、热情和活力。他们为科普活动提供支持,为员工分担责任。可以说,志愿者为科普场馆的发展提供了强有力的支撑。通过针对性的系统培训和定期的志愿服务,科普场馆能促进志愿者的成长,并与志愿者团体建立起长期友谊。志愿者得到归属感后,又能促使更多人员的加入。经常开展积极向上的志愿者活动将确保科普场馆长期健康地发展(克里斯蒂·范·霍芬和洛尼·韦尔曼,2017)。

2 上海植物园科普志愿者管理模式

上海植物园招募各行业的社会人士作为科普志愿者,以协助科普活动的开展。上海植物园让科普志愿者充分发挥特长,体现他们的社会价值,并为他们提供学习专业知识的机会。上海植物园制定了详尽的科普志愿者服务制度、志愿者义务及权利等,以便更好地管理科普志愿者团队。

2.1 招募方式

科普岗位要求志愿者年龄18~60周岁,有较多的空余时间,有责任心,口齿清晰,热爱自然知识,学习能力强。主观服务意识强者优先,相关专业背景优先,表达能力强者优先。

公开招募于每年年初进行,通过上海植物园官网、微博、微信等新媒体渠道公开招募。初步筛选简历后,开展科普志愿者考核及面试,其中笔试成绩占40%,面试成绩占60%。工作人员根据总分择优录取前30~40名加入上海植物园科普志愿者团队。

2.2 考核方法

入围考试采取笔试加面试的形式,笔试以植物学、昆虫学为主,主要考察志愿者个人相关的知识储备量，以便更精确地进行培训课程的难易程度设定及开展。面试则分为事物描述和问答两个环节。事物描述主要考察志愿者的语言表达能力，包含描述有效性、仪态、语言技巧。问答环节包含题目2道，国际关系形势题目主要考察考生对问题的审视态度，工作人员可以从考生的答案中辨别其是否持有激进态度，以避免其与游客发生冲突；参与度评价题目主要用于判断考生参与培训和志愿工作的可能性，确保培训和志愿服务的出勤率。

2.3 培训方法

根据服务对象的不同，分批次开展植物学培训课程和昆虫学课程，培训分为室内理论培训和户外实践，志愿者可根据个人兴趣选择讲解点。讲解服务主要集中在3月底至5月初上海（国际）花展、6月下旬至8月上旬的“暗访夜精灵”、10月秋季花展、12月至次年1月的酢酱草品种展、春节期间的迎春花展。主要培训课程有《植物学》《普通生物学》《夜间植物观察》《“暗访夜精灵”》《如何寻找昆虫》《夜间昆虫观察》等。

2.4 服务内容

上海植物园结合资源特点，设计开发适合不同岗位志愿者的培训课程，包括科普讲解、摄影/摄像、信息撰写等类别。其中，科普讲解岗位根据志愿者擅长领域或兴趣爱好，选择一个专类园进行定点讲解。可选择的定点讲解区域有各大专类园以及临展等。摄影/摄像岗位要求拍摄上海植物园时令花卉、主题活动、志愿者风采等照片。信息撰写岗位人员全程体验课程，进行活动回顾撰写。

2.5 科普志愿者义务与权利

录取志愿者需签订志愿者服务协议，协议年限为1年（3月1日至次年2月28日），服务次数10次及以上。协议期间要求积极参加志愿服务，听从指挥、表现积极、游客满意。对游客中各种不文明行为及时劝阻。同时，禁止志愿者私自借用志愿者身份带人入园。

志愿者在协议期间服务次数满10次及以上者可纳入上海市志愿者系统，记录服务时长。上海植物园志愿者管理人员会不定期向志愿者发放赠票，科普场馆门票等。志愿者可享受免费出入上海植物园（包括售票专类园），以及服务当日的车贴和午餐。同时，年终还会开展优秀志愿者个人表彰大会，给予一定的奖励。

2.6 技术支持

上海植物园于2018年起与“景客·景区管理平台”进行合作研发。科普人员根据大型展览和科普活动的需求，于后台开设相应的志愿者服务岗位，科普志愿者们可以通过上海植物园官方微信进行自由报名，满额截止。大大减少了人工统计的工作量。志愿服务日的前一天还有上岗提醒推送至志愿者的微信上，避免了志愿者忘记上岗的情况。

与此同时，工作人员在该平台设置了诚信系统。无故缺席的志愿者将扣除诚信积分20分。诚信积分初始值为100分，低于60分作开除处理。如临时无法参加，可发出“顶岗”，如有其他志愿者接受该岗位，则不扣除诚信积分。

除此之外，工作人员还考虑到了无人顶岗的情况，设定了金币兑换积分服务——按规定完成1次服务可得金币10枚，20枚金币可兑换20诚信积分，即以2次额外的志愿服务来顶替1次缺席（表1）。但由于金币系统存在漏洞，目前科普团队正在极力完善该功能。

表 1　志愿者系统积分和金币一览表

项目	志愿服务				
	所有志愿者		顶岗发布者		顶岗者
	上岗	缺勤	顶岗成功	顶岗失败	顶岗成功
积分	0	-20	0	-20	0
金币	10	0	0	0	10

注:金币兑换 1 金币 =1 积分

3　上海植物园科普志愿者特色创新活动

3.1　“彩虹新桥”志愿者服务基地

上海植物园作为长桥社区内最大的一片森林绿地,被誉为“长桥之肺”,它的存在也为社区居民提供了极好的科普教育和休闲娱乐场所。为了进一步加强植物园的建设和管理,切实保护好这片珍惜的“天然氧吧”,上海植物园联合街道,整合双方优势资源,共同梳理出快乐旋律、青春行动、健康促进、绿色讲堂、护绿使者、咨询驿站、文明游园等 7 个志愿者服务项目。

其中,“青春行动”和“绿色讲堂”两个服务项目主要招募对象为有专业背景的青年人群,也就是后续的“上植科普志愿者团队”。

3.2　科普志愿者定点讲解

上海植物园于 2011 年秋季花展首次尝试科普志愿者招募,获得了超乎预计的社会反响,遂于 2012 年上海花展进行了大规模社会招募。因大部分爱好者专业基础扎实,通过简单的培训后即刻上岗,志愿服务效果较好。但是这种招募模式产生的管理工作尤其繁琐。随后上海植物园尝试了与周边各大高校如华东理工大学、上海师范大学、华东师范大学等志愿者团队进行合作,大大减少了管理上的工作量。但由于非植物学专业学生缺乏专业知识,加之部分报名者主观志愿服务意识较差,效果低于预期。

因此,上海植物园科普人员进行了深度总结和探讨。最终决定结合以上两种情况对科普志愿者招募工作进行改革——提前社会广招 30~40 名园艺爱好者进行系统培训,作为上海植物园的长期志愿者使用,既有扎实的专业知识基础,又方便管理。

2016 年是上海植物园科普志愿者工作的一个转折点,“上植科普志愿者团队”在志愿者个人素质和团队管理两方面首次达到双赢。

4　问题与展望

4.1　存在的问题

4.1.1　科普志愿服务宣传渠道闭塞

目前,上海植物园在科普志愿者招募的宣传上做得比较到位,每年年初发布招募后约有 300 人报名。若“上海发布”等主流媒体转发,则可突破 500 人、甚至上千人的报名量。相较之下,大众对于科普志愿服务就了解甚少。除了固定的讲解点上设有科普讲解场次外,缺乏其他宣传渠道。2020 年问卷调查中就反应出了该问题:第七题“您对上海植物园的科普志愿者免费讲解服务有何感受?”选择“从来没听过讲解”和“不知道有免费讲解服务”占 30.45%。

4.1.2　科普志愿者流失

并不是所有的科普志愿者会一直长时间停留在一个固定的科普场馆进行服务,大部分科普志愿者会选择不同的科普场馆进行服务,甚至还有从一开始就抱着免费培训目的的科普志愿者。这些都是无法从考核和面试中筛选出来的。因此,虽然每年耗费的师资和物资庞大,但也无法控制科普志愿者的流失,一般能够长期留下(服务≥3 年)的志愿者仅有 15%。

4.2 展望

针对以上问题,植物园作为志愿团队管理者,应完善科普志愿者管理模式,在筛选吸收优秀科普志愿者的同时,加强科普志愿者的培训,积极组建专业性强、爱岗敬业、乐于奉献的金牌服务团队。同时,植物园管理者应建立、健全相应的奖惩制度,让"服务他人的行为是最高尚的行为,出于自愿的事业是最有生命力的事业"的理念贯穿志愿者工作的始终,激励每一位科普志愿者发扬志愿者精神,立志服务好每一场展览、每一位游客。此外,可将植物园科普志愿者团队建设及特色活动的成功经验辐射到更广的领域,吸引更多的人加入到志愿者队伍中来,为上海科学普及精神文明建设再上台阶做出新的更大的贡献。

参考文献

克里斯蒂·范·霍芬,洛尼·韦尔曼,2017. 庄智一,译. 招募与管理志愿者——博物馆志愿者管理手册[M]. 上海:上海科技教育出版社.

李哲,2010. 国外志愿服务概况[J]. 精神文明导刊,(08):25-25.

山野草创作方法及其形式研究

王玥明[1]

（1. 上海植物园，上海 200231）

摘要：山野草从盆景展陈中脱颖而出，具有养护简单、成本较低、观赏性高等鲜明特点，逐渐成为了家庭园艺界的新潮流。本文基于山野草的主要特性，研究了山野草的创作方法与创作形式。最后本文提出了山野草创作中存在的问题，并就此提出对策，以期为山野草创作与发展提供参考。

关键词：盆景，山野草，特点，家庭园艺，创作形式

Research on Creative Methods and Forms of Sanyeso

WANG Yue - ming[1]

（1. *Shanghai Botanical Garden*，*Shanghai* 200231）

Abstract：Sanyeso originates from the Penjing display，which has the distinctive characteristics of simple maintenance，low cost and high ornamental values. It has gradually become a new trend of family horticulture. Based on its main characteristics，the creative methods and forms of Sanyeso is studied on this paper. The problems of Sanyeso creation and the corresponding countermeasures were concluded in order to provide reference for the creation and development of Sanyeso.

Keywords：Penjing，Sanyeso，Characteristics，Family horticulture，Creative forms

盆景是微缩于方寸之间的园林，它是将植物、山石、配饰等和谐统一地组合成一个整体的艺术品。在盆景发展演变过程中，起到衬托盆景、装饰空间的小型植物逐渐受人喜爱和重视，成为了广受欢迎的山野草（奉树成和王娟，2015）。

从概念上来说，山野草指的是经过一定人工设计创作和加工的，具有一定美学价值的配饰植物。主要以草本植物为主，还包括小型乔灌木、蕨类、多肉植物和苔藓等，并不拘泥于科属和品种，更不讲究价值几何。

从 2015 年上海植物园第一次举办山野草主题展，山野草已经渐渐摆脱了盆景的附属地位，成为能够独立主导展览展示的艺术品。山野草由最初不起眼的小配角到今天家庭园艺新风尚，有着它独到的过人之处。本文中选用的所有照片均出自上海植物园历届山野草展。

1　山野草的特点

山野草相较于盆景和一般的植物盆栽，具有非常鲜明且无可取代的优点和适应性，使得它更具备走入家庭园艺的基础。在多年山野草养护和展陈的基础上，总结出了如下几个特点：

1.1　养护简单

作为盆景入门级的植物，山野草相对于盆景的种植和养护都比较简单。山野草一般体形较小，方便移动，灵活性高。常用的山野草植物品种大多具有喜阴、耐阴的特点，在养护中可以根据场地选择合适的植物，因地制宜地种植和养护，以使植物生长健壮。不同于盆景的复杂操作，山野草

日常只需简单的少量工作来维持造型,如修剪、剔除黄叶杂草等,也是比较适合"懒人"的一种植物栽培形式。

1.2 成本较低

山野草的来源具有多样性和广泛性的特点。一般可以采用市场购买,朋友赠送,已有植物分株、播种等繁殖途径来获得。在实际应用过程中,不乏有路边的野草、苔藓,花盆中野生植物的加入。山野草在种植时不仅有常见的观赏园艺植物,还包括药用植物、香草植物、水生植物等。这些植物大部分价格都可以为普通市民所接受。山野草使用的盆器丰俭由人,不单独购买花盆也可赏玩。不拘是打碎的茶杯,亦或是摔破的瓦片、酒瓶等,在打磨确保安全后均可作为合适的盆器使用。相较于盆景,大大降低了成本,增加了受众面。

1.3 观赏性高

山野草在创作中精心挑选搭配和谐的植物和盆器,并对植物造型加以人工修剪,进行一定程度的人工干预,使得植物始终保持在较好的观赏状态。对盆器同样要求干净整洁,以提升整体颜值,提高山野草观赏性。

2 山野草的创作形式

作为家庭园艺新形式的山野草,在创作形式上种类多样,富有变化,各个形式均可结合使用,具有广阔的创作潜力。

2.1 单体式

单体式是山野草最常见的种植形式,也是组合式、架构式、苔玉式等形式的基础。顾名思义,单体式就是由一件山野草种植在容器中。可选择颗粒介质营造沧桑感,或铺盖苔藓遮盖土层,搭配妙趣横生的装饰品等,使整盆作品变得更加生动活泼。"触目横斜千万朵,赏心只有两三枝。"植物本身的美感,在单体式山野草中发挥得淋漓尽致。

图1 单体式-1

图2 单体式-2

单体式山野草一般体量不大,多以寥寥数枝的美感直抵心灵,让人在植物的生命力中感受到平静与祥和。单体式山野草注重线条的简洁明快,植物与容器搭配得宜和植物状态的蓬勃活力,在栽植过程中的删繁就简,也是一次精益求精的创作过程。

2.2 小品式

小品式山野草与庭院景观中的园林小品有相通之处。小品式山野草一般是由数个单体式山野草在同一个容器中组合而成。具有小中见大、搭配巧妙、精致自然等特点,在小小的空间内通过植物材料高低错落、疏密有致的组合营造出大自然的无限风光。

图3 小品式-1

图4 小品式-2

在小品式山野草中,常利用线条植物和块面植物,常绿植物和彩叶植物互相搭配,适当点缀赏石等,盆面地形可有所起伏,营造幽深的景象。在搭配时不仅要注意植物的色调、形态、大小、线条、质地与比例和谐,还要注意植物养护习性,尽量选择同样或相近习性的植物,方便后期养护。

2.3 组合式

组合式山野草是由多件作品按照一定的主题或构图原则组合在一起的形式。组合式灵活多变,大小皆宜,可以很好地丰富山野草文化内涵,增强表现形式,增加空间感和艺术效果。组合式是群体艺术,每一件单品都有其重要意义(王元康 等,2018)。在创作时要考虑到每一件作品的大小、造型、色彩、空间布局、植物状态等。

组合式山野草在创作时与盆景、中国园林都有更多的相通之处,追求"因境设景""景从境出"的入境式设计(李世颖 等,2020),也就具备承载更多主题的可能性。不仅有常见的春、夏、秋、冬四季选题,更有抚慰心灵的"深夜食堂",妙趣横生的"迪斯尼乐园",艺以载道的"生态宜居",宏大壮丽的"我的中国心"等成功作品。这些作品在创作时都会根据主题选择合适的植物,并搭配盆器和几架,将主题以山野草组合的形式展现得淋漓尽致。

图5 组合式-1

图6 组合式-2

2.4 架构式

架构式山野草与插花艺术中的架构式花艺有着异曲同工的妙处,都是借助构筑线条的方法,以组合的形式完成主题思想的表现和造型的需要。有别于插花艺术的是,架构式山野草在应用中常以不同造型的枯木、山石等自然素材,在立体空间中通过拼接、粘贴、捆绑、叠加等手法加强展示效果,突出线条感和透视感(刘薇萍和杨从玉,2019)。

图7 架构式-1

图8 架构式-2

架构式山野草在制作时需要结合设计者巧妙的构思与别具创意的原材料,来实现作品的突破和创新,其创作潜力与空间巨大。

2.5 苔玉式

在传统盆景的技法中,就有作品完成或参加展览前在特定位置种植苔藓的做法,叫做"点苔"或"铺翠"。适当地在盆中、山石、树木上铺种苔藓,可以增加盆景的野趣和老态。在山野草中,苔藓除了与盆景相同的铺陈使用方法外,还有以苔藓做成圆球状,包裹或种植的苔玉式山野草。

图9 苔玉式-1

图10 苔玉式-2

苔玉式山野草既可以将山野草根部土壤搓成圆球状,再包裹固定外层苔藓,还可以先做好苔藓球,再种植山野草。单纯的苔藓球也可以直接观赏,样式简单又富有生机。苔玉式山野草常用泥炭或山泥等黏性较大的土壤混合赤玉土作为基质。做好后直接摆放在不漏水的浅盘、水底等容器上养护欣赏。苔玉式山野草一般选择匍匐生长的苔藓来制作,相应地也会选择喜湿耐阴的植物品种,来保证植物成活和养护观赏。苔玉式山野草擅长表现单体风貌,适合打造小中见大的微景观(丁水龙 等,2016)。

2.6 其他

除了以上几种形式外，还有较为少见的水景式、附石式等创作形式，不一而足。在实际应用中也可以采用不同的形式进行搭配组合，创作出形态更为多样，更受大家喜爱的山野草作品。

图11 水景式

图12 附石式

3 问题与展望

3.1 问题

山野草具有独特的植物风采和文化内涵，展现了强大的发展潜力，在短短五六年间已经获得了业界的充分认可。但山野草的发展过程并非一帆风顺，难免存在着一些问题。完善的产业体系，专业的科学构架都成为制约山野草发展的禁锢。

3.1.1 概念分类模糊

山野草是传统盆景文化和近代日韩等国家配饰植物交流产生的植物艺术品。由盆景而衍生出的山野草在起源和受众上就有着较为小众的先天不足，近几年的快速发展进程中，也受到日韩强势产品和市场波动的影响，存在着概念及分类方法模糊，不够科学明晰等问题。由于没有系统的对山野草进行分类研究，导致市场上五花八门的山野草品种和来源不同的译名让人一时无法判断，使得山野草在推广过程中遭受了一定的困难和诟病。

3.1.2 产业发展滞后

山野草在中国目前可以说是逐渐走俏的新型产品，因而尚未形成规模化的产业发展。现有的山野草生产基本都是盆景产业的附属品，生产规模小，产品成本高，多数为家庭小作坊，科技含量不足，这些因素都在一定程度上影响了山野草产业发展的前景和受众度。

3.1.3 评价体系不明确

在展览中伴随着盆景出现的山野草，在具有超高颜值的同时，养护难度和价格也较普通草花较为高。受制于产业化发展滞后，山野草的评价体系也有待明确。如何通过引种驯化筛选出更为适合普通家庭园艺的山野草品种，以及相应的评比及展览发展模式，也都尚未明确。

3.2 展望

随着经济和社会进入新的发展时期，人民对美好生活的需求也在与日俱增。得益于近年来园艺产业大幅发展和生活水平的提高，山野草作为传统盆景文化与现代审美融合的艺术，在新时代也焕发出了勃勃生机，走入日常生活。山野草创作形式多样，能够满足不同场合的需要和不同审美追求，是将精致园艺与美丽生活完美相融的植物艺术形式。山野草作为新兴的园艺行业精加工产品，具有广阔的发展前景，将会受到越来越多人的青睐。

参考文献

丁水龙，张璐，沈笑，2016. 苔藓植物的园林造景应用[J]. 中国园林，32(12)：12－15.

奉树成，王娟，2015. 山野草——来自盆景世界的精灵[J]. 园林，(08)：28－31.

李世颖，余文想，戴伟，等，2020. 盆景与园林的关系与发展探讨[J]. 绿色科技，(03)：42－44.

刘薇萍，杨从玉，2019. 中国“现代插花艺术”中线条的表达及其在造型中的应用[J]. 金陵科技学院学报，35(03)：65－67.

王元康，2018. 微型盆景与博古架组合[J]. 花木盆景(盆景赏石)，(04)：64－65.

上海植物园鸢尾属植物应用现状

于凤扬[1]　肖月娥[1]　奉树成[1]

（1. 上海植物园，上海 200231）

摘要：自20世纪80年代起，上海植物园开始了鸢尾属植物收集与应用工作。目前，上海植物园园区内共展示鸢尾品种129个，涵盖了有髯鸢尾、路易斯安那鸢尾、西伯利亚鸢尾、花菖蒲、琴瓣鸢尾、种间杂交品种、冠饰鸢尾和荷兰鸢尾8个鸢尾类群，应用形式有花境、花坛、水景和花海等。本文总结了上海植物园鸢尾收集与应用情况，以期为其他植物园鸢尾属植物的应用提供参考。

关键词：上海植物园，鸢尾属，园艺类群，应用形式

Application ofIrises in Shanghai Botanical Garden

YU Feng－yang[1]　XIAO Yue－e[1]　FENG Shu－cheng[1]

（1. *Shanghai Botanical Garden*，*Shanghai* 200231）

Abstract：Shanghai Botanical Garden has begun the collection and application of *Iris* since from 1980s. There were 129 varieties irises showed in Shanghai Botanical Garden，included in 8 different group which are Bearded Irises，Louisiana Irises，Siberian Irises，Japanese Irises，Spuria Irises，Species Crossed Irises，Crested Irises and Dutch Irises，and the application forms are flower border，flower bed，water garden，sea of flower. This paper concluded collection and application of irises in Shanghai Botanical Garden，which will provide references for other botanical gardens.

Keywords：Shanghai Botanical Garden，*Iris*，Horticultural cultivar，Application form

我们通常所指的鸢尾（*Iris*）是对鸢尾科（Iridaceae）鸢尾属植物的统称，全世界约有原种280个，园艺品种达到7万个，每年又以上千数递增，其中以有髯鸢尾、路易斯安那鸢尾、西伯利亚鸢尾、花菖蒲、琴瓣鸢尾和荷兰鸢尾最为出名（胡永红和肖月娥，2012；肖月娥，2019）。鸢尾作为世界著名花卉，具有株型优美、花型奇特、花色丰富和生态适应性广的特点，在上海植物园内不同类群的鸢尾搭配种植，其花期可从2月一直延续到7月。少数有髯鸢尾品种还会在11月二次开花。

从20世纪80年代开始，上海植物园开展了对鸢尾属植物的引种、驯化与展示的工作（肖月娥，2012）。截止到2020年5月，上海植物园已收集到各类鸢尾400余种，包括野生鸢尾资源40种。上海植物园共筛选出200余个在上海地区适生的鸢尾品种，并在园区内展示应用了129个品种，涵盖了有髯鸢尾、路易斯安那鸢尾、西伯利亚鸢尾、花菖蒲、琴瓣鸢尾、种间杂交品种、冠饰鸢尾和荷兰鸢尾8个鸢尾类群，应用形式包括花丛、花坛、花境和专类园等。

本文介绍了上海植物园鸢尾收集与应用情况，以期为其他植物园鸢尾属植物的应用提供参考。

1　应用类群及状况

1.1　有髯鸢尾

有髯鸢尾（Bearded Irises）是对有髯鸢尾与假种皮鸢尾的统称，因其垂瓣上有可吸引昆虫授粉的髯毛而得名。有髯鸢尾因其品种多样、花色丰富、花型优美、分布范围广等特点受到园林上的青睐。其中被大

众广为认知的德国鸢尾是有髯鸢尾重要杂交亲本之一(肖月娥,2012)。有髯鸢尾按照花茎的高度可以分为迷你矮生型、矮生型、中生型、中高生型、花坛型和高生型6种类型(杨占辉,2011)。

上海植物园共筛选展示有髯鸢尾品种61个,主要集中在矮生型、中生型、中高生型3种类型。这61个品种的有髯鸢尾适应高温高湿气候,在上海地区能够安全越夏。有髯鸢尾主要展示在上海植物园新优植物展示区,另外在单子叶植物园也有少量品种展示。通过不同花色、不同株高、不同花期的有髯鸢尾品种分块搭配种植的方式,充分将有髯鸢尾丰富的花色与花型展示出来。此外,将一些特殊用途的种类在园内也进行了展示,比如将香根鸢尾展示于芳香植物园。

部分有髯鸢尾有多季开花的特性,这部分有髯鸢尾在上海植物园内也均有展示,像‘秋季马戏团’‘孩子气’‘圣杯’等品种每年11月份均能二次开花。

1.2 路易斯安那鸢尾

路易斯安那鸢尾(Louisiana Irises)是对无髯鸢尾亚属路易斯安那鸢尾系的杂交品种的统称。该系的大部分原种均产自美国路易斯安那地区,所以被称为路易斯安那鸢尾(肖月娥,2012)。路易斯安那鸢尾属四季常绿多年生宿根草本花卉,分生能力强,既能在水中生长,也能在旱地生长(张迎辉 等,2019)。该类群在上海地区的花期为5月,整体花期约1个月。上海植物园内应用展示路易斯安那鸢尾品种4个,分别是‘红瑞特’‘浅紫星’‘白蝴蝶’‘梅森’,其中红色系品种‘红瑞特’自20世纪90年代首次引入我国,其表现性状优良,已成功在江南地区大面积推广。上海植物园内路易斯安那鸢尾主要应用于河岸水景绿化,表现出生长旺盛,开花整齐,冬季常绿的特点。

表1 上海植物园应用的不同鸢尾类群生长习性、观赏特征及代表品种

类群		生长习性	观赏特征	应用形式	代表品种
根茎类鸢尾	有髯鸢尾	喜生长在向阳、中性至碱性透水性好的土壤中,耐贫瘠、耐旱、耐寒,忌涝。花期4月底至5月中旬	株型优美,花大且艳丽,花色丰富	花坛、花境、花丛、专类园	‘秋季马戏团’‘圣杯’‘糖浆釉面’‘黑色斗鸡’‘蓝眼’
	路易斯安那鸢尾	喜水,冬季常绿,耐盐碱、耐高温高湿。花期5月上中旬	四季常绿,花量大,花色丰富	花境、花丛、花海、浅水造景、专类园	‘红瑞特’‘缤纷’‘劳拉’‘浅紫星’
	西伯利亚鸢尾	适应性强,抗病虫害,耐湿热,耐干旱。花期4月底至5月中旬。秋季冬季节地上部分枯萎休眠	株型优美,花型典雅,花色丰富	花坛、花境、花丛	‘五月之愉’‘金边’‘福至如归’‘褶皱丝绒’
	花菖蒲	生长在湿地或沼泽地的酸性土壤中,耐高温高湿。花期5月上旬至6月中旬	花型多样且雍容典雅,花色丰富	花坛、花境、花丛、花海、盆栽	‘长井薄红’‘葵之上’‘春之歌’‘湖水之色’‘青根’
根茎类鸢尾	琴瓣鸢尾	喜中性至弱碱性排水良好的土壤,夏季休眠。花期4月下旬至5月中旬	花型柔美奇特,花期长。	花丛	‘Destination’‘ILA Remenbered’
	冠饰鸢尾	叶片宽大,部分种具竹伏地上茎,喜阴凉潮湿的环境。花期3月下旬至4月下旬	花期早,花量大	林下地被	蝴蝶花、鸢尾
	种间杂交品种	具有杂种优势,适应性强,耐盐碱,耐高温高湿	花型花色奇特且丰富	花丛、花境	‘Berlin Tiger’,眼影鸢尾‘金星’,眼影鸢尾‘新世之辉’
球根鸢尾	荷兰鸢尾	喜透水性良好的土壤,不耐水湿,喜阳	单花花期长,花量大	花海、鲜切花	‘电子星’‘布朗教授’‘发现’‘金色美丽’

1.3 西伯利亚鸢尾

西伯利亚鸢尾(Siberian Irises)是西伯利亚鸢尾系种和品种的总称(胡永红和肖月娥,2012),该类群具有株型紧凑优美、花型优雅、花量大、适应性强、分布范围广的优点,花期在4月下旬至5月中旬。

西伯利亚鸢尾对养护管理要求较低,种植后的3~4年开花效果最好。上海植物园目前展示应用了西伯利亚鸢尾品种10个,应用方式包括了花境与花丛两种。将不同花色的西伯利亚鸢尾搭配种植,每年4月花期的时候,犹如精灵一般随风起舞。

1.4 花菖蒲

花菖蒲是指鸢尾科鸢尾属玉蝉花(*Iris ensata*)原种及其园艺品种,在其500多年的种植历史中已发展出江户系、伊势系、长井系、肥后系4个品系5000多个品种(肖月娥,2018)。花菖蒲因其花型花色丰富优美、适应性强、栽培养护管理简单等优点,深受大众的喜爱,也发展出了专类园、花丛、花坛花境、盆栽等不同的应用形式。上海植物园是国内较早开展花菖蒲研究的机构,现已收集引种花菖蒲品种200个,培育花菖蒲新品种8个,并分别于2017年、2020年开展了两次以花菖蒲为主题的展览,通过盆栽、花丛、花坛花境等展示形式,共展示了100余个花菖蒲品种。另外,在园区内采用花丛的应用形式,长期展示了42个花菖蒲品种。

图1 花菖蒲品种'浜名之风'

1.5 琴瓣鸢尾

琴瓣鸢尾(Spuria Irises,SPU)因其垂瓣似小提琴而得名,是对琴瓣鸢尾系(Series *Spuriae*)原种和杂交品种的总称(肖月娥,2012)。该类群生长势强,花期长,喜生长在中性至弱碱性排水性良好的土壤。上海植物园在竹园附近采用花丛的展示方式展示了'Destination'与'ILA Remenbered'两个品种,其中后者为覆轮色系,其金黄色的垂瓣边缘为白色,犹如煎蛋一般。琴瓣鸢尾在上海植物园的花期为4月底,花期时生长茂密,丛生高度150cm左右。该类群花后会出现倒伏的情况,夏季地上部分枯萎进入休眠。

1.6 种间杂交品种

种间杂交是获得鸢尾新品种的重要手段,通过种间杂交能够获得许多性状优良的新类群。眼影鸢尾是花菖蒲与黄菖蒲杂交所获得的类群,因其垂瓣基部的眼影状脉纹而得名,该类群具有适应性强、生长势旺盛、花色新颖等优点。在上海植物园的园区内以花丛的形式展示了3个眼影鸢尾品种,分别是'陆奥黄金''金星''新世之辉',表现良好,观赏性强。

除此之外,园区内还展示有1个燕子花系种间杂交品种'Berlin Tiger',该种植株繁茂,花开优雅,黄色的花被片上被有深褐色脉纹,犹如老虎的皮毛一般。

图2 种间杂交品种'Berlin Tiger'

1.7 冠饰鸢尾

冠饰鸢尾是无髯鸢尾亚属小花鸢尾组(section *Lophiris*)的种或品种的总称,因垂瓣上的鸡冠状附属于而得名(肖月娥,2019),冠饰鸢尾大约有原种10个,鸢尾(*I. tectorum*)和蝴蝶花(*I. japonica*)是该类群内应用最广泛的两个种。因其具有良好的耐阴性,所以常被用作林下地被植物。上海植物园主要应用了蝴蝶花与鸢尾两个种,作为地被植物种植于香樟林下,每年3月底至4月中旬花期时,能够带来出色的景观效果。

1.8 荷兰鸢尾

荷兰鸢尾为球根鸢尾,由西班牙鸢尾亚属(Subgenus *Xiphium*)部分种杂交获得(肖月娥,2018)。荷兰鸢尾主要用于鲜切花生产,但因其花色丰富、开花整齐等特点也常被用作花海的营造。上海植物园主要以小片花海的形式展示了5个荷兰鸢尾品种,花色有黄色、白色、蓝色及紫色。每年4月中上旬为荷兰鸢尾的花期,该类群表现出优良的开花效果,开花整齐且复花效果好。

2 结语

鸢尾因其优美的花型、丰富的花色而深受大众的喜爱,庞大的鸢尾家族体系使其应用范围与应用方式非常广泛。目前,国内在鸢尾种质资源收集与创新初见成效,鸢尾也在逐渐成为园林绿化的新宠儿,但是丰富多样的鸢尾类群易导致其应用与栽培养护的混乱。

本文通过梳理上海植物园内鸢尾属植物的应用状况,获得适应上海地区栽培的路易斯安那鸢尾、西伯利亚鸢尾、花菖蒲、琴瓣鸢尾、冠饰鸢尾、荷兰鸢尾6个鸢尾类群,其中路易斯安那鸢尾、西伯利亚鸢尾与花菖蒲3个鸢尾类群品种最为丰富、生态适应性广、应用形式多样,既可陆地栽培也可水生种植,具有巨大的推广应用潜力。有髯鸢尾虽具有较高的观赏价值,但因其喜干燥透水性好的环境,大部分品种并不能适应上海高温高湿的气候特征,上海植物园通过筛选获得了'秋季马戏团''圣杯''印度湿婆'等61个有髯鸢尾品种,虽能在上海地区安全越夏,但在应用时应注意种植在排水良好的地块中。

参考文献

杨占辉,史言妍,高亦珂,2011. 有髯鸢尾杂交育种研究[C]//中国园艺学会观赏园艺专业委员会、国家花卉工程技术研究中心,2011. 中国观赏园艺研究进展2011. 中国园艺学会观赏园艺专业委员会、国家花卉工程技术研究中心:中国园艺学会:205-208.

肖月娥,胡永红,2012. 湿生鸢尾[M]. 北京:科学出版社.

肖月娥,胡永红,2017. 花菖蒲[M]. 北京:科学出版社.

肖月娥,毕庆泗,奉树成,2018. 鸢尾属主要园艺类群及其应用[J]. 园林,2018(09):2-7.

肖月娥,于凤扬,奉树成,2019. 崇明地区适生鸢尾应用与产业化发展建议[J]. 园林,2019(03):22-27.

张迎辉,林钧,林龙海,等,2019. 福州地区路易斯安那鸢尾品种园林应用综合评价[J]. 东南园艺,7(02):22-27.

7 种蔷薇的抗寒性比较①

宋　华[1]　朱　莹[1]　崔娇鹏[1]　邓　莲[1*]

（1. 北京植物园，北京市花卉园艺工程技术研究中心，城乡生态环境北京实验室，北京 100093）

摘要：本研究通过测定 7 种蔷薇一年生枝条低温冷冻后的相对电导率进行抗寒性比较，并通过恢复生长萌芽率进行验证。结果表明，山刺玫、钝叶蔷薇、刺蔷薇及美蔷薇抗寒性强，－32 ℃低温处理后相对电导率低于 23%，枝条恢复生长良好、枝条萌芽率超过 80%；伞花蔷薇及野蔷薇抗寒性差，－24 ℃低温处理后可以恢复生长；单瓣黄刺玫抗寒性居中，－32℃低温处理后萌芽率较高（80.00%），但相对电导率显著高于山刺玫等 4 种蔷薇。本研究为抗寒野生蔷薇园林应用及在抗寒月季育种中的应用提供基础。

关键词：蔷薇，抗寒性，电导率，恢复生长

Cold Resistance Comparison of 7 Rosa Species

SONG Hua[1]　ZHU Ying[1]　CUI Jiao－peng[1]　DENG Lian[1*]

（1. *Beijing Botanical Garden*，*Beijing Floriculture Engineering Technology Research Centre*，*Beijing Laboratory of Urban and Rural Ecological Environment*，*Beijing* 100093）

Abstract：To compare the cold resistance，relative electrical conductivity of the annual branches of 7 Rosa species was measured under cold stress，and the germination rate of sticks was verified. The results showed that *Rosa davurica*，*Rosa sertata*，*Rosa bella* and *Rosa acicularis* had the best cold resistance，and their relative electrical conductivities were below 23% under －32 ℃. *Rosa maximowicziana* and *Rosa multiflora* had poor cold resistance and could endure －24 ℃. The cold resistance of *Rosa xanthina* f. *normalis* was in the middle，although the germination rate was higher（80.00%）at －32 ℃，but the relative conductivity was significantly higher than that of *Rosa davurica* and other three roses. This study provided a reference for landscape and the breeding of cold－resistance rose in the future.

Keywords：*Rosa*，Cold resistance，Electrical conductivity

全世界蔷薇属（*Rosa*）植物约 200 种，参与现代月季育种的蔷薇仅有 10～15 种（赵红霞 等，2015）。我国的蔷薇属资源丰富，分布有 95 种，其中 65 种为我国特有种。在我国北方地区，冬季寒冷的气候条件是限制蔷薇属植物应用的一个主要因素。收集我国抗寒性强的野生蔷薇可直接应用于园林绿化或参与月季远缘杂交培育抗寒月季（杨树华 等，2016；孙宪芝，2004；郭润华 等，2011）。我国东北及华北地区共分布有 10 种蔷薇，目前园林中常见的有单瓣黄刺玫、野蔷薇等，其他种尚未大量应用。

植物受到低温胁迫后，质膜的选择透性会明显改变或丧失，细胞内的物质大量外渗，从而引起组织浸泡液的电导率发生变化，通过测定外渗液电导率的变化，可以反映出质膜的伤害程度和所测材料抗逆性的大小（郝建军 等，2007）。利用电导法测定植物抗寒性已广泛应用于农作物或园艺

① 基金项目：北京市公园管理中心科技项目（ZX201714、ylkjxx2018004）。

植物研究。在蔷薇属植物的抗寒研究中，电导法主要用于野生种的抗寒性评价(马燕 等,1991;邓菊庆 等,2012)或进行抗寒月季品种的筛选(张涛 等,2006;Luo *et al.*,2012)。目前关于我国东北及华北地区分布的野生蔷薇抗寒性研究较少。本研究对我国东北及华北地区分布的7种蔷薇进行抗寒性比较,为其园林应用及在抗寒月季育种中的应用提供基础。

1 材料与方法

1.1 试验材料

以7种蔷薇为试验材料(表1)。伞花蔷薇、钝叶蔷薇、单瓣黄刺玫均取自北京植物园取自北京植物园,苗龄3年以上。

表1 试验材料基本信息

中文名	拉丁名	自然分布区域	分布海拔
伞花蔷薇	*Rosa maximowicziana*	辽宁、山东	—
野蔷薇	*Rosa multiflora*	河北南部、山东、江苏等多地	300~2000 m
单瓣黄刺玫	*Rosa xanthina* f. *normalis*	东北、华北及甘肃、山东、陕西	—
山刺玫	*Rosa davurica*	东北及河北、内蒙古、山西	430~2500 m
美蔷薇	*Rosa bella*	河北、河南、吉林、内蒙古、山西	可达1700 m
钝叶蔷薇	*Rosa sertata*	山西、山西、安徽等多地	1400~2200 m
刺蔷薇	*Rosa acicularis*	东北、华北及新疆、陕西	400~1800 m

1.2 试验方法

1.2.1 低温处理方法

2019年2月上旬采集枝条,7种蔷薇各选3株植株(钝叶蔷薇、美蔷薇为2株),取无病虫害、粗细一致的一年生枝条,每段枝条15cm左右,至少包含3个健康饱满的芽。伞花蔷薇、野蔷薇、单瓣黄刺玫、山刺玫4种蔷薇各设5个处理温度(-8℃、-16℃、-24℃、-32℃、-40℃);受样品数量限制,美蔷薇、钝叶蔷薇和刺蔷薇只设-32℃处理。每种蔷薇各处理20根枝条,由0℃开始以4℃/h的速度降温至所设温度,冷冻处理15h后以4℃/h的速度升温至0℃,放入4℃冷藏5h后再进行相关测定。

1.2.2 相对电导率测定方法

每种蔷薇各处理取10根枝条进行相对电导率的测定,参照郝建军等(2007)的测定方法并进行了部分修改,将低温处理后的枝条用去离子水冲洗后用吸水纸擦干,剪成约2mm的小段,混匀后准确称取0.5g,装入50mL试管中,加入10mL去离子水,各处理重复3次。将试管放入真空干燥器内,抽气3次,每次10min。抽气完成后静置30min,用Nieuwkoop EPH-19型电导仪电极插入外渗液,测定其电导率(EC_1)。将试管放入沸水浴10min,冷却至室温,再次测定外渗液的电导率(EC_2)。以未放入植物材料的去离子水测定电导率(EC_0)。采用下式进行计算:

$$相对电导率(\%)=[(EC_1-EC_0)/(EC_2-EC_0)]\times100\%$$

1.2.3 枝条恢复生长测定方法

每种蔷薇各处理取10根枝条进行枝条恢复生长测定。低温处理后的枝条装入自封袋中,加入少量无菌水以保持枝条湿润,将自封袋放入人工气候箱培养,培养温度20℃/10℃,光照强度2000lx,每天光照12h,隔天用无菌水清洗,培养14d后统计萌发芽数。

萌芽率(%)=(低温处理后萌发芽数/低温处理前的芽数)×100

1.2.4 数据统计

使用 SPSS 16.0 及 Excel 2007 进行数据统计分析及图表绘制。

2 结果与分析

2.1 不同低温处理后的 4 种蔷薇的相对电导率变化

由图 1 可知,随着处理温度的降低,4 种蔷薇的相对电导率变化趋势不完全一致。伞花蔷薇、野蔷薇及单瓣黄刺玫的相对电导率呈'S'型变化趋势,而山刺玫的相对电导率变化不大。处理温度从 -8 ℃降至 -24 ℃时,4 种蔷薇的相对电导率均先降低后升高。从 -24 ℃下降至 -32 ℃时,伞花蔷薇相对电导率迅速上升至 51.58%,上升了 75.47%;野蔷薇及单瓣黄刺玫的相对电导率也显著上升至 42.86% 和 37.74%,分别上升了 49.31% 和 46.76%;山刺玫的相对电导率缓慢上升至 21.65%,仅上升了 11.98%。处理温度从 -32 ℃下降至 -40 ℃时,各蔷薇相对电导率变化不大。

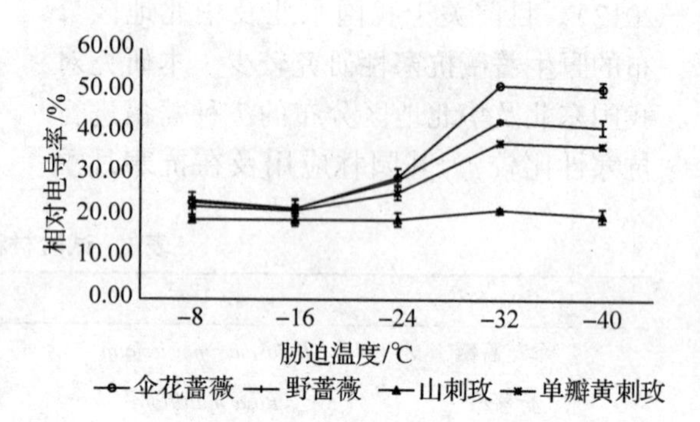

图 1 不同低温处理后 4 种蔷薇的相对电导率

对不同低温下 4 种蔷薇的相对电导率进行显著性分析可知(表 2),-8℃、-24℃处理中 4 种蔷薇的相对电导率没有显著差异;-32℃、-40℃低温处理中,4 种蔷薇的相对电导率有显著差异,从高到低依次为伞花蔷薇、野蔷薇、单瓣黄刺玫、山刺玫。

表 2 不同低温处理后 4 种蔷薇的相对电导率(%)显著性分析

温度	伞花蔷薇	野蔷薇	山刺玫	单瓣黄刺玫
-8℃	23.32 ±1.16a	23.74 ±1.94a	19.18 ±0.51b	22.35 ±2.04a
-16℃	21.86 ±0.95a	21.92 ±1.94a	19.17 ±1.44a	21.39 ±2.79a
-24℃	29.39 ±2.20a	28.70 ±1.09ab	19.34 ±1.61b	25.71 ±1.65ab
-32℃	51.58 ±0.03a	42.86 ±0.47b	21.65 ±0.39d	37.74 ±0.56c
-40℃	50.83 ±1.61a	41.54 ±1.84b	20.34 ±1.68d	37.02 ±0.59c

注:不同小写字母代表 0.05 水平上差异显著。

2.2 低温处理后 4 种蔷薇的萌芽率

-8 ℃冷冻处理后,4 种蔷薇的萌芽率均为 100%(图 2);观察枝条的生长状态发现,伞花蔷薇、野蔷薇、单瓣黄刺玫的芽均从鳞片中伸出、变绿并且分化出嫩叶,山刺玫的芽只从鳞片中伸出、变绿,并未分化出嫩叶;4 种蔷薇枝条根部均有愈伤组织出现;4 种蔷薇芽的生长状态不同,推测是不同种差异所致。

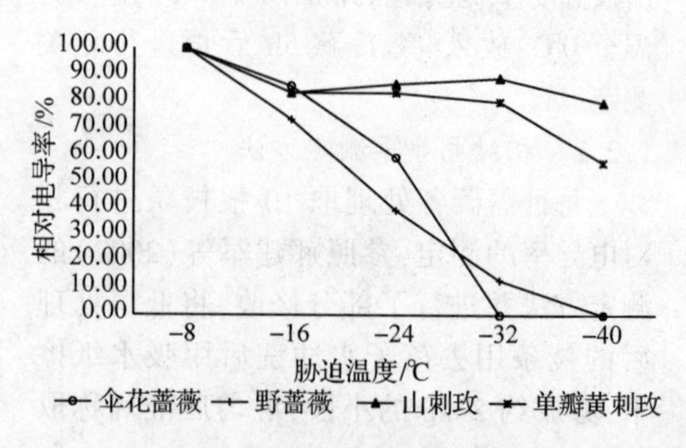

图 2 不同低温处理 4 种蔷薇的萌芽率

随着处理温度的降低,不同蔷薇的萌芽率的变化趋势不同(图 2)。处理温度降至 -16 ℃时,4 种蔷薇的萌芽率均有下降,野蔷薇萌芽率最低为 73.33%;该温度下 4 种蔷薇枝条状态与 -8 ℃相似,只有少量芽未能萌发。处理温度降至 -24 ℃时,伞花蔷薇、野蔷薇萌芽率迅速降低至 59.00% 及 39.17%,部分芽点变黑;山刺玫、单瓣黄刺玫萌芽率变化不大。处理温度降至 -32 ℃时,伞花蔷薇枝条呈现水渍状冻害,萌芽为 0;野蔷薇枝条有水渍状冻害,少量芽(13.00%)可以存活;山刺玫、单瓣黄刺玫枝条均没有明显水渍状冻害,萌芽率变化不大。处理温度为 -40 ℃时,伞花蔷薇、野蔷薇没有芽萌发;单瓣黄刺玫和山刺玫枝条均没有水渍状冻害,单瓣黄刺玫萌芽率迅速下降至 57.14%,山刺玫萌芽率较高为 85.42%。

结合电导率及枝条萌芽率考虑,-32 ℃低温处理时,4 种蔷薇间有明显差异,因此后面将对 7 种蔷薇统一进行 -32 ℃低温处理。

2.3 -32 ℃低温处理后 7 种蔷薇的抗寒性比较

由表 3 可知,-32 ℃低温处理后,伞花蔷薇枝条相对电导率为 51.57%,显著高于其他蔷薇;其枝条有水渍状冻害,培养后枝条变黑、发霉,萌芽为 0。野蔷薇枝条相对电导率较高,为 42.86%;其枝条有水渍状冻害,仅有 13% 的芽可以萌发。单瓣黄刺玫枝条相对电导率较低,为 37.74%,显著低于野蔷薇;其枝条没有水渍状冻害,芽萌发良好萌发率为 80%。山刺玫、刺蔷薇、美蔷薇及钝叶蔷薇 4 种蔷薇枝条相对电导率低于 23%,显著低于单瓣黄刺玫,且该 4 种蔷薇枝条没有水渍状冻害,萌芽率均超过 80%,说明该 4 种蔷薇抗寒性强。

表 3 -32 ℃低温处理后 7 种蔷薇的相对电导率及萌芽率

	伞花蔷薇	野蔷薇	山刺玫	单瓣黄刺玫	刺蔷薇	美蔷薇	钝叶蔷薇
相对电导率(%)	51.57 ±0.03 a	42.86 ±0.47 b	21.65 ±0.39 e	37.74 ±0.56 c	20.46 ±1.77 e	20.98 ±1.25 e	22.15 ±1.31 e
萌芽率(%)	0	13.00	88.89	80.00	100.00	83.33	81.67

3 讨论

分布于我国北方地区的野生蔷薇抗寒性较强,但不同种间抗寒性有一定差异。马燕等(1991)研究认为与“月月粉”月季和木香相比,疏花蔷薇、宽刺蔷薇抗寒性最强;单瓣黄刺玫、白玉堂蔷薇等抗寒性较强。本研究结果也表明,不同种间抗寒性不同,山刺玫、钝叶蔷薇、美蔷薇及刺蔷薇抗寒性强,伞花蔷薇及野蔷薇抗寒性较差。

本研究中野蔷薇不能耐受 -32 ℃的低温,但马燕等(1991)研究认为野蔷薇的亲缘种白玉堂蔷薇可耐 -35 ℃的低温。有研究指出,不同种源地的野蔷薇抗寒性差异较大,半致死温度可相差 10 ℃(唐启和,2007)。此外,植物电导率受到降温处理过程中的降温速率、梯度的影响(刘强 等,2017)。本试验中结合枝条恢复生长状态验证,可以推测试验所用野蔷薇材料不能耐受 -32 ℃低温;与其他研究结果不一致是否是受材料来源或冷冻处理方法影响,还需进一步研究。

钝叶蔷薇和美蔷薇是我国特有种,目前研究应用较少,本研究中二者均有优异的抗寒性,今后应加强引种利用。伞花蔷薇与野蔷薇形态相似,但花更大,虽然本研究结果显示其抗寒性稍差,但仍可以耐受 -24 ℃低温,伞花蔷薇在北京地区可作为野蔷薇的替代种或补充种使用。山刺玫在我国东北地区分布广泛，本研究结果也显示其具有优良的抗寒性；笔者在辽宁、吉林多地见到山刺玫的野生植株，其植株高约1.5 m，秋季果实成熟期有大量鲜红光亮的果实挂在枝头，也可作为观果植物应用于园林中。

参考文献

邓菊庆，蹇洪英，李淑斌，等，2012. 五种野生蔷薇属植物抗寒力的综合评价[J]. 西南师范大学学报，37(4)：70－75.

郭润华，隋云吉，杨逢玉，等，2011. 耐寒月季新品种'天山祥云'[J]. 园艺学报，38(7)：1417－1418.

郝建军，康宗利，于洋，2007. 植物生理学实验技术[M]. 北京：化学工业出版社.

刘强，杨树华，贾瑞东，等，2017. 弯刺蔷薇与大花白木香越冬抗寒性及其生理差异分析[J]. 园艺学报，44(7)：1344－1354.

马燕，陈俊愉，1991. 几种蔷薇属植物抗寒性指标的测定[J]. 园艺学报，18(4)：351－356.

孙宪芝，2004. 北林月季杂交育种技术体系初探[D]. 北京：北京林业大学.

唐启和，2007. 山东野蔷薇种植资源与引种驯化研究[D]. 青岛：青岛农业大学.

杨树华，李秋香，贾瑞冬，等，2016. 月季新品种'天香'、'天山白雪'、'天山桃园'、'天山之光'与'天山之星'[J]. 园艺学报，43(3)：607－608.

张涛，段大娟，王振一，等，2006. 5 种藤本月季抗寒性比较研究[J]. 西北林学院学报，21(5)：81－83.

赵红霞，王晶，丁晓六，等，2015. 蔷薇属植物与现代月季品种杂交亲和性研究[J]. 西北植物学报，35(4)：0743－0753.

Luo L, Meng R, Sun X F, et al., 2012. Preliminary Studies on Cold Resistance Evaluation of Modern Roses[J]. Acta Horticulturae, 937：889－900.

民勤沙生植物园科普教育现状与展望①

赵　鹏[1,2]　徐先英[1,2,3]　张永虎[1]　杨自辉[2]　纪永福[1,2]　李昌龙[1]

（1. 甘肃省治沙研究所，民勤沙生植物园，民勤 733000；
2. 甘肃民勤荒漠草地生态系统国家野外科学观测研究站，民勤 733300；
3. 甘肃省荒漠化与风沙灾害防治国家重点实验室，兰州 730070）

摘要：1974 年成立至今，民勤沙生植物园共接待国内外参观者近 20 万人次，为沙区公众科学素养的提升做出了突出贡献。近年来，科普对象在专业化、国际化的基础上呈现出大众化、年轻化的特点，科普内容趋向于精准化。未来通过挖掘荒漠特色科普作品，建立青少年科普教育协同平台，力争使其成为讲好中国治沙故事的重要窗口。

关键词：科普教育，民勤沙生植物园，荒漠特色科普作品，多元投入

Present Aspects and Prospect on Popular Science Education in Minqin Desert Botanical Garden

ZHAO Peng[1,2]　XU Xian－ying[1,2,3]　ZHANG Yong－hu[1]
YANG Zi－hui[2]　JI Yong－fu[1,2]　LI Chang－long[1]

（1. *Gansu desert control inistitute*，*Minqin desert botanical garden*，*Minqin* 733000；2. *Gansu Minqin National Field Observation & Research Station on Ecosystem of Desert Grassland*，*Minqin* 733000；3. *State Key Laboratory Breeding Base of Desertification and Aeolian Sand Disaster Combating*，*Lanzhou* 730070）

Abstract：Minqin Desert Botanical Garden has received nearly 200 000 domestic and foreign visitors since its establishment in 1974，making outstanding contributions to the improvement of public scientific literacy in the sandy area. Science objects of Minqin Desert Botanical Garden have a characteristic of age structure of getting younger and popularization after the specialization and internationalization，and the content and form of science popularization have also been precisely designed. Through excavating the scientific research achievements of long－term observation of desert ecology，creating a series of popular science works with desert characteristics，establishing a collaborative platform of youth popular science publicity and nature education，and striving to make Minqin Desert Botanical Garden an important window to tell the story of China's desertification control.

Keywords：Popular science education，Minqin Desert Botanical Garden；Popular science works with desert characteristics，Multiple input

---

①　基金项目：北京市企业家环保基金会青年学者研究基金“石羊河下游人工梭梭林土壤旱化机制及水分承载力”；甘肃省科技支撑项目“民勤荒漠草地生态修复技术试验示范”；甘肃省省级财政防沙治沙项目“机械化固沙造林技术在河西走廊东段沙化土地治理中的应用推广”“微型压沙机在民勤县流沙固定中的示范与推广”；甘肃省林业自列项目“干旱区白刺良种选育及开发利用技术”（2019kj121）。

植物园是以植物知识为主题的“露天科普馆”，其植物资源丰沛、生物多样性丰富、涵盖教育信息广泛，是开展科普教育的理想之地（张君楠，2015）。由于资源与环境的危机和文明的发展，人们对植物资源与环境认识需求的迅猛增加，植物园越来越受到人们的欢迎（苏文松，2008）。世界植物园的发展史，是一部人类加深认识、进行保护和扩大利用植物的历史（娄治平等，2003）。中国植物园已有百余年发展历史，植物园总数达162家，已步入快速建设和稳步发展阶段。我国植物园为中国植物科学研究、资源利用、多样性保护及环境教育做出了重要贡献，已发展成为国际植物园体系的中坚力量和发展主流。为应对人类活动对生态系统的不利影响，植物园将扮演更为重要的社会角色（焦阳 等，2019）。科普教育功能是植物园应具备的重要功能之一，植物园作为科普教育工作的重要载体，为公众提供科普服务的重要平台（阎姝伊和郑曦，2018）。科普旅游是科学技术发展到新阶段的产物，是旅游业的发展逐渐进入高层次的表现。近几年来，科普旅游已经在我国各地兴起，北京、上海等城市已经建成了一批科普旅游基地（刘晓静和梁留科，2013）。全方位的科普教育、近自然的活动体验、多领域的艺术交流、多渠道的资金来源是美国植物园公众活动的主要特点，这对中国植物园的建设有重要的启示作用（赵晓龙 等，2016）。科普教育是民勤沙生植物园长期坚持的重要工作，先后被武威市旅游局、甘肃省科技厅、中国林学会评为特色科普基地，在新的时代背景下有必要梳理总结科普教育工作存在的问题及原因，为推动今后的工作提供指引。

1 科普对象及内容

1.1 专业实习

民勤沙生植物园是高校植物学、生态学、地理学等专业课实习的理想场所，与兰州大学、中国林业科学院、西北师范大学、甘肃农业大学、兰州市城市学院、宁夏大学、中山大学、北京林业大学等高等院校建立了长期的专业课实习合作关系，涉及植物学、动物学、土壤学、风沙物理学、防护林学、荒漠化防治工程学等基础理论学科。46年来沙生植物园引种驯化的各类植物成为高校师生实习的重要平台，同学们在这里认识了荒漠主要植物、学会了植物标本的制作、了解了防沙治沙新材料、新技术、新方法，将理论知识与实践相结合，提高了专业能力水平。

1.2 国际培训

2018年9月12～13日，民勤沙生植物园协办了由中国绿化基金会、中国民间组织国际交流促进会、国家林业和草原局对外合作项目中心联合主办的“一带一路”生态治理民间合作国际论坛。外国友人对民勤沙生植物园在固沙造林树种引种选育方面取得的成就赞不绝口。依托民勤沙生植物园，从1993年开始甘肃省治沙研究所代表中国政府累计举办44期沙漠治理、防护林建设、生态恢复及产业发展技术国际培训班，共有81个国家的940多名学员参加了培训，使中国的治沙技术走向了世界。

1.3 周边群众

民勤沙生植物园是周边群众休闲纳凉、增长知识的重要场所。民勤县地处河西走廊东北部、石羊河流域下游，东西北三面被腾格里和巴丹吉林两大沙漠包围。全县总面积1.59万km^2，沙漠和荒漠化面积占90.34%，属全国防沙治沙重点县，被国家列入“两屏三带”重点生态功能区——北方防沙带。60年来防沙治沙取得的阶段性成就是民勤人民全面参与治沙奋斗的结果。民勤沙生植物园通过治沙历史、荒漠化成因及危害、节水技术、沙产业模式等科技成果图片展示与现场讲解等形式，向每一位来园参观的群众传递保护生物多样性、荒漠化防治人人有责的生态文明理念。

1.4 青少年

2018 年金昌二中、民勤一中高中师生近 2000 人来民勤沙生植物园开展旅行研学活动。同学们参观了蝴蝶、老鼠、野兔、鹅喉羚、沙狐、金雕、植物及种子标本,认识了沙漠生态系统的动物多样性和荒漠植物生态适应策略。2019 年 7 月 15 ~26 日,甘肃省治沙研究所与兰州市青少年活动中心等多家机构合作开展的“少年儿童沙漠实践”体验活动在民勤沙生植物园成功举办。流沙地沙障制作现场,工作人员首先向少年儿童介绍了沙尘“走路方式”,捕捉沙尘神器“近地层 50m 沙尘暴观测塔”,然后指导同学们亲自制作麦草、尼龙网格沙障。此次参与式体验活动是一次生动的荒漠自然教育探索,增进了少年儿童对沙漠的认识,提高了环境保护意识。

1.5 科普资源

民勤沙生植物园设有“荒漠植物种子标本室与冷藏库”、植物生理实验室、种子储藏室、动物标本室、科技成果展览室。建有锦鸡儿属(*Caragana*)、柽柳属(*Tamarix*)、麻黄属(*Ephedra*)、沙拐枣属(*Calligonum*)、胡颓子属(*Elaeagnus*)、油用牡丹(*Paeonia*)6 个专属区、药用植物区 1 个、综合引种圃 1 个,现保存有各类植物 325 种,主要包括荒漠珍稀濒危植物半日花(*Helianthemum songaricum*)、绵刺(*Potaninia mongolica*)、沙冬青(*Ammopiptanthus mongolicus*)、小沙冬青(*A. nanus*)、光果甘草(*Glycyrrhiza glabra*)、蒙古扁桃(*Amygdalus mongolica*)、翅果油树(*Elaeagnus mollis*)、膜荚黄耆(*Astragalus mongholicus*)、胡杨(*Populus euphratica*)、银白杨(*P. alba*)、胡桃(*Juglans regia*)、水曲柳(*Fraxinus mandshurica*)、四翅滨藜(*Atriplex canescens*)。专属区培育有北方沙区优良固沙植物多枝柽柳(*T. ramosissima*)、金塔柽柳(*T. jintaensis*)、甘蒙柽柳(*T. austromongolica*)等柽柳属 8 个种,红花锦鸡儿(*C. rosea*)、树锦鸡儿(*C. arborescens*)、柠条锦鸡儿(*C. korshinskii*)、藏锦鸡儿(*C. tibetica Kom*)等锦鸡儿属 20 个种,沙拐枣(*Calligonum mongolicum*)、白皮沙拐枣(*C. leucocladum*)等沙拐枣属 6 个种,中麻黄(*E. intermedia*)、草麻黄(*E. sinica*)、膜果麻黄(*E. przewalskii*)、斑子麻黄(*E. rhytidosperma*)、木贼麻黄(*E. equisetina*)等麻黄属 5 个种,沙木蓼(*Atraphaxis bracteata*)、东北木廖(*A. manshurica*)、拳木廖(*A. compacta*)、锐枝木蓼(*A. pungens*)等木蓼属 6 个种。药用植物老鼠瓜(*Cucumis hystrix*)、罗布麻(*Apocynum venetum*)、大叶白麻(*Apocynum pictum*)、酸枣(*Ziziphus jujuba* var. *spinosa*)、桑(*Morus alba*)、蒙桑(*M. mongolica*)、鲁桑(*M. alba* var. *multicaulis*)柄扁桃(*Amygdalus pedunculata*)、斧翅沙芥(*Pugionium dolabratum*)、骆驼刺(*Alhagi sparsifolia*)、艾蒿(*Artemisia argyi*)等 80 余种。加拿大引进的盆栽仙人掌(*Opuntia dillenii*)、仙人球经过近 20 年自然驯化已能开花结实,并能抵御严寒顺利过冬。引种繁育沙旱生植物铃铛刺(*Halimodendron halodendron*)、霸王(*Zygophyllum xanthoxylon*)、细枝岩黄耆(*Corethrodendron scoparium*)、红花岩黄耆(*C. multijugum*)、金叶莸(*Caryopteris × clandonensis*)、蒙古莸(*Caryopteris mongholica* Bunge)、华北驼绒藜(*Krascheninnikovia arborescens*)、沙打旺(*Astragalus laxmannii*)、沙地柏(*Juniperus sabina*)、沙柳(*Salix psammophila*)、砂生槐(*Sophora moorcroftiana*)、黄芩(*Scutellaria baicalensis*)、樟子松(*Pinus sylvestris* var. *mongolica*)、大赖草(*Leymus racemosus*)。沙生特色经济植物黑果枸杞(*Lycium ruthenicum*)、沙枣(*Elaeagnus oxycarpa*)、沙葱(*Allium mongolicum*)、金银木(*Lonicera maackii*)。林业生物质能源树种文冠果

(*Xanthoceras sorbifolium*)、牡丹(*Paeonia suffruticosa*)。园林观赏植物迎春花(*Jasminum nudiflorum*)、茶藨子(*Ribes janczewskii*)、德国鸢尾(*Iris germanica*)、梓(*Catalpa ovata*)、接骨木(*Sambucus williamsii*)、皱皮木瓜(*Chaenomeles speciosa*)、重瓣榆叶梅(*Amygdalus triloba*)、黄刺玫(*Rosa xanthina*)等。

2 问题及对策

2.1 存在问题及原因

2.1.1 形式与内容单一

目前,民勤沙生植物园科普教育以图片展示与现场讲解为主,主要科普设施有荒漠科学馆、科技成果展览馆、动植物标本馆、引种圃。科普展览馆面积较小,标本陈旧,灯光较暗,食宿接待能力有限等硬件条件严重制约着植物园科普教育功能的发挥。科普教育形式以被动灌输为主,主动参与互动式的科普活动较少。科普内容理论性较强,趣味性、通俗性、针对性、系统性不够。作品形式以实物及图片为主,视频及多媒体资料较少。

2.1.2 人员力量薄弱

民勤沙生植物园科普教育岗位职责大多由科技人员兼职承担,人员数量少,专业水平低、讲解能力参差不齐,科普效果一般。由于科普教育公益性强,大多数科技人员存在重科学研究,轻科学普及的认识偏见,对科普教育活动积极性不高,缺乏把基础研究理论成果转化为科普作品的意识。

2.1.3 主动性不够

虽然地处偏远的乡村,但在荒漠化防治科普领域,民勤沙生植物具有较大的影响力。然而,科普教育投入与产出难以满足当下时代的需求,仅靠林业主管部门的项目资助难以为继。现有的科普教育活动大多以被动介绍为主,主动走出去寻找科普教育合作资源的意识不强。

2.2 应对策略

2.2.1 科普内容多样化

根据科普对象的年龄结构,有针对性地设计科普内容;将沙漠研究基础理论成果科普化,但表现形式必须通俗易懂,具有趣味性。注重与校内结合,积极衔接中小学学科实践活动课程的要求,结合青少年认知水平,围绕荒漠植物科学设计探究性自然观察活动。善于运用多媒体技术,记录沙生植物生活史时空动态过程,增强科普作品的直观性。

2.2.2 创新科普机制

探索科普教育的激励与培训机制,让更多的科技人员参与科普活动中来,不断提高科普宣传的能力与水平,壮大科普教育的队伍。建立科普教育志愿者制度,为热衷科普教育的公众提供施展才华的平台,缓解科普教育人员短缺的矛盾。

2.2.3 加强开放交流

立足沙生植物园科普资源,主动与各级教育机构沟通衔接,以提高观察认识大自然能力为目标,建立青少年科普宣传与自然教育协同平台,探索沙生植物园建设的多元投入机制。以世界防治荒漠化与干旱日等环境保护主题日为契机,加强与政府林草部门、自然保护区、公益组织等机构组织及普通公众的互动交流,探讨科普宣传教育的现实需求与工作方向。

3 未来展望

习近平总书记指出“科技创新、科学普及是实现创新发展的两翼,要把科学普及放在与科技创新同等重要的位置”。在大力倡导尊重自然、顺应自然、保护自然的生态文明理念,推进《全民科学素质行动计划纲要实施方案(2016—2020年)》和《推进生态文明建设规划纲要(2013—2020年)》实施的时代背景下,民勤沙生植物园应该主动担负起沙区科普教育的重任，依托国家林草局长期科研基地的深厚积淀，深入挖掘科研成果和优势科技力量，创新科普活动组织形式，打造荒漠特色系列科普作品，建立青少年科普宣传与自然教育协同平台，探索多元投入机制，加强软硬件建设，力争使民勤沙生植物园成为沙区家喻户晓的科普教育基地和讲好中国治沙故事的重要窗口。

参考文献

焦阳，邵云云，廖景平，等，2019. 中国植物园现状及未来发展策略[J]. 中国科学院院刊，34(12)：1351－1358.

刘晓静，梁留科，2013. 国内科普旅游研究进展及启示[J]. 河南大学学报(社会科学版)，53(03)：49－55.

娄治平，靳晓白，刘忠义，等. 2003 世界植物园的现状与展望[J]. 世界科技研究与发展，(05)：75－78.

苏文松，2008. 植物园规划设计的地域性特色研究[D]，南京：南京林业大学.

阎姝伊，郑曦，2018. 植物园科普教育系统规划设计探析[J]. 中国城市林业，16(03)：52－56.

张君楠，2015. 北京植物园科普教育现状及拓展研究[D]. 北京：中国林业科学研究院.

赵晓龙，赵文茹，张波，2016. 美国植物园的公众活动研究[J]. 中国园林，32(01)：115－120.

青藏高原10种特有豆科植物引种繁育
——硬实特性及破除方法①

唐宇丹[1]　白红彤[1]　孙国峰[1]　姚　娟[1]

(1. 中国科学院植物研究所,北京 100093)

摘要:以西藏紫矿、砂生槐、黄花木、锦鸡儿、木蓝等10个青藏高原特有种为实验材料,通过形态观测、常规浸种吸胀试验,分析硬实程度及破除方法。结果显示,硬实与物种、种源及生境和成熟度有关,并随之变化;通过反复试验总结出简单判定种子硬实程度的方法、梯度浸种法和强硬实种子快速破除技术;并提出低温贮藏虽然促进硬实,但确是豆科植物种子有效保存方法之一。

关键词:豆科植物,硬实特性,砂生槐,黄花木

Introduction and Propagation on the Rare and Endemic Plant on Qinghai - Tibetan Plateau about 10 Species of Leguminosae Family:
Properties of Hard - Seed and Breaking Technology

TANG Yu - dan[1]　BAI Hong - tong[1]　SUN Guo - feng[1]　YAO Juan[1]

(1. *Institute of Botany, Chinese Academy of Sciences, Beijing* 10093)

Abstract: Ten endemic species of Qinghai - Tibetan Plateau, such as *Butea buteiformis*, *Sophora moorcroftiana*, *Pipthansus nepelensis*, *Caragana* and *Indigofera* were used as experimental materials. Through morphological observation and conventional seed imbibition test, the degree of hard - seed and breaking methods were analyzed. The results showed that hard - seeds were related to species, provenance environment, habitat and maturity, it changes according to these. The simple method to determine the degree of hard seed, the method of soaking seed with temperature gradient for leguminous seed's imbibition and fast breaking technology of strong hard - seed was summarized through repeated experiments. It is suggested that storage seeds in the low temperature is one of the effective preservation techniques for seeds of legumes, although it promotes hard seeds.

Keywords: Leguminous plants, Hard - seed characteristics, *Sophora moorcroftiana*, *Pipthansus nepelensis*

豆科(Leguminosae)植物资源非常丰富,全世界约690属1.76万种,是种子植物第三大科;不仅有大豆、花生等经济作物,紫云英、苜蓿等饲料,还有黄檀、皂荚等用材树种和槐、紫荆等观赏植物。苦参、砂生槐等的药用价值更是近年研究和应用的热点。硬实是植物种子中广泛存在的特性,豆科最为普遍(叶常丰和戴心维,1994;Baskin *et al.*,1998),不同物种的种皮结构、色素种类及含量和角质、胶质、蜡质、栓质及半纤维素等不透性物质,均可导致种皮机械强度、透气和透水性不同,故硬实程度不同(Bhattcharya and Saha,1990;叶常丰和戴心维,1994;Baskin and Baskin,1998)。

① 基金项目:科技部国家重点研发计划:2017YFC0506803;

硬实程度仅从种皮颜色、种粒大小等外部形态很难确定。所以纵观作为活植物迁地保育中心的大多数中国植物园收集保存的种类也仅限于槐、紫荆、洋槐、皂荚等少数常见种,种子硬实破除是豆科野生资源活植物保育的关键问题之一。

1 材料和方法

1.1 实验材料

2004~2012年在西藏采集的豆科植物(表1);其中砂生槐7份,采于不同年份、不同种源地(表2)。

表1 材料及生境

中名	学名	简写*1	海拔(m)	生境	采集年度
西藏紫矿	*Butea buteiformis*	B. but	1908	半阴坡、河边,温暖湿润,砂石和棕色壤土,全光照-半荫蔽	2010
矮锦鸡儿	*Caragana pygnaea*	C. pyg	4300	高山苔原,干燥,高寒,砂砾,强光	2010
尼泊尔锦鸡儿	*Caragana sukiensis*	C. suk	2896	西坡,地势平缓,温暖湿润,砂土和腐殖土,全光照-半荫蔽	2010
变色锦鸡儿	*Caragana versicolor*	C. ver	4600	高山苔原,高寒,干燥,砾石山坡、河滩,全光照	2018
茸毛木蓝	*Indigofera dosua*	I. dos	1805	半阴坡、河边,温暖湿润,砂石和棕色壤土,全光照-半荫蔽	2010
毛瓣木蓝	*Indigofera hebepitala*	I. heb	2746	缓坡,温暖湿润,棕色土壤,全光照-半荫蔽	2010
光果黄花木*2	*Piothanus nipelensisi* f. *leiocarpus*	P. lei	2700~3900	阳坡,全光照,温暖湿润,砂质壤土-腐殖土,排水良好	2006~2012
尼泊尔黄花木	*Pipthansus nepelensis* f. *nepelensis*	P. nep	2700	缓坡,温暖湿润,棕色土壤,全光照-半荫蔽	2012
冬麻豆	*Salweenia wardii*	Sa. war	3200	干燥、温暖,石砾山坡、河谷砂砾土,全光照	2012
砂生槐*3	*Sophora moorcroftiana*	So. moo	3600~4300	干热河谷,缓坡河滩,干燥,砂石和砂土地,全光照	2004-2012

*1:用于图表标注;*2,*3:光果黄花木和砂生槐在10种豆科植物浸种试验中选用2012年采集的种子。

表2 不同种源砂生槐种皮形态

种子采集编号	采集时间	种皮形态特征	种皮颜色	来源
2004-060	2004年10月	光滑、无光泽、饱满	黄绿-黄褐-黄色	西藏林芝
2007-001	2007年9月	光滑、无光泽、有凹陷	黄褐-浅黄褐-黄	西藏拉萨桑达
2007-011	2007年10月	光滑、较饱满、无光泽	紫褐-黄褐-黄	西藏日喀则
2007-032	2007年10月	光滑、饱满、无光泽	暗褐-黄褐-黄	西藏日喀则仁布县
2008-102	2004年10月	光滑,饱满、略有光泽	紫红-橙红-黄绿	西藏拉孜县
2009-009	2009年7月	较粗糙、凹陷、无光泽	浅黄褐	西藏贡嘎县
2010-1329	2010年9月	较粗糙、凹陷、无光泽	浅黄褐	西藏浪卡子县

1.2 实验方法

1.2.1 吸胀测试

每日更换不同温度纯净水浸种，自然降至室温，次日捡出吸胀种子，计数，换水继续浸种至 8～10d，统计每日累计吸胀种子数，吸胀率计算公式：

$$吸胀率/\% = \frac{吸胀种子数}{实验种子数} \times 100\%$$

1.2.2 硬实程度判定

种子采收净种后，室温保存，经常温（18～20℃）、温（50～60℃）和高温（80～90℃）水各 8d 浸种试验，判定方法如下：

非硬实种子：常温（18～20℃）水浸种反复 8d，累计吸胀率达 90%，为非硬实种子；

轻度硬实种子：a 方法浸种 8d 未吸胀种子换温（50～60℃）水自然降至室温浸种反复 8d，累计吸胀率达 90%，为轻度硬实种子；

中度硬实种子：b 方法浸种 16d 未吸胀种子换高温（80～90℃）水自然降至室温浸种反复 8d，累计吸胀率达 90%，为中度硬实种子；

强硬实种子：c 方法浸种 24d，累计吸胀率 90% 以下，余硬实种子擦干后用 98% 分析纯浓硫酸 H_2SO_4 处理 40min 以下，洗净重复 c 方法的高温浸种，累计吸胀率达 90%，即为强硬实种子；

超硬实种子：c 方法浸种 24d，累计吸胀率 90% 以下，余硬实种子擦干后用 98% 分析纯浓硫酸 H_2SO_4 处理 1h 以上，洗净重复 c 方法的高温浸种，累计吸胀率约 90%，为超硬实种子。

1.2.3 种子成熟度判定

观察种子饱满度、表皮硬度和色泽等形态特征，初步判定种子成熟度。

不成熟种子：不饱满、表面凹凸不平、颜色浅、无光泽、外表皮软，常温水完全吸胀；

成熟种子：饱满、表面平滑、颜色深、具光泽、外表皮坚硬。

1.2.4 贮藏方法与硬实率

分别采用室温干燥（18～20℃）、冷藏干燥（4℃/牛皮纸袋）和冷藏保湿（4℃/封口塑料袋）保存种子 18 个月，每 3 个月测试种子吸胀率和萌发率。

1.3 实验设计与数据统计

大粒种子西藏紫矿每处理 20 粒，其余 9 种每处理 50 或 100 粒，重复 4 次；变色锦鸡儿因数量不足，仅做 1 个重复。

数据统计分析用 Excell，计算标准差 STDEV，并绘图。

1.4 实验地点和时间

实验自 2006～2019 年在中国科学院植物研究所植物园（地址：北京海淀区香山南辛村 20 号）的实验室中进行。

2 结果与分析

2.1 硬实特性

10 种豆科植物种子采收净种后，常温短期（7～14d）保存，室温 18～20℃浸种，结果如图 1 所示。

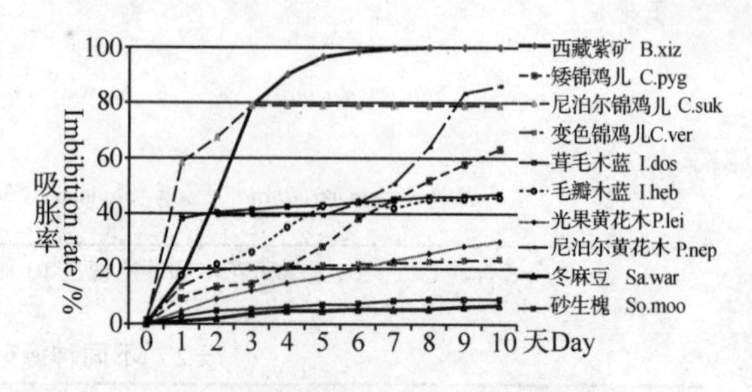

图 1 10 种豆科植物 18～20℃常温吸胀进程

2.2.1 物种差异

图 1 显示，10 种豆科植物吸胀进程明显不同，西藏紫矿吸胀率 7d 达 100%，砂生槐和冬麻豆 10d 不足 10%，同种、不同变种的光果黄花木和尼泊尔黄花木 10d 吸胀率分别为 30% 和 86%，说明豆科植物硬实特性与物种遗传特性相关。

2.2.2 种源与生境差异

7个种源砂生槐采自不同年份、不同地区,表面形态特征差异明显(表2),2008－102和2004－060种子饱满、表皮光滑、质量好、成熟度高,吸胀曲线上升缓慢,8d吸胀10%以下,硬实程度高(图2左)。各种源常温浸种吸胀差异非常明显,2009－009于7月采收,种子未成熟,颗粒大,1d完全吸胀;2010－1329虽采收时已成熟,但种子新鲜、且质量较差,8d吸胀93.5%;其余种子经过长期保存,具有不同程度硬实。

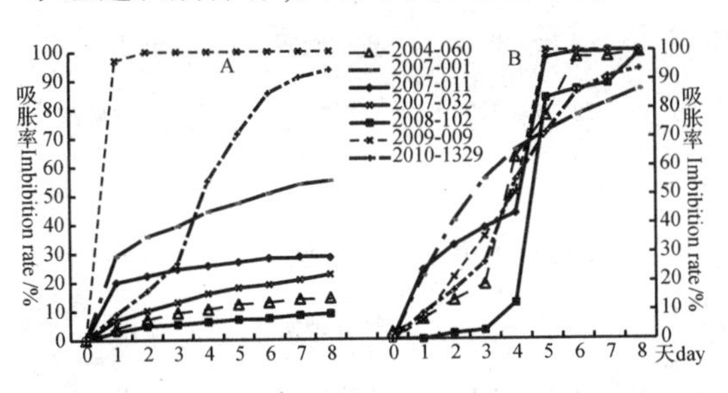

图2 不同种源砂生槐常规(左)和快速破除技术(右)处理下的吸胀曲线

2.2.3 成熟度差异

相同批次砂生槐种子表皮颜色可明显分为浅、中、深3个等级,其中各颜色种子所占比例和其百粒重如图3所示。种源中深色种子比例较低、百粒重较小,成熟度高,浅色种子百粒重较高、成熟度较低。说明随种子成熟逐渐失水、种皮颜色变深。

2004－060、2007－011和2008－102种源不同颜色种子的吸胀如图4,3个种源中颜色深的种子相对于浅色和中色种子的吸胀缓慢,吸胀率低,说明成熟度高、硬实度强。

2004和2008两个种源的3种不同颜色种子的吸胀率均低于2007－011,证明在大量实践基础上,通过表皮形态初步判定种子成熟度是可行。砂生槐的硬实程度不仅受物种、种源及环境影响,同时与种子个体成熟度关系密切。

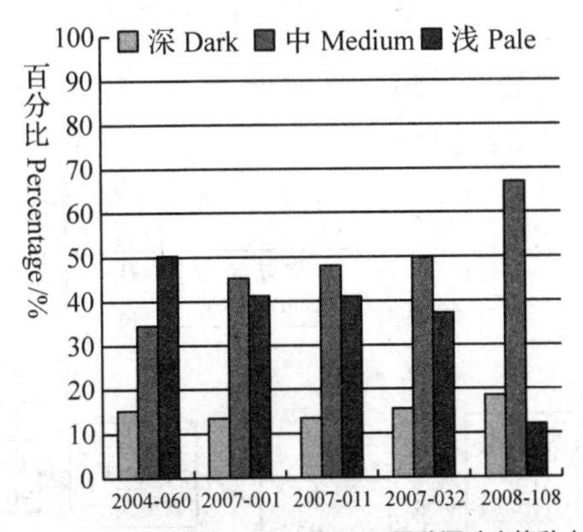

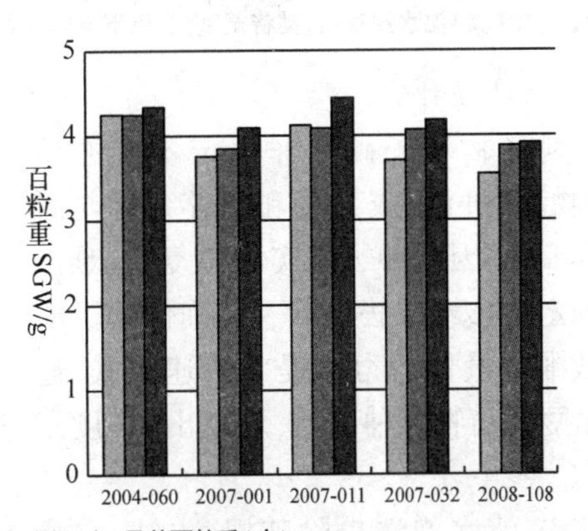

图3 不同种源砂生槐种皮颜色比例(左)及其百粒重(右)

图4 砂生槐种皮颜色与吸胀进程

2.2 硬实破除技术

2.2.1 硬实程度

观测分析10种青藏高原豆科植株种子在常温下吸胀和不同水温条件下的10d吸胀率(图1和表3),结合材料采集生境(表1),发现:硬实程度与分布环境相关;分布于温暖湿润的西藏紫矿、尼泊尔锦鸡儿、毛瓣木蓝、尼泊尔黄花木为非硬实或轻度硬实，生境相对干燥、冷凉的光果黄花木、变色锦鸡儿、冬麻豆硬实程度中等，优质的砂生槐多生长在干热河谷、干燥、强光、砂砾环境，硬实程度最强。矮锦鸡儿虽然生长在高寒干燥处，但种子硬实程度较轻的原因有待探索。

表3　不同温度处理10种豆科植物的吸胀率及硬实程度

中文名	学名缩写	常温	温－常温	高温－常温	硬实程度	处理
		18～20℃	50～60℃↘*	80～90℃↘*		
西藏紫矿	B. xiz	100.00	—	—	非硬实	无
矮锦鸡儿	C. pyg	45.50±0.58	97.50±0.58	—	轻度硬实	温水
尼泊尔锦鸡儿	C. suk	79.00±1.15	98.00±0.58	—	轻度硬实	温水
变色锦鸡儿	C. ver	19.46	44.34	95.20	中度硬实	开水
茸毛木蓝	I. dos	40.00±6.26	52.75±8.88	72.75±3.77	强硬实	开水＋浓硫酸
毛瓣木蓝	I. heb	45.00±5.29	94.4±2.06	—	轻度硬实	温水
光果黄花木	P. lei	30.00±4.24	49.00±5.29	92.50±1.91	中度硬实	开水＋浓硫酸
尼泊尔黄花木	P. nep	43.33	100.00	—	轻度硬实	温水
冬麻豆	Sa. war	6.75±0.50	19.75±0.5	99.23±0.58	中度硬实	开水
砂生槐	So. moo	2.84	12.80	41.30	超硬实	开水＋浓硫酸

*↘：起始(高)温水浸种，自动将至室温；以下＊同此备注。

2.2.2　梯度浸种法

豆科植物种子硬实非恒定不变的性状，随物种、种源、成熟度和保存条件与时间不断变化，因此种子硬实规律复杂，难以运用固定的技术方法破除。为确保种子能在有效维持最佳活力前提下快速吸胀，通过大量豆科植物引种试验，总结出“梯度浸种法”。

首先，清水漂洗去除破损、虫蚀、空瘪和发育不完全种子。

其次，按照图5所示流程进行。

比较10种豆科植物常规吸胀图1和梯度浸种图6，后者明显吸胀快、吸胀率高。轻度硬实的矮锦鸡儿、毛瓣木蓝、尼泊尔锦鸡儿等6种5d吸胀率超过90%，中度硬实的冬麻豆、变色锦鸡儿浸种10d接近100%，中度硬实的光果黄花木、强硬实的茸毛木蓝、超硬实的砂生槐10d吸胀率比常规法分别增加51.52%、22.25%和32.32%。

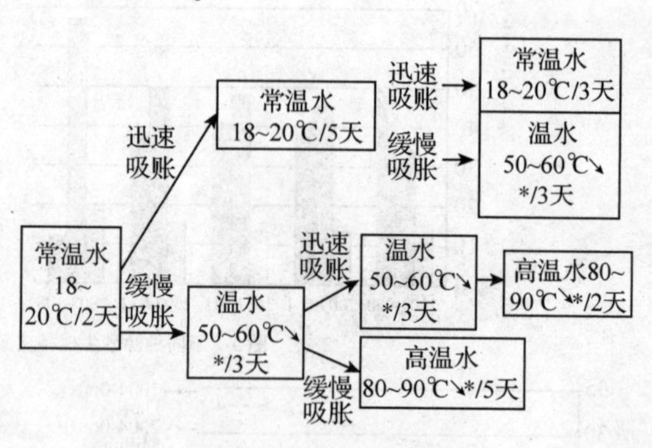

图5　豆科植物梯度浸种法

2.2.3　快速破除技术

经过梯度浸种法仍不吸胀的种子，根据种皮结构，用98%分析纯浓硫酸 H_2SO_4 酸蚀处理，图2(右)是将砂生槐种子用缩短的梯度浸种法(梯度浸种4d)，擦干种子表面水分，用浓硫酸处理1～2h(因种子质量而异)，再

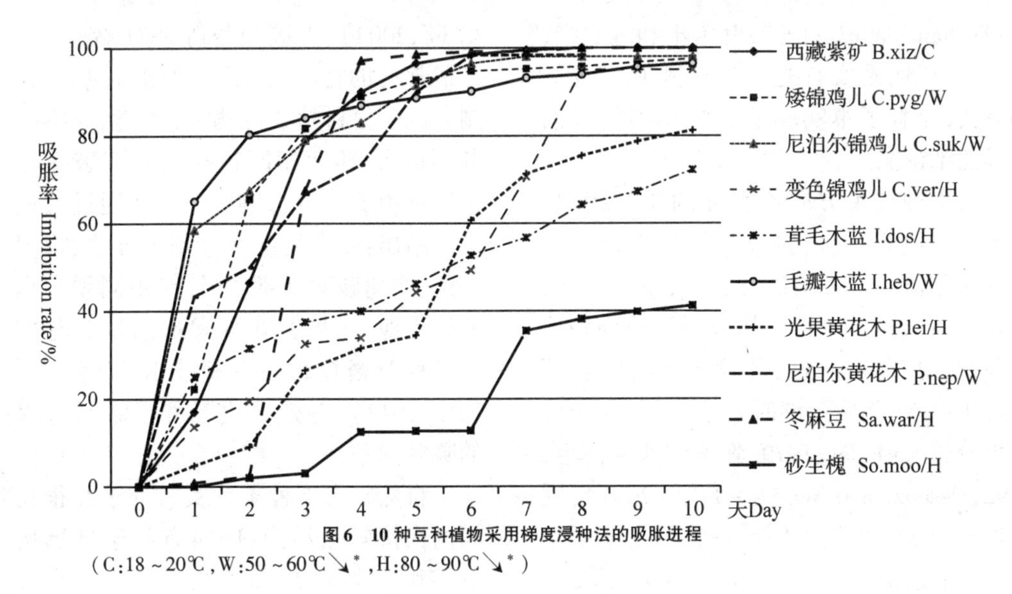

图6 10种豆科植物采用梯度浸种法的吸胀进程

（C：18～20℃，W：50～60℃↘*，H：80～90℃↘*）

吸胀至第8d的结果，不仅吸胀进程缩短，除2008－102外其余吸胀率均超过90%。

2.3 硬实与种子保存

豆科植物种子吸胀实验显示，种子采收后即播，多数种类非硬实或轻度硬实，常温（18～20℃）条件下保存，硬实程度略有增加，但因虫蚀或自身活力下降等因素，种子损失严重。采收净种后直接放置低温冷藏（4℃）保存，种子进入硬实状态，活力得到有效保存。

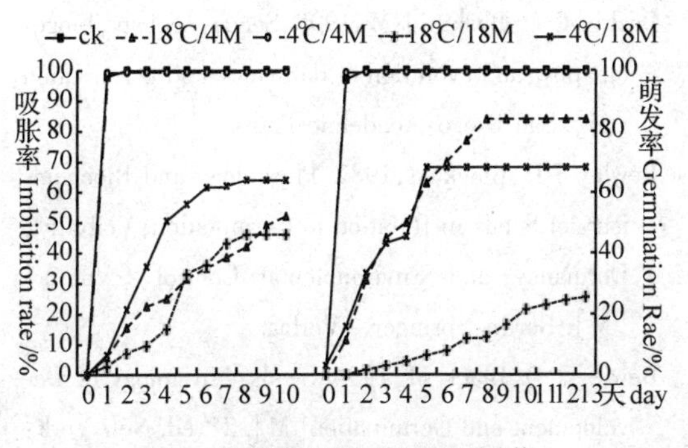

图7 不同贮藏温度和时间处理砂生槐种子的吸胀（左）与萌发（右）进程

用质量较差2009－009砂生槐进行常温和低温保存实验结果见图7，图中对照CK为采收后直接吸胀、萌发的结果，保存18个月后常温和低温种子硬实程度均明显加强，吸胀率低于60%，但冷藏的萌发率明显高于常温保存。

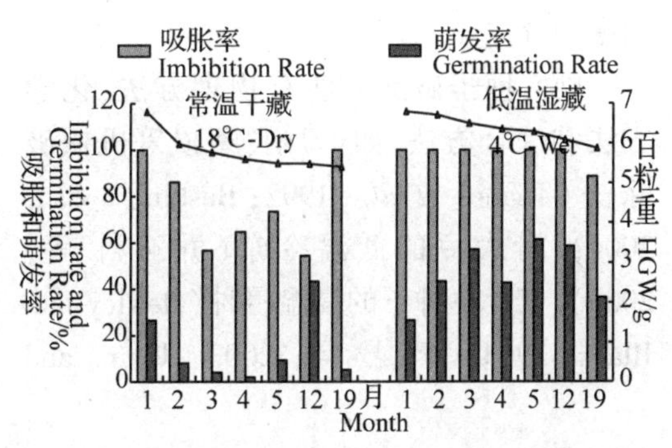

图8 不同贮藏温/湿度对尼泊尔黄花木种子吸胀和萌发的影响

尼泊尔黄花木因原产温暖湿润区域，保存试验用低温保湿贮藏，结果如图8。常温干藏1～4个月百粒重、吸胀率下降明显，萌发率低于10%；低温湿藏的百粒重和吸胀率下降不明显，保存2、3、5、12个月后萌发率分别为43.3%、57%、61.3%和58.6%，比初始的26.7%明显提高。说明低温保湿贮藏可有效保存来源于温暖湿润地区轻度硬实豆科植物种子。

3 讨论

豆科植物硬实原因的研究认为，主要由于种皮结构，如发达的角质层、角质层下的栅状厚壁细胞，及下面的不透水层或厚壁细胞与胚乳层之间的不透水物质（Kuo，

1989;Thanos *et al.*,1992;叶常丰和戴心维,1994)。说明硬实首先与物种及其表皮结构有关,诠释了本实验硬实规律因物种而各异的结论。

关于种皮单方向透水性的研究指出,种皮上的萌发孔、内脐或脐缝等组织负责锁住水分(Kuo,1989;Bhattcharya and Saha,1990;Li *et al.*,1999)。部分豆科植物种子的萌发孔控制透水性,环境干燥时脐缝开启种子脱水,环境潮湿时迅速关闭,阻止外部水分进人(Egley,1979;郭华仁和陈博惠,1992;Desouza and Marcos - Filho,2001),因而形成硬实。由此说明同一物种在不同生境、不同成熟程度和不同保存条件下硬实程度均有差异。

硬实种子破除方法有物理方法、化学方法和综合方法,如:刀割、磨损等机械破除法(Thanos *et al.*,1992;Baskin *et al.*,2004)、野大豆的低温冷冻(乔亚科 等,2003)、三叶草种子的高温浸种(Bewley and Black,1994;李昆 等,2003;Uzun and Aydin,2004)、干湿交替等,酸(碱)蚀处理是最常见的化学方法,但处理时间很难控制。由于豆科植物的物种、生境、成熟度等各不相同,即使相同物种其硬实破除方法也很难用统一方法解决。作者通过大量试验总结出:硬实程度简单判定方法、梯度浸种法、快速破除技术,并针对不同硬实程度的砂生槐、光果黄花木和尼泊尔黄花木发明了种苗繁育相关专利技术(唐宇丹 等,2012;2013),有效解决了种子繁殖过程中的吸胀问题。

自然状态下种子硬实有助于在很长时间内保持较强活力;同时有利于抵御病菌危害和动物采食,即使被采食也不易被消化而有效被动物所传播(Nik and Parbery,1977);而不同硬实程度种子的不整齐萌发,有利于种群的生存与扩散(Serrato Valenti *et al.*,1989;Evans and Smith,1999)。植物园迁地保育种子库通过低温贮藏促使豆科植物迅速硬实,是最简单、有效的种子活力保存技术之一。

参考文献

郭华仁,陈博惠,1992. 黄野百合与南美猪屎豆硬实种子解除方法对种子发芽及渗透性的影响[J]. 台大农院研报,32:346 - 357.

李昆,崔永忠,张春华,2003. 金沙江干热河谷退耕还林区造林树种的育苗技术[J]. 南京林业大学学报(自然科学版),27(6):89 - 92.

乔亚科,李桂兰,王文颇,等,2003. 不同处理方法和贮藏时间对野生大豆种子萌发的影响[J]. 种子,3:33 - 34.

唐宇丹,石雷,普布次仁,2013. 尼泊尔黄花木种子的保存和繁育方法. ZL201210286650. 8.

唐宇丹,石雷,普布次仁,等,2013. 促进砂生槐种子萌发的方法. ZL201110401611. 3[P].

唐宇丹,石雷,邢全,2013. 光果黄花木工程化育苗的方法. ZL201210286662. 0.

叶常丰,戴心维,1994. 种子学[M]. 北京:中国农业出版社).

Baskin C C, Baskin J M, 1998. Seeds, ecology, biogeography, and evolution of dormancy and germination [M]. San Diego: Academic Press.

Bewley J D, Black M, 1982. Physiology and Biochemistry of Seeds in Relation to Germination: Viability, Dormancy, and Environmental Control (Vol. 2) [M]. Berlin: Springer - Verlag.

Bewley J D, Black M, 1994. Seeds: Physiology of Development and Germination[M]. 2nd ed. New York: Plenum Press.

Bhattcharya A, Saha P K, 1990. Ultrastructure of seed coat and water uptake pattern of seeds during germination in *Cassia* sp. [J]. Seed Sci. Technol, 18: 97 - 103.

Desouza F H D, Marcos - Filho J, 2001. The seed coat as a modulator of seed - environment relationships in Fabaceae [M]. Revista Brasileira de Botanica,

24:365 - 375.

Egley G H, 1979. Seed coat impermeability and germination of showy crotalaria(*Crotalaria spectabilis*) seeds[J]. Weed Sci, 27:355 - 361.

Kuo W H J, 1989. Delayed - permeability of soybean seeds, characteristics and screening methodology [J]. Seed Sci. Technol, 17:131 - 142.

Li X, Baskin J M, Baskin C C, 1999. Anatomy of two mechanisms of breaking physical dormancy by experimental treatments in seeds of two North American *Rhus* species(Anacardiaceae) [J]. Am. J. Bot, 86:1505 - 1511.

Nik W Z, Parbery D G, 1977. Studies of seed - borne fungi of tropical pasture legume species [J] . Aust. J. Agric. Res, 28:821 - 841.

Serrato Valenti G L, Melone M F, Bozzini A, 1989. Comparative studies on test a structure of hard - seeded and soft - seeded varieties of *Lupinus angustifolius* L. (Leguminosae) and on mechanisms of water entry [J] . Seed Sci. Technol, 17: 563 - 581.

Thanos C A, Georghiou K, Kadis C, *et al.*, 1992. Cistaceae, a plant family with hard seeds[J] . Israel J. Bot, 41:251 - 263.

Uzun F, Aydin I, 2004. Improving germination rate of- *Medicago* and *Trifolium* species[J]. Asian J. Plant Sci, 3:714 - 717.

3种太行山植物区系特有珍稀濒危植物的保护与研究进展①

李菁博[1]　李良涛[2]　温韦华[3]

（1. 北京植物园，北京市花卉园艺工程技术研究中心，城乡生态环境北京实验室，北京 100093；
2. 河北工程大学，邯郸 318020）

摘要：本文回顾了槭叶铁线莲、太行花、房山紫堇这3个太行山植物区系特有物种的命名历史，分析了其自然地理分布、受威胁程度、保护政策与实施。采用文献分析法比较分析中外学者对这3个物种的研究程度，提示今后研究方向和研究内容的选择。简要介绍了北京植物园的相关研究进展。

关键词：槭叶铁线莲，太行花，房山紫堇，自然分布，文献统计

Advances in Protection and Research on the 3 Species of Endemic and Endangered Plant from Flora of Taihang Mountains

LI Jing – bo[1]　LI Liang – tao[2]　WEN Wei – hua[3]

(1. *Beijing Botanical Garden, Beijing Floriculture Engineering Technology Research Centre, Beijing Laboratory of Urban and Rural Ecological Environment, Beijing*, 100093; 2. *Hebei University of Engineering, Handan* 056038)

Abstract: The history of naming, natural distribution, endangered degree, policy setting and implementing of protection for the 3 species of endemic plant from flora of Taihang Mountains was reviewed and analyzed. Research proceeding of the 3 species in China or in the world was compared and analyzed to clue the choice of research material and research direction in future. At last, research progress for those species in Beijing Botanical Garden was briefly introduced.

Keywords: *Clematis acerifolia*, *Taihangia rupestris*, *Corydalis fangshanensis*, Natural Distribution, Literatures Statistics

槭叶铁线莲（*Clematis acerifolia*）、太行花（*Taihangia rupestris*）和房山紫堇（*Corydalis fangshanensis*）生长在石灰岩山地的岩壁上，是太行山植物区系中3种观赏性极强的“山花”，同时也是我国特有珍稀濒危物种。此3个物种的自然分布和生长习性有很多共性，但也各有特性。国内、国际学术界对此3物种研究的重视程度、研究深度和广度不一。通过本文的梳理，阐明3物种的采集、命名历史，自然分布范围与保护现状。重点利用文献统计方法分析已有的相关研究成果和研究进展，为今后物种保护与研究提供参考。

1　自然分布与保护现状

1.1　物种命名的历史

这3种植物均是我国特有的珍稀濒危植物，槭叶铁线莲（*C. acerifolia*）最早于19

①　基金项目：北京市公园管理中心科技课题“槭叶铁线莲的引种、栽培和繁殖技术研究”（BZ201802）资助。

世纪 70 年代被旅华西方植物学家采集、命名、发表（Maximowicz，1879），而太行花（*T. rupestris*）（俞德浚，1981）、房山紫堇（*C. fangshanensis*）（王文采，1984）则是由我国植物学工作者命名、发表（参见表 1）。其中 1981 年发表太行花（*T. rupestris*）之初，同时以河北武安为模式产地命名缘毛太行花（变种）（*Taihangia rupestris* var. *ciliata*）（俞德浚，1981），进入了 21 世纪，依据分子遗传学实验证据，太行花属（*Taihangia*）被撤销，并入路边青属（*Geum*），太行花的新组合种名为 *Geum rupestre*（Smedmark，2006）。

表 1　3 种植物命名、发表的主要信息

	槭叶铁线莲	（缘毛）太行花	房山紫堇
拉丁名	*Clematis acerifolia* Maxim.	*Taihangia rupestris* Yu et Li； *Geum rupestre*（Yu & Li）Smedmark	*Corydalis fangshanensis* W. T. Wang ex S. Y. He
模式产地	北京房山上方山	河南林县（原）、河北武安	北京房山上方山
模式标本采集人	E. Bretschneider	张景祥、李朝銮、郭聚刚	刘慎谔
采集时间	1877 年 8 月	1980 年 5 月	1934 年 10 月
正式发表时间	1879 年	1981 年	1984 年
发表的期刊	*Bull. Soc. Imp. Naturalistes Moscou.*	《植物分类学报》	《北京植物志（修订版）》
命名人	C. J. Maximowicz	俞德浚、李朝銮	王文采、贺士元

1.2　自然分布

随着植物知识的普及，经历近十几年来多次专业植物普查、调查以及爱好者的探查，这 3 个物种的自然居群分布地点逐渐增加，核对中国数字植物标本馆（http://www.cvh.ac.cn/）的标本采集记录，编列这 3 个物种最新的自然分布情况（表 2）。可见此 3 个物种均是沿太行山脉分布，槭叶铁线莲、房山紫堇分布北起太行山余脉的门头沟、房山，缘毛太行花（变种）的分布偏南，分布北限在河北省邯郸市所属太行山区；3 者分布均南达晋豫交接的黄河北崖（河南省焦作市、新乡市、济源市所属的山区）。

在这 3 个物种之中，（缘毛）太行花的海拔分布的下线最高（约 1000m），槭叶铁线莲的海拔分布线下最低（约 200m），参见表 2。

表 2　3 个物种的自然分布情况

	槭叶铁线莲	（缘毛）太行花	房山紫堇
自然分布	北京：房山、门头沟；河北：涿鹿、武安；河南：修武、济源	河北：武安、涉县；河南：林州、修武、济源、辉县；山西：黎城、左权	北京：房山；河北：武安、易县、涉县、内丘、赞皇等；河南：辉县；山西：晋城、宁武、乡宁
海拔跨度	约 200～900m	约 1000～1500m	约 500～1600m

1.3　保护现状

我国对这 3 种植物的保护给予重视。（缘毛）太行花被列入《国家重点保护野生植物名录（第二批）》（讨论稿）、《全国极小种群野生植物拯救保护工程规划（2011—2015 年）》以及河北省、河南省的重点保护野生植物名录，并被国际组织 IUCN 评估为极危（CR）级别（表 3），分布于太行山山脉的太行花及缘毛太行花（变种）的很多原生地被规划入河北省境内的青崖寨国家级自然保护区、河南省境内的太行山猕猴国家级自然保护区，（表 4），人为破坏锐减，生境得以恢复，太行花种群逐渐恢复、增长。

槭叶铁线莲、房山紫堇的模式产地在北京，均被列入《北京市重点保护野生植物名录》。特别是槭叶铁线莲过去被认为仅在北京有分布（中国科学院中国植物志编辑委员会，1980），被列为北京市重点保护野生植物（一级）。但是在百花山国家级自然保护区之外，很多槭叶铁线莲的原生地未得到有效保护，自然居群屡遭乱采乱挖。知名度更低的房山紫堇也未得到有效保护。槭叶铁线莲、房山紫堇的濒危状况未被 IUCN 评价，而我国植物学家对此 2 种受威胁状况的评价分别为 EN（濒危）和 VU（易危）（覃海宁 等，2017）

表 3 保护植物名录收录情况

保护名录	槭叶铁线莲	（缘毛）太行花	房山紫堇
《国家重点保护野生植物名录（第一批）》（1999 年公布）			
《国家重点保护野生植物名录（第二批）》（讨论稿）		收录	
《全国极小种群野生植物拯救保护工程规划（2011—2015 年）》		收录	
《北京市重点保护野生植物名录》（2008 年公布）	收录		收录
《河北省重点保护野生植物名录（第一批）》（2010 年公布）		收录	
《山西省重点保护野生植物名录（第一批）》（2004 年公布）			
《河南省重点保护野生植物名录（第一批）》（2005 年公布）		收录	
IUCN 红色受威胁物种名录		CR（缘毛太行花）	
《中国高等植物受威胁物种名录》（2017 年发表）	EN	CR（缘毛太行花） EN（太行花）	VU

表 4 相关的自然保护区情况

地区	自然保护区名称（级别）	所在地
北京市	百花山国家级自然保护区	门头沟
河北省	青崖寨国家级自然保护区	武安
	漫山省级自然保护区	灵寿
	嶂石岩省级自然保护区	赞皇
	南寺掌省级自然保护区	井陉
河南省	太行山猕猴国家级自然保护区	济源、焦作、新乡
	万宝山省级自然保护区	林州

2 研究成果与研究进展

2.1 引种栽培

引种栽培是植物园的强项，中国科学院植物研究所北京植物园自 1987 年开始太行花的引种栽培试验（沈世华，1991），至今在冷室里保育太行花种苗。槭叶铁线莲较容易用种子繁殖，北京林业大学和中科院植物所有相关研究（Cheng，2016），但是尚未见成功引种栽培的报道。更未见房山紫堇的相关研究报道。

2.2 科技论文统计

采用文献统计的研究方法，通过 CNKI 和万方数据库，检索中文科技期刊和硕、博士学位论文数据库，选择主题检索的主题词分别包含“槭叶铁线莲”“太行花”或“房山紫堇”。通过 Web of Science 西文科技期刊数据库（SCI 刊源数据库），分别检索题名包括 *Clematis acerifolia*、*Taihangia rupestris* 或 *Corydalis fangshanensis* 这 3 个物种拉丁文学名的文献。

统计结果显示在 3 个物种中，太行花（*T. rupestris*）的研究广度最全面，几乎包括当代植物科学研究的全部主干学科。其中以太行花为题的硕、博士论文有 11 篇（具体文献引用略），以太行花为题的 SCI 论文 14 篇（Tang，2004；Lü，2007；Wang，2007；Du，2008；Tang，2010；Lü，2010；Wang，2010；Wang，2011；Cheng，2016；Li，2017a；Li 2017b；Li 2018；Duan，2018；Sun，2019），均是由中国科学院植物研究所及我国北方多家植物学相关高校完成,广泛应用现代分子生物学研究技术来分析重要功能基因,解释生态地理分布及遗传进化等问题。可见近40年来太行花的研究取得较丰硕的成果,具有一定国际影响力,培养了一大批熟悉国际植物科学研究进展方向,研究卓有建树的中、青年科学工作者。

目前以"槭叶铁线莲"为题的 SCI 论文有5篇(Lo'pez - Pujol,2005;Lo'pez - Pujol,2008; Cheng, 2016; Yan, 2016; Xiang, 2019)分别由中国科学院植物研究所葛颂研究组和北京林业大学谢磊研究组完成,但是依然有植物生理学、生态学等多个研究方向尚未开展研究。而房山紫堇因知名度低,尚未受到广泛的重视。

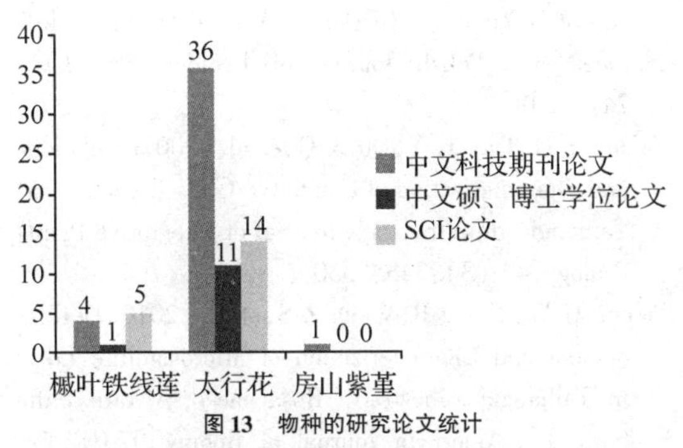

图 13 物种的研究论文统计

2.3 北京植物园相关研究进展

北京植物园有责任与义务保护、研究这些华北、太行山植物区系内的珍稀濒危植物。经过近10年较全面系统的调查、研究,北京植物园的槭叶铁线莲研究组对其自然分布和生态习性有了较全面了解,重点开展以有性和无性方式规模繁殖幼苗的研究,并尝试在首都园林中以适合其生态习性的方式应用展示。目前北京植物园正在与地处(缘毛)太行花原产地邯郸的河北工程大学开展合作研究,发挥双方优势,力争在太行花的保护和应用上取得新成绩。

3 讨论

本文回顾同属于太行山植物区系内的3种我国特有的珍稀濒危植物发现、命名的历史,自然分布状况。3个物种的保护现状有喜有忧,仍然有待加强科普宣传和依法保护。

引种栽培是植物园的工作重心和技术强项。但是尝试将这3个分布在太行山区具有亚高山植物习性的植物物种引种到北京城区等城市平原地区,至今存在技术难关有待攻克。例如槭叶铁线莲距离北京城区最近、最著名的自然分布居群就在门头沟区109国道担礼隧道上的岩壁,其海拔高度不足200m,与北京植物园(北园最低海拔61.6m)的海拔高度差不足150m,但是,这150m的海拔差依然给引种驯化带来巨大困难。笔者认为攻克引种驯化技术难关,一定要有全面、详实的植物生理学、生态学调查、实验数据做支撑。

本文主要通过文献统计的方法,比较3物种的研究现状。太行花的研究最广、最深,当属我国北方珍稀濒危植物保护与研究的典范,但仍然有缺乏国际间的合作研究与资源交流等不足之处。槭叶铁线莲略有国际知名度,但也未引起广泛重视和研究、应用;而对房山紫堇的研究尚未全面开启,有待于植物科学工作者研究、实践。

参考文献

覃海宁,杨永,董仕勇,等,2017. 中国高等植物受威胁物种名录[J]. 生物多样性,25(7):696 - 744.

沈世华,张洁,王玉英,1991. 太行花的引种[J]. 植物杂志,(6):8.

王文采,贺士元,1984. 北京植物志(修订版)上[M]. 北京:科学出版社, 670.

俞德浚,李朝銮,1980. 太行花属——蔷薇科一新属[J]. 植物分类学报,18(4):469 - 472.

中国科学院中国植物志编辑委员会,1980. 中国植物志:第28卷[M]. 北京:科学出版社,214.

Cheng J, Yan S X, Liu H J, et al. ,2016. Reconsidering the phyllotaxy significance of seeding in Clematis[J]. Phytotaxa,265(2):131 - 138.

Cheng Y Q, Duan J M, Jiao Z B, et al. ,2016. Cytoplasmic DNA disclose high nucleotide diversity and different phylogenetic pattern in Taihangia rupestris [J]. Biochemical Systematics and Ecology, 66: 201-208.

Du X Q, Xiao Q Y, Zhao R, et al., 2008. TrMADS3, A new MADS-box gene, from a perennial species Taihangia rupestris (Rosaceae) is upregulated by cold and experiences seasonal fluctuation in expression level[J]. Dev. Genes Evol., 218:281-292.

Duan N, Liu S, Liu B B, 2018. Complete chloroplast genome of Taihangia rupestris var. rupestris (Rosaceae), a rare cliff flower endemic to China [J]. Conservation Genetics Resources, 10:809-811.

Li W G, Zhang L H, Ding Z, et al., 2017. De novo sequencing and comparative transcriptome analysis of the male and hermaphroditic flowers provide insights into the regulation of flower formation in andromonoecious Taihangia rupestris [J]. BMC Plant Biology, 17:54.

Li W G, Zhang L H, Zhang Y D, et al., 2017. Selection and validation of appropriate reference genes for Quantitive Real-Time PCR normalization in staminate and perfect flowers of andromonoecious Taihangia rupestris[J]. Front. Plant Sci., 8:729.

Li W G, Liu S, Jiang S T, et al., 2018. Development of 30 SNP markers for the endangered plant Taihangia rupestris based on transcriptome database and high resolution melting analysis [J]. Conservation Genetics Resources, 10:775-778.

Lo'pez-Pujol J, Zhang F M, Ge S, 2005. Population genetics and conservation of the critically endangered Clematis acerifolia (Ranunculaceae) [J]. Can J. Bot., 83:1248-1256.

Lo'pez-Pujol J, Zhang F M, Ge S, 2008. No correlation between heterozygosity and vegetative fitness in the narrow endemic critically endangered Clematis acerifolia (Ranunculaceae) [J]. Biochem. Genet., 46:433-445.

Lü S H, Fan Y L, Liu L, et al., 2010. Ectopic expression of TrPI, a Taihangia rupestris (Rosaceae) PI ortholog, causes modifications of vegetative architecture in Arabidopsis[J]. Journal of Plant Physiology, 167:1613-162.

Lü S H, Du X Q, Lu W L, 2007. Two AGAMOUS-like MADS-box genes from Taihangia rupestris (Rosaceae) reveal independent trajectories in the evolution of class C and class D floral homeotic functions[J]. Evolution & Development, 9(1): 92-104.

Maximowicz C J, 1879. Ad Florae Asiae Orientalis. Bull. Soc. Imp. Naturalistes Moscou, 54:2.

Smedmark J E E, 2006. Recircumscription of Geum (Colurieae: Rosaceae) [J]. Bot. Jahrb. Syst., 126 (4):409-417.

Sun X, Wang L P, Liu C, et al., 2019. Molecular identification of Taihangia rupestris Yu et Li, an endangered species endemic to China[J]. South African Journal of Botany, 124:173-177.

Tang M, Yu F H, Zhang S M, et al., 2004. Taihangia rupestris, A rare herb dwelling cliff faces: responses to irradiance [J]. Photosynthetica, 42 (2): 237-242.

Tang M, Yu F H, Jin X B, et al., 2010. High genetic diversity in the naturally rare plant Taihangia rupestris Yu et Li (Rosaceae) dwelling only cliff faces [J]. Polish Journal of Ecology, 58 (2): 241-248.

Wang Y Q, Tian H Y, Du X Q, et al., 2007. Isolation and characterization of a putative Class E gene from Taihangia rupestris [J]. Journal of Integrative Plant Biology, 49 (3):343? 350.

Wang H W, Zhang B, Wang Z S, et al., 2010. Development and Characterization of Microsatellite Loci in Taihangia rupestris (Rosaceae), A rare cliff herb[J]. American Journal of Botany, 97 (12): e136-e138.

Wang H W, Fang X M, Ye Y Z, et al., 2011. High genetic diversity in Taihangia rupestris Yu et Li, a rare cliff herb endemic to China, based on inter-simple sequence repeat markers [J]. Biochemical Systematics and Ecology, 39:553-561.

Xiang Q H, He J, Liu H J, et al., 2019. The Complete chloroplast genome sequence of there Clematis species (Ranunculaceae) [J]. Mitochondrial DNA Part B, 4(1):834-835.

Yan S X, Liu H J, Lin L L, et al., 2016. Taxonomic status of Clematis acerifolia var. elobata. based on molecular evidence [J]. Phytotaxa, 268 (3): 209-219.

郑州植物园科普活动模式构建

赵建霞[1]　郭欢欢[1]

（1. 郑州植物园，郑州　450042）

摘要：植物科普教育是提高全民科学文化素养最直接有效的途径，宣传生态文明已经成为植物园科普教育的重要职责。郑州植物园充分发挥资源优势，面向青少年群体积极开展科普教育，介绍植物基本知识、挖掘植物文化内涵、宣传生态环境知识，取得了良好的社会效益。本文对郑州植物园开展科普教育活动的内容和方式进行讨论分析，引发我们对植物园科普教育活动的深入思考。

关键词：科普教育，植物文化，科普展览，信息技术，互动体验

Construction of Science Popularization Activity Mode in Zhengzhou Botanical Garden

ZHAO Jian - xia[1]　GUO Huan - huan[1]

(1. *Zhengzhou Botanical Garden*, *Zhengzhou* 450042)

Abstract: Botanical science education is the most direct and effective way to improve the scientific and cultural literacy of the whole people. Zhengzhou Botanical Garden gives full play to its resource advantages, actively carries out science popularization education for the youth group, introduces the basic knowledge of plants, excavates the cultural connotation of plants, and propagates the knowledge of ecological environment, thus achieving good social benefits. This paper discusses and analyzes the contents and methods of the popular science education activities in Zhengzhou Botanical Garden, which leads us to think deeply about the popular science education activities in botanical gardens.

Keywords: Popular science education, Plant culture, Popular Science Exhibition, Information technology, Interactive experience

植物是构建生态园林城市最关键的要素之一。随着时代的新发展，人们逐渐认识到生态、环保的重要性（吴楠，2017）。植物科普教育是提高全民科学文化素养和树立生态环保意识最直接而有效的途径（高凤君，2019）。如何向受众传递科学精神，宣传科学思想，推广科学方法，普及科学知识，宣传生态文明，已经成为植物园科普的重要职责。

郑州植物园位于郑州市西部，2007 年开工建设，2009 年正式开园。它的建成填补了郑州作为省会城市没有植物园的空白，同时也为郑州市民提供了一个环境优美、自然和谐的科普宣教场所。郑州植物园自开园以来始终把科普教育作为中心任务之一，依托园内丰富的植物资源，面向市民开展了形式多样的科普活动。近几年，郑州植物园在进行青少年科普教育和环境教育等方面做了很多尝试，将科普与游园相结合，开发出适合青少年的科普活动课程。

1 科普内容

1.1 植物基本知识

面向青少年群体,以植物物候期为线索设置课程开展科普教育,课程包括"花的奥秘""神奇的叶片""果实寻宝""树皮的美"等活动主题。在植物不同的生长期,向孩子们介绍不同植物的花、叶、果实、树皮等科普知识,帮助他们掌握植物不同结构的识别特点以及同科属植物的区别。

同时还面向广大市民开展"植物之美"公益科普活动,由工作经验丰富的园林专业教授向游客介绍植物相关科普知识,一方面介绍不同植物的名称、识别特点、配置方式等专业知识,另一方面介绍植物名字的由来、植物与人类生产、生活之间的关系等科普知识。

1.2 植物文化内涵

以园内组织开展的牡丹芍药花展、月季花展等花事活动为依托(宋良红 等,2013),重点向广大市民展示牡丹、芍药、月季等花卉的文化内涵,特别是相关的名人故事、诗词、服饰、邮票文化等方面。

图1 月季诗词展

2020年迎新春花展期间,郑州植物园和中国科学院西双版纳热带植物园携手举办了"绿满商都 花绘郑州"2020年郑州植物园迎春花展暨热带雨林生态文化科普展。科普展以"探秘奇妙雨林 豫见魅力版纳"为主题,展示70余种雨林植物种子和100余件民俗文化展品,更有海椰子、树皮衣等珍贵展品首次亮相中原地区。身穿传统服饰的傣族姑娘作为向导带领大家走进秘境雨林,零距离感受热带雨林中的异域风情。

1.3 生态环境知识

在经济全球化的发展趋势下,环境问题已经成为一个全球性的问题。生态环境是关系民生的重大社会问题,随着生态环境问题越来越被重视,郑州植物园在科普教育内容上增加了环境科学、多样性保护、湿地保护等知识。每年我们都利用"世界地球日""国际生物多样性日""世界环境日"等重要宣讲节点,开展不同主题的宣传活动,向游客介绍自然界生物多样性的相互关系,提高公众保护生物多样性的意识,宣传可持续发展理念,发挥植物园科普宣传的作用。

2020年郑州市积极推行垃圾分类,垃圾分类是新习惯、新时尚,看似是小事,却事关千家万户。为了正确地引导游客进行垃圾投放,郑州植物园开展了多场生活垃圾分类培训活动,通过宣传展板、垃圾分类宣传片、垃圾分类测试等途径,向游客们介绍了生活垃圾分类工作的意义及标准,帮助他们了解垃圾分类知识,养成垃圾分类投放的好习惯。

表1统计了郑州植物园2020年开展科普活动的情况,详细介绍了每场科普活动的活动时间、活动内容、受众人群、参与度和满意度等信息。由于今年突如其来的新冠肺炎疫情,郑州植物园开展科普活动的时间和场次等都受到影响,科普活动和展览展示都是在园区室外开展。由表1可以看出,青少年和亲子家庭活动的参与度和满意度更高,他们是开展科普教育重要的受众群体。

表 1　郑州植物园科普活动统计表

科普活动名称	活动时间	活动内容	受众人群	参与人数	参与度	满意度
“踏青寻春”科普活动	4 月 3 日	科普讲解、多肉栽植	来园游客	53 人	83%	94%
“暮春花开”科普活动	4 月 8 日	绘画牡丹、牡丹拼图	青少年	30 人	100%	100%
世界地球日科普活动	4 月 22 日	科普宣传、互动体验	来园游客	55 人	87%	95%
低碳出行主题科普活动	4 月 23 日	低碳骑行、倡议签名	志愿者、游客	120 人	90%	93%
航空航模科普活动	5 月 2 日	展览展示、游戏互动	游客、青少年	150 人	94%	96%
防灾减灾宣讲活动	5 月 12 日	主题讲座、科普宣传	职工、游客	112 人	90%	94%
生物多样性日科普活动	5 月 22 日	科普展览、闻香识花草	来园游客	40 人	85%	90%
庆六一亲子环保活动	6 月 1 日	科普展览、动手体验	亲子家庭	60 人	100%	98%
端午科普文化活动	6 月 23 日	科普宣传、缝制香囊	来园游客	51 人	80%	86%
向日葵主题科普活动	7 月 1 日	科普宣传、手工制作	来园游客	85 人	86%	91%
向日葵自然笔记	7 月 7 日	观察引导、记录分享	青少年	30 人	100%	97%
垃圾分类宣传活动	7 月 23 日	科普宣传、知识竞答	来园游客	60 人	85%	93%

2　科普方式

2.1　展览展示

充分利用盆景园展厅、西门南门广场等场地，举办植物相关的科普展览。例如 2019 年我园在盆景园前厅举办了 4 场科普展览，分别是“有毒植物科普展”“西南地区植物科普展”“光影探微 · 显微镜下的蝶翅之美——刷新你对翅膀的认知”“走进自然 感受自然之美——李聪颖老师植物科学画暨自然笔记展”。

2020 年在南门广场举办了两场科普展览，其中“奇花异草科普展”，从叶之奇、花之异、果之妙 3 个方面介绍奇花异草 20 余种，重点介绍植物的奇特之处、形态特征、文化渊源等；“植物界的萌宠——趣味多肉植物科普展”，精心挑选 30 余种多肉植物，介绍多肉植物的名称、特点、识别点等，旨在向广大市民介绍自然界中的趣味多肉植物，展示植物资源的丰富，倡导市民爱护植物、保护环境的意识。

2.2　信息技术

随着互联网、新媒体的不断发展，为植物科普的传播提供了广阔的技术和资源支持。微信公众号（韩瑞卿，2016）、二维码技术（谭钦 等，2016）、（张元燕 等，2014）等逐渐成为植物科普的主要手段。信息手段的应用，使植物科普变得更加方便快捷。郑州植物园利用公众号推送植物科普短文、花讯信息等，方便游客阅读，并在园内找到开花植物的位置，同时利用二维码技术升级园区植物名牌，便于游客扫码读取植物科普信息。

近几年，郑州植物园通过网上招募的途径招募科普活动的参与者。举办科普活动之前，我们做好课程规划和设计，通过网络媒体进行广泛的宣传，使大家充分了解科普活动的时间安排、内容形式、报名方法等。通过这种途径可以对科普活动起到很好的宣传作用，也为大家参与科普活动提供了便利，极大的扩展了科普活动的受众范围。

2.3　互动体验

为了更好地向公众开展植物科普教育，郑州植物园积极探索，创新形式，开发出多种多样的互动体验活动。针对低龄阶孩子，开展栽植体验、拓印手袋、叶脉书签、植物书签等互动体验活动，将互动性、趣味性和参与性融于一体,让孩子们在活动的过程中了解植物、感受自然。

针对中学生,组织开展更多探索性的互动体验活动,例如向日葵科学探秘活动,着重于锻炼他们的动手实践能力,培养其探究式思维能力和科学素养。针对亲子家庭组织开展猜谜语、端午香包缝制、环保知识竞赛等活动,让家长和孩子在游戏的过程中享受亲子时间,在学习植物知识的同时树立生态环保理念。

3 结论与讨论

郑州植物园在开展科普教育方面做出了很多努力,但仍然存在一些问题和不足之处,需要不断改进和提升。一是科普活动的内容较为单一,科普知识的深度不够。二是科普活动的形式相对比较固定,缺乏开拓性和创新性。三是缺乏沟通和交流,未能充分利用社会资源。四是未能形成多元化的科普平台。

本文提出以下几个方面的建议。一是更好地利用植物园专类园资源开展科普活动。郑州植物园近几年对牡丹芍药园、乡土植物园、攀缘蔓趣园、木兰园等专类园内的植物资源进行了补充,同时调整了水生植物区、岩石园等的整体布局,并在园区增加了雾森系统,可根据这些新变化,开展趣味活动、特色活动、体验活动等。二是在活动中运用探究式学习方式。探究式学习方式以学生为中心突出学生的主体地位,让学生能够自主掌握学习进程,控制学习的思路,提高学生的科学精神、创新意识以及实践能力。探究式学习在植物园科普中应用,可以有效发挥植物园资源优势,同时可以让参与人群自主学习,通过探究来提升自我的科学素养(叶博隆,2015)。三是加强与高校园林、园艺、林学等相关专业的合作。积极与高校进行合作,联合高校园林、园艺等专业的老师、学生等开展科普公益活动,并在活动的形式上与内容上进行创新,摒弃填鸭式的教育形式,提升受众的参与性,提升植物园科普教育的社会效益。四是积极创新科普方式、拓展科普平台,传统科普方式因受时间、场地所限,受众少且单一,近年来网络直播等新的互联网文化形式快速发展,既不受时空限制,操作性强,又可实现实时互动,同步传递的效果,这也启发我们在今后的科普活动中,探索线上线下相结合的模式,尝试以“云”赏花、“云”游园、科普讲座微课堂等网络等形式提升影响力,促进植物园科普教育活动多元化传播。

参考文献

高凤君,2019. 植物科普教育的发展与创新[J]. 热带农业工程,43(02):210-214.

韩瑞卿,2016. 华科大校园植物微信公众号制作[D]. 武汉:华中科技大学.

宋良红,任志锋,郭欢欢,等,2013. 植物园开展科普工作的探讨[J]. 绿色科技,2013(05):112-114.

谭钦,马玥,苗思远,等,2016. 二维码技术的园林树木科普系统建立[J]. 现代农业,(06):102-103.

吴楠,2017. 园林科普教育现状及发展探索[J]. 黑龙江农业科学,(06):130-132.

叶博隆,2015. 植物园开展专题探究式学习的成效及其影响因素分析[D]. 武汉:华中科技大学.

张元燕,周兰平,杨勋,等,2014. 基于二维码技术的植物科普系统[J]. 广东园林,36(03):62-64.

遮阴对彩叶玉簪生长和观赏特性的影响

施文彬[1] 刘东焕[1*] 杨 禹[1] 樊金龙[1]

(1. 北京植物园,北京市花卉园艺工程技术研究中心,城乡生态环境北京实验室,北京 100093)

摘要:选择4种彩叶玉簪品种'出众'(*Hosta*'Knock Out')、'加拿大蓝'(*Hosta*'Canadian Blue')、'琼妮'(*Hosta* 'June')和'小男子汉'(*Hosta*'Minute Man')为材料,进行3种不同程度的遮阴处理(50%透光率、25%的透光率、10%的透光率),研究遮阴对4种彩叶玉簪品种生长和观赏特性的影响。结果表明:随着遮阴程度的加重,彩叶玉簪均表现出转绿现象,尤其在10%透光率光照水平下,转绿现象更为严重。从光适应性的角度来分析,'出众'和'小男子汉'光合速率和叶绿素含量以25%透光率下的指标值为最高,但'小男子汉'50%和25%透光率下的指标无显著差异;'加拿大蓝'和'琼妮'的光合速率和叶绿素含量呈现依次升高的趋势,说明'加拿大蓝'和'琼妮'具有很强的耐阴性。从生物量的积累来分析:'出众''琼妮'和'加拿大蓝'以25%透光率下的生物量为最高,但'加拿大蓝'50%和25%透光率下的指标没显著性差异;'小男子汉'以50%透光率下的生物量为最高。

关键词:彩叶玉簪,遮阴,光合速率,叶绿素含量,生物量

Effects of Shading on the Growth and Ornamental Characteristics for Color – leaved *Hosta* Cultivars

SHI Wen – bin[1] LIU Dong – huan[1*] YANG – Yu[1] FAN Jin – long[1]

(1. *Beijing Botanical Garden, Beijng Floriculture Engineering Technology Research Center, Beijing Laboratory of Urban and Rural Ecological Environment, Beijing* 100093)

Abstract: Four color – leaved Hosta cultivars were selected as experiment materials including *Hosta* 'Knock Out', *Hosta* 'Canadian Blue', *Hosta* 'June' and *Hosta* 'Minute Man' and were shaded in three light levels, separately 50%, 25% and 10% of full light intensity. Then the growth and ornamental characteristics were studied in three light levels. The results showed that the color leaves of *Hosta* turned green, especially at the light level of 10% with reducing light intensity. At the same time, the growth and photosynthetic physiological indexes of different cultivars were different with increasing shade degree: (1) The photosynthetic rate, chlorophyll content of 'Knock Out' and 'Minute Man' increased first and then decreased, with 25% light transmittance as the highest; (2) the photosynthetic rate and chlorophyll content of 'Canadian Blue' and 'June' increased successively, with 10% light transmittance as the highest; (3) The biomass of 'Knock Out', 'Canadian Blue' and 'June' were the highest with 25% transmittance, while, the biomass of 'Minute Man' was the highest with 50% transmittance.

Keywords: Color – leaved *Hosta* cultivars, Shade, Photosynthetic rate, Chlorophyll content, Biomass

玉簪属(*Hosta*)植物为天门冬科(Asparagaceae)多年生草本,主要分布在东亚的温带和亚热带地区,具有丰富多彩的叶色、叶形和株型,已发展成为园林绿化中重要的耐阴露地宿根观赏花卉(乔谦和王江勇,2019)。有研究表明:玉簪属虽为耐阴植物,但不同品种对光照强度的反应不同。在实际栽培应用中发现,夏季高温强光的环境会使植物出现焦边甚至地上部分枯死的现象,弱光环境下可能出现叶片转绿,生长缓慢,观赏性状不佳的情况(施爱萍 等,2004;刘东焕 等,2015;刘金岭 等,2018)。本研究选择4种观赏价值高、适宜推广的彩叶玉簪品种为实验材料,探讨不同遮阴程度对彩叶玉簪品种的生长和观赏特性的影响,为彩叶玉簪的栽培应用提供技术参考。

1 试验材料及培养

选取生长一致的三年生的盆栽苗,'出众'*Hosta*'Knock Out'、'加拿大蓝'*Hosta*'Canadian Blue'、'琼妮'*Hosta*'June'、'小男子汉'*Hosta*'Minute Man'材料。所用花盆为25cm×22cm,每盆一株,每种24盆。盆土为营养土,有机质:40.3%,全氮:1.75%,全磷1.87%,全钾1.96%,腐植酸17.8%,pH值:6.27。

2 试验方法

2.1 遮阴处理

试验于2018年5月至10月进行。选择不同透光率的黑色塑料遮阴网对玉簪进行遮光处理,分别设置50%的透光率、25%的透光率,10%透光率,进行常规水分管理。每种处理6~8株。在2个月左右之后进行相关指标的测定。

2.2 彩叶玉簪形态指标的测定

在遮阴处理50d后对不同光水平下的玉簪进行株高及冠幅的测定。选择生长健壮、长势一致的玉簪,用直尺进行测量并记录。每种处理测量5株。

2.3 彩叶玉簪最大叶片光合速率的测定

在遮阴50d以后,选择晴朗无风的天气,利用CIRAS-Ⅲ型光合仪于上午9:00~11:00对不同光水平下选取的叶片进行光合测定。不同光水平下的每种处理中选取成熟功能叶8~10片,测定时利用人工光源,设定光强为饱和光强600μmol·m^{-2}·s^{-1},测量之前将叶室温度设置为25℃、相对湿度为75%、二氧化碳浓度设置为大气二氧化碳。在饱和光照水平下的光合速率即为植物的最大净光合速率Pn(μmol·m^{-2}·s^{-1})。

2.4 彩叶玉簪叶片叶绿素含量的测定

在遮阴50d以后,选取不同光水平下的成熟的功能叶片8~10片,取回实验室进行清洗,称取0.2g,用剪刀剪成碎叶片,放在25mL的容量瓶中进行浸泡48h,直到叶片漂白为止,然后对浸提液进行叶绿素含量的测定。参考Arnon的方法,用UV-2802S紫外-可见分光光度计分别在663nm、645nm及470nm波长下测定OD值,根据公式计算出叶绿素a、b,总叶绿素的含量(唐银凤,1997)。

2.5 彩叶玉簪生物量的测定

2018年10月收获全株,用枝剪将每株都剪成地上和地下两部分,用去离子水进行冲洗干净,用吸水纸吸去多余的水分,分别将不同处理下的玉簪分地上地下两部分放入信封中,放于设置温度为105℃的电热鼓风干燥箱中杀青15min,之后将温度调至85℃烘干直至恒重,用精确度为0.001g的电子天平(ME104/02)称量干物质量。并记录地上地下两部分的干重,并计算整个植株的干物质的量。

3 结果与分析

3.1 不同光照水平对彩叶玉簪生长状况的影响

光影响植物的形态建成,对株高、冠幅有重要影响。通过研究彩叶玉簪在不同光强水平下的形态特征变化，探讨不同光强水平对玉簪生长的影响，数据见表1。

表1 不同光照水平下4种玉簪的生长情况

玉簪品种	透光率(%)	株高(cm)	冠幅(cm)
‘出众’	50%	10.67 ±0.88a	28.67 ±3.84a
	25%	10.67 ±0.67a	31.33 ±1.86a
	10%	9.67 ±0.33a	29.00 ±1.00a
‘加拿大蓝’	50%	7.67 ±0.88a	20.67 ±2.03a
	25%	7.33 ±0.17a	22.33 ±3.93a
	10%	5.67 ±0.33b	19.00 ±1.53a
‘琼妮’	50%	7.83 ±0.60a	18.33 ±0.88b
	25%	9.33 ±0.33a	22.33 ±1.45a
	10%	6.33 ±0.33b	16.33 ±0.88b
‘小男子汉’	50%	9.50 ±0.50a	29.00 ±0.58a
	25%	8.50 ±0.87a	24.67 ±2.4a
	10%	8.00 ±0.58a	25.33 ±0.33a

注：不同小写字母代表 $P<0.05$ 水平上差异显著(下同)。

由表1可知，不同的彩叶玉簪品种其形态特征对光的响应不同。‘琼妮’的株高和冠幅以25%光水平下为最高；‘加拿大蓝’和‘小男子汉’的株高和冠幅以50%光水平为最高；‘出众’的株高和冠幅在不同光水平下的差异不显著。

3.2 不同光照水平对彩叶玉簪叶片最大净光合速率的影响

最大净光合速率反映植物叶片光合能力的大小，与植物的生长状况呈现正相关。研究不同光照水平对彩叶玉簪最大净光合速率的影响，探讨不同彩叶玉簪品种对弱光的响应程度，数据见表2。

表2 不同光照水平下彩叶玉簪最大净光合速率的比较

透光率(%)	‘出众’	‘加拿大蓝’	‘琼妮’	‘小男子汉’
50%	5.33 ±0.37b	7.77 ±0.73a	4.63 ±0.50b	6.13 ±0.94a
25%	8.33 ±0.69a	7.83 ±1.07a	5.73 ±0.88b	7.22 ±0.46a
10%	5.20 ±0.17b	10.63 ±0.70a	8.88 ±0.59a	3.15 ±0.90b

由表2可知，随着光强的减弱，不同彩叶玉簪品种的最大净光合速率呈现的趋势不同。‘出众’的最大净光合速率在25%光照水平下达到最大值且与其他两光强下的最大光合速率有显著性差异；‘小男子汉’的最大净光合速率在25%光照水平下达到最大值，但与50%光水平没有显著性差异；‘琼妮’随着光强的减弱最大净光合速率呈现依次上升的趋势，且有显著性差异；‘加拿大蓝’的最大净光合速率随着光强的减弱呈现增加的趋势，但不同光强水平下的最大净光合速率无显著性差异。

3.3 不同光照水平对彩叶玉簪叶片叶绿素含量的影响

叶绿素是光合作用的必要条件，是植物光合作用生理状况的重要指标。叶绿素的主要功能是选择性吸收太阳光，通过光合作用将光能转换为化学能。叶绿素主要包括叶绿素a、叶绿素b以及类胡萝卜素。通过研究不同光水平下彩叶玉簪的叶绿素含量的变化，探讨不同彩叶玉簪对弱光的适应程度，数据见表3。

表3 不同光强水平下彩叶玉簪叶绿素含量的比较

玉簪品种	透光率(%)	Chla(mg/g)	Chlb(mg/g)	Chla + Chlb(mg/g)	Chla/Chlb
‘出众’	50%	2.16 ±0.1b	0.46 ±0.02b	2.62 ±0.12b	4.75 ±0.01a
	25%	2.56 ±0.06a	0.53 ±0.01a	3.09 ±0.08a	4.82 ±0.04a
	10%	2.29 ±0.08ab	0.48 ±0.01b	2.76 ±0.1ab	4.82 ±0.03a
‘加拿大蓝’	50%	1.75 ±0.12b	0.36 ±0.02b	2.11 ±0.14b	4.83 ±0.04a
	25%	2.07 ±0.12ab	0.42 ±0.03ab	2.48 ±0.15ab	4.94 ±0.13a
	10%	2.19 ±0.05a	0.45 ±0.01a	2.64 ±0.06a	4.82 ±0.07a

（续）

玉簪品种	透光率(%)	Chla(mg/g)	Chlb(mg/g)	Chla + Chlb(mg/g)	Chla/Chlb
‘琼妮’	50%	0.56 ±0.08c	0.05 ±0.02c	0.61 ±0.1c	14.6 ±3.75a
	25%	1.03 ±0.02b	0.15 ±0.01b	1.18 ±0.03b	7.00 ±0.28ab
	10%	1.39 ±0.08a	0.22 ±0.02a	1.61 ±0.09a	6.25 ±0.20b
‘小男子汉’	50%	1.91 ±0.06ab	0.41 ±0.01ab	2.32 ±0.07ab	4.73 ±0.12a
	25%	2.21 ±0.17a	0.5 ±0.04a	2.71 ±0.21a	4.43 ±0.05b
	10%	1.71 ±0.16b	0.36 ±0.04b	2.07 ±0.19b	4.69 ±0.12a

由表3可知，不同的光照水平下，不同彩叶玉簪品种叶绿素含量变化趋势不同。‘出众’和‘小男子汉’在25%光照水平下的叶绿素 a、叶绿素 b、叶绿素 a+b 均为最大值，且与其他两个光水平有显著性差异；‘琼妮’以10%光水平下的叶绿素 a、叶绿素 b、叶绿素 a+b 为最大，与其他两个光水平有显著性差异；‘加拿大蓝’在3种光水平下的叶绿素 a、叶绿素 b、叶绿素 a+b 无显著性差异。

3.4 不同光照水平对彩叶玉簪生物量的影响

植物的生物量反映植物生长状况以及光合有机物积累量，与植物生长呈现正相关。通过研究不同光强水平对彩叶玉簪生物量的影响，来探讨不同光照水平下不同彩叶玉簪的生长差异，数据见表4。

表4 不同光照水平下的彩叶玉簪生物量比较

玉簪品种	透光率%	地上/g	地下/g	总生物量/g	根冠比
‘出众’	50%	10.33 ±1.56a	18.48 ±4.19a	28.81 ±5.74a	1.75 ±0.15b
	25%	11.93 ±0.39a	26.8 ±0.51a	38.73 ±0.65a	2.25 ±0.08a
	10%	11.15 ±0.59a	22.76 ±1.48a	33.91 ±1.99a	2.04 ±0.07ab
‘加拿大蓝’	50%	7.64 ±0.36ab	15.14 ±2.84a	22.78 ±3.19a	1.96 ±0.27a
	25%	8.22 ±0.58a	16.15 ±1.97a	24.37 ±2.55a	1.95 ±0.1a
	10%	6.62 ±0.13b	9.76 ±0.27b	16.38 ±0.4b	1.47 ±0.02b
‘琼妮’	50%	8.25 ±0.21a	15.86 ±1.24a	24.1 ±1.45ab	1.92 ±0.1a
	25%	8.66 ±0.42a	17.8 ±1a	26.45 ±1.08a	2.07 ±0.15a
	10%	6.87 ±0.05b	13.77 ±2.11a	20.64 ±2.1b	2.01 ±0.31a
‘小男子汉’	50%	9.58 ±0.45a	26.75 ±1.11a	36.33 ±0.96a	2.81 ±0.21a
	25%	8.8 ±0.31a	23.17 ±3.16ab	31.97 ±3.4ab	2.62 ±0.3a
	10%	8.51 ±0.62a	19.35 ±0.68b	27.86 ±1.13b	2.29 ±0.14a

由表4可以看出，随着光强的减弱，彩叶玉簪的地上、地下和总生物量呈现出先上升后降低的趋势，以25%光水平下生物量为最高。‘小男子汉’的生物量以50%光水平为最高，但与25%光水平无显著性差异。根冠比基本也是同样的变化趋势。

4 结论与讨论

光是光合作用的动力，遮阴会改变植物的光合参数（文军 等，2009；刘国华 等，

2010;董然 等,2011)。玉簪作为一种典型的耐阴地被,对其耐阴性的研究有很多报道。研究表明:玉簪叶片随着光强的减弱,叶绿素含量增加,且以叶绿素 b 的增加为主,耐阴性强的植物叶绿素含量较高(张金政,2004;刘宝臣 等,2012)。但不同种或品种的玉簪耐阴性程度不同。刘东焕等对玉簪、'金色欲滴'玉簪、'香铃'玉簪和东北玉簪的耐阴性进行评价,4 种玉簪的耐阴性不同,东北玉簪和'金色欲滴'属于强耐阴,玉簪和'香铃'玉簪较耐强光(刘东焕 等,2009)。张彦妮等在不同遮阴条件下,对 5 种地被植物的光合生理特性进行测定分析,结果发现金边玉簪的耐阴性强于波纹玉簪(张彦妮 等,2012)。许怡玲等研究发现遮阴对不同玉簪的影响程度不同,6 种玉簪耐阴性存在差异(许怡玲 等,2012)。但前人对玉簪的研究方面多集中于其生理特性,对其观赏性的关注不够。彩叶玉簪作为一类叶、花俱佳的耐阴地被,近几年备受关注。玉簪虽为耐阴植物,但过度遮阴,彩色转绿,失去其观赏价值。

通过本研究结果发现,4 种彩叶植物随遮阴程度的加重,均出现叶色转绿现象,尤其以 10% 透光率条件下最为严重。但从光合生理和生物量积累来看,4 种彩叶玉簪对弱光的响应出现差异。

'小男子汉'的叶绿素含量和净光合速率随着透光率的下降出现先上升后下降的趋势,其在 25% 透光率条件下为最高,且与 50% 透光率下无显著性差异,说明它的光适应性较强;但从生物量来分析,随光强的减弱而下降,以 50% 光水平下为最高,并且 3 种光水平有显著性差异,说明弱光不利于其有机物积累(许怡玲,2012),影响其生长。所以,'小男子汉'适宜于 50% 透光率下栽植。

'出众'的叶绿素含量和净光合速率随着透光率的下降呈先上升后下降的趋势,在 25% 透光率条件下,植物的叶绿素含量和净光合速率为最大值且与其他两种光水平均有显著性差异,说明其耐阴性较强;从生物量角度分析,也是以 25% 透光率下为最高,但与其他两种光水平无显著性差异。综合考虑叶色表现和生理、生长特性,出众适宜在 25% 透光率条件下栽植。

'琼妮'的叶绿素含量、Chla/Chlb 比值及净光合速率随着遮光率的下降而升高,且均有显著性差异,证明其具有较强的耐阴性;从生物量分析,随着透光率的下降,其生物量呈先升高再下降的趋势,以 25% 透光率下为最高且与 10% 透光率条件有显著性差异,说明该条件下虽然可以正常生长,但不利于有机物的积累,25% 透光率与 50% 透光率对植物生物量影响没有显著性差异。所以综合比较,'琼妮'适合在 25% 透光率条件下栽植。

'加拿大蓝'叶绿素含量和净光合速率随着透光率的下降而升高,在 10% 透光条件下,达到最大值,与其他两种光水平有显著性差异,而 25% 透光率条件与 50% 透光率条件无显著性差异;从生物量角度分析,植物生物量随着透光率的下降出现先上升后下降的趋势,以 25% 透光率下为最高,且与 10% 透光率下的值有显著性差异,但与 50% 透光率条件无显著性差异。说明'加拿大蓝'具有较强的光适应性,在 50% 和 25% 透光率条件下都可正常生长及观赏。

综合考虑观赏效果和生理、生长特性,'小男子汉'耐半阴,宜栽植在 50% 透光率光环境下;'出众'和'琼妮'耐阴性较强,宜栽植在 25% 透光率光环境下;'加拿大蓝'光适应性强,在 50% 和 25% 透光率条件下都可正常生长及观赏。研究结果为彩叶玉簪的推广应用提供技术参考。

参考文献

董然,李金鹏,金雪花,等.2011. 遮阴对金头饰玉簪光合特性的影响[J]. 江苏农业科学,39(5):251-253.

刘宝臣,唐伟斌,2012. 遮荫对麦冬和玉簪叶面积及叶绿素含量的影响[J]. 北方园艺,(14):77-79.

刘东焕,赵世伟,郭翎,等,2015. 玉簪优良品种的资源评价及园林应用[J]. 中国植物园,(18):87-95.

刘东焕,赵世伟,宋金艳,2009. 北京10种乡土地被植物的耐阴性评价及应用[J]. 中国园林,(12):88-92.

刘国华,芦建国,2010. 遮阴对5种鸢尾属植物光合作用的影响[J]. 江苏农业科学,(5):234—237.

刘金岭,狄松巍,潘杰,等,2018. 不同水平光照强度对玉簪生长性状的影响[J]. 林业科技,43(5):33-37

乔谦,王江勇,胡凤荣,2019. 玉簪属植物育种研究进展[J]. 山东农业大学学报(自然科学版),50(5):735-739.

施爱萍,张金政,张启翔,等,2004. 不同遮阴水平下4个玉簪品种的生长性状分析[J]. 植物研究,24(4):486-490.

文军,刘金祥,赵玉红,2009. 遮荫对广东西部香根草光合特性及生长的影响[J]. 草原与草坪,29(1):78-81.

许怡玲,遇文婧,宋小双,等,2012. 6种玉簪耐阴性分析[J]. 东北林业大学学报,40(11):31-34.

张金政,2004. 玉簪属植物研究进展[J]. 园艺学报,31(4):549-554.

张彦妮,林晓锐,2012. 5种地被植物耐阴性比较[J]. 江苏农业科学,40(9):172-174.

国际海棠栽培品种登录 2019—2020

权　键[1,2,3]　郭　翎[1,2,3*]

（1. 北京植物园;2. 国际海棠品种登录中心;3. 北京市花卉园艺工程技术研究中心,北京 100093）

International Cultivar Registration for *Malus* (excluding *M. domestica*) 2019—2020

QUAN Jian[1,2,3]　GUO Ling[1,2,3*]

(1. *Beijing Botanical Garden*; 2. *International Cultivar Registration Center for Crabapple*, 3. *Beijing Floriculture Engineering Technology Research Center*, *Beijing* 100093)

摘要:2019 年 7 月—2020 年 6 月,国际海棠品种登录中心受理申请并通过审核的海棠栽培品种名称 1 个,完成了国际海棠品种登录管理与服务平台建设,在全球范围首次开启了国际海棠栽培品种登录的在线工作模式。

关键词:国际栽培品种登录权威,苹果属,海棠,登录管理与服务平台

Abstract: In July 2019 – June 2020, application for registration of one cultivar name was received and approved by the International Cultivar Registration Center for Crabapple. We established the Management and Service Platform of the International Cultivar Registration for Crabapple, and started the online working mode of crabapple cultivar registration.

Keywords: International Cultivar Registration Authority, *Malus*, Crabapple, Management and Service Platform

1　海棠栽培品种登录——‘多娇’海棠

申请登录者:张灿洪。2019 年 11 月由国际海棠品种登录中心登录(登录号:ICRA/M20190002N),范式标本已提交。该品种于 2018 年取得中国林业植物新品种保护授权(品种权号:20180291)。描述性论文《观赏海棠新品种‘多娇’》由张璐璐、毛云飞、张灿洪、张多娇、沈向发表于 2019 年第 46 卷 S2 期《园艺学报》。

树姿直立。幼枝紫红色,被黄色绒毛,后渐无,一年生枝条紫褐色,二年生枝条灰绿色。新叶颜色金黄带红晕,幼叶黄色,开展叶片在生长中渐次转为黄绿色,偶见沿中心叶脉分布不规则绿色斑块,成熟叶绿色,秋色叶棕红色。花期一般;花蕾红色;花有香味,直径 35 ~ 39mm,半重瓣;花瓣正面粉色,背面紫红色。果实扁球形,直径 18mm,成熟时黄绿色,果肉颜色为淡黄色,果萼宿存,挂果期一般。2014 年 6 月,由山东泰安振东苗圃张灿洪从重瓣海棠花(*Malus spectabilis* ‘Riversii’)嫁接苗上发现的芽变。该栽培品种新叶金黄色带红晕,分外娇艳,故名‘多娇’。‘多娇’海棠是世界上第一个黄叶海棠栽培品种。

1　Registration of Crabapple Cultivar—*Malus* ‘Duojiao’

Registrant: ZHANG Canhong. Registration approved in November 2019 (No. ICRA/M20190002N). Standard specimens have been received. Plant Breeders’ Rights was granted for Protection of New Varieties of Forest Plants in China in 2018 (No. 20180291). Description was published by ZHANG Lulu, MAO Yunfei, ZHANG Canhong, ZHANG Duojiao, SHEN Xiang, in *A new ornamental crabapple cultivar 'Duojiao'* (*Acta Horticulturae Sinica*, 2019, 46(S2): 2907 – 2908).

Habit upright. Young branches purple – red, yellow – velutinous, gradually glabrescent. One – year – old branches purple – brown, and two – year – old branches gray – green. New leaves golden – yellow flushed red, becoming yellow, then yellow – green, occasionally with irregular green patches along medial vein, mature leaves green, turning brown – red in autumn. Flowering season medium. Flower in bud form red; open flower fragrant, 35 ~ 39 mm in diameter, semi – double; petals pink inside and purple – red outside. Mature fruit oblate spheroidal, 18 mm in diameter, green – yellow, with pale yellow flesh and persistent calyx. Fruiting period medium. It was discovered by ZHANG Canhong of the Tai'an Zhen – dong Nursery, Shandong Province in China, in June 2014, as a sport on a grafted tree of *Malus spectabilis* 'Riversii'. *Malus* 'Duojiao' is the first – ever crabapple cultivar, with golden young leaves and is so named for its delicate beauty.

2 国际海棠品种登录管理与服务平台

2019 年,北京植物园建成了国际海棠品种登录管理与服务平台,在全球范围首次开启了国际海棠品种登录的在线工作模式。国际海棠网(http://www.malusregister.org/)包括中文版和英文版,内容同步。任何地方的访问者都可登录网页查询海棠品种数据库、标本库、文献库和申请国际海棠品种登录。目前品种数据库包括已知栽培品种名称 1264 条,其中 46 个栽培品种提供了照片和特征描述,可以实现便捷的名录检索功能。

2 The Management and Service Platform of International Cultivar Registration for Crabapple

In 2019, Beijing Botanical Gardenestablished the Management and Service Platform of International Cultivar Registration for Crabapple, and started the online working mode of crabapple cultivar registration. The International Crabapple Website (http://www.malusregister.org/) is presented in synchronous Chinese and English versions. Visitors from anywhere can inquire about the crabapple cultivar database, specimen database, references database, and apply for International Cultivar Registration for crabapples. The cultivar database currently includes 1264 crabapple names known to us, with 46 cultivars provided with photos and feature descriptions, The cultivar database serves the function of fast checking of crabapple cultivar names conveniently.

(通讯作者:郭翎,北京市植物园教授级高级工程师,国际海棠栽培品种登录权威专家。电子邮件:hello@beijingbg.com。)